高职高专规划教材

建筑安全消防检测技术

侯洪涛　主编
李东朋　李　华　副主编

化学工业出版社
·北京·

内容提要

电气火灾检测是对电气设备健康状况的诊断，通过诊断可以发现隐患并及时消除，保证安全供用电。本书以实际工作经验为基础，结合设计、安装等相关标准规定，经过分析、总结和整理后编写而成。具体内容包括检测技术的基础知识、电路分析基础知识、电气设备安全、防雷与接地安全知识、防静电安全知识、电气防火与防爆安全知识、消防系统的组成、消防设备用电、消防检测机构及检测程序、电气火灾隐患诊断与检测、检测仪器的配置和选用、建筑消防设施检测。

本书为高职高专建筑工程技术、消防工程技术、安全工程、自动化、电气工程、检测工程专业教材，也可作为电气防火检测工程师和检测人员的培训教材，还可供消防专业设计、施工、维护、检测有关人员参考使用。

图书在版编目（CIP）数据

建筑安全消防检测技术/侯洪涛主编. —北京：化学工业出版社，2012.8（2024.6重印）

高职高专规划教材

ISBN 978-7-122-14851-3

Ⅰ. ①建… Ⅱ. ①侯… Ⅲ. ①房屋建筑设备-消防-检测-高等职业教育-教材 Ⅳ. ①TU89

中国版本图书馆CIP数据核字（2012）第158827号

责任编辑：李仙华 王文峡　　文字编辑：薛 维

责任校对：徐贞珍　　装帧设计：杨 北

出版发行：化学工业出版社（北京市东城区青年湖南街13号 邮政编码100011）

印　　装：北京虎彩文化传播有限公司

787mm×1092mm 1/16 印张18¼ 字数489千字 2024年6月北京第1版第7次印刷

购书咨询：010-64518888　　售后服务：010-64518899

网　　址：http://www.cip.com.cn

凡购买本书，如有缺损质量问题，本社销售中心负责调换。

定　　价：48.00元

前 言

为了适应当前电气防火检测工作迅速发展的需要，提高广大检测技术人员的技术素质是十分迫切和重要的问题。只有保证电气防火检测技术水准，准确地诊断电气火灾隐患，才能有效地防止和减少电气火灾的发生，从而减少和避免人员的伤亡及财产的巨大损失。

电气火灾是指因电气原因而引发的火灾。电气火灾的特点在于电气线路和设备本身只要处于带负荷运行状态就会发热，而且电气线路和设备的绝缘本身也能够燃烧，因此电气线路和设备的每个部位几乎都有成为引火源的可能，这也正是电气火灾防范的难点所在。通过检测来防范电气火灾，必须具备一定的专业技术，同时辅助以科学的检测方法，只有这样才能事半功倍，尤其是在面对大型建筑里规模巨大的电气线路和数量众多的电气设备及用电器具时。

对于从事电气消防检测的专业人员、电气消防运行和维护人员来说，不仅要会使用各种检测仪器，更主要的是要会分析判断电气设备产生隐患的原因以及能提出针对性较强的防范措施，以防止发生电气火灾事故。

本书首先在符合现行技术标准规范的前提下自成体系，突出了系统性、实用性，并深入浅出地论述了基础理论，从而用来分析和解决电气防火检测中的各种实际技术问题。

本书由济南工程职业技术学院侯洪涛主编、统稿，李东朋、李华副主编。其中绪论、第一、二章由侯洪涛编写；第三、八、十章由济南工程职业技术学院李东朋编写；第五、十一章由河南泰克安防科技有限公司李华编写；第四、六章由山东省公安消防总队防火监督部技术处王然编写；第七章由山东省公安消防总队防火监督部技术处李智勇编写；第九章由河南太平检测有限公司陈振军编写；第十二章、附录和附表由郑州铁路局供电段陈怀更编写。

本书编写过程中，得到了有关消防技术管理和技术人员的热情关心和大力支持，得到了有关消防检测公司的密切配合和真情帮助，在此表示衷心的感谢。

由于编者水平有限，书中不妥之处在所难免，敬请读者批评指正。

编者

2012 年 2 月

目　录

绪论 …… 1

1　检测技术的基础知识 …… 6

1.1　检测学基础知识 …… 6
1.1.1　测量误差的基本概念 …… 6
1.1.2　测量误差的表示方法 …… 7
1.1.3　测量误差的分类 …… 8
1.1.4　测量数据处理的基本方法 …… 13
1.2　检测信号分析基础 …… 15
1.2.1　检测系统的可靠性 …… 16
1.2.2　检测系统的现场防护 …… 16
1.2.3　检测系统的抗干扰 …… 18
能力训练题 …… 20

2　电路分析基础知识 …… 21

2.1　电路的组成与作用 …… 21
2.2　实际电路和电路模型 …… 21
2.3　电荷和电流 …… 22
2.4　电压、电位、电动势和电功率 …… 23
2.4.1　电压与电位 …… 23
2.4.2　电动势 …… 25
2.4.3　电压、电流的关联参考方向 …… 26
2.4.4　功率 …… 26
2.5　电压源和电流源及等效变换 …… 27
2.5.1　电压源 …… 27
2.5.2　电流源 …… 28
2.5.3　电压源与电流源的等效变换 …… 29
2.6　电阻、欧姆定律 …… 29
2.6.1　电阻 …… 30
2.6.2　线性电阻元件与电阻器 …… 30
2.6.3　欧姆定律 …… 31
2.6.4　电路的状态 …… 31
2.7　基尔霍夫定律 …… 33
2.7.1　基尔霍夫电流定律 …… 33
2.7.2　基尔霍夫电压定律 …… 34
2.8　电路中各点电位的概念 …… 35
能力训练题 …… 36

3　电气设备安全 …… 38

3.1　用电环境及高压电器 …… 38
3.1.1　用电设备的环境条件和外壳防护等级 …… 38
3.1.2　电动机 …… 39
3.1.3　单相电气设备 …… 41
3.2　低压电器 …… 43
3.2.1　低压电器的分类 …… 43
3.2.2　低压控制电器 …… 43
3.2.3　低压保护电器 …… 45
3.3　用电的安全措施 …… 47
3.3.1　电力系统接地分类 …… 47
3.3.2　电气设备接地的一般要求 …… 47
3.3.3　电力系统的接地装置 …… 48
3.3.4　保护接地的应用范围 …… 49
3.3.5　保护接零的安装范围 …… 49
3.3.6　工作接地的作用 …… 49
3.3.7　允许电流与安全电压 …… 49
3.3.8　电气安全距离、安全色及安全标志 …… 50
3.3.9　电气安全防护用具 …… 52
能力训练题 …… 52

4　防雷与接地安全知识 …… 54

4.1　建筑物的防雷等级 …… 54
4.1.1　第一类防雷建筑物 …… 54
4.1.2　第二类防雷建筑物 …… 54
4.1.3　第三类防雷建筑物 …… 54
4.2　雷电的火灾危险性 …… 54
4.3　建筑物防雷措施 …… 55
4.3.1　第一类建筑物防雷保护 …… 55
4.3.2　第二类建筑物防雷保护 …… 57
4.3.3　第三类建筑物防雷保护 …… 58
4.3.4　其他建（构）筑物的防雷

措施…………………………… 59
4.4 特殊建（构）筑物的防雷接地……… 59
4.4.1 露天可燃气储气柜的防雷接地…………………………… 59
4.4.2 露天油罐的防雷接地…………… 59
4.4.3 户外架空管道的防雷接地……… 60
4.4.4 水塔的防雷接地………………… 60
4.4.5 烟囱的防雷接地………………… 60
4.4.6 电视台和微波站的防雷接地 …… 60
4.4.7 广播发射台的防雷接地………… 61
4.4.8 卫星地面站的防雷接地………… 62
4.5 共用设施的接地…………………… 62
4.5.1 接地制式的选用………………… 62
4.5.2 进户线…………………………… 63
4.5.3 电气设备………………………… 63
4.6 生活、办公用高层建筑物的接地 …… 64
4.6.1 建立安全的法拉第笼…………… 64
4.6.2 共同接地………………………… 64
4.6.3 完善等电位连接………………… 66
4.7 变配电设备接地…………………… 67
4.7.1 变配电设备接地的组成………… 67
4.7.2 变电设备接地…………………… 68
4.7.3 配电设备接地…………………… 71
能力训练题 ………………………………… 74
5 防静电安全知识 ………………………………………………………………………… 75
5.1 静电基础知识……………………… 75
5.1.1 静电的分类……………………… 75
5.1.2 静电的放电形式………………… 76
5.1.3 静电放电能量及最小点燃能量…………………………… 77
5.2 静电产生原因及危害……………… 78
5.2.1 静电产生原因…………………… 78
5.2.2 静电的危害……………………… 80
5.3 静电防护措施……………………… 80
5.3.1 人体静电防护措施……………… 81
5.3.2 电气设备及其他静电防护措施…………………………… 82
能力训练题 ………………………………… 86
6 电气防火与防爆安全知识 ……………………………………………………………… 88
6.1 电气防火安全知识………………… 88
6.1.1 电气基本知识…………………… 88
6.1.2 电气防火与电气火灾…………… 92
6.1.3 电气火灾的原因………………… 92
6.2 电气防爆安全知识………………… 93
6.2.1 电气防爆基本概念……………… 93
6.2.2 电气爆炸危险场所……………… 95
6.2.3 防爆电气设备…………………… 95
6.2.4 爆炸危险场所电气、电缆线路要求…………………………… 97
能力训练题 ………………………………… 99
7 消防系统的组成 ………………………………………………………………………… 100
7.1 火灾的产生机理 ………………… 100
7.1.1 火灾的形成条件 ……………… 100
7.1.2 燃烧的必要条件 ……………… 100
7.1.3 燃烧的充分条件 ……………… 101
7.1.4 燃烧产物及危害 ……………… 102
7.2 火灾自动报警系统的形成和发展 …………………………… 103
7.2.1 被保护对象的分级 …………… 104
7.2.2 建筑火灾过程与消防 ………… 108
7.2.3 建筑防火的基本理论 ………… 109
7.2.4 建筑防火的综合措施 ………… 110
7.3 火灾自动报警系统的组成 ……… 112
7.3.1 触发器件 ……………………… 113
7.3.2 报警装置 ……………………… 113
7.3.3 警报装置 ……………………… 113
7.3.4 控制装置 ……………………… 113
7.3.5 电源 …………………………… 114
7.3.6 火灾探测器 …………………… 114
7.3.7 火灾报警系统的设备 ………… 125
7.4 消防设备的联动控制 …………… 128
7.4.1 水灭火系统 …………………… 128
7.4.2 气体灭火系统 ………………… 131
7.4.3 防排烟系统 …………………… 132
7.4.4 防火分割及疏散设施 ………… 133
7.4.5 火灾应急广播及消防专用电话 …………………………… 135
7.4.6 建筑物内有煤气产生的场所…… 136
能力训练题………………………………… 136

8 消防设备用电 …… 137

8.1 消防供电设计原则 …… 137

8.1.1 消防供电的负荷等级 …… 137

8.1.2 不同级别负荷的供电要求 …… 138

8.2 消防设备的供电要求 …… 140

8.2.1 消防设备的配电系统 …… 140

8.2.2 备用电源自动切换装置 …… 140

8.2.3 消防设备的控制 …… 140

8.2.4 供配电线路的防火要求 …… 140

8.2.5 爆炸和火灾危险环境的电气线路 …… 141

8.3 灯具防火要求 …… 143

能力训练题 …… 143

9 消防检测机构及检测程序 …… 144

9.1 消防检测机构 …… 144

9.1.1 建筑消防设施检测资质 …… 144

9.1.2 建筑消防设施检测单位必须具备的条件 …… 144

9.1.3 建筑消防设施检测资质证书年审制度 …… 144

9.1.4 建筑消防设施检测单位的内部管理体系 …… 145

9.1.5 建筑消防设施检测单位的职责 …… 145

9.1.6 建筑消防设施检测单位法律责任 …… 145

9.2 检测工作程序 …… 147

9.2.1 委托 …… 147

9.2.2 调查 …… 147

9.2.3 编写检测方案（大纲） …… 148

9.2.4 现场检测 …… 148

9.2.5 编写检测报告 …… 148

9.2.6 检测报告的发送 …… 149

9.3 电气防火检测的条件、手段及内容 …… 149

9.3.1 电气防火检测的基本条件 …… 149

9.3.2 电气防火检测的主要手段 …… 149

9.3.3 检查（测）内容 …… 149

9.4 实施计划和标准选择 …… 151

9.4.1 电气防火检测计划及其隐患诊断实施过程 …… 151

9.4.2 选择标准 …… 152

能力训练题 …… 153

10 电气火灾隐患诊断与检测 …… 154

10.1 电压和电流的测量 …… 155

10.1.1 电压的测量 …… 155

10.1.2 电流的测量 …… 157

10.2 绝缘和接地测试 …… 158

10.2.1 绝缘测试 …… 158

10.2.2 接地测试 …… 160

10.3 温度的测量 …… 163

10.3.1 温度测量的必要性和优点 …… 163

10.3.2 电气设备的温度测量 …… 164

10.3.3 温度的计算 …… 165

10.4 超声波探测 …… 166

10.4.1 相关概念 …… 166

10.4.2 超声波探测 …… 167

10.5 电弧探测 …… 168

10.5.1 电弧的分类 …… 168

10.5.2 电弧故障断路器 …… 169

10.6 剩余电流动作断路器的检测 …… 170

10.6.1 剩余电流动作断路器的局限性 …… 170

10.6.2 剩余电流动作断路器的现场与日常检测 …… 171

能力训练题 …… 174

11 检测仪器的配置和选用 …… 175

11.1 检测仪器配置的技术依据 …… 176

11.1.1 电气火灾隐患的基本特性 …… 176

11.1.2 现场检测的流动性特点 …… 176

11.2 检测仪器误差和精确度 …… 176

11.2.1 相关概念 …… 176

11.2.2 有效值和真有效值 …… 178

11.2.3 仪表的测量环境与安全耐压等级 …… 178

11.3 电测量仪器 …… 180

11.3.1 电工仪表的分类 …… 180

11.3.2 电工仪表的组成和基本原理 …… 181

11.3.3 数字电压表及数字万用表 …… 182

11.3.4 数字式钳形电流表 …… 185

11.3.5 电压降测试仪表…………………… 187
11.3.6 电压监测仪…………………………… 188
11.3.7 绝缘电阻测试仪…………………… 189
11.3.8 接地电阻测试仪…………………… 191
11.3.9 超声波探测器……………………… 194
11.3.10 谐波检测仪 ……………………… 195
11.4 温度测量仪器……………………………… 198
11.4.1 红外辐射及相关定律…………… 198
11.4.2 红外辐射测温仪…………………… 199
11.4.3 红外热像仪和红外热电视……… 204
能力训练题…………………………………… 207
12 建筑消防设施检测 …………………………………………………………… 209
12.1 消防设备检测前的准备工作……… 209
12.1.1 组织措施…………………………… 209
12.1.2 安全措施…………………………… 210
12.1.3 技术措施…………………………… 210
12.2 消防供配电设施的检测…………… 210
12.2.1 检测依据…………………………… 211
12.2.2 检测项目…………………………… 211
12.2.3 技术要求…………………………… 211
12.2.4 自备发电机的检测……………… 212
12.3 火灾自动报警系统的检测………… 213
12.3.1 系统布线检测……………………… 213
12.3.2 火灾探测器的检测……………… 214
12.3.3 手动火灾报警按钮的检测……… 217
12.3.4 火灾报警控制器检测…………… 218
12.3.5 消防控制室的检测……………… 221
12.4 消防水系统的检测………………… 223
12.4.1 检测依据…………………………… 223
12.4.2 检测项目及要求…………………… 223
12.4.3 技术要求…………………………… 224
12.4.4 检测方法…………………………… 235
12.4.5 检测设备…………………………… 237
12.5 泡沫灭火系统的检测……………… 237
12.5.1 检测依据…………………………… 237
12.5.2 检测项目及要求…………………… 237
12.5.3 技术要求…………………………… 238
12.5.4 检测方法…………………………… 239
12.5.5 检测记录…………………………… 240
12.5.6 检测设备…………………………… 240
12.6 气体灭火系统的检测……………… 240
12.6.1 检测依据…………………………… 240
12.6.2 检测项目及要求…………………… 240
12.6.3 技术要求…………………………… 241
12.6.4 检测方法…………………………… 244
12.6.5 检测设备…………………………… 245
12.7 防烟排烟系统的检测……………… 245
12.7.1 检测依据…………………………… 246
12.7.2 检测项目及要求…………………… 246
12.7.3 技术要求…………………………… 246
12.7.4 检测方法…………………………… 247
12.7.5 检测设备…………………………… 249
12.8 消防应急照明和消防疏散指示检测…………………………………… 249
12.8.1 检测依据…………………………… 249
12.8.2 检测项目及要求…………………… 249
12.8.3 技术要求…………………………… 250
12.8.4 检测方法…………………………… 250
12.9 应急广播系统和消防专用电话系统检测…………………………………… 251
12.9.1 检测依据…………………………… 251
12.9.2 检测项目及要求…………………… 251
12.9.3 技术要求…………………………… 251
12.9.4 检测方法…………………………… 252
12.9.5 检测设备…………………………… 253
12.10 防火分隔设施和消防电梯的检测 ……………………………… 253
12.10.1 检测依据 ……………………… 253
12.10.2 检测项目及要求 ……………… 253
12.10.3 技术要求 ……………………… 254
12.10.4 检测方法 ……………………… 254
12.10.5 检测设备 ……………………… 255
能力训练题…………………………………… 255
附录 检测仪器作业指导 …………………………………………………… 257
附录一 WTS-3.5Z 感温探测器试验装置…………………………………… 257
附录二 YTS-3.7 感烟探测器试验装置…………………………………… 257
附录三 ZSMS-1 水喷淋系统试水检测装置…………………………………… 258
附录四 SSZ-1 消火栓系统试水检测装置…………………………………… 259

附录五　TES-1330 数字式照度计 ……… 259
附录六　AVW-01 数字风速计…………… 260
附录七　P1000-ⅢB 数字微压计 ………… 261
附录八　工程 MS8200 数字万用表……… 261
附录九　HS5633A 数字声级计 ………… 262
附录十　VC60 数字兆欧表 …………… 262
附录十一　JDW-5 多功能工程坡度检测仪…………………………… 263
附录十二　PZ-B300 垂直度测定仪 …… 263
附录十三　TES-1360 温湿度计 ……… 264
附录十四　4102A/4105A 接地电阻测试仪…………………………… 264
附录十五　SJ 9-2Ⅱ电子秒表 ………… 265
附录十六　游标卡尺…………………… 265
附录十七　卷尺………………………… 265
附录十八　HCC-18 涂层测厚仪 ……… 265

附表 ………………………………………………………………………………………… 267

附表一　探测器检测记录表…………… 267
附表二　水喷淋系统末端试水装置检测记录表…………………………… 268
附表三　消火栓系统检测记录表……… 269
附表四　应急照明、疏散通道照度检测记录表…………………………… 270
附表五　风量、风速检测记录表……… 271
附表六　正压送风检测记录表………… 272
附表七　数字万用表测试记录表……… 273
附表八　报警声压检测记录表………… 274
附表九　绝缘电阻检测记录表………… 275
附表十　管道坡度检测记录表………… 276
附表十一　垂直度检测记录表………… 277
附表十二　环境温湿度检测记录表…… 278
附表十三　接地电阻检测记录表……… 279
附表十四　设备启动、延时检测记录表…………………………… 280
附表十五　数显游标卡尺测量记录表… 281
附表十六　钢卷尺测量记录表………… 282
附表十七　涂层厚度检测记录表……… 283

参考文献 …………………………………………………………………………………… 284

绪论

检测是人类认识自然、改造自然的重要手段，在科学研究、国防建设、工业生产、工程施工等诸多领域中，检测都是必不可少的过程，起着十分重要的作用。检测技术是一门综合性的技术，常常是集机电于一体的软硬件相结合的自动化、智能化系统，它涉及传感技术、微电子技术、控制技术、计算机技术、信号处理技术等众多技术领域。消防工程就是一个多系统、多学科、技术含量高且在建筑工程中属于独立的特殊工程项目，因此要求从事消防检测的工作者应具有深厚的多学科的知识底蕴。

检测是对检测项目中的性能、功能进行测量、检查、试验等，并将结果与标准规定要求进行比较，以确定每项设施的性能、功能是否适合所进行的活动。消防工程的检测就是利用现代测试手段，使用专用的先进设备、仪器和专用的测试系统，对建筑消防设施、电气设施进行全方位的检查、测量和测试，全面、科学、准确地反映设备、设施运行状态及确定其隐患、危险程度和准确位置。对检测对象的状态特征进行客观、准确的描述，并与国家消防规范和地方行业标准相比较，判断其是否合格，为设备的整修提供可靠的依据。

消防检测目前分为两项，即建筑消防设施检测和电气防火安全检测。建筑消防设施检测是指对建筑物内火灾自动报警系统、水灭火系统、气体灭火系统、泡沫灭火系统、干粉灭火系统、防排烟系统、防火分隔、安全疏散等防火灭火设备、设施的检测。电气防火安全检测是对供配电装置、低压配电线路和控制电器、室内配电线路、插座开关、照明装置和低压用电设备、接地和等电位联结等电气设施的检测。对新建、扩建、改建、修缮的消防工程，在竣工后所进行的消防检测，因为属于工程验收的一部分，所以有人又称之为验收检测。对已有的消防设施按照《中华人民共和国消防法》规定："对建筑消防设施每年应至少进行一次全面检测"。确保完好有效所进行的检测，通常又称之为年检，前一种检测是为了确保施工质量，后一种检测的目的是确保运行设施完好有效。

年度检测实际就是一种预知维修，也就是定期对设备进行监测与检查，视设备运行状态进行维修，国内有人称之为状态维修，过去我国设备的维修方式是采用前苏联的经验，按设备的维修周期定期进行维修，因为任何设备和其他的零部件都有它的寿命周期，所以对不同的设备，制定了不同检测周期和不同的检修内容。检修周期按大修、中修、小修划分。小修周期短，中修、大修时间长。但是对所定的时间间隔是很难掌握的，往往不到设备的检修周期，设备就发生了故障，丧失了产品应具备的功能。鉴于这些弊端美国军方首先在20世纪60年代，改定期维修为预知维修，用先进的仪器对设备状态进行检测，发现并确定故障部位和性质，分析故障的原因，预报故障的趋势，并提出相应措施对策。该方法很快被许多国家和其他行业所效仿，检测技术在各种行业都很快地发展。消防检测在西方经济发达国家已有几十年的历史，其技术、法规已比较完善。在我国，消防检测属于刚刚起步。但近20年来发展迅速，各地的检测机构不断成立，拥有了一大批消防专业检测人才。公安部2004年发布了《建筑消防设施检测技术规程》(GA 503—2004)，使我国消防检测工作逐渐走向了标准化、规范化，大大地推动了消防检测工作的发展。

消防工程常牵扯到千家万户的安全问题，为了预防火灾和减少火灾危害，加强应急救援工作，保护人身、财产安全，维护公共安全，国家制定了《中华人民共和国消防法》，该法对消防检测工作提出了明确规定："对建筑消防设施每年应至少进行一次全面检测，确保完好有效，检测记录应完整准确，存档备查"，"检测不符合消防技术标准和管理规定的，责令限期改正，逾期不改正的责令停止使用"。对消防检测机构的要求是"应当依法获得相应的资质、资格；依照法律、行政法规、国家标准、行业标准和执业准则，接受委托，提供消防技术服务，并对服务质量负责"。特别强调了检测机构职业道德问题，消防产品质量认证、消防设施检测等消防技术服务机构出具虚假文件的责令改正，处五万元以上十万元以下罚款，并对直接负责的主管人员和其他直接责任人处一万元以上五万元以下罚款，有违法所得的，并处没收违法所得；给他人造成损失的，依法承担赔偿责任；情节严重的，由原许可机关依法停止执业或者吊销相应资质、资格。中华人民共和国公安部令第 106 号文第二十一条规定：建设单位申请消防验收时要提供"消防设施、电气防火技术检测合格证明文件"。目前公安消防部门在严格执行这一决定，没有合格消防检测报告，一律不予验收，未经验收或验收不合格者，一律不准投入使用，这些法律、法规条文一方面强调了消防检测的重要性，同时也体现了党和人民政府对广大人民的关心和爱护。

检测质量关系到社会公共的安全，关系到人民生命和财产的安全，关系到社会经济的稳定发展；检测报告是公安消防部门和建设单位进行验收和日常消防监督管理的重要依据，是一份十分重要的技术文件，所以消防检测工作责任重大，为此要确保检测的质量和检测报告的真实可靠。

检测主要包括检验和测量两方面的意义。检验是分辨出被测参数量值所归属的某一范围带，以此来判别被测参数是否合格或现象是否存在。测量是把被测未知量与同性质的标准量进行比较，确定被测量对标准量的倍数，并用数字表示这个倍数的过程。

检测的任务不仅是对成品或半成品的检验和测量，而且为了检查、监督和控制某个生产过程或运动对象使之处于人们选定的最佳状况，需要随时检验和测量各种被测量的大小和变化等情况。这种对生产过程和运动对象实时定性检验和测量的技术又称为工程检测技术。

(1) 检测的意义

工业事故属于工业危险源，通常指人（劳动者）—机（生产过程和设备）—环境（工作场所）有限空间的全部或一部分，属于"人造系统"，绝大多数具有观测性和可控性。工业危险源状态的可观测的参数称为危险源的"状态信息"。状态信息是一个广义的概念，包括对安全生产和人员身心健康有直接或间接危害的各种因素，如反映生产过程或设备的运行状况正常与否的参数，作业环境中化学和物理危害因素、浓度或强度等。安全信息状态出现异常，说明危险源正在从相对安全的状态向即将发生事故的临界状态转化，提示人们必须及时采取措施，以避免事故发生或将事故的伤害和损失减至最低程度。安全检测依检测项目不同而异，种类繁多。根据检测的原理机制不同，大致可分为化学检测和物理检测两大类。化学检测是利用检测对象的化学性质指标，通过一定的仪器与方法，对检测对象进行定性或定量分析的一种检测方法。它主要用于有毒有害物质的检测，如有毒有害气体、水质和各种固体、液体毒物的测定。物理检测利用检测对象的物理量（热、声、光、磁等）进行分析，如噪声、电磁波、放射性、水质物理参数（水温、浊度、电导率等）等的测定均属物理方法。

随着现代工业生产的发展和科学技术的进步，现代生产装置的结构越来越复杂，功能越来越完善，自动化程度也越来越高，相应的安全问题也越来越严重，导致灾难性事故不断发生。在 1979～2005 年间部分国家发生的一些特大事故，其损失令人震惊。不但造成巨大的经济损失，而且造成严重的人员伤亡和环境污染，在社会上引起强烈的反响，严重影响了全球经济的可持续发展和社会稳定。例如，美国三里岛核电站和俄罗斯切尔诺贝利核反应堆的泄漏曾引起对核电站安全性的争议，对核能的发展产生了影响；美国“挑战者号”航天飞机失事使美国航天事业的发展一度陷于停顿，对整个行业产生了巨大影响；在我国，煤矿透水、天然气井喷、瓦斯爆炸和飞机坠毁等恶性伤亡事故已引起国际社会的关注。因此，必须开展安全检测技术研究，全面提高我国安全检测的科学技术水平。

(2) 检测的目的

安全检测的目的是为职业健康安全状态进行评价，为安全技术及设施进行监督，为安全技术措施的效果进行评价等提供可靠而准确的信息，达到改善劳动作业条件、改进生产工艺过程、控制系统或设备事故（故障）发生的目的。

① 能及时、准（正）确地对设备的运行参数和运行状况做出全面检测，预防和消除事故隐患。

② 对设备的运行进行必要的指导，提高设备运行的安全性和可靠性以及有效性，以期望把运行设备发生事故的概率降到最低水平，将事故造成的损失减小到最低程度。

③ 通过对运行设备进行检测、隐患分析和性能评估等，为设备的结构修改、设计优化和安全运行提供数据和信息。

总的来说，进行安全检测的目的就是确保设备的安全运行，预防和消除事故隐患，避免事故发生。

(3) 事故增加的原因

① 现代生产设备向大型化、连续化、快速化和自动化方向发展。

② 高新技术的采用对现代设备（特别是航天、航空、航海和核工业等部门）的安全性和可靠性提出了越来越高的要求。

③ 现有的大量生产设备老化，要求加强对其进行安全检测。

(4) 检测的任务

预测、查清、排除和治理各种有害因素是安全工程的重要内容之一。安全检测的任务是为安全管理决策和安全技术有效实施提供丰富的与不正常因素有关的连续或断续监视测量，有时还要取得反馈信息，用以对生产过程进行检查、监督、保护调整、预测，或者积累数据，寻求规律。广义的安全检测，是安全检测与安全监控的统称，认为安全检测是指借助于仪器、传感器、探测设备迅速而准确地了解生产系统与作业环境中危险因素与有毒因素的类型、危害程度、范围及动态变化的一种手段。

① 运行状态检测　设备运行状态检测的目的是了解和掌握设备的运行状态（正常与非正常工作状态），通过采用各种检测、测量、监视、分析和判断方法，结合系统的历史和现状，考虑环境因素，对设备运行状态进行评估，判断其处于正常或非正常状态，并对状态进行显示和记录，对异常状态做出报警，以便运行人员及时加以处理，并对设备运行过程中表现出来的隐患进行分析、性能评估，为合理使用和安全评估提供信息和基础数据。

通常设备的状态可分为正常状态、异常状态和故障状态三种情况。

a. 正常状态指设备的整体和局部没有缺陷，或虽有缺陷但性能仍在允许的限度以内。

b. 异常状态指设备的缺陷已有一定程度的扩展，使设备状态信号发生一定程度的变化。设备性能已劣化，但仍能维持工作，此时应注意设备性能的发展趋势，即设备应在监护下运行。

c. 故障状态则是指设备指标已有大的下降，设备已不能维持正常工作。设备的故障状态尚有严重程度之分，包括：已有故障萌生并有进一步发展趋势的早期故障；程度尚不严重，设备尚可勉强“带病”运行的一般功能性故障；已发展到设备不能运行，必须停机的严重故障；已导致灾难性事故的破坏性故障；由于某种原因瞬间发生突发紧急故障等。

② 安全检测和诊断　安全检测和诊断的任务是根据设备运行状态检测所获取的信息，结合已知的结构特性、参数以及环境条件，并结合该设备的运行历史（包括运行记录、曾发生过的故障及维修记录等），对设备可能要发生的或已经发生的故障进行预报、分析和判断，确定故障的性质、类别、程度、原因和部位，指出故障发生和发展的趋势以及后果，提出控制故障继续发展和消除故障的调整、维修及治理的对策措施，并加以实施，最终使设备复原到正常状态。

③ 设备的管理和维修　设备管理和维修方式的发展经历了三个阶段，即从早期的事后维修，发展到定期预防维修方式，现在正向视情维修发展。定期预防维修制度可以预防事故的发生，但可能出现过剩维修和不足维修的弊病。随着我国安全诊断技术的进一步发展和实施，我国的设备管理、维修工作将上升到一个新的水平，我国工业生产的设备完好率将会进一步提高，恶性事故将会逐渐得到控制，使我国的经济建设向更健康的方向发展。

（5）电气防火安全检测的目的和意义

为了防范电气火灾的发生，保障公民人身和财产安全，遵照“预防为主，防消结合”的消防工作方针，依照国家和地方有关消防管理和技术规范对电气防火安全的有关规定，采用现代高科技手段进行电气防火安全检测工作，发现被检测单位存在电气火灾隐患，应督促被检测单位及时采取措施整改。另外检测人员从被检测单位采集到的原始信息和数据，也可以作为火灾调查时的依据及改进电气设备安全运行状态的资料。电气防火工作的开展具有较强的社会效益和经济效益。

电气防火检测工作，实际上就是对电气设备火灾隐患状态的一种诊断。从仿生学观点看，电气设备的潜在隐患状态，就是一种疾病。检测（报告编写）人员就是医生，现场记录的是病人的信息，编写的报告就是病例和处方。

但是对电气火灾隐患的诊断，并不是那么容易，具有一定的复杂性。一种隐患征兆可能是多种隐患综合作用的结果，比如接线端子温度过高，是由接触松动（螺母压接不牢、弹簧垫失效）、锈蚀、烧蚀、铜铝连接或过负荷、谐波等现象造成的。这种特性决定了利用一种检测方法只能检测端子温度的高低，而不能确定引起高温的其他原因。另外，同一个隐患将表现出多种征兆，比如系统谐波的存在可使线路过负荷、中线性电流过大、自动开关无故跳闸、设备发热等，这一特性决定同一隐患可用不同的方法去诊断、去验证。电气设备的这些故障隐患现象的存在，不像人意识到自己一旦有病，就找医生主诉不适症状那样，它没有“自我”感觉，需要靠检测人员用五官或仪器去感知可能产生的隐患征兆，再加上电气系统是由多种部件组成的，运行中又要受到各种环境不确定因素的影响和约束，以及电气系统原因的随机性，从而增加了隐患诊断的复杂性和难度。

不过在检测中，只要想知道电气系统有无隐患，也很简单，用直观观察和仪器就能获得一些隐患信息，这也是各检测公司常用的方法。但是要想知道隐患的类型、性质、产生部位、程度和可能的发展趋势以及必须要采取的防范措施，必须从多角度采用不同的方法收集不同的隐患现象，根据不同隐患现象可能反映的隐患进行交叉综合诊断，才能达到真正的预防电气火灾的理想效果，而不受纯经济利益的影响。这就要求电气防火检测企业严格按照质量管理体系的要求运行和操作。

（6）电气防火安全检测的对象和范围

电气防火安全检测有它特定的对象和范围，首先应从燃烧的原则角度看电气设备的设计、安装、运行和使用以及使用环境，是否符合消防安全规定，有没有潜在的能引发火灾可能性的参数和危险状态。不能随意扩大检测范围，否则就没有重点，捕捉不到与着火有关的信息，失去检测的作用。重点对象是各建筑内10kV以下电气系统的电气消防安全与易燃易爆场所的电气防爆，包括的范围有：变配电所的变压器、变配电装置、开关电器，电线电缆线路，照明插座，防爆电器等。主要检测要点如下。

① 电气设备和线路运行中的热状态参数。

② 电气设备和线路安装对建筑耐火性能破坏与抑制火灾蔓延的措施。

③ 对能引发电气火灾参数的监视与控制措施的完好性。

④ 电气设备和线路绝缘材料的可燃性，与环境可燃物相对位置及采用的危险性。

⑤ 安装中遗留的不规范现象与火灾隐患。

⑥ 电气接地系统。

⑦ 其他与电气火灾相关的设备、部件与环境。

1 检测技术的基础知识

改革开放以来，我国建筑业的发展突飞猛进，多层、高层建筑在全国各地一座座地矗立起来。消防工程作为建筑工程中的重要项目也随之而起，得到了快速的发展。火灾自动报警系统、防排烟系统、自动喷水灭火系统、消火栓系统、气体和泡沫灭火系统等都得到了推广和实施，这些系统不仅安装的数量在逐渐增多，而且科技含量也在不断地提高。

消防工程是一个多学科的科技含量较高的系统工程，它关系到人民的生命和财产安全。所以对消防工程的安全系数要求是必须达到百分之百。为了达到百分之百的安全系数，国家特地制定了《中华人民共和国消防法》及相应条文、条例，强调了建设工程的消防设计、施工必须符合国家工程建设消防技术标准。建设、设计、施工、工程监理等单位要依法对建设工程的消防设计、施工质量负责。为了保证消防工程的质量，特别强调了消防工程必须进行检测，这样就为消防检测工作提供了一个很大的市场，这个行业一定会以高速的姿态稳步发展，而且其发展远景是无可限量的。

1.1 检测学基础知识

1.1.1 测量误差的基本概念

测量是一个变换、放大、比较、显示、读数等环节的综合过程。

在测量过程中，由于所选用的测试设备或实验手段不够完善，周围环境中存在各种干扰因素以及检测技术水平的限制等原因，必然使测量值和真值（被测对象某个参数的真实量值）之间存在着一定的差值，这个差值被称为测量误差。虽然人们可以将测量误差控制得越来越小，但真值永远是难以测量得到的，测量误差自始至终都会存在于一切测量之中。

测量误差的存在会影响人们对事物及其状态认识的准确性，因此无论在理论上还是在实践中，研究测量误差有着非常重要的现实意义。

① 研究测量误差能正确认识误差的性质，分析误差产生的原因，以利于寻求减少产生误差的途径。

② 有助于正确处理工程数据，并通过合理计算，在一定的条件下获得更准确、更可靠的测量结果。

③ 有助于合理设计或者选择检测或试验用的仪器仪表，选择合适的测量条件及测量方法，从而能够尽量在较经济的条件下，得到预期的参考值。

1.1.1.1 真值

真值即为被测量的真实值。真值是客观存在的，一般无法通过测量知道。因此，在实际工作中常用约定真值或相对真值来代替理论真值。

（1）约定真值

根据国际计量委员会通过并发布的各种物理参量单位的定义，利用当今最先进的科学技术复现这些实物的单位基准，其值被公认为国际或国家基准，称为约定真值。

例如，保存在国际计量局的1kg铂铱合金原器就是1kg质量的约定真值。在各地的实践中通常用这些约定的真值进行量值传递，也可对低一等级的标准量值（标准器）或标准仪器进行对比、计量和校准。

各地可用经过上级法定计量部门按规定定期送检、校检过的标准器或标准仪及其修正值作为当地相应物理参量单位的约定真值。

（2）相对真值

在实际的测量过程中，能够满足规定准确度的情况下，用来代替真值使用的值被称做相对真值。如果高一级检测仪器（计量器具）的误差仅为低一级检测仪器误差的1/10～1/3，则可认为前者是后者的相对真值。

例如，高精度石英钟的计时误差通常比普通机械闹钟的计时误差小1～2个数量级以上，因此高精度的石英钟可视为普通机械闹钟的相对真值。

1.1.1.2　标称值

标称值是指计量或测量器具上标注的量值。

例如：天平上标注的1g、精密电阻器上标注的100Ω等。由于制造工艺的不完备或环境条件发生变化，使这些计量或测量器具的实际值与其标称值之间存在一定的误差，所以，在给出标称值的同时，也应给出它的误差范围或精度等级。

1.1.1.3　示值

示值，也叫测量值或读数，是指检测仪器（或系统）指示或显示（被测参量）的数值。

由于传感器不可能绝对精确，信号调理以及模数转换等都不可避免地存在误差，加上测量时环境因素和外界干扰的存在，以及测量过程可能会影响被测对象原有状态等原因，都可能使得示值与实际值存在偏差。

1.1.2　测量误差的表示方法

在实际测量中，可将测量误差表示为绝对误差、相对误差、引用误差、允许误差等。

1.1.2.1　绝对误差

测量值（即示值）x_0 与被测量的真值 x 之间的代数差值 Δx 称为测量值的绝对误差。

即
$$\Delta x = x - x_0 \tag{1-1}$$

式中　x——可为约定真值，也可以是由高精度标准器所测得的相对真值；

Δx——绝对误差，说明了系统示值偏离真值的大小，其值可正可负，具有和被测量相同的量值。

在标定或校准检测系统测量仪器时，常采用比较法，即对于同一被测量，将标准仪器（具有比测量仪器更高的精度）的测量值作为近似真值 x，与被校检测系统的测量值 x' 进行比较，它们的差值就是被校检测系统测量示值的绝对误差。

如果它是一恒定值，即为检测系统的系统误差。该误差可能是系统在非正常工作条件下使用而产生的，也可能是其他原因所造成的附加误差。此时对检测仪表的测量示值应加以修正，修正后才可得到被测量的实际值 x''。

1.1.2.2　相对误差

测量值（即示值）的绝对误差 Δx 与被测参量真值 x 的比值，称为检测系统测量值（示值）的相对误差 σ，该值无量纲，常用百分数表示，即：

$$\delta = \frac{\Delta x}{x} \times 100\% = \frac{x - x_0}{x} \times 100\% \tag{1-2}$$

这里的真值可以是约定真值，也可以是相对真值。工程上，在无法得到本次测量的约定真值和相对真值时，常在被测参量（已消除系统误差）没有发生变化的条件下重复多次测量，用多次测量的平均值代替相对真值。

用相对误差通常比用绝对误差更能说明不同测量的精确程度，一般来说相对误差值越小，其测量精度就越高。

有时在评价测量仪表的精度或测量质量时，利用相对误差作为衡量标准也不是很准确。例如，用任一确定精度等级的检测仪表测量一个靠近测量范围下限的小量，计算得到的相对误差通常总比测量接近上限的大量（如 2/3 量程处）得到的相对误差大得多，故引入引用误差的概念。

1.1.2.3 引用误差

测量值的绝对误差 Δx 与仪表的满量程 L 之比值，称为引用误差 γ，引用误差 γ 通常以百分数表示：

$$\gamma=\frac{\Delta x}{L}\times 100\% \tag{1-3}$$

与相对误差的表达式比较可知：在 γ 的表达式中用量程 L 代替了真值 x，虽然使用起来更为方便，但引用误差的分子仍为绝对误差 Δx。由于仪器仪表测量范围内各示值的绝对误差 Δx 不同，为了更好地说明测量精度，引入最大引用误差的概念。

在规定的工作条件下，当被测量平稳增加或减少时，在仪表全量程内所测得的各示值的绝对误差最大值的绝对值与满量程 L 的比值的百分数，称为仪表的最大引用误差，如式(1-4)所示：

$$\gamma_{\max}=\frac{|\Delta x_{\max}|}{L}\times 100\% \tag{1-4}$$

最大引用误差是测量仪表基本误差的主要形式，故常称为测量仪表的基本误差。它是测量仪表最主要的质量指标，能很好地表征测量仪表的测量精度。

1.1.2.4 允许误差

允许误差是指测量仪表在规定的使用条件下，可能产生的最大误差范围，它也是衡量测量仪表的最重要的质量指标之一。测量仪表的准确度、稳定度等指标都可用容许误差来表征。按照部颁标准《电子仪器误差的一般规定》（SJ943—82）的规定，容许误差可用工作误差、固有误差、影响误差、稳定性误差来描述，通常直接用绝对误差表示。

1.1.3 测量误差的分类

在测量过程中，为了评定各种测量误差，从而对误差进行分析和处理，就需要对测量误差进行分类。按照不同的分类形式测量误差可做如下分类。

1.1.3.1 按误差出现的规律分类

① 系统误差　在相同条件下，多次测量同一被测参数时，误差的大小和符号保持不变或按某一确定的规律变化，这种测量误差被称为系统误差。

系统误差表明测量结果偏离真值或实际值的程度。系统误差越小，测量就越准确。所以还经常用准确度一词来表示系统误差的大小。总之，系统误差的特征是测量误差出现的有规律性和产生原因的可知性。系统误差的产生原因和变化规律一般可通过实验和分析得出。因此，系统误差可被设法确定并消除。但应指出，系统误差是不容易被发现、不容易被确定的。

② 随机误差　随机误差又称偶然误差，它是指在相同条件下多次重复测量同一被测参数时，测量误差的大小与符号均无规律变化，这类误差被称为随机误差。

随机误差表现了测量结果的分散性，通常用精密度来表征随机误差的大小。随机误差越大，精密度越低；反之，随机误差越小，精密度越高，即表明测量的重复性越好。

随机误差主要是由于检测仪器或测量过程中某些未知或无法控制的随机因素（如仪器的某些元器件性能不稳定，外界温度、湿度变化，空中电磁波扰动，电网的畸变与波动等）综合作用的结果。

随机误差的变化通常难以预测，因此也无法通过实验方法确定、修正和消除。但是通过足够多的测量比较可以发现随机误差服从某种统计规律（如正态分布、均匀分布、泊松分布等）。

③ 疏忽误差　在相同条件下，多次重复测量同一被测参数时，测量结果显著地偏离其实际值时所对应的误差，这类误差称为疏忽误差。

从性质上看，疏忽误差并不是单独的别类，它本身既可能具有系统误差的性质，也可能具有随机误差的性质，只不过在一定的测量条件下其绝对值特别大而已。疏忽误差一般由外界重大干扰、仪器故障或不正确的操作等原因引起。存在疏忽误差的测量值被称为异常值或坏值，一般容易被发现。发现后应立即剔除。在评价测量结果时，常采用系统误差和随机误差来衡量。

1.1.3.2　按误差来源分类

研究测量误差的来源，可以指导人们改进测量方法，提高测量技术的水平，采取相应的措施以降低误差对测量结果的影响。在测量过程中，根据误差产生的原因可将误差分为以下几种。

① 仪器误差　在测量过程中由于所使用的仪器本身及其附件的电气、机械等特征不完善所引起的误差称为设备误差。例如，由于刻度不准确、调节机构不完善等原因造成的误差，内部噪声引起的误差，元件老化、环境改变等原因造成的稳定性误差。在测量中，仪器误差往往是主要的。

② 方法误差　由于所采用的测量原理或测量方法的不完善所引起的误差，如定义的不严密以及在测量结果的表达式中没有反映出其影响因素，而在实际测量中又在原理和方法上起作用的这些因素。所引起的并未能得到补偿或修正的误差，称为方法误差。

③ 环境误差　测量过程中，周围环境对测量结果也有一定的影响。由于实际测量时的工作环境和条件与规定的标准状态不一致，而引起测量系统或被测量本身的状态变化所造成的误差，称为环境误差，比如温度、大气压力、湿度、电源电压、电磁场等因素引起的误差。

④ 人员误差　人员误差又称主观误差，是由进行测量的操作人员的素质条件所引起的误差。例如，由于测量人员的分辨能力、反应速度、感觉器官、情绪变化等心理或固有习惯（如读数的偏大或偏小等）、操作经验等因素，在测量过程中会引起一定的误差，这部分误差就称为人员误差。

1.1.3.3　按被测量随时间变化的速度分类

① 静态误差　静态误差是指在测量过程中，被测量随时间缓慢变化或基本不变时的测量误差。

② 动态误差　动态误差是指在被测量随时间变化很快的过程中测量所产生的附加误差。动态误差是由于测量系统（或仪表）的各种惯性对输入信号变化响应上的滞后，或者输入信号中不同频率成分通过测量系统时，受到不同程度的衰减或延迟所造成的误差。

1.1.3.4　按使用条件分类

① 基本误差　基本误差是指测量系统在规定的标准条件下使用时所产生的误差。所谓标准条件，一般是指测量系统在实验室（或制造厂、计量部门）标定刻度时所保持的工作条件，如电源电压 220V±5%，温度（20±5)℃，湿度小于 80%，电源频率 50Hz 等。

② 附加误差　当使用条件偏离规定的标准条件时，除基本误差外还会产生附加误差，例如由于温度超过标准温度引起的温度附加误差，电源波动引起的电源附加误差以及频率变化引

起的频率附加误差等。

1.1.3.5　按误差与被测量的关系分类

① 定值误差　定值误差是指误差对被测量来说是一个定值，不随被测量变化。这类误差可以是系统误差，如直流回路中存在热电动势等，也可以是随机误差，如检测系统中执行电机的启动引起的电压误差等。

② 累计误差　在整个检测系统量程内误差值 Δx 与被测量 x 成比例地变化，即：

$$\Delta x=\gamma_{s}x \tag{1-5}$$

式中，γ_{s} 为比例常数。可见，Δx 随 x 的增大而逐步累积，故称为累积误差。

1.1.3.6　测量误差的分析与处理

(1) 系统误差的分析与处理

测量过程中往往存在系统误差，在某些情况下系统误差的数值还比较大。系统误差产生的原因大体上有：测量时所用的工具（仪器、量具等）本身性能不完善或安装、布置、调整不当而产生的误差；在测量过程中因温度、湿度、气压、电磁干扰等环境条件发生变化所产生的误差；因测量方法不完善或者测量所依据的理论本身不完善等原因所产生的误差；因操作人员视读方式不当造成的读数误差等。

对于新购的测量仪表，尽管在出厂前生产厂家已经对仪表的系统误差进行过精确的校正，但一旦安装到用户使用现场，可能会因仪表的状态改变而产生新的、甚至是很大的系统误差，为此需要进行现场调试和校正。同时，由于测量仪表在使用过程中会因元器件老化、线路板及元器件上积尘、外部环境发生某种变化等原因而造成测量仪表系统误差的变化，因此需要对测量仪表进行定期检验与校准。

① 系统误差的发现　系统误差的数值往往比较大，必须消除系统误差的影响，才能有效地提高测量精度。为了消除或减小系统误差，首先碰到的问题是如何发现系统误差。在测量过程中形成系统误差的因素是复杂的，通常人们还难以查明所有的系统误差，也不可能全部消除系统误差的影响。发现系统误差必须对具体测量过程和测量仪器进行全面的仔细的分析，这是一件既困难又复杂的工作。

② 定值系统误差的确定　当怀疑测量结果中有定值系统误差时，可以采取下列一些方法来进行检查和判断。

a. 校准和对比。由于测量仪器是系统误差的主要来源，因此，必须首先保证它的准确度符合要求。为此应对测量仪器进行定期检定，给出校正后的修正值（数值、曲线、表格或公式等）。发现定值系统误差，利用修正值在一定程度上消除定值系统误差的影响。有的自动测量系统可利用自校准方法来发现并消除定值系统误差。当无法通过标准器具或相近的仪器进行对比时，可观察测量结果的差异，以便提供一致性的参考数据。

b. 改变测量条件。不少定值系统误差与测量条件及实际工作情况有关。即在某一测量条件下为一正确不变的值，而当测量条件改变时，又为另一确定的值。对这类检测系统需要逐个改变外界的测量条件，分别测出两组或两组以上数据，比较其差异，来发现和确定仪表在其允许的不同状态条件下的系统误差。同时还可以设法消除系统误差。

如果测量数据中含有明显的随机误差，则上述系统误差可能被随机误差的离散性所掩盖。在这种情况下，需要借助于统计学的方法。

c. 理论计算及分析。因测量原理或测量方法使用不当引入系统误差时，可以通过理论计算分析的方法来加以修正。

③ 变值系统误差　是误差数值按某一确切规律变化的系统误差。因此，只要有意识地改变测量条件或分析测量数据变化的规律，便可以判断是否存在变值系统误差。一般对于确定含

有变值系统误差的测量结果，原则上应舍去。

a. 累进性系统误差的检查。由于累进性系统误差的特征是其数值随着某种因素的变化而不断增加或减小，因此，必须进行多次等精度测量，观察测量数据或相应的残差变化规律。把一系列等精度重复测量的测量值及其残差按测量时的先后次序分别列表，仔细观察和分析各测量数据残差值大小和符号的变化情况，如果发现残差序列呈有规律递增或递减，且残差序列减去其中值后的新数列在以中值为原点的数轴上呈正负对称分布，则说明测量存在累进性的线性系统误差。如果累进性系统误差比随机误差大得多，则可以明显地看出其上升或下降的趋势。

b. 周期性系统误差的检查。如果发现偏差序列呈有规律的交替重复变化，则说明测量存在周期性系统误差。当系统误差比随机误差小时，就不能通过观察来发现系统误差，只能通过专门的判断准则才能较好地发现和确定。

(2) 系统误差的消除

在测量过程中，发现有系统误差存在时，必须进一步分析比较，找出可能产生系统误差的因素以及减小和消除系统误差的方法。但这些方法和具体的测量对象、测量方法、测量人员的经验有关，因此要找出普遍有效的方法比较困难。

① 引入修正值法　这种方法是预先将测量仪器的系统误差检定或计算出来，做出误差表或误差曲线，然后取与误差数值大小相同而符号相反的值作为修正值，将实际测得值加上相应的修正值，即可得到不包含该系统误差的测量结果。

由于修正值本身也包含一定的误差，因此用修正值消除系统误差的方法，不可能将全部的系统误差修正掉，总要残留少量的系统误差。对这种残留的系统误差则应按随机误差进行处理。

② 零位式测量法　在测量过程中，用指零仪表的零位指示测量系统的平衡状态，在测量系统达到平衡时，用已知的基准量决定被测未知量的测量方法，称为零位式测量法。应用这种方法进行测量时，标准器具装在仪表内。在测量过程中，标准量值与被测量相比较；调整标准量，一直到被测量与标准量相等，即使指零仪表回零。

零位式测量法的测量误差主要取决于参加比较的标准仪器的误差，而标准仪器的误差是可以做得很小的。零位式测量必须使检测系统有足够的灵敏度。

③ 替换法　替换法是用可调的标准器代替被测量接入检测系统中，然后调整标准器。使检测系统的指示与被测量接入时相同，则此时标准器的数值等于被测值。

与零位式相比较，替换法在两次测量过程中，测量电路即指示器的工作状态均保持不变。因此，检测系统的精确度对测量结果基本上没有影响，从而消除了测量结果中的系统误差；测量的精确度主要取决于标准已知量，对指示器只要有足够高的灵敏度即可。

④ 对照法　在一个监测系统中，改变一下测量安排，测出两个结果，将这两个测量结果相互对照，并通过适当的数据处理，可对测量结果进行改正。这种方法为对照法。

⑤ 交叉读数法　交叉读数法也称对称测量法，是减小线性系统误差的有效方法。如果测量仪器在测量过程中存在线性系统误差，那么在被测量值保持不变的情况下，其重复测量值也会随时间的变化而线性增加或减小。若选定整个测量时间范围内的某时刻为中点，则对称于此点的各对测量值的和都相同。根据这一特点，可在时间上将测量顺序等间隔地对称安排，取各对称点两次交叉读入测量值，然后取其算术平均值作为测量值，即可有效地减小测量的线性系统误差。

⑥ 半周期法　对周期性系统误差，相隔半个周期进行一次测试，取两次读数的算数平均值作为测量值，此方法称为半周期法。因为相差半周期的两次测量，其误差在理论上具有大小相等、符号相反的特征，所以这种方法在理论上能有效地减小或消除周期性系统误差。

(3) 随机误差的分析与处理

① 随机误差的分析　随机误差是由测量实验中许多独立因素的微小变化而引起的。例如温度、湿度均不停地围绕各自的平均值起伏变化。所有电源的电压值也时刻不停地围绕其平均值起伏变化等。这些互不相关的独立因素是人们不能控制的。它们中的某一项影响极其微小，但很多因素的综合影响就造成了每一次测量值的无规律变化。

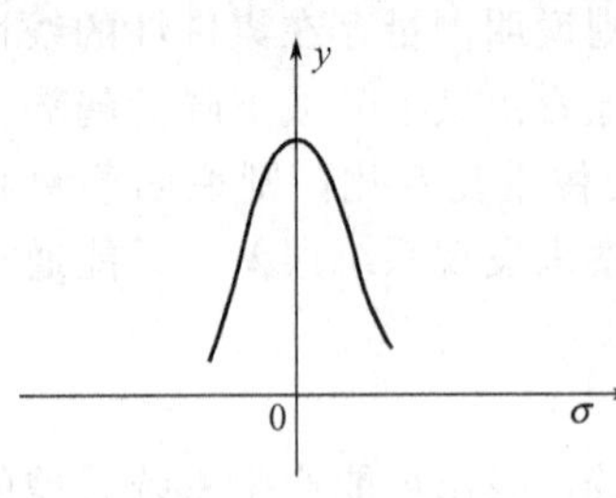

图 1-1　随机误差正态分布曲线

就单次测量的随机误差的个体而言，其大小和方向都无法预测也不可控制，因此无法用实验的方法加以消除。但就随机误差的总体而言，则具有统计规律性，服从某种概率分布，随机误差的概率分布有：正态分布、均匀分布、t 分布、反正弦分布、梯形分布、三角分布等。绝大多数随机误差服从正态分布，因此。正态分布规律占有重要地位。随机误差正态分布曲线如图 1-1 所示。

正态分布的随机误差，其概率密度函数为：

$$y(\delta)=\frac{1}{\sigma\sqrt{2\pi}}\exp\left(\frac{-\delta^2}{2}\right)=\frac{1}{\sigma\sqrt{2\pi}}\exp\frac{-(X_i-X_0)^2}{2\sigma^2} \tag{1-6}$$

大量实验表明，随机误差服从以下统计特性。

a. 对称性：绝对值相等的正误差与负误差出现的次数相等。

b. 单峰值：绝对值小的误差比绝对值大的误差出现的次数低。

c. 有界性：在一定的测量条件下，随机误差的绝对值会超过一定的界限。

d. 抵偿性：当测量次数增加时，随机误差的代数和趋于零。

因此，对于多次测量中的随机误差可以采用统计学方法来研究其规律和处理测量数据，以减弱其对测量结果的影响，并且估计出其最终残留影响的大小。对于随机误差所做的概率统计处理是在完全排除了系统误差的前提下进行的。

② 随机误差的处理方法

a. 若无系统误差存在，当测量次数 n 无限增大时，测量值的算术平均值与真值就无限接近。因此，如果能对某一被测量值进行无限次测量，就可以得到基本不受随机误差影响的测量结果。

b. 极限误差也称最大误差，是对随机误差取值最大范围的概率统计。研究表明，若均方根误差为 σ，则随机误差落在 $\pm3\sigma$ 范围内的概率为 99.7%以上，落在 $\pm3\sigma$ 范围外的机会相当小。因此，工程上常用 $\pm3\sigma$ 估计随机误差的范围。取 $\pm3\sigma$ 作为极限误差，超过 $\pm3\sigma$ 的作为疏忽误差处理。

(4) 疏忽误差的分析与处理

疏忽误差的数值比较大，它会对测量结果产生明显的歪曲。　一旦发现含有疏忽误差的测量值，即坏值，应将其从测量结果中剔除。

① 疏忽误差产生的原因

a. 测量人员的主观原因　产生疏忽误差的主要原因是由于测量者工作责任感不强、操作不当、工作过于疲劳或者缺乏经验等，从而造成了错误数据或错误的记录。

b. 客观外界条件的原因　由于测量条件意外地改变（如机械冲击、外界振动等），引起仪器示值或被测对象位置的改变而产生疏忽误差。

② 疏忽误差的分析

a. 定性分析　对测量环境、测量条件、测量设备、测量步骤进行分析，看是否有某种外部条件或测量设备本身存在突变而瞬时破坏；测量操作是否有差错或等精度测量过程中是否存在其他可能引发起大误差的因素；由同一操作者或另换有经验的操作者再次重复进行前面的（等精度）测量，然后再将两组测量数据进行比较，或与由不同测量仪器在同等条件下获得的结果进行比较，以分析该异常数据出现是否“异常”，进而判定该数据是否为疏忽误差。这种判断属于定性判断，无严格的规则，应细致、谨慎地实施。

b. 定量分析　就是以统计学原理和误差理论等相关专业知识为依据，对测量数据中异常值的“异常程度”进行定量计算，以确定该异常数据的出现是否为应剔除的坏值。这里所谓的定量计算是相对上面的定性分析而言的，它是建立在等精确度测量符合一定的分布规律和置信概率基础上的，因此并不是绝对的。

c. 疏忽误差的处理　对疏忽误差，除了设法从测量结果中发现和鉴别而加以剔除外，更重要的是要加强测量者的工作责任心，以严格的科学态度对待测量工作。在测量过程中，必须实事求是地记录原始数据，并注明有关情况。在整理数据时，应舍弃有明显错误的数据。在充分分析和研究测量数据的基础上，判断测量值是否含有疏忽误差。此外，还要保证测量条件的稳定，避免在外界干扰下产生疏忽误差。

在某些情况下，为了及时发现与防止测得值中的疏忽误差，可采用不等精度测量和互相之间进行校核的方法。例如，对某一被测值，可由两位测量者进行测量、读数和记录，或者用两种不同仪器、不同方法进行测量。

1.1.4　测量数据处理的基本方法

在日常生活中遇到的是用数字表示出来的数。根据数字占有的位数是否有效，可把数分为两大类。一类是有效位数为无限的数，这类数多为纯数学计算的结果，另一类则是有效位数为有限的数，这类数多与实际相联系，不能单凭数学上的运算而任意确定其有效位数，而是要结合实际，恰当地表示出所要表示的量或所具有的精度。后者的有效位数要受到原始数据所能达到的精度、获取数据的技术水平、获取数据所依据的理论等因素的限制。

1.1.4.1　有效数字

由数字组成的一个数，除最末一位数字是不确切值或可疑值外，其他数字皆为可靠值或确切值，则组成该数的所有数字包括数值数字就被称为有效数字，除有效数字外其余数字均为多余数字。

1.1.4.2　有效数字的判定准则

在测量或计算中应取多少位有效数字，是由测量准确度决定的，即有效数字的位数应与测量准确度等级是同一量级。可根据下述准则判定。

① 对不需要标明误差的数据，其有效位数应取到最末一位数字为可疑数字（也称不确切或参考数字）。

② 对需要标明误差的数据，其有效位数应取到与误差同一数量级。

③ 测量误差的有效位数应按以下判定。

a. 一般情况下，只取一位有效数字。

b. 对重要的或是比较精密的测量，处于中间计算过程的误差，为避免化整误差过大，表示误差的第一个数字为 1 或 2 时，应取三位有效数字。

c. 在进行误差计算的过程中，为使最后的计算结果可靠，最多取三位有效数字。

d. 根据需要有时应计算误差的误差，则误差的误差皆取一位有效数字，而误差的有效位数应取到与误差的误差相同的数量级。

④ 算术平均值的有效位取到与所标注的误差同一数量级；用算术平均值计算出的剩余误差，大部分具有两位，对特别精密的测量可有三位有效数字；因计算和化整所引起的误差，不

应超过最后一位有效数字的一个单位。

⑤ 在各种运算中，数据的有效位数判定如下。

a. 在对多项数值进行加、减运算时，各运算数据以小数位数最少的数据位数为准，其余各数均向后多取一位，运算数据的项数过多时，可向后多取两位有效数字，但最后结果应与小数位数最少的数据的位数相同。

b. 在几个数进行乘、除运算时，各运算数据应以有效位数最少的数据为准，其余各数据要比有效位数最少的数据位数多取一位数字，而最后结果应与有效位数最少的数据位数相同。

c. 在对一个数进行开方或乘方运算时，所得结果可比原数多取一位有效数字。

d. 在进行对数运算时，所取对数的位数应与真数的有效数字的位数相等。

e. 在进行三角运算时，所取函数值的位数应随角度误差的减小而增多。

以上是针对数据量较少的情况下提出的，对于大量数据的运算，还应当以概率论及数理统计的原理做进一步的研究。

1.1.4.3 有效数字的化整规则

在对数值判定应取的有效位数以后，就应当把数中的多余数字舍弃并进行化整，为了尽量缩小因舍弃多余数字所引起的误差，应当根据下述原则把数字化整。

若舍去部分的数值小于保留部分末位的半个单位，则末位不变。例如，将下列数据保留到小数点后第二位：1.4348→1.43（因为 0.0048＜0.005）。

若舍去部分的数值大于保留部分末位的半个单位，则末位加 1。例如，将下列数据保留到小数点后第二位：1.43521→1.44（因为 0.00521＞0.005）。

若舍去部分的数值等于保留部分末位的半个单位，则末位凑成偶数，即末位为偶数时不变，为奇数时加 1。例如，将下列数据保留到小数点后第二位：1.2350→1.24 因为 0.0050＝0.005）。

由于数字舍入引起的误差称为舍入误差，按上述规则进行数字舍入所产生的舍入误差不超过保留数字最末位的半个单位。

把带有舍入误差的有效数字进行各种运算后，所得计算结果的误差可用代数关系推导出各种运算结果的误差计算公式。

1.1.4.4 数据处理方法

通过测量获取一系列数据，进行深入的分析，就可以得到各参数之间的关系。可用数学解析的方法导出各参量之间的函数关系，这就是数据处理的任务。测量数据处理采用的方法有表格法、图示法和经验公式法。

（1）表格法

用表格来表示函数的方法称为表格法。在科学实验中，常将一系列测量数据填入事先列成的表格，然后再进行其他处理。表格法简单方便，但要进行深入的分析，表格就显得不适用了。原因主要有以下两点。

① 不能给出所有的函数关系。

② 从表格中不易看出自变量变化时函数的变化规律。

（2）图示法

所谓图示法，是指用图形来表示函数之间的关系。图示法的优点是一目了然，即从图形可非常直观地看出函数的变化规律，如递增性或递减性、最大值或最小值、是否具有周期性变化规律等。但是从图形上只能看出函数变化关系而不能进行数学分析。

（3）经验公式法

测量数据不仅可用图形表示出函数之间的关系，而且可用与图形对应的公式来表示所有的测量数据。当然这个公式不能完全准确地表达全部数据，所以常把与曲线对应的公式称为经验公式。应用经验公式可以研究各自变量与函数之间的关系。

1.1.4.5　一元线性与非线性回归

如果两个变量 x 和 y 之间存在一定关系，并通过测量获得 x 和 y 的一系列数据，则用数学处理的方法就可得出这两个变量之间的关系式，这就是工程上所说的拟合问题，也是回归分析的内容之一。所得关系式称为经验公式，也称拟合方程。

如果两个变量之间的关系是线性关系，就称为直线拟合，也称一元线性回归。如果两个变量之间的关系是非线性关系，则称为曲线拟合或称为一元非线性回归。对于典型的曲线方程可通过曲线化直法转换为直线方程，即直线拟合问题。拟合方法通常有：端值法、平均法、最小二乘法。在实际测量中，两个变量之间的关系除了一般常见的线性关系外，有时也呈现非线性关系，即两变量之间是某种曲线关系。对这种非线性回归曲线的拟合问题，可根据以下方法和步骤处理。

① 根据测量数据（x，y）绘制图形。

② 由绘制的曲线图形分析确定其属于何种函数类型。

③ 根据已确定的函数类型确定坐标，将曲线方程变为直线方程，即曲线化直线。

④ 根据变换的直线方程，采取某种拟合方法确定直线方程中的未知量。

⑤ 求出直线方程中的未知量后，将该直线方程反变换为原来的曲线方程，即为最后所得的与曲线图形对应的曲线方程。

1.2　检测信号分析基础

信号是随着时间变化的物理量（电、光、文字、符号、图像、数据等），可以认为它是一种传载信息的函数。

一个信号，可以指一个实际的物理量（最常见的是电量），也可以指一个数学函数，例如：$y(t)=A\sin(\omega t+\varphi)$，它既是正弦信号，也是正弦函数，在信号理论中，信号和函数可以通用。总之，可以认为：

① 信号是变化着的物理量或函数；

② 信号中包含着信息，是信息的载体；

③ 信号不等于信息，必须对信号进行分析和处理后，才能从信号中提取出信息。

信号分析是将一复杂信号分解为若干简单信号分量的叠加，并以这些分量的组成情况去考察信号的特性。这样的分解，可以抓住信号的主要成分进行分析、处理和传输，使复杂问题简单化。实际上，这也是解决所有复杂问题最基本、最常用的方法。

信号处理是指对信号进行某种变换或运算（滤波、变换、增强、压缩、估计、识别等）。其目的是消弱信号中的多余成分，滤除夹杂在信号中的噪声和干扰，或将信号变换成易于处理的形式。广义的信号处理可把信号分析也包括在内。

信号处理包括时域处理和频域处理。时域处理中最典型的是波形分析，示波器就是一种最通用的波形分析和测量仪器。把信号从时域变换到频域进行分析和处理，可以获得更多的信息，因而频域处理更为重要。信号频域处理主要指滤波，即把信号中的有效信号提取出来，抑制（削弱或滤除）干扰或噪声的一种处理。进行信号分析的方法通常分为时域分析和频域分析。由于不同的检测信号需要采用不同的描述、分析和处理方法，因此，要对检测信号进行分类。

（1）静态信号、动态信号

静态信号：是指在一定的测量期间内，不随时间变化的信号。

动态信号：是指随时间的变化而变化的信号。

(2) 连续信号、离散信号

连续信号：又称模拟信号，是指信号的自变量和函数值都取连续值的信号。

离散信号：是指信号的时间自变量取离散值，但信号的函数值取连续值，这类信号被称为时域离散信号。如果信号的自变量和函数值均取离散值则为数字信号。

(3) 确定性信号、随机信号

确定性信号：可以根据时间历程记录是否有规律地重复出现，或根据是否能展开为傅里叶级数，而把确定性信号划分为周期信号和非周期信号两类。周期信号又可分为正弦周期信号和复杂周期信号，非周期信号又可分为准周期信号和瞬态信号。

随机信号：根据一个试验，不能在合理的试验误差范围内预计未来时间历程记录的物理现象及描述此现象的信号和数据，就认为是非确定性的或随机的。

1.2.1 检测系统的可靠性

随着科学技术的发展，对检测与转换装置的可靠性要求愈来愈高。通常，检测系统的作用是不仅提供实时测量数据，而且往往作为整个自动化系统中必不可少的重要组成环节而直接参与和影响生产过程控制。因此，检测系统一旦出现故障就会导致整个自动化系统瘫痪，甚至造成严重的生产事故。特别是对可靠性要求极为敏感的航天、航空及核工业等领域，都要求极其可靠的检测与控制，以便保证安全、正常地工作。为此，必须十分重视检测系统的可靠性。

所谓可靠性是指在规定的工作条件和工作时间内，检测与转换装置保持原有产品技术性能的能力。

衡量检测系统可靠性的指标如下。

(1) 平均无故障时间 MTBF (mean time between failure)

MTBF 指检测系统在正常工作条件下开始连续不间断工作，直至因系统本身发生故障而丧失正常工作能力时为止的时间，单位通常为小时或天。

(2) 可信任概率 P

可信任概率表示在给定时间内检测系统在正常工作条件下保持规定技术指标（限内）的概率。

(3) 故障率

故障率也称失效率，它是 MTBF 的倒数。

(4) 有效度

衡量检测系统可靠性的综合指标是有效度，对于排除故障，修复后又可投入正常工作的检测系统，其有效度 A 定义为平均无故障时间与平均无故障时间和平均故障修复时间MTTR (mean time to repair) 之和的比值，即 $A=\mathrm{MTBF}/(\mathrm{MTBF}+\mathrm{MTTR})$。

对于使用者来说，当然希望平均无故障时间尽可能长，同时又希望平均故障修复时间尽可能短，也即有效度的数值越大越好，此值越接近 1，检测系统工作越可靠。

以上是检测系统的主要技术指标，此外检测系统还有经济方面的指标，如功耗、价格、使用寿命等。检测系统使用方面的指标有：操作维修是否方便，能否可靠安全运行，抗干扰与防护能力的强弱，重量、体积的大小，自动化程度的高低等。

1.2.2 检测系统的现场防护

工业生产现场通常具有易燃、易爆、高温、高压和有毒等特点，仪表在这些条件下工作，尤其是现场仪表、连接管线等直接与被测介质接触，受到各种化学介质的侵蚀。因此，在这些地方，信号的传输、仪器的防护都有严格的要求，要求应用检测仪表时，不得引燃、引爆现场这些危险介质，必须采用相应的防护措施，才能确保仪表正常运行。

（1）防爆

① 仪表防爆的基本原理　爆炸是由于氧化或其他放热反应引起的温度和压力突然升高的一种化学现象，它具有极大的破坏力。产生爆炸的条件如下。

a. 氧气（空气）。

b. 易爆气体。

c. 引爆源。

② 爆炸性物质和危险场所的划分　在化工、炼油生产工艺装置中，爆炸性物质被分为矿井甲烷、爆炸性气体和蒸气、爆炸性粉尘和纤维等三类。根据可能引爆的最小火花能量的大小、引燃温度的高低再进行分级分组。爆炸危险场所划分为气体爆炸危险场所和粉尘爆炸危险场所。

③ 防爆措施　仪表防爆就是要尽可能地减少产生爆炸的三个条件同时出现的概率。因此，控制易爆气体和引爆源就是两种最常见的防爆原理。另外，在仪表行业中还有另外一种防爆措施，就是控制爆炸范围。

仪表中常见的三种防爆措施如下。

① 控制易爆气体。人为地在危险场所（把同时具备发生爆炸所需的三个条件的工业现场称为危险场所）营造出一个没有易爆气体的空间，将仪表安装在其中。典型代表为正压型防爆方法Exp（Ex为防爆标志，Exp为正压型防爆标志）。其工作原理是：在一个密封的箱体内，充满不含易爆气体的洁净气体或惰性气体，并保持箱内气压略高于箱外气压，将仪表安装在箱内。常用于在线分析仪表的防爆和将计算机、PLC、操作站或其他仪表置于现场的正压型防爆仪表柜。

② 控制爆炸范围。人为地将爆炸限制在一个有限的局部范围内，使该范围内的爆炸不至于引起更大范围的爆炸。典型代表为隔爆型防爆方法Exd（Exd为防爆型防爆标志）。工作原理是：为仪表设计一个足够坚固的壳体，按标准严格地设计、制造和安装所有的界面，使在壳体内发生的爆炸不至于引发壳体外危险性气体（易爆气体）的爆炸，隔爆型防爆方法的设计与制造规范极其严格，而且安装、挂线和维修的操作规程也非常严格。该方法决定了隔爆的电气设备、仪表往往非常笨重。操作须断电等情况，但许多情况下也是最有效的办法。

③ 控制引爆源。人为地消除引爆源，既消除足以引爆的火花，又消除足以引爆的表面温升，典型代表为本质安全型防爆方法Exi（Exi为本质安全型防爆标志）。工作原理是：利用安全栅技术，将提供给现场仪表的电能量限制在既不能产生足以引爆的火花，又不能产生足以引爆的仪表表面温升的安全范围内。按照国际标准和我国的国家标准，当安全栅安全区一侧所接设备发生任何故障（不超过250V电压）时，本质安全型防爆方法可以确保危险现场的防爆安全。Exia级本质安全设备在正常工作、发生一个故障、发生两个故障时均不会使爆炸性气体混合物发生爆炸。因此，该方法是最安全可靠的防爆方法。

（2）防腐蚀问题

① 防腐蚀的概念　由于化工介质多半有腐蚀性，所以通常把金属材料与外部介质接触而产生化学作用所引起的破坏称为腐蚀。例如，仪表的一次元件、调节阀等直接与被测介质接触，会受到各种腐蚀介质的侵蚀。此外，现场仪表零件及连接管线也会受到腐蚀性气体的腐蚀。因此，为了确保仪表的正常运行，必须采取相应的措施来满足仪表精度和使用寿命的要求。

② 防腐蚀措施

a. 合理选择材料。针对性地选择耐腐蚀金属或非金属材料来制造仪表的零部件，是工业仪表防腐蚀的根本办法。

b. 加保护层。在仪表零件或部件加制保护层，是工业中十分普遍的防腐蚀方法。

c. 采用隔离液。这是防止腐蚀介质与仪表点直接接触的有效方法。

d. 膜片隔离。利用耐腐蚀的膜片将隔离液或填充液与被测介质加以隔离，实现防腐目的。

e. 吹气法。用吹入的空气（或氮气等惰性气体）来隔离被测介质对仪表测量部件的腐蚀作用。

（3）防冻及防热问题

① 保温对象

a. 伴热保温（防冻）对象。当被测介质通过测量管线传送到变送器时，测量管线内的被测介质在周围环境可能遇到的最低温度时会发生冻结、凝固、析出结晶，或因温度过低从而影响测量的准确性。为此，必须对测量管线和仪表保温箱进行防冻处理。

b. 绝热保温（防热）对象。当被测介质通过测量管线传送到变送器时，测量管线内的被测介质在较高温度（如阳光直射）下会发生气化，这时就应采取防热或绝热保温。

② 保温方式　按保温设计要求，仪表管线内介质的温度应在20～80℃，保温箱内的温度宜保持在15～20℃。为了补偿伴热仪表管线和容器保温箱散发损失的热量，大多采用传统的蒸汽或热水伴热。近年来电伴热技术日趋成熟，并具有独特优点，其将成为继蒸汽伴热、热水伴热之后新一代的保温方法。

（4）防尘及防振问题

仪表外部的防尘方法是给仪表罩上防护罩或放在密封箱内。为了减少和防止振动对仪表元件及测量精确度等的影响，通常可以采用下列方法：增设缓冲器或节流器、安装橡皮软垫吸收振动、加入阻尼装置、选用耐振的仪表。

1.2.3 检测系统的抗干扰

测量中来自检测系统内部和外部、影响测量装置或传输环节正常工作和测试结果的各种因素的总和，称为干扰。

检测仪表或传感器工作现场的环境条件常常是很复杂的，各种干扰会通过不同的耦合方式进入检测系统，使测量结果偏离准确值，严重时甚至使检测系统不能正常工作。为保证检测装置或检测系统在各种复杂的环境条件下能够正常工作，就必须研究检测系统的抗干扰技术。

抗干扰技术是检测技术中的一项重要内容，它直接影响测量工作的质量和测量结果的可靠性。因此，测量中必须对各种干扰给予充分的注意，并采取有关的技术措施，把干扰对检测的影响降到最低或容许的限度。

（1）干扰的类型

根据干扰产生的原因，通常将干扰分为以下几种类型。

① 电磁干扰　电和磁可以通过电路和磁路对测量仪表产生干扰作用，电场和磁场的变化在检测仪表的有关电路或导线中会感应出干扰电压，从而影响检测仪表的正常工作。这种电和磁的干扰对于传感器或各种检测仪表来说是最为普遍、影响最严重的干扰。

② 机械干扰　机械干扰是指由于机械的振动或冲击，使仪表或装置中的电气元件发生振动、变形，使连接线发生位移、指针发生抖动、仪器接头松动等。对于机械类干扰主要是采取减振措施来解决，最简单的方法是采用减振弹簧、减振软垫、减振橡胶、隔板消振等措施。

③ 热干扰　设备或元器件在工作时产生的热量所引起的温度波动以及环境温度的变化，都会引起仪表和装置的电路元器件的参数发生变化。另外，某些测量装置中因一些条件的变化产生某种附加电动势等，也会影响仪表或装置的正常工作。

对于热干扰，工程上通常采取下列几种方法进行抑制。

a. 热屏蔽：把某些对温度比较敏感或电路中比较关键的元器件和部件，用导热性能良好的金属材料做成的屏蔽罩包围起来，使罩内温度趋于均匀和恒定。

b. 恒温法：例如，将石英振荡晶体与基准稳压管等与精度有密切关系的元件置于恒温设备中。

c. 对称平衡结构：如差分放大电路、电桥电路等，使两个与温度有关的元件处于对称平衡的电路结构两侧，使温度对两者的影响在输出端互相抵消。

d. 温度补偿：元件采用温度补偿元件以补偿环境温度的变化对电子元件或装置的影响。

④ 光干扰　在检测仪表中广泛使用各种半导体元件，但半导体元件在光的作用下会改变其导电性能，产生电动势，引起阻值变化，从而影响检测仪表正常工作。因此，半导体元器件应封装在不透光的壳体内，对于具有光敏作用的元件，尤其应注意光的屏蔽问题。

⑤ 湿度干扰　湿度增加会引起：绝缘体的绝缘电阻下降，漏电流增加；电介质的介电系数增加，电容量增加；吸潮后骨架膨胀使线圈阻值增加，电感器变化；应变片粘贴后，胶质变软，精度下降等。通常采取的措施是：避免将其放在潮湿处；仪器装置定时通电加热去潮；电子器件和印刷电路浸漆或用环氧树脂封灌等。

⑥ 化学干扰　酸、碱、盐等化学物品以及其他腐蚀性气体，除了其化学腐蚀性作用将损坏仪器设备和元器件外，还能与金属导体产生化学电动势，从而影响仪器设备的正常工作。因此，必须根据使用环境对仪器设备进行必要的防腐措施，将关键的元器件密封并保持仪器设备清洁干净。

⑦ 射线辐射干扰　核辐射可产生很强的电磁波，射线会使气体电离，使金属逸出电子，从而影响电测装置的正常工作。射线辐射的防护是一种专门的技术，主要用于原子能等方面。

(2) 电磁干扰的产生

干扰产生的原因主要有放电干扰、电器设备干扰以及固有干扰等。

① 放电干扰

a. 天体和天电干扰。天体干扰是由太阳或其他恒星辐射电磁波所产生的干扰；天电干扰是由雷电、大气的电离作用、火山爆发及地震等自然现象所产生的电磁波和空间电位变化所引起的干扰。

b. 电晕放电干扰。电晕放电干扰主要发生在高压大功率输电线路和变压器、大功率互感器、高电压输变电等设备上。电晕放电具有间歇性，并产生脉冲电流。随着电晕放电过程将产生高频振荡，并向周围辐射电磁波。其衰减特性一般与距离的平方成反比，所以一般对检测系统影响不大。

c. 火花放电干扰。如电动机的电刷和整流子间的周期性瞬间放电，电焊、电火花、加工机床、电气开关设备中的开关通断的放电，电气机车和电车导电线与电刷间的放电等。

d. 辉光、弧光放电干扰。通常放电管具有负阻抗特性，当和外电路连接时容易引起高频振荡，如大量使用荧光灯、霓虹灯等。

② 电气设备干扰

a. 射频干扰。电视、广播、雷达及无线电收发机等对邻近电子设备造成干扰。

b. 工频干扰。大功率配电线与邻近检测系统的传输线通过耦合产生干扰。

c. 感应干扰。当使用电子开关、脉冲发生器时，因为其工作中会使交流发生急剧变化，形成非常陡峭的电流、电压前沿，具有一定的能量和丰富的高次谐波分量，会在其周围产生交变电磁场，从而引起感应干扰。

③ 固有干扰　固有干扰是指电子设备内部的固有噪声，主要包括以下几种。

a. 热噪声（电阻噪声）。由于电阻中电子的热运动所形成的噪声。当输入信号的数量级为微伏级时，将会被噪声所淹没。减少该环节的阻抗和信号带宽可以减少热噪声。

b. 散粒噪声。在电子管里，散粒噪声来自阴极电子的随机发射；在半导体内，散粒噪声是通过晶体管某区的、载流子的随机扩散以及电子-空穴对随机发生及其复合形成的。

c. 接触噪声。由于两种材料之间的不完全接触，形成电导率的起伏而产生，它发生在两个导体连接的地方。接触噪声正比于直流电流的大小，其功率密度正比于频率的倒数。因此，在低频时，接触噪声是很大的。

(3) 电磁干扰的输入方式

干扰通过各种耦合通道进入检测系统，根据干扰进入测量电路方式的不同，可将干扰分为差模干扰和共模干扰两种。

① 差模干扰　差模干扰信号是与有用信号叠加在一起的，它使信号接收器的一个输入端子电位相对于另一个输入端子电位发生变化。常见的差模干扰有外交变磁场对传感器的一端进行电磁耦合、外高压交变电场对传感器的一端进行漏电流耦合等。针对具体情况可采用双绞信号传输线、传感器耦合端加滤波器、金属隔离线和屏蔽等措施来消除差模干扰。

② 共模干扰　共模干扰是相对于公共的电位基准地（接地点），在信号接收器的两个输入端子上同时出现的干扰，虽然它不直接影响测量结果，但当信号接收器的输入电路参数不对称时，将会产生测量误差。常见的共模干扰耦合有下面几种：在仪表或检测系统附有的大功率电气设备因绝缘不良漏电；三相动力电网负载不平衡，零线有较大的电流时，存在的较大的地电流和地电位差。如果这时检测系统有两个以上的接地点，则地电位差就会造成共模干扰。当电气设备的绝缘性能不良时。动力电源会通过漏电阻耦合到检测系统的信号回路，形成干扰。在交流供电的电子测量仪表中，动力电源会通过电源变压器的原边、副边绕组间的杂散电容、整流滤波电路、信号电路与地之间的杂散电容到接地构成回路，形成共频共模干扰。

能力训练题

一、填空题

1. 传感器静态特性的重要指标是______、______、迟滞性和______。
2. 传感器一般由______、______、和______三部分组成。
3. 绝对误差 δ 与仪表量程 L 的比值称为______。
4. 传感器的灵敏度是指达到稳定工作状态时，______与引起此变化量的______之比。
5. 精确度是指传感器的______与被测量______的一致程度。它反映了传感器测量结果的______程度。
6. 噪声一般可分为______和______两大类。
7. 根据噪声进入信号测量电路的方式以及与有用信号的关系，可将噪声干扰分为______干扰与______干扰。
8. 差模干扰又称______干扰、正态干扰、______干扰、横向干扰等。
9. 共模干扰又称______干扰、对地干扰、______干扰、共态干扰等。

二、简答与计算

1. 直接测量方法有几种？它们的定义是什么？
2. 仪表精度有几个指标？它们的定义是什么？
3. 传感器的静态特性的技术指标及其定义是什么？
4. 弹性元件的弹性特性用什么表示？其定义是什么？
5. 测量仪表静态特性非线性的校正方法有哪些？
6. 常见的干扰包括哪些类型？
7. 列举在抑制干扰中常用的几种屏蔽技术。

2 电路分析基础知识

电路是电工技术和电子技术的基础。本章主要讨论电压和电流的参考方向、基尔霍夫定律、电源的工作状态以及电路中电位的概念及计算等，这些内容都是分析与计算电路的基础。有些内容虽然已在物理中讲过，但是为了加强理论的系统性和满足电工技术的需要，仍列入本章中，以便使读者（可以通过自学）对这些内容的理解能进一步巩固和加深，并能充分地应用和扩展这些内容。本章具有承上启下的作用，是整个课程的基础，地位十分重要。

2.1 电路的组成与作用

电在日常生活、生产和科学实验中得到了广泛的应用。用电常识告诉人们，要用电，就离不开电路；要使电灯发光照明，要使电炉发热，要使电动机转动……，都必须用导线将电源、用电设备连接起来，组成电路。电路结构形式和所能完成的任务是多种多样的。但是，不管电路的具体形式如何变化，也不管有多么复杂，电路都是由一些最基本的部件组成的。例如，日常生活中用的手电筒电路就是一个最简单的电路，它的组成，体现了所有电路的共性。现将手电筒电路简化表示，如图 2-1 所示。组成电路的基本部件如下。

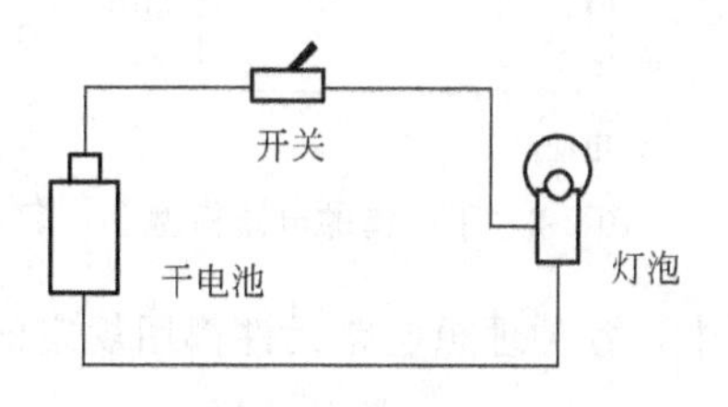

图 2-1　手电筒电路

① 电源　如手电筒电路中的干电池，它是电路中电能的来源。电源的本质是将其他形式的能量转换成为电能。例如电池将化学能转换成为电能、发电机将机械能转换成为电能等。

② 负载　用电设备叫负载，它将电能转换成其他形式的能量。例如手电筒中的灯泡就是负载，它将电能转换为光能。其他用电设备，如电动机将电能转换为机械能，电阻炉将电能转换为热能，等等。在直流电路中，负载主要是电阻性负载，它的基本性质是当电流流过时呈现阻力，即有一定的电阻，并将电能转换成为热能。

③ 中间环节　主要是指连接导线和控制电路通断的开关电路，它们将电源及负载连接起来，构成电流通路。此外，中间环节还包括有关的保障安全用电的保护电器（如熔断器等）。

所有电路从本质上来说，都是由以上三个部分组成的。因此，电源、负载、中间环节总称为组成电路的“三要素”。所谓电路，就是由电源、负载及中间环节等电工设备组成的总体，是电流流通的闭合路径。

不论电能的传输和转换，或者信号的传递和处理，其中电源或信号源的电压或电流称为激励，它推动电路工作；由激励在电路各处产生的电压和电流称为响应。所谓电路分析（本书只讨论集总参数电路，为叙述方便，以下称为电路），就是在已知电路的结构和元件参数的条件下，分析电路的特性，即讨论电路的激励与响应之间的关系。

2.2 实际电路和电路模型

组成电路的实际部件种类繁多，它们在工作过程中都和电磁现象有关。例如各种电阻器，电炉、电灯等用电器，它们具有对电流呈现阻力、消耗电能的主要性质，由于有电流流过，其周围就要产生磁场，因而又兼有电感的性质。各种电感线圈有储存磁场能量的主要性质，由于电感线圈的导线多少总有一点电阻，因而也兼有电阻的性质。各种电容均具有储存电场能量的主要性质，也兼有电阻的次要性质，甚至还兼有一点电感的性质。一个实际电压源总有一定的内阻，当有电流流过时，不可能总是保持一定的端电压。金属导线多少总有一点电阻，甚至还有电感等。由于实际部件的电磁性质比较复杂，难以用数学式子来描述它们，用这些实际部件组成电路时，如果不分主次，把各种性质全部考虑在内，问题就非常复杂，给分析电路带来很大困难，甚至无法进行分析。因此，必须在一定的条件下对实际部件加以理想化，忽略它的次要性质，用一个足以表征其主要性质的模型（model）来表示，以便于对电路进行分析、计算。

由一些理想电路元件所组成的电路，就是实际电路的电路模型，它是对实际电路电磁性质的科学抽象和概括。在理想电路元件（理想两字常略去不写）中主要有电阻元件、电感元件、电容元件和电源元件等。这些元件分别由相应的参数来表征。例如常用的手电筒，其实际电路元件有干电池、电阻、开关和筒体，电路模型如图 2-2 所示。

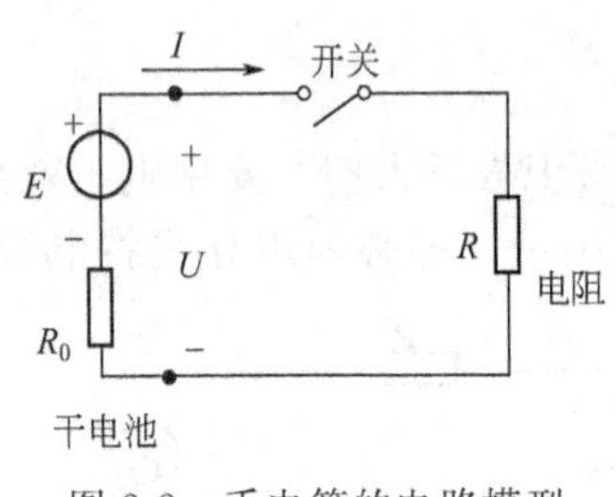

图 2-2　手电筒的电路模型

电阻是电阻元件，其参数为电阻 R；干电池是电源元件，其参数为电动势 E 和内电阻（简称内阻）R_0；筒体是连接干电池与电阻的中间环节（还包括开关），其电阻忽略不计，认为是一个电阻的理想导体。

后面所分析的电路都是指电路模型，简称电路。在电路图中，各种理想电路元件都用规定的图形符号来表示。

2.3　电荷和电流

随着电流在电路中的流动，同时进行着电能和其他形式能量之间的转换。电路中没有电流，也就没有能量转换发生。电流是电路分析中的一个基本变量。为了更好地理解电流这个物理量，首先来讨论和电流关系极为密切的电荷。

根据原子理论，物质是由原子组成的，而原子又是由原子核和环绕着原子核高速运动的电子所组成的。原子核中有质子和中子，质子带正电荷，中子不带电，电子带负电荷。在正常情况下，电子的负电荷和质子的正电荷相平衡，原子呈现中性。

通常把带电粒子所带的电荷数叫做电量或电荷量。电荷的实用单位是库仑，符号为 C。库仑是国际单位制（SI）中度量电荷的基本单位。1 库仑的电量等于 6.24×10^{18} 个电子所带的电量，或者说，一个电子所带的电量等于 1.602×10^{-19} 库仑。

电荷的符号用 Q 或 q 来表示。大写的 Q 表示恒定的电荷，小写的 q 表示随时间而变化的电荷，有时也写 $q(t)$。这种大写字母表示常量，小写字母表示随时间而变的变量的表示方法，也适用于电路中的其他各物理量。

“电流”有两个涵义。其一，电流表示一种物理现象，电荷有规则的运动就形成电流。通常在金属导体内部的电流是由自由电子在电场力作用下运动而形成的。而在电解液中（如蓄电池），或者被电离后的气体导电过程中，电流是由正、负离子在电场力作用下，沿着相反方向的运动而形成的。负电荷的运动效果与等量正电荷在相反方向上的运动效果是相同的。其二，电流又表示一个物理量，电流的大小用电流强度来表示，电流强度简称为电流。电流强度是指在单位时间内通过导体横截面的电荷量。如果电流是随时间变化的，则可用微变量表示：假设

于 dt 时间内通过导体横截面的电量为 dq，则电流强度为：

$$i(t)=\frac{\mathrm{d}q(t)}{\mathrm{d}t} \tag{2-1}$$

所以说，电流强度就是流过导体横截面的电荷量对时间的变化率。如果电流的大小和方向随时间变化，则称为时变电流，一般用符号 i 表示。大小和方向随时间做周期性变化且平均值为零的时变电流，称为交流（ac 或 AC）。如果电流的大小和方向都不随时间变化，则称为恒定电流，简称直流（dc 或 DC），这时的电流强度规定用大写字母 I 表示，则：

$$I=\frac{Q}{t} \tag{2-2}$$

Q 是 t 时间间隔内通过导体横截面的电荷量。

电流这个物理量的单位是安培（库仑/秒），简称“安”，用大写字母“A”表示（国际单位制 SI）。根据不同的负载情况，电流大小的差别很大。动力用电动机的电流达到几十甚至上百安培，而三极管等电子电路中的电流则常常只有百分之几、甚至千分之几安培。对于较小的电流可以用毫安（mA）或微安（μA）作单位，它们的关系是：$1(\mathrm{A})=10^3(\mathrm{mA})=10^6(\mu\mathrm{A})$。

如上所述，电荷的有规则移动形成了电流，而形成电流的电荷可能是正电荷（如正离子），也可能是负电荷（如电子或负离子），于是电流就有一个方向问题。而且在物理学中有关电流方向的规定是普遍适用的，即习惯上总是把正电荷运动的方向作为电流的方向。但电流的真实方向往往难以在电路图中标出。例如，当电路中的电流为交流时，就不可能用一个固定的箭头来表示真实方向。即使电流为直流，在求解较复杂电路时，也往往难以事先判断电流的真实方向。为了解决这样的问题，引入参考方向（reference direction）这一概念。参考方向可以任意选定，在电路图中用箭头表示。规定：如果电流的真实方向与参考方向一致，电流为正值；如果两者相反，电流为负值。这样，就可利用电流的正负值结合着参考方向来表明电流的真实方向，例如，－1A 表示正电荷以每秒一库仑的速度逆着参考方向箭头移动。在分析电路时，尽可先任意假设电流的参考方向，并以此为准去进行分析、计算，从最后答案的正、负值来确定电流的真实方向。显然，在未标示参考方向的情况下，电流的正负是毫无意义的。

2.4 电压、电位、电动势和电功率

电路分析能够得出给定电路的电性能，电路的电性能通常可以用一组表示为时间函数的变量来描述，电路分析的基本任务就是解得这些变量。这些变量中最常用到的除电流外，还有电压和功率。

2.4.1 电压与电位

电荷在电场力作用下运动形成电流。在这个过程中，电场力推动电荷运动做功。为了表示电场力对电荷做功的本领，引入了“电压”这个物理量。

电路通电之后，可以近似看做是限定在一定空间之内的电场。

在图 2-3 所示的一段电路中，设正电荷 dq 从 A 运动到 B 时，电场力做的功是 dw，则 A、B 两点之间的电压用 u_{AB} 表示：

$$u_{AB}=\frac{\mathrm{d}w}{\mathrm{d}q} \tag{2-3}$$

从数值上看，A、B 之间的电压就是电场力把单位正电荷从 A 移动至 B 时所做的功。在国际单位制中，电荷 dq 的单位是库仑（C），功的单位是焦耳（J），则电压的单位是伏特（V）。作为辅助单位，

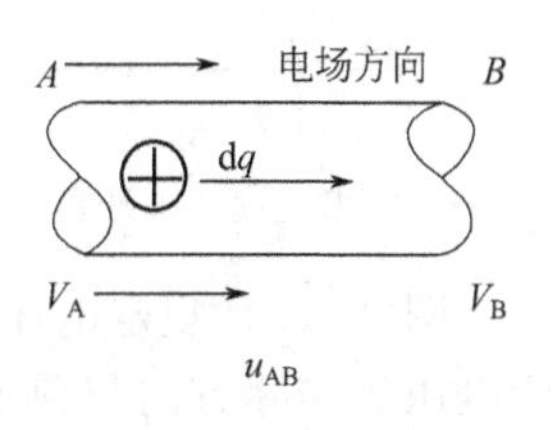

图 2-3 电压的概念

有千伏（kV）及毫伏（mV）、微伏（μV）。

不随时间变化的电压是直流电压，规定用大写字母“U”来表示。前面用过的小写字母“u”用来表示交变电压。

电位在物理学中被称为电势，它是表示电场中某一点性质的物理量，电场中某点 A 的电位在数值上等于电场力将单位正电荷自该点沿任意路径移动到参考点所做的功。A 点电位用 V_A 表示。将电位与电压的概念进行比较，可以看出，电场中某点的电位就是该点到参考点之间的电压。电位的单位也是伏特。且规定参考点的电位为零，所以参考点又叫零电位点。

电位是一个相对的物理量，不确定参考点，讨论电位是没有意义的。在同一个电路中，当选定不同的参考点时，同一点的电位是不同的。电路中某点的电位就是该点到参考点之间的电压。电路中两点之间的电压就是这两点的电位之差。例如在图 2-4 中，选取电源负极 O 点作为参考点，则 A、B 两点的电位分别是 V_A 和 V_B，A、B 两点之间的电压 U_{AB} 就是（V_A-V_B）。因此，电压又叫电位差。电压（电位差）与参考点的选取是无关的。

在实际使用中，仅仅知道两点间的电压数值往往是不够的，还必须知道这两点中哪一点电位高、哪一点电位低。例如，对于半导体二极管来说，只有其阳极电位高于阴极电位时才导通；对于直流电动机来说，绕组两端的高、低电位不同，电动机的转动方向可能是不同的。由于实际使用的需要，要求引入电压的极性，即方向问题。

电压也和电流一样，有实际方向和参考方向（正方向）之分，要加以区别。设某一段电路中有 A、B 两点，正电荷自 A 移动到 B，电场力做正功。表明这段电路是吸收电能的，而且，正电荷在 A 点时比在 B 点具有更高的电能。相对来说，A 点是高电位点，B 点是低电位点（图 2-4）。

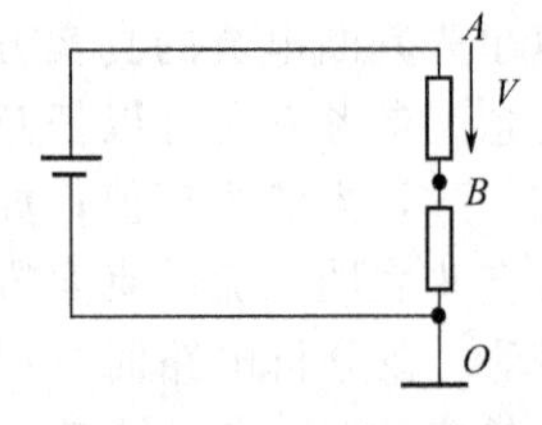

图 2-4　电压的实际方向

在电工学中规定，一段电路上，电压的实际方向是由高电位点指向低电位点。也就是说，沿着电压的实际方向，电位是逐点降低的。正电荷沿着这个方向运动，将失去电能，并转换成其他形式的能量。

在分析和计算电路问题时，如同需要为电流规定正方向一样，也需要为电压规定一个参考方向。例如，当某一段电路电压的实际方向难以确定时，或者该段电压的极性是随时间不断变化时，就可以任意规定该段电路电压的参考方向。如在图 2-5 中，规定 A 点为高电位点，标以“＋”号，B 点相对于 A 点是低电位点，标以“－”号，即假定这一段电路电压的参考方向是从 A 点指向 B 点。当电压的实际方向与事先假定的参考方向一致时，为正值；不一致时就是负值。这表明，在引入了参考方向之后，电压是一个代数量。

同一段电路的电压相对于不同的参考方向可能是正值，也可能是负值。如图 2-6 所示。

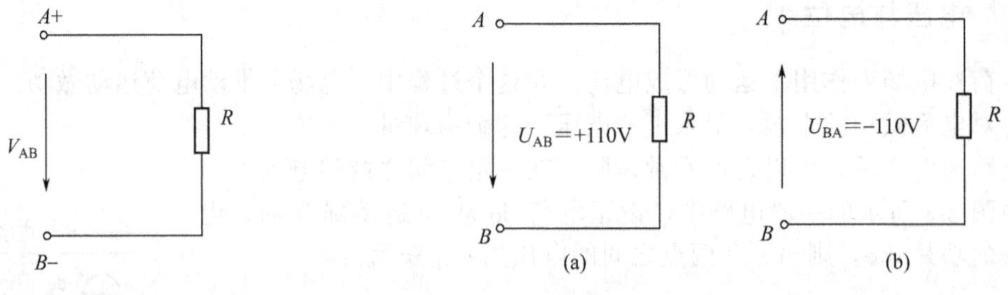

图 2-5　电压的正方向　　图 2-6　电压的正值与负值

图 2-6(a) 规定电压参考方向是从 A 指向 B，且得 $U_{AB}=+110V$，电压的这个正值表明该段电压的实际方向与图示参考方向一致：A 点确实是高电位点，B 点确实是低电位点。对于这一段电路，若选取相反方向为参考方向，如图 2-6(b) 所示，则 $U_{BA}=-110V$。表明这段电压

的实际方向与规定的参考方向刚好相反。

通过以上的分析可知，如同规定电流的参考方向一样，电压的参考方向也是在分析与计算电路问题时人为引入的，它与电压的实际方向是两个不同的概念。但是，对于某一段电路来说，借助于规定的参考方向及电压的正值或负值，能够很容易地确定出这一段电压的实际方向。

2.4.2 电动势

电动势是表示电源性质的物理量。在图 2-7 所表示的一个完整电路中，在电源以外的部分电路，正电荷总是从电源正极流出，最后流回电源负极。就是从高电位点流向低电位点，这是电场力推动正电荷做功的结果。为了要在电路里保持持续的电流，就必须使正电荷从电源负极、经过电源内部，移动到电源正极。在电源内部，存在着某种非电场力，这种非电场力又叫局外力、电源力，它能够把正电荷自电源负极移动到正极。也就是说在电源内部，电流（正电荷）从低电位点（负极）流向高电位点（正极），非电场力做功，正电荷的电位能增加。在外电路，电流从高电位点流向低电位点，正电荷的电位能减少。为了表征电源内部非电场力对正电荷做功的能力，或者说，电源将其他形式能量转换成为电能的本领，引入了电动势的概念。电动势在数值上等于非电场力把单位正电荷从负极经电源内部运动到正极时所做的功。根据这个定义，电动势的单位自然也是伏特。

因为电动势的作用是使正电荷自低电位点移动到高电位点，使正电荷的电位能增加，所以规定电动势的真实方向是指向电位升高的方向，刚好与电压的真实方向相反。图 2-8 所表示的是一般直流电源的符号，其正、负极分别用“+”、“−”标出，其电动势的方向也就确定了。

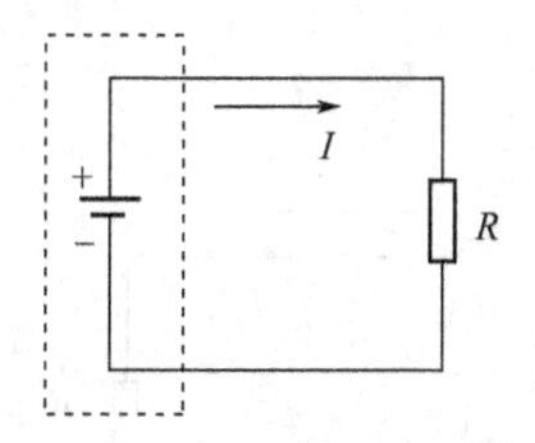

图 2-7 电动势的作用

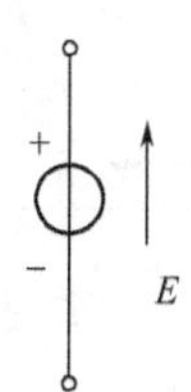

图 2-8 电动势的真实方向

电动势与电压是两个不同的概念，但是都可以用来表示电源正、负极之间的电位差。且从电源对外部电路所表现的客观效果来看，既可用正、负极间的电动势来表示，也可用其间的电压来表示。但是应该注意在不同正方向之下，二者的区别和联系。

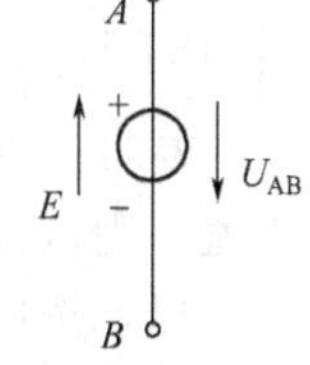

图 2-9 电动势与电压的关系

在图 2-9 的电路中，相对于某一确定的参考点，正极 A 的电位是 V_A，负极 B 的电位是 V_B，则在图示正方向与真实方向相同的条件下，电动势 E 是正值。而且根据电压定义，必有 $U_{AB}=V_A-V_B$，亦为正值。此时，E 与 U_{AB} 的数值自然是相等的，所以 $E=U_{AB}$。但是从电路图看，E 与 U_{AB} 的正方向刚好相反，这是因为它们的物理意义是不相同的：电动势的正方向表示电位升，电压的正方向表示电位降。因此在图示正方向之下，E 与 U_{AB} 反映的是同一客观事实：A 点电位 V_A 比 B 点电位 V_B 高，所以有 $E=U_{AB}$。

正因为如此，所以在很多情况下，常常用一个与电源的电动势大小相等、方向相反的电压来等效表示电动势对外电路的作用效果。甚至在有的教材中并不提出电动势的概念，而完全用电源正极和负极的两端电压来等效代替。

图 2-10 给出了确定参考方向下，电源电动势 E 与端电压 U 的关系式。

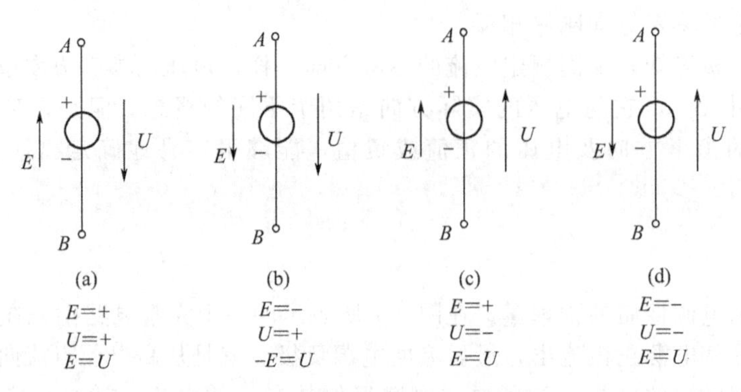

图 2-10　电动势与端电压的关系

2.4.3　电压、电流的关联参考方向

电压、电流的参考方向可以自由选取，二者并无必然的联系。但是为了分析、研究的方便，一般情况下，总是采用彼此关联的参考方向。如图 2-11 所示，在同一段电路中，电流的参考方向与电压的参考方向一致，即电流的参考方向是从电压参考方向表示的高电位点流向低电位点。欧姆定律在关联参考方向下的表示式为：

$$I=\frac{U}{R} \tag{2-4}$$

但是，如果电压、电流的参考方向不关联一致时（如图 2-12 所示），则欧姆定律的表示式为：

$$I=-\frac{U}{R}$$

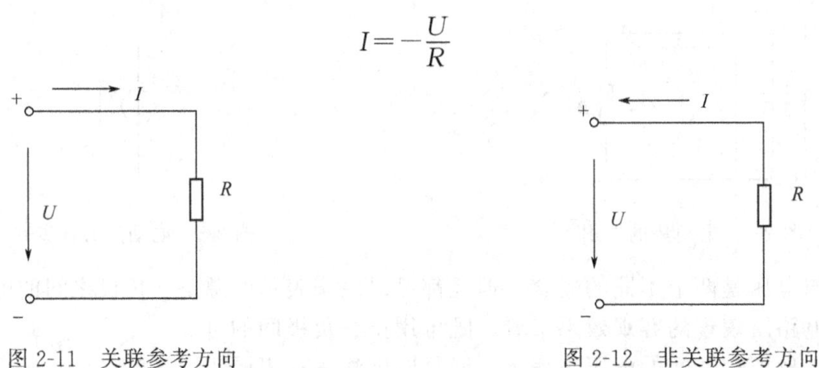

图 2-11　关联参考方向　　　　图 2-12　非关联参考方向

式(2-4) 表明，如果电压的参考方向与实际方向一致，即上端为高电位点、下端是低电位点，U 是正值，则该段电路里电流的实际方向一定是从上向下的，与图 2-12 所示的电流参考方向相反。所以，按照图 2-12 非关联参考方向计算出的电流应当是负的，反映在公式中便引入了负号，给计算带来了不便。

以后在电路的分析和计算中，除非特殊情况，同一段电路的电压、电流均取关联参考方向。有时，在电路中只标出电压或者电流的参考方向，另一个物理量根据关联一致的原则也就随之确定了，所以无需再在图中画出。只是在某些无法确知或特殊条件下，才会出现电压、电流各自独立选取参考方向、二者不关联一致的情况。

2.4.4　功率

电路的基本作用之一是实现能量的传递。通常用功率（power）来表示能量变化的速率，它是电路分析中经常遇到的一个重要物理量，用 p 或 P 表示。

在物理课中，功率定义为单位时间内能量的变化，也就是能量对时间的导数，即：

$$p=\frac{\mathrm{d}w}{\mathrm{d}t}$$

在电路中，功率可以用电压、电流来表示，即

$$p=\frac{\mathrm{d}w}{\mathrm{d}t}=\frac{\mathrm{d}w}{\mathrm{d}q}\times\frac{\mathrm{d}q}{\mathrm{d}t}=ui \quad 或 \quad P=UI \tag{2-5}$$

其中电压单位为伏特，电流单位为安培，功率单位为瓦特，简称瓦（W）。辅助单位有千瓦（kW）及毫瓦（mW）、微瓦（μW）。

前面已经谈到，当正电荷由元件（或一段电路）的一端移动到另一端失去能量时，该元件（或电路）就是吸收能量的元件，若正电荷由一端移动到另一端得到能量，则该元件就是产生能量的元件。单位时间内所吸收或产生的能量就是该元件所吸收或产生的功率。因而，在电压、电流为关联的参考方向下，由式(2-5）算得的功率 $p>0$ 时，元件为吸收功率；$p<0$ 时，则为产生功率。

当电压、电流为非关联参考方向时，则计算功率的公式应为

$$p=-ui \quad 或 \quad P=-UI \tag{2-6}$$

按式(2-6）算得的功率仍然是：

p(或 P)>0　为吸收功率

p(或 P)<0　为产生功率

除了功率之外，有时还要计算一段时间内电路所消耗（或产生）的电功（电能），用 W 表示。

$$W=Pt$$

工程上，电功的单位经常不是用焦耳（J），而是用瓦特/秒表示。千瓦/小时又叫做“度”。

2.5　电压源和电流源及等效变换

电源是电路中提供能量的元件。实际使用的电源种类繁多，但是分析、归纳所有这些电源的共性，按照它们的特点可以将一个电源用两种不同的电路模型来表示。一种是用电压的形式来表示，称为电压源；另一种是用电流的形式来表示，称为电流源。

2.5.1　电压源

任何一个电源，例如发电机、电池或各种信号源，都含有电动势 E 和内阻 R_0。在分析与计算电路时，往往把它们分开，组成由 E 和 R_0 串联的电源的电路模型，此即电压源，如图2-13所示。

图 2-13 中，U 是电源端电压，R_L 是负载电阻，I 是负载电流。

根据图 2-13 所示的电路，可得出

$$U=E-R_0I \tag{2-7}$$

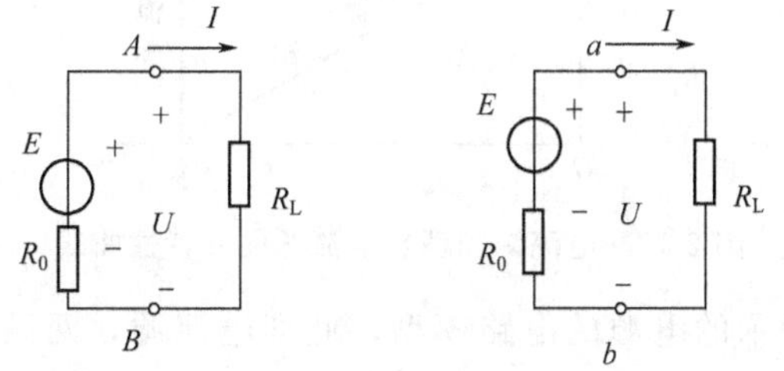

图 2-13　电压源电路

当 $R_0=0$ 时，电压 U 恒等于电动势 E，是一定值，而其中的电流 I 则是任意的，由负载电阻 R_L 及电压 U 确定。这样的电源称为理想电压源或恒压源，它的外特性曲线将是与横轴平行的一条直线，如图 2-14 所示，其电路及符号如图 2-15 所示。

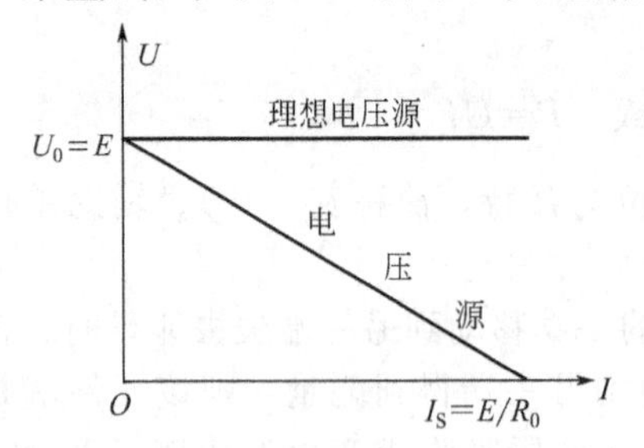

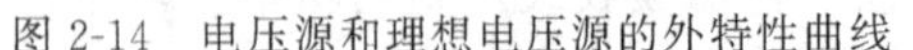

图 2-14 电压源和理想电压源的外特性曲线

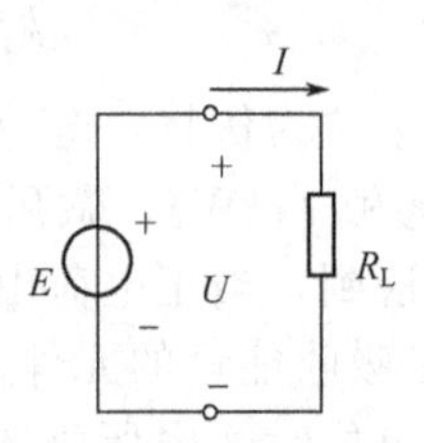

图 2-15 理想电压源电路及符号

理想电压源具有两个基本性质：①它的端电压是定值 U 或是一定的时间函数 $u(t)$，与流过的电流无关，当电流为零时，其两端仍有电压 U 或 $u(t)$；②电压源的电压是由它本身确定的，至于流过它的电流则是任意的，这就是说，流过它的电流不是由它本身所能确定的，而是由与之相连接的外电路共同决定的，电流可以在不同的方向流过电压源，因而电压源既可以对外电路提供能量，也可以从外电路接受能量，视电流的方向而定。

一般说来，电压源在电路中是作为提供功率的元件出现的，但是，有时也可能以吸收功率而作为负载出现在电路中，可以根据电压源电压电流的参考方向，应用功率计算公式，由算得的功率的正负值来判定它是产生功率还是吸收功率。

理想电压源是理想的电源。如果一个电源的内阻远小于负载电阻，即 $R_0 \ll R_L$ 时，则内阻压降 $R_0 I \ll U$，于是 $U \approx E$，基本上恒定，可以认为是理想电压源。通常用的稳压电源也可认为是一个理想电压源。

2.5.2 电流源

电源除用电动势 E 和内阻 R_0 串联的电路模型来表示外，还可以用另一种电路模型来表示。如将式(2-7) 两端除以 R_0，则得

$$\frac{E}{R_0}=\frac{U}{R_0}+I，即\ I_S=\frac{U}{R_0}+I \qquad (2\text{-}8)$$

式中，$I_S=\dfrac{E}{R_0}$为电源的短路电流；I 还是负载电流；而$\dfrac{U}{R_0}$是引出的另一个电流。如用电路图表示，则如图 2-16 所示。

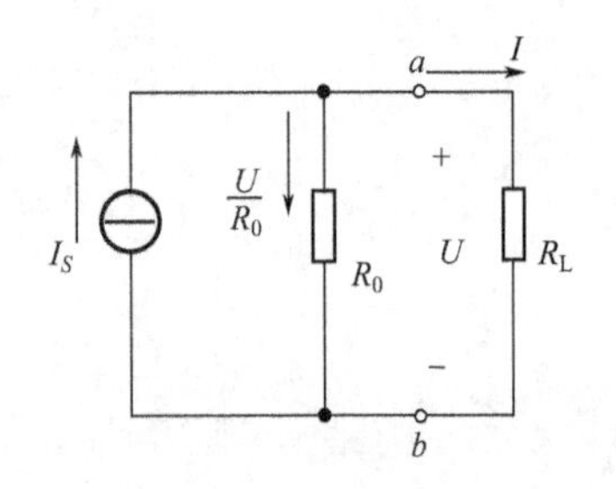

图 2-16 电流源电路

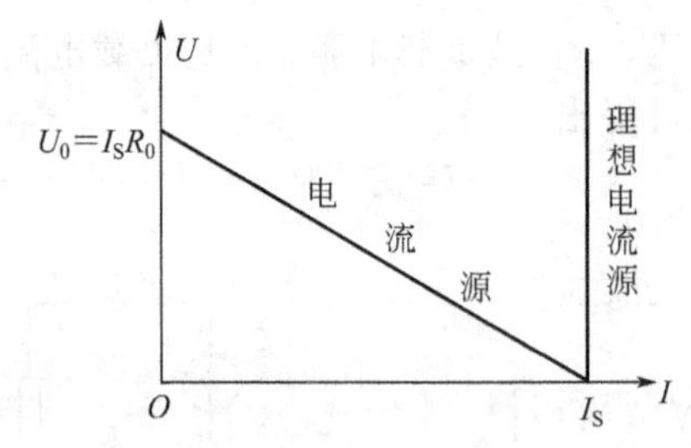

图 2-17 电流源和理想电流源的外特性曲线

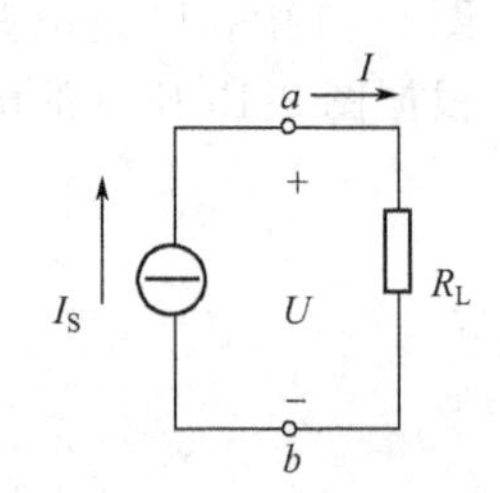

图 2-18 理想电流源符号及电路

图 2-16 是用电流来表示的电源的电路模型，此即电流源，两条支路并联，其中电流分别为 I_S 和$\dfrac{U}{R_0}$。对负载电阻 R_L 来讲，与图 2-13 是一样的，其上电压 U 和通过的电流 I 没有

改变。

由式(2-8)可作出电流源的外特性曲线，如图 2-17 所示。当电流源开路时，$I=0$，$U=U_0=I_SR_0$；当短路时，$U=0$，$I=I_S$。内阻 R_0 愈大，则直线愈陡。

当 $R_0=\infty$（相当于并联支路 R_0 断开）时，电流 I 恒等于电流 I_S，是一定值，而其两端的电压 U 则是任意的，由负载电阻 R_L 及电流 I_S 确定。这样的电源称为理想电流源或恒流源，它的外特性曲线将是与纵轴平行的一条直线，如图 2-17 所示。其符号及电路如图 2-18 所示。

理想电流源有两个基本性质：①它发出的电流是定值 I_S，或是一定的时间函数 $i_s(t)$，与两端的电压无关。当电压为零时，它发出的电流仍为 I_S 或 $i_s(t)$；②电流源的电流是由它本身确定的，至于它两端的电压则是任意的，这就是说，它两端的电压不是由它本身所能确定的，而是由与之相连接的外电路共同决定的。其两端电压可以有不同的极性，因而电流源既可以对外电路提供能量，也可以从外电路接受能量，视电压的极性而定。

和电压源一样，电流源有时对电路提供功率，有时也从电路吸收功率。同样，可根据其电压电流的参考方向及电压电流乘积的正负来判定电流源是产生功率还是吸收功率。

理想电流源也是理想的电源。如果一个电源的内阻远大于负载电阻，即 $R_0 \gg R_L$ 时，则 $I \approx I_S$，基本上恒定，可以认为是理想电流源。晶体管也可近似地认为是一个理想电流源。因为从它的输出特性曲线可见，当基极电流 I_B 为某个值并当 U_{CE} 超过一定值时，电流 I_C 可以近似地认为不随电压 U_{CE} 而变。

2.5.3 电压源与电流源的等效变换

电压源的外特性（图 2-14）和电流源的外特性（图 2-17）是相同的。因此，电源的两种电路模型（图 2-13 和图 2-16），即电压源和电流源，相互间是等效的。但是，电压源和电流源的等效关系只是对外电路而言的，至于对电源内部，则是不等效的。

上面所讲的电源的两种电路模型，实际上，一种是电动势为 E 的理想电压源和内阻 R_0 串联的电路（图 2-13）；一种是电流为 I_S 的理想电流源和 R_0 并联的电路（图 2-16）。

一般不限于内阻 R_0，只要一个电动势为 E 的理想电压源和某个电阻 R 串联的电路，都可以化为一个电流为 I_S 的理想电流源和这个电阻并联的电路（如图 2-19 所示），两者是等效的。

其中：
$$I_S=\frac{E}{R} \quad 或 \quad E=RI_S \tag{2-9}$$

在分析与计算电路时，也可以用这种等效变换的方法。

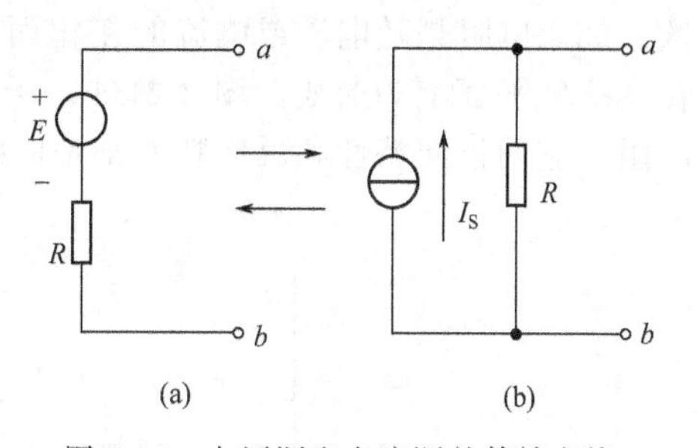

图 2-19 电压源和电流源的等效变换

但是，理想电压源和理想电流源本身之间没有等效的关系。因为对理想电压源（$R_0=0$）讲，其短路电流 I_S 为无穷大，对理想电流源（$R_0=\infty$）讲，其开路电压 U_0 为无穷大，都不能得到有限的数值，故两者之间不存在等效变换的条件。

2.6 电阻、欧姆定律

一个电路除了电源之外还由很多实际电气设备和电气元件组成。利用这些具体的设备和元件即可获得、输送和应用电能，处理和传递信息。电气设备和元件是多种多样的，但它们都可以用电阻、电感、电容这三种电路参数来表示。

很明显，电路参数与实际的电路元件是不同的。例如，工程上实际应用的电阻器，其主要的电特性是电阻性。但严格地说，电流流过电阻时，在它周围存在磁场，还会形成电场，所以还应该考虑电感和电容这两个参数。不过在一般条件下，只考虑其中占主要地位的电阻这一参数就可以了。也就是说，理想的电路元件只有单一的参数。

2.6.1 电阻

电阻是体现电路中阻碍电流流动特性的参数。在一段电路中，其两端的电压与通过该电路的电流之比，就称为这段电路的电阻。图 2-20 所示为电阻的符号。

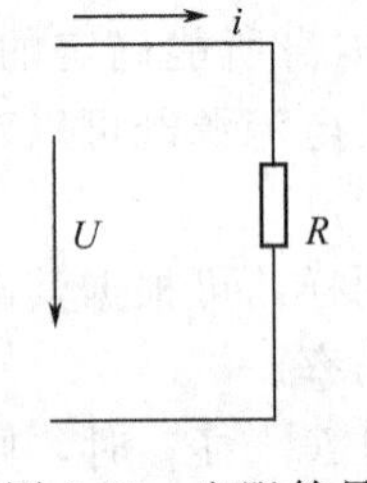

图 2-20 电阻符号

当电压 u 与电流 i 的参考方向相同时，有

$$R=\frac{u}{i}$$

其中 R 就称为该电路的电阻，单位是欧姆（Ω）。计量高电阻时，则以千欧（kΩ）或兆欧（MΩ）为单位。

线性电阻也可用电导 G 来作为表征它的参数：

$$G=\frac{1}{R}$$

在 SI 制中电导的单位是西门子（S）：

$$1\text{S}=\frac{1\text{A}}{1\text{V}}$$

当用电导表示电阻元件时，欧姆定律可表示为

$$u=\frac{i}{G}$$

或

$$i=uG$$

如果电阻值不随电压或电流的变化而改变，则这类电阻称为线性电阻。线性电阻的伏-安特性如图 2-21(a) 所示，它是一条通过坐标原点的直线，直线的斜率就是电阻值 R，是一个常数。如果电阻是随电压或电流的变化而改变的，则这样的电阻称为非线性电阻。其伏-安特性在其 I-U 平面上为曲线。图 2-21(b) 所示为二极管的伏-安特性。可见，二极管是一种非线性电阻，它的正向特性和反向特性都是曲线。

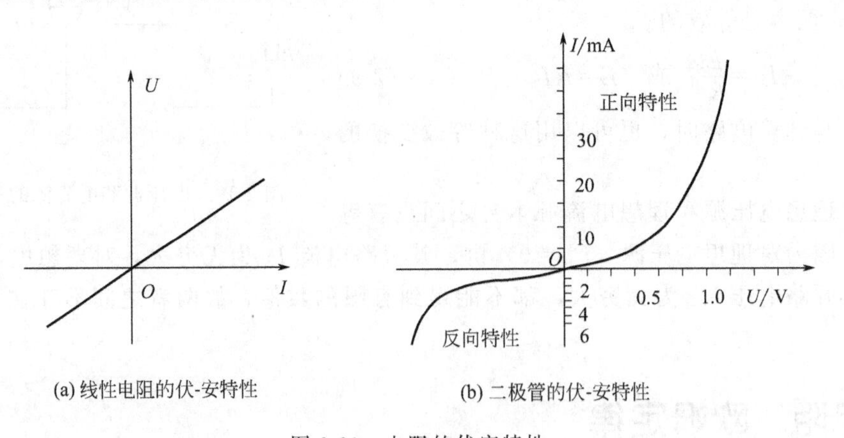

(a) 线性电阻的伏-安特性

(b) 二极管的伏-安特性

图 2-21 电阻的伏安特性

2.6.2 线性电阻元件与电阻器

线性电阻元件是由实际电阻器抽象出来的理想化模型，所以电阻和电阻器这两个概念是有

区别的。作为理想化电路元件的线性电阻，其工作电压、电流和功率没有任何限制。而电阻器在一定电压、电流和功率范围内才能正常工作。电子设备中常用的碳膜电阻器、金属膜电阻器和线绕电阻器在生产制造时，除注明标称电阻值（如 100Ω、1kΩ、10kΩ 等）外，还要规定额定功率值，以便用户参考。根据电阻 R 和额定功率 P_N，可用以下公式计算电阻器的额定电压 U_N 和额定电流 I_N：

$$U_N=\sqrt{RP_N} \tag{2-10}$$

$$I_N=\sqrt{\frac{P_N}{R}} \tag{2-11}$$

2.6.3 欧姆定律

通常流过电阻的电流与电阻两端的电压成正比，这就是欧姆定律。它是分析电路的基本定律之一。如图 2-22 所示。

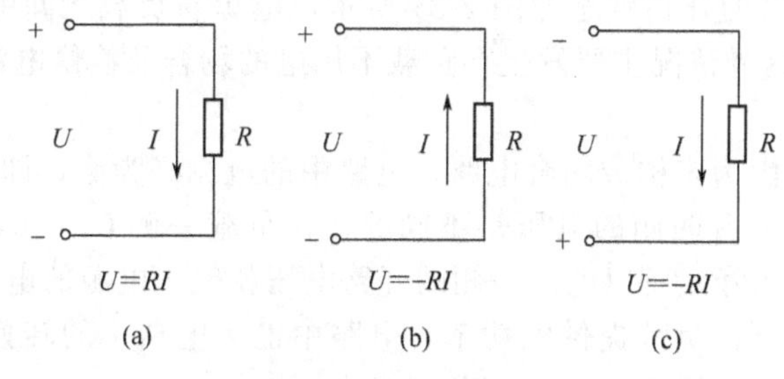

图 2-22 欧姆定律

对图 2-22(a) 的电路，欧姆定律可用下式表示：

$$\frac{U}{I}=R \tag{2-12}$$

由式(2-12) 可知，当所加电压 U 一定时，电阻 R 愈大，则电流 I 愈小。显然，电阻具有对电流起阻碍作用的物理性质。

根据在电路图上所选电压和电流的参考方向的不同，在欧姆定律的表示式中可带有正号或负号。当电压和电流的参考方向一致时［图 2-22(a)］，则得

$$U=RI \tag{2-13}$$

当两者的参考方向选得相反时［图 2-22(b) 和图 2-22(c)］，则得

$$U=-RI \tag{2-14}$$

这里应注意，一个式子中有两套正负号，式(2-13) 和式(2-14) 中的正负号是根据电压和电流的参考方向得出的。此外，电压和电流本身还有正值和负值之分。

2.6.4 电路的状态

在实际用电过程中，根据不同的需要和不同的负载情况，电路有不同的状态。这些不同的状态表现为电路中电流、电压及功率转换、分配情况的不同。应该注意的是，其中有的状态并不是正常的工作状态而是事故状态，应尽量避免和消除。因此，了解并掌握使电路处于不同状态的条件和特点是正确、安全用电的前提。

2.6.4.1 任载工作状态及额定工作状态

如图 2-23 所示，当电路中开关 S 闭合之后，电源与负载接通，产生电流，并向负载输出电功率，也就是电路中开始了正常的功率转换。这种工作状态就叫任载状态，其特点是：电源电动势产生的总电功率 $P_E=E\cdot I$，等于电源内阻 R_0 和负载电阻 R 所吸收的电功率（I^2R_0+

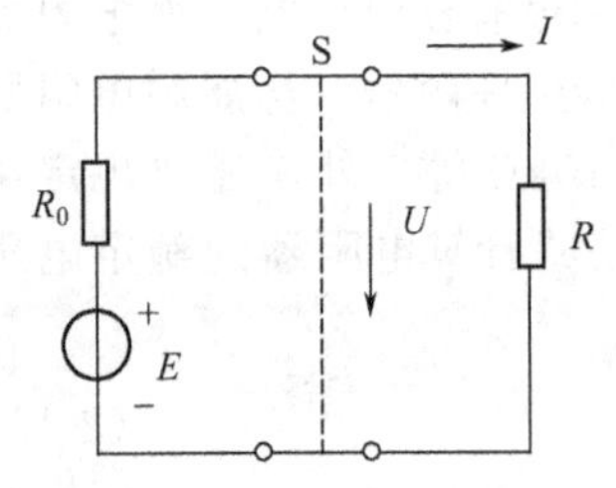

图 2-23　任载工作状态

I^2R)，符合能量守恒定律。

电气设备在实际运行时，应严格遵守各有关额定值的规定。如果设备刚好是在额定值下运行，则称为额定工作状态。由于制造厂家在设计电气设备时，全面考虑了经济性、可靠性和寿命等因素，经过精确计算，才得到各个额定值。因此，设备在额定状态下工作时，利用得最充分、最经济合理。设备在低于额定值的状态下运行时，不仅设备未能被充分利用，不经济，而且可能导致工作不正常，严重时还可能损坏设备，例如电动机在低于额定电压值之下工作，就存在这种可能性。

设备在高于额定值下工作时，当超过额定值不多，且持续时间也不太长时，不一定造成明显事故，但可能影响设备的寿命。

2.6.4.2　开路

开路又叫断路，典型的开路状态如图 2-24 所示，电源与负载之间的双刀开关 S 断开，也就是未构成闭合回路。这种情况主要发生在负载不用电的场合及检修电源等设备、排除故障的时候。其特点如下。

① 电路中的电流：因为未构成闭合电路，电路中的电流必为零，即 $I=0$。

② 电压：出现在开关 S 两侧的电压是不同的，在负载一侧 $U_0=0$，在电源一侧 $U_0=E$，因为电流 $I=0$，内阻无压降，所以电源一侧的开路电压就等于电源的电动势。

③ 功率：此时电源不向负载提供电功率，电路中也无电功率的转换，所以这种状态又叫电源的空载状态，即电源功率 $P_E=0$。

2.6.4.3　短路

从广义上说，电路中任何一部分被电阻等于零的导线直接连接起来，使两端电压降为零，这种现象就叫短路。图 2-25 所表示的是电源被短路的情况：电源两端被一条导线直接连通。电源短路的特点如下。

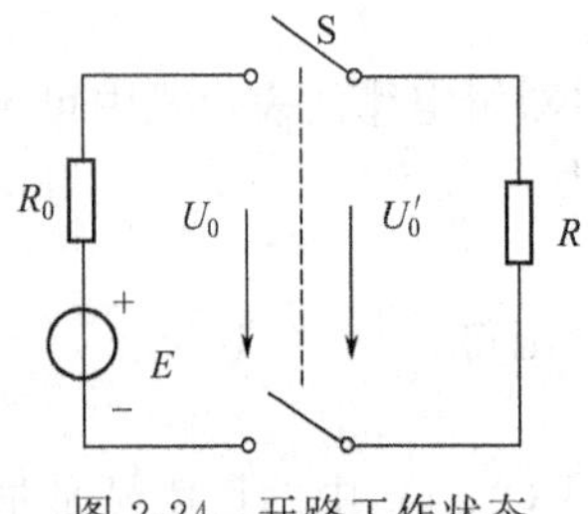

图 2-24　开路工作状态

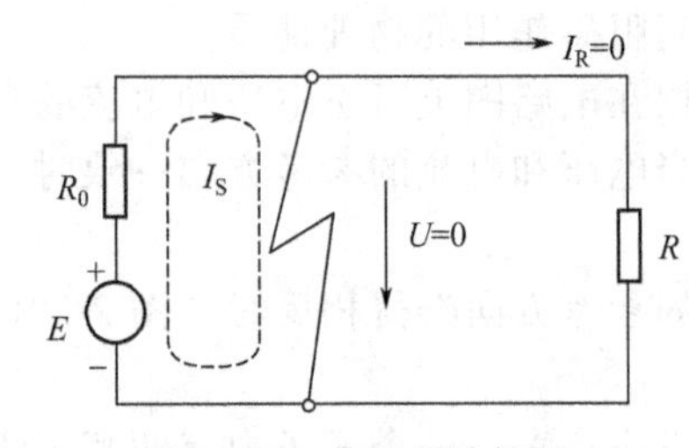

图 2-25　电源短路情况

① 电源直接经过短路导线形成闭合回路，电流不再流过负载，故负载电流 $I_R=0$。流经电源的电流——因回路内只包含电源内阻 R_0（导线电阻 $r=0$），故该电流是 $I_S=\dfrac{E}{R_0}$，叫短路电流。通常电源内阻 R_0 总是很小，比负载电阻要小得多，所以短路电流 I_S 很大，大大超过正常工作电流。

② 电源的端电压 $U=0$。

③ 功率。负载中无电流通过，端电压是零，故负载吸收的电功率 $P_R=0$。

总结以上分析可知，电源被短路时，将形成极大的短路电流，电源功率将全部消耗在电源内部，产生大量热量，可能将电源立即烧毁。电源短路是一种严重的事故状态，在用电操作中应注意避免。另外，在电路中都加有保护电器，如最常用的熔断器及工业控制电路中的自动断路器等，以便在发生短路事故或电流过大时，使故障电路与电源自动断开，避免发生严重后果。

2.7 基尔霍夫定律

在电路理论中，通常把元件的伏-安关系式称为元件的约束方程，这是元件电压、电流所必须遵守的规律，它表征了元件本身的性质。当各元件连接成一个电路以后，电路中的电压、电流除了必须满足元件本身的约束方程以外，还必须同时满足电路结构加给各元件的电压和电流的约束关系，这种约束称为结构约束，也称为拓扑约束。这种来自结构的约束体现为基尔霍夫的两个定律，即基尔霍夫电流定律和基尔霍夫电压定律。基尔霍夫电流定律应用于结点（也称节点），电压定律应用于回路。

这就是说，电路中的各个电压、电流要受到两方面的约束：一方面是来自元件性质的约束，这与电路结构无关；另一方面是来自结构的约束，这和元件性质无关。结构约束体现了电路作为一个整体来说所应该遵守的规律。两类约束关系是进行电路分析的基本依据。

电路中的每一分支称为支路，一条支路流过一个电流，称为支路电流。在图 2-26 中共有三条支路。

电路中三条或三条以上的支路相连接的点称为结点。在图 2-26 所示的电路中共有两个结点：a 和 b。

回路是由一条或多条支路所组成的闭合电路。图 2-26 中共有三个回路：$adbca$，$abca$ 和 $abda$。

2.7.1 基尔霍夫电流定律

基尔霍夫电流定律（Kirchhoff's current law，缩写为 KCL）是用来确定连接在同一结点上的各支路电流间关系的。由于电流的连续性，电路中任何一点（包括结点在内）均不能堆积电荷。因此，在任一瞬时，流向某一结点的电流之和应该等于由该结点流出的电流之和。

在图 2-26 所示的电路中，对结点 a（图 2-27）可以写出

$$I_1+I_2=I_3 \quad 或 \quad I_1+I_2-I_3=0$$

即

$$\sum I=0 \tag{2-15}$$

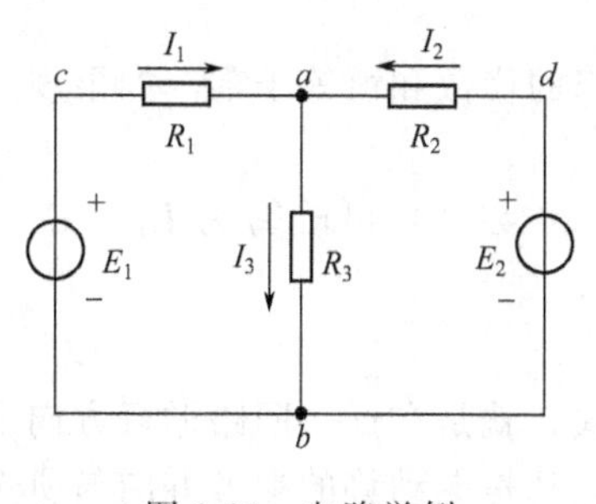

图 2-26 电路举例

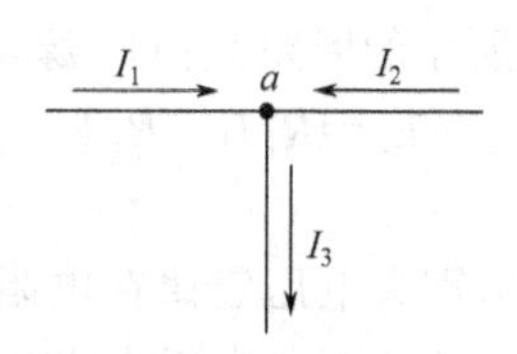

图 2-27 结点 a

就是在任一瞬时，一个结点上电流的代数和恒等于零。如果规定参考方向向着结点的电流取正号，则背着结点的电流就取负号。

根据计算的结果，有些支路的电流可能是负值，这是由于所选定的电流的参考方向与实际方向相反所致。

基尔霍夫电流定律通常应用于结点，也可以把它推广应用于包围部分电路的任一假想的封

闭面。例如，图 2-28 所示的封闭面包围的是一个三角形电路，它有三个结点。应用电流定律可得出：

$$I_A+I_B+I_C=0$$

可见，在任一瞬时，通过任一封闭面的电流的代数和也恒等于零。根据封闭面基尔霍夫电流定律对支路电流的约束关系可以得到：流出（或流入）封闭面的某支路电流，等于流入（或流出）该封闭面的其余支路电流的代数和。由此可以断言：当两个单独的电路只用一条导线相连接时（图 2-29），此导线中的电流 I 必定为零。

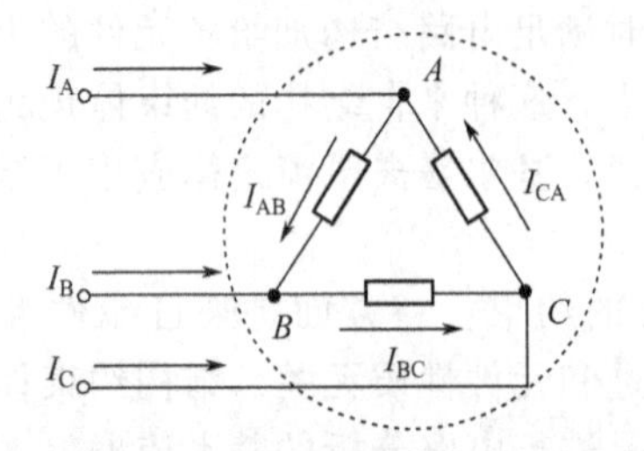

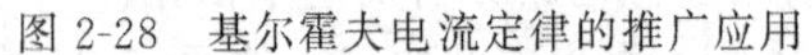

图 2-28 基尔霍夫电流定律的推广应用

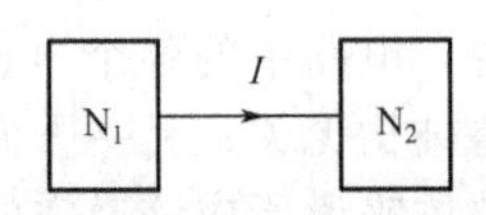

图 2-29 用一条导线相连的两个电路

在任一时刻，流入任一结点或封闭面全部支路电流的代数和等于零，意味着由全部支路电流带入结点或封闭面内的总电荷量为零，这说明 KCL 是电荷守恒定律的体现。

2.7.2 基尔霍夫电压定律

基尔霍夫电压定律是（Kirchhoff's voltage law，缩写为 KVL）用来确定回路中各段电压间关系的。如果从回路中任意一点出发，以顺时针方向或逆时针方向沿回路循行一周，则在这个方向上的电位降之和应该等于电位升之和，回到原来的出发点时，该点的电位是不会发生变化的。此即电路中任意一点的瞬时电位具有单值性的结果。

以图 2-30 所示的回路（即图 2-25 所示电路的一个回路）为例，图中电源电动势、电流和各段电压的参考方向均已标出。按照虚线所示方向绕行一周，根据电压的参考方向可列出：

$$U_1+U_4=U_2+U_3$$

或将上式改写为：

$$U_1-U_2-U_3+U_4=0$$

即

$$\sum U=0 \tag{2-16}$$

这就是说在任一时刻，沿着该回路的所有支路电压降的代数和恒等于零。如果规定电位降取正号，则电位升就取负号。

图 2-30 所示的回路是由电源电动势和电阻构成的，式(2-16) 可改写为 $E_1-E_2-R_1I_1+R_2I_2=0$ 或 $E_1-E_2=R_1I_1-R_2I_2$

即

$$\sum E=\sum (IR) \tag{2-17}$$

此为基尔霍夫电压定律在电阻电路中的另一种表达式，就是在任一回路循行方向上，回路中电动势的代数和等于电阻上电压降的代数和。在这里，凡是电动势的参考方向与所选回路循行方向相反者，则取正号，一致者则取负号。凡是电流的参考方向与回路循行方向相反者，则该电流在电阻上所产生的电压降取正号，一致者则取负号。

基尔霍夫电压定律不仅应用于闭合回路，也可以把它推广应用于回路的部分电路。以图 2-31 所示的两个电路为例，根据基尔霍夫电压定律列出如下式子。

对图 2-31(a) 所示电路（各支路的元件是任意的）可列出：

$$\sum U=U_A-U_B-U_{AB}=0 \quad 或 \quad U_{AB}=U_A-U_B$$

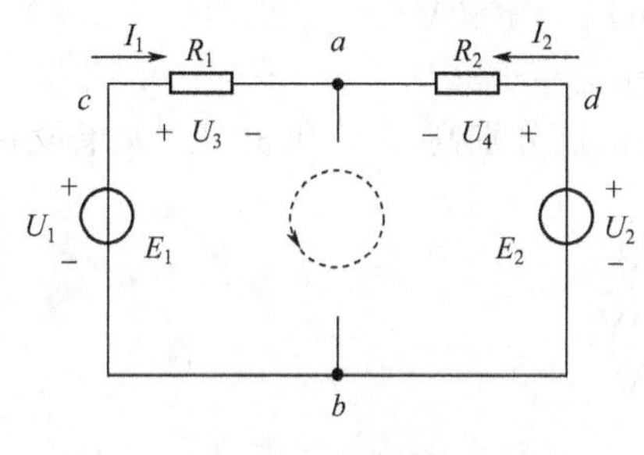

图 2-30　回路

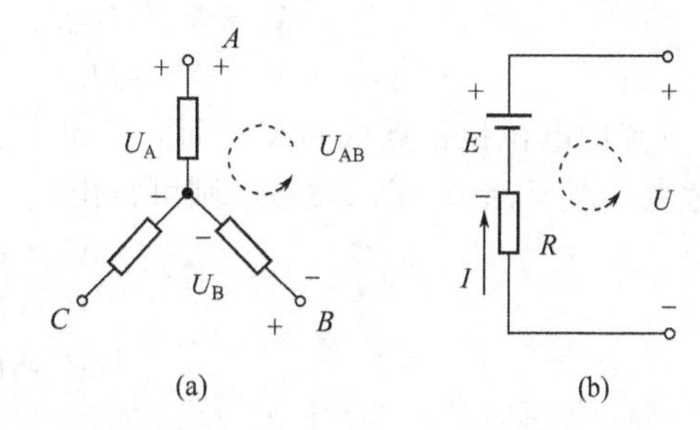

图 2-31　基尔霍夫电压定律的推广应用

对图 2-31(b) 的电路可列出：

$$E-U-RI=0 \quad 或 \quad U=E-RI$$

这也就是一段有源（有电源）电路的欧姆定律的表示式。

应该指出，图 2-31 所举的是直流电阻电路，但是基尔霍夫两个定律具有普遍性，它们适用于由各种不同元件所构成的电路，也适用于任一瞬时对任何变化的电流和电压。列方程时，不论是应用基尔霍夫定律或欧姆定律，首先都要在电路图上标出电流、电压或电动势的参考方向；因为所列方程中各项前的正负号是由它们的参考方向决定的，如果参考方向选得相反，则会相差一个负号。

沿电路任一闭合路径各段电压代数和等于零，意味着单位正电荷沿任一闭合路径移动时能量不能改变，这表明 KVL 是能量守恒定律的体现。

2.8　电路中各点电位的概念

在电路分析中，特别是分析电子电路中，应用“电位”概念能更方便一些，而且使物理概念更加直接、明确，方法也更简化。例如，对于半导体二极管来说，当它的阳极电位高于阴极电位时，管子才能导通；否则就截止。再如分析三极管放大器的工作状态时，要分析各个极的电位高低。因此，用电位来表示和计算电路的工作状态，也是应该掌握的基本方法。

对于电路两点之间电压的计算问题已在前面讨论过，这一节讨论电路中各点电位的计算方法。下面以图 2-32 所示的电路为例，讨论该电路中各点的电位。根据图2-32可得出：

$$U_{ab}=6\times10=60\ (V)$$
$$U_{ca}=20\times4=80\ (V)$$
$$U_{da}=5\times6=30\ (V)$$
$$U_{cb}=140V$$
$$u_{db}=90V$$

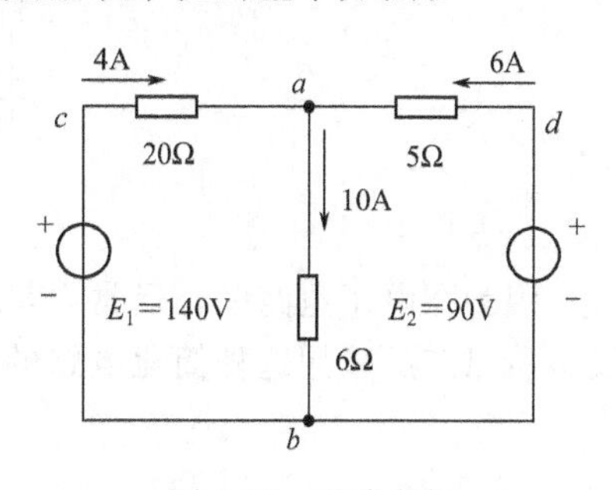

图 2-32　电路举例

可见，在图 2-32 中，只能算出两点间的电压值，而不能算出某一点的电位值。因此，计算电位时，必须选定电路中某一点作为参考点，它的电位称为参考电位，通常设参考电位为零。而其他各点的电位都同它比较，比它高的为正，比它低的为负。正数值愈大则电位愈高，负数值愈大则电位愈低。

参考点在电路图中标上“接地”符号。所谓“接地”，并非真与大地相接。在图 2-32 中，如果设 a 点为参考点，则 $V_a=0$（图 2-33），则可得出：

$$V_b-V_a=U_{ba} \qquad V_b=U_{ba}=-60V$$

$$V_c - V_a = U_{ca} \qquad V_c = U_{ca} = +80\text{V}$$
$$V_d - V_a = U_{da} \qquad V_d = U_{da} = +30\text{V}$$

b 点的电位比 a 点低 60V，而 c 点和 d 点的电位比 a 点分别高 80V 和 30V。如果设 b 点为参考点，即 $V_b=0$（图 2-34），则可得出：

$$V_a = U_{ab} = +60\text{V}$$
$$V_c = U_{cb} = +140\text{V}$$
$$V_d = U_{db} = +90\text{V}$$

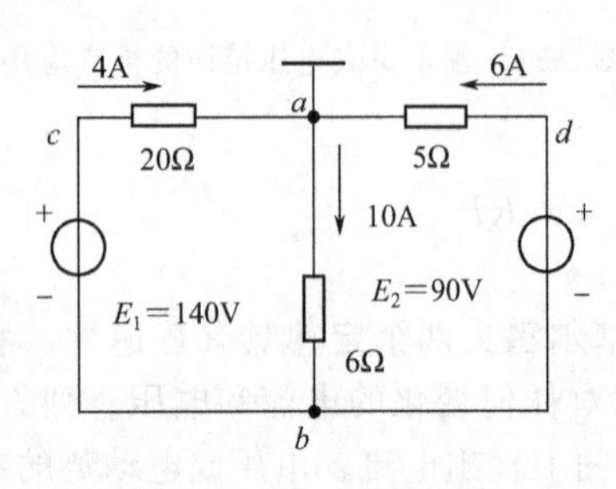

图 2-33 $V_a=0$ 的电路

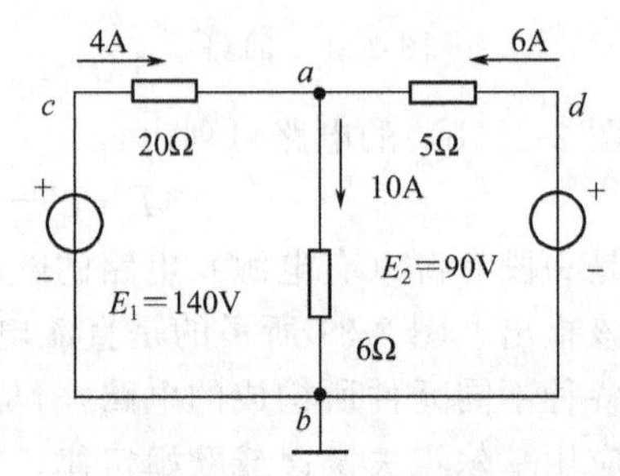

图 2-34 $V_b=0$ 的电路

从上面的结果可以得出以下结论。

① 电路中某一点的电位等于该点与参考点（电位为零）之间的电压。

② 参考点选得不同，电路中各点的电位值随着改变，但是任意两点间的电压值是不变的。所以各点电位的高低是相对的，而两点间的电压值是绝对的。

为简化电路的绘制，常常采用电位标注法，图 2-34 也可简化为图 2-35 所示电路，不画电源，各端标以电位值。

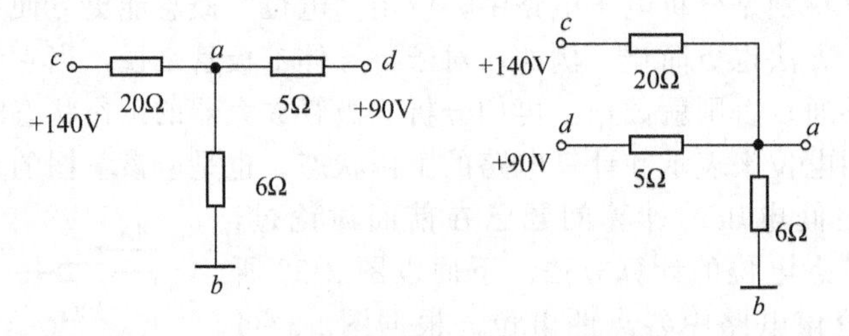

图 2-35 图 2-34 的简化电路

因为在电子电路中，通常电源、输入信号源及输出信号之间总是有一个公共连线——地线，所以广泛采用这种简化电路的表示方法。

能力训练题

一、填空题

1. 由理想电路元件按一定方式相互连接而构成的电路，为__________。

2. 电流的实际方向规定为__________运动的方向。

3. 引入__________后，电流有正、负之分。

4. 电场中 a、b 两点的__________称为 a、b 两点之间的电压。

5. 关联参考方向是指：__________。

6. 若电压 U 与电流 I 为关联参考方向，则电路元件的功率为 P，当 $P>0$ 时，说明电路元件实际是______；当 $P<0$ 时，说明电路元件实际是______。

7. 三条或三条以上支路的连接点称为____________。

8. 电路中的任何一闭合路径称为________________。

二、练习题

1. 求图 2-36 中各电路电流 I 的大小。

(1) A 吸收功率 72W；(2) B 产生功率 100W；(3) C 吸收功率 60W；(4) D 输出功率 30W。

图 2-36　练习题 1 电路图

2. 电路如图 2-37 所示，已知 $I_1=2\text{A}$，$I_2=4\text{A}$，$I_5=10\text{A}$，求 I_3、I_4、I_6。

3. 电路如图 2-38 所示，若 $I_3=0$，求 $U_S=$？

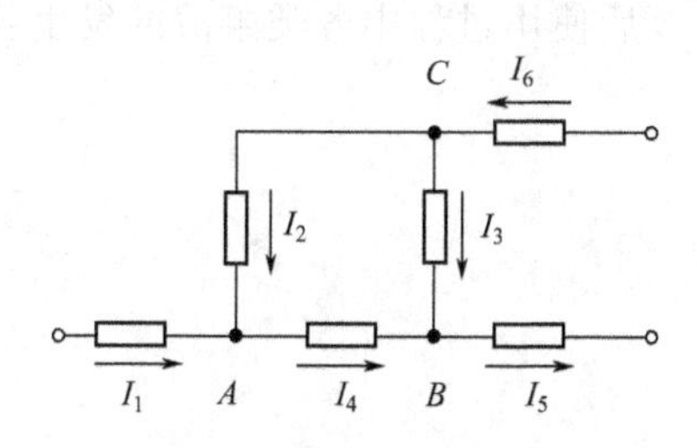

图 2-37　练习题 2 电路图

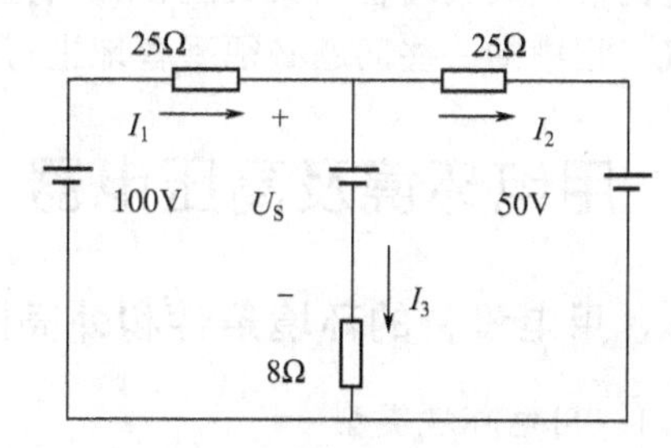

图 2-38　练习题 3 电路图

3 电气设备安全

电气火灾一般是指各种发、送、变、配、用电设备及线路在带电运行状态下，由于非正常的原因，在电能转化为热能的过程中引燃可燃物而导致的火灾。还包括静电和雷电引起的火灾。除违章操作等偶然性原因外，相当一部分电气火灾是由于电气系统存在隐患并长期未被发现，特别是各种不同原因造成的局部过热或火花放电，在某种环境条件下导致周围可燃物被点燃，蔓延成灾。因此，需要定期对电气系统进行防火安全检查，及时发现和消除安全隐患。

本章介绍建筑的现状，指出建筑电气是建筑的一部分，与人们的日常生产和生活等关系密切，其质量好坏直接影响建筑工程的安全性能和使用性能。有关部门的调查数据显示，每年我国发生的电气火灾居各类火灾之首，人身触电事故、电气设备损坏事故也时有发生。因此对建筑电气工程中的一些问题必须妥善地进行处理，以防止今后使用过程中各类事故的发生。

3.1 用电环境及高压电器

3.1.1 用电设备的环境条件和外壳防护等级

3.1.1.1 用电环境类型

工作环境或生产厂房可按多种方式分类。按照电击的危险程度，用电环境分为三类：无较大危险的环境、有较大危险的环境和特别危险的环境。

① 无较大危险的环境。正常情况下有绝缘地板、没有接地导体或接地导体很少的干燥、无尘环境，属于无较大危险的环境。

② 有较大危险的环境。下列环境均属于有较大危险的环境。

a. 空气相对湿度经常超过75%的潮湿环境。

b. 环境温度经常或昼夜间周期性地超过35℃的炎热环境。

c. 生产过程中排出工艺性导电粉尘（如煤尘、金属尘等）并沉积在导体上或进入机器、仪器内的环境。

d. 有金属、泥土、钢筋混凝土、砖等导电性地板或地面的环境。

e. 工作人员接触接地的金属构架、金属结构等，同时又接触电气设备金属壳体的环境。

③ 特别危险的环境。下列环境均属于特别危险的环境。

a. 室内天花板、墙壁、地板等各种物体都潮湿，空气相对湿度接近100%的特别潮湿的环境。

b. 室内经常或长时间存在腐蚀性蒸气、气体、液体等化学活性介质或有机介质的环境。

c. 具有两种及两种以上有较大危险环境特征的环境。

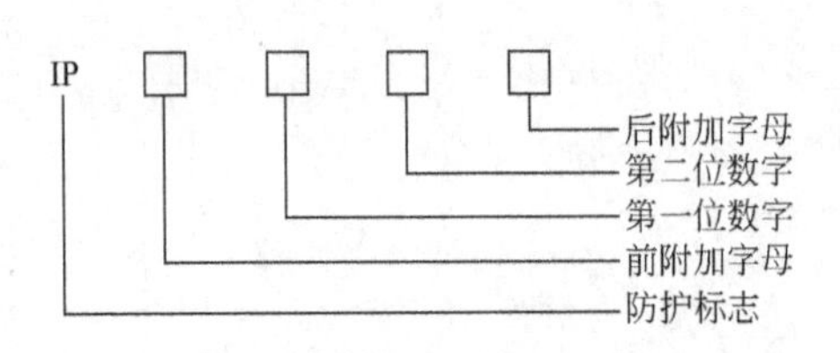

图 3-1 外壳防护等级标志

3.1.1.2 电气设备外壳防护等级

电机和低压电器的外壳防护包括两种防护：第一种防护是对固体异物进入内部的防护以及对人体触及内部带电部分或运动部分的防护；第二种防护是对水进入内部的防护。根据《外壳防护等级（IP代码）》（GB 4208—2008）标准，外壳防护等级标志方法如图 3-1 所示。

第一位数字表示第一种防护型式等级；第二位数字表示第二种防护型式等级。仅考虑一种防护时，另一位数字用“×”代替。前附加字母是电机产品的附加字母，“W”表示气候防护式电机，“R”表示管道通风式电机；后附加字母也是电机产品的附加字母，“S”表示在静止状态下进行第二种防护型式试验的电机，“M”表示在运转状态下进行第二种防护型式试验的电机。如无需特别说明，附加字母可以省略。

3.1.1.3 单相电气设备防触电分类

按照防止触电的保护方式，单相电气设备分为以下五类。

① 0 级电器。这种电器仅仅依靠基本绝缘来防止触电。

② 0Ⅰ级电器。这种电器也是依靠基本绝缘来防止触电的，也可以有双重绝缘或加强绝缘的部件，以及在安全电压下工作的部件。这种设备的金属外壳上装有接地（零）的端子，但不提供带有保护芯线的电源线。

③ Ⅰ级电器。这种电器除依靠基本绝缘外，还有接零或接地等附加的安全措施。

④ Ⅱ级电器。这种电器具有双重绝缘和加强绝缘的安全防护措施。

⑤ Ⅲ级电器。这种电器依靠超低安全电压供电来防止触电。Ⅲ级电器内不得产生比超低安全电压高的电压。

3.1.2 电动机

3.1.2.1 电动机的分类

电动机分为直流电动机和交流电动机。交流电动机又分为同步电动机和异步电动机（即感应电动机），而异步电动机又分为绕线式电动机和笼型电动机。

（1）直流电动机

直流电动机的电磁机构由定子部分和转子部分组成。直流电动机的定子上装有极性固定的磁极，直流电源经整流子（换向器）接入转子（电枢），转子电流与定子磁场相互作用产生机械力矩使转子旋转。直流电动机结构复杂，成本高，维护困难，但有良好的调速性能和启动性能。

（2）交流电动机

① 同步电动机　同步电动机转子上装有极性固定的磁极。定子接通交流电源后，转子开始旋转；至转速达到同步转速（旋转磁场转速）的 95%时，转子经滑环接通直流电源，电动机进入同步运转。同步电动机的结构也比较复杂，制动困难、不能调速。主要用于不需调速的、不频繁启动的大型设备。

② 异步电动机　绕线式电动机转子绕组经滑环与外部电阻器等元件连接，用以改变启动特性和调速。绕线式电动机主要用于启动、制动控制频繁和启动困难的场合，如起重机械和一些冶金机械等。笼型电动机的转子绕组是笼状短路绕组，结构简单，工作可靠，维护方便，但启动性能和调速性能差。笼型电动机广泛用于各种机床、泵、风机等多种机械的电力拖动，是应用最多的电动机。

3.1.2.2 电动机的选用

① 根据环境条件，选用相应防护等级的电动机。例如，多尘、水土飞溅或火灾危险场所应选用封闭电动机，爆炸危险场所应选用防爆型电动机等。

② 电动机的功率必须与生产机械负荷的大小及其持续和间断的规律相适应。

③ 根据负荷的启、制动及调速要求，选用相应类型的电动机。

3.1.2.3 异步电动机的不对称运行

① 三相电动机缺一相运行　会造成启动电流大，转速降低，机体振动，发出嗡嗡声，长

期运行烧毁绕组。

② 三相电动机两相一零运行　这是一种十分危险的运行方式。三相电动机两相一零运行是由于一条相线与接向金属外壳的保护零线接错造成的。这时电动机外壳带电，触电危险性很大。如果负载转矩不大，接通电源时，电动机仍能正向启动；运行时转速变化很小，异常声音也不明显。正因为如此，这种故障状态可能给人以错觉，使人忽略电动机外壳带电的危险。

3.1.2.4　电动机过载

电动机过载时有以下现象。

① 电动机定子过电流。

② 电动机整体或局部过热。

③ 电动机发出不正常的嗡嗡声。

④ 电动机转速明显下降。

⑤ 电动机及其所带负载发生不应有的振动。

⑥ 绕线式异步电动机电刷火花较大。

3.1.2.5　电动机安全运行条件

(1) 运行参数

电动机的电压、电流、频率、温升等运行参数应符合要求。电压波动不得超过5%～10%，电压不平衡不得超过5%，电流不平衡不得超过10%。当环境温度为35℃时，电动机的允许温升可参考表3-1所列数值；环境温度低于35℃时，电动机功率可增加（35－t）%，但最多不得超过8%～10%；环境温度高于35℃时，电动机功率应降低（t－35）%。

表3-1　电动机允许温升　℃

部　位	绝缘等级					测量方法
	A	E	B	F	H	
绕组	70	85	95	105	130	电阻法
铁芯	70	85	95	105	130	温度计法
滑环	70					温度计法
滚动轴承	80					温度计法
滑动轴承	45					温度计法

(2) 绝缘

电动机绝缘电阻参见表3-2。

表3-2　电动机绝缘电阻允许值

额定电压/V	6000			<500			≤42		
绕组温度/℃	20	45	75	20	45	75	20	45	75
交流电动机定子绕组/MΩ	25	15	6	3	1.5	0.5	0.15	0.1	0.05
绕线式转子绕组和滑环/MΩ	—	—	—	3	1.5	0.5	0.15	0.1	0.05
直流电动机电枢绕组和换向器/MΩ	—	—	—	3	1.5	0.5	0.15	0.1	0.05

(3) 保护

电动机的保护应当齐全。用熔断器保护时，熔体额定电流应取为异步电动机额定电流的1.5倍（减压启动）或2.5倍（全压启动）。用热继电器保护时，热元件的电流不应大于电动机的额定电流的1.1～1.25倍。

(4) 维护和维修

电动机应定期进行检修和保养工作。日常检修工作包括：清除外部灰尘和油污，检查轴承并换补润滑油，检查润滑油、滑环和整流子并更换电刷，检查接地（零）线，紧固各螺钉，检查引出线连接和绝缘，检查绝缘电阻等。

(5) 外观

电动机应保持主体完整、零附件齐全、无损坏并保持清洁。

(6) 资料

除原始技术资料外，还应建立电动机运行记录、试验记录、检修记录等资料。

3.1.2.6 电动机故障处理

电动机或其控制电器内因起火冒烟、剧烈振动、温度超过允许值并继续上升、转速突然明显下降、三相电动机缺相运行、电动机内发出撞击声或其控制电器被拖动而产生严重机械故障时，应停止运行。

3.1.3 单相电气设备

单相电气设备包括照明设备、家用电器、小型电动工具、小电炉及其他小型电气设备。统计资料表明，单相设备上的触电事故及其他事故都很多，因此，要特别重视单相电气设备的安全措施。

3.1.3.1 通用安全要求

(1) 防触电措施

① 单相电气设备的安装、使用都应保持三相负荷的平衡。

② 单相系统的工作零线应与相线的截面积相同。

③ 单相电气设备应装置漏电保护装置。

④ 电气设备的安装、维护应由专业人员进行，严禁乱接乱拉。

(2) 防火措施

① 电炉、灯泡、日光灯镇流器等电器应避开易燃物，周围通风良好。

② 各种单相电气设备的温度和温升不得超过允许值。

③ 对运行中的单相设备，应经常检查和清扫，不能让单相设备带故障运行。

④ 不论是长时间使用还是短时间使用的单相设备，用完后应及时切断电源。

⑤ 电炉、电熨斗、电烙铁等温度高、热容量大的电器必须静置一段时间，待冷却后再予包装收藏。

⑥ 导线接头应始终保持接触紧密，固定连接处不得松动。

3.1.3.2 电气照明

(1) 电气照明的类别

按光源的性质，电气照明分为热辐射光源（如白炽灯、碘钨灯等）和气体放电光源照明（如日光灯、高压汞灯等）。就照明功能而言，电气照明可分为工作照明和事故照明（包括应急照明）。工作照明又分为用于整个场地的一般照明和用于工作场地的局部照明。一般照明的电源采用 220V 电压，但若灯具达不到要求的最小高度时，应采用 36V 安全电压。凡有较大危险的环境里的局部照明灯和手持照明灯（行灯），应采用 36V 或 24V 安全电压。在金属容器内、水井内、特别潮湿的地沟内等特别危险环境中使用的手持照明灯，应采用 12V 安全电压。

在爆炸危险环境、中毒危险环境、火灾危险性较大的环境及手术室之类一旦停电即关系到人身安危的环境、500 人以上的公共环境、一旦停电使生产受到影响会造成大量废品的环境等都应该有事故照明（至少应有应急照明）。事故照明线路不能与动力线路或照明线路合用，而必须有自己的供电线路。

(2) 电气照明安装及安全要求

① 应根据环境条件选用适当防护型式的照明装置。

② 为了安全，应采用带电部分不暴露在外的螺口灯座。为了防止火灾，除敞开式灯具外，凡 100W 及以上的照明器应采用瓷灯座。从安全角度考虑，灯座不宜带有开关或插座。

③ 室内吊灯灯具高度一般不应小于 2.5m。

④ 灯具安装应牢固可靠。

⑤ 照明灯具、日光灯镇流器等发热元件不能紧贴可燃物安装。

⑥ 灯具如带电金属件、金属吊管和吊链应采取接零（或接地）措施。

⑦ 每一照明支路上熔断器熔体的额定电流不应超过 15～20A，每一照明支路上所接的灯具，室内原则上不超过 20 盏（插座应按灯计入），室外原则上不超过 10 盏（节日彩灯除外）。

⑧ 照明配线应采用额定电压 500V 的绝缘导线。

⑨ 照明线路应避开暖气管道，其间距离不得小于 30cm。

⑩ 配电箱内单相照明线路的开关必须采用双极开关；照明器具的单极开关必须装在相线上。

⑪ 照明线路的相线和工作零线上都应装有熔断器。

⑫ 单相插座遵循“上相（L）下零（N）、右相（L）左零（N）”的原则。

3.1.3.3 手持电动工具和移动式电气设备

手持电动工具包括手电钻、手砂轮、冲击电钻、电锤、手电锯等工具。移动式设备包括蛙夯、振捣器、水磨石磨平机、电焊机等电气设备。使用手持电动工具应当注意以下安全要求。

① 工具的额定使用条件应与实际使用条件相适应。工具的各部件及连接处应完好、牢固。

② 电源线应采用橡胶绝缘软电缆。电缆不得有破损或龟裂，中间不得有接头。

③ Ⅰ类设备应有良好的接零或接地措施，且保护导体应与工作零线分开。

④ 使用Ⅰ类手持电动工具应根据用电特征安装漏电保护器或采取电气隔离及其他安全措施。

⑤ 绝缘电阻合格，带电部分与可触及导体之间的绝缘电阻Ⅰ类设备不低于 2MΩ，Ⅱ类设备不低于 7MΩ。

⑥ 根据需要装设漏电保护装置。

⑦ Ⅱ类和Ⅲ类手持电动工具修理后，不得降低原设计确定的安全技术指标。

⑧ 电动工具用毕后，应及时切断电源，并妥善保管。

3.1.3.4 交流弧焊机

交流弧焊机的安全使用应注意以下事项。

① 安装前应检查弧焊机是否完好，绝缘电阻是否合格（一次侧绝缘电阻不应低于 1MΩ，二次侧绝缘电阻不应低于 0.5MΩ）。

② 弧焊机应与安装环境条件相适应，并应安装在干燥、通风良好处。

③ 弧焊机一次侧额定电压与电源电压相符合，接线应正确，应经端子排接线。

④ 弧焊机一次侧熔断器熔体的额定电流略大于弧焊机的额定电流即可。

⑤ 二次侧线长度一般不应超过 20～30m，否则，应验算电压损失。

⑥ 弧焊机外壳应当接零（或接地）。

⑦ 弧焊机二次侧焊钳连接线不得接零（或接地），二次侧的另一条线也只能一点接零（或

接地），以防止部分焊接电流经其他导体构成回路。

⑧ 移动焊机必须停电进行。

3.2 低压电器

3.2.1 低压电器的分类

低压电器可分为控制电器和保护电器。

控制电器主要用来接通和断开线路，以及用来控制用电设备。如：刀开关、低压断路器、减压启动器、电磁启动器等。

保护电器主要用来获取、转换和传递信号，并通过其他电器对电路实现控制。如：熔断器、热继电器等。

3.2.2 低压控制电器

3.2.2.1 低压控制电器通用安全要求

① 电压、电流、断流容量、操作频率、温升等运行参数符合要求。

② 结构型式与使用的环境条件相适应。

③ 灭弧装置（包括灭弧罩、灭弧触头、灭弧用绝缘板）完好。

④ 触头接触表面光洁，接触紧密并有足够的接触压力。各极触头应当同时动作。

⑤ 防护完善，门（或盖）上的联锁装置可靠，外壳、手柄、漆层无变形和损伤。

⑥ 安装合理、牢固，操作方便，且能防止自行合闸；与临近设施的间距符合安装要求。

⑦ 正常时不带电的金属部分接地（或接零）良好。

⑧ 绝缘电阻符合要求。

3.2.2.2 刀开关

刀开关是手动开关，包括胶盖刀开关、石板刀开关、铁壳开关、转换开关、组合开关等。手动减压启动器属于带有专用机构的刀开关。刀开关只能用于不频繁启动。

刀开关是最简单的控制电器。由于没有或只有极为简单的灭弧装置，刀开关无力切断短路电流。因此，刀开关下方应装有熔体或熔断器。

刀开关使用注意事项如下。

① 胶盖刀开关只能用来控制 5.5kW 以下的三相电动机。刀开关的额定电压必须与线路电压相适应。

② 380V 的动力线路，应采用 500V 的闸刀开关；220V 的照明线路，可采用 250V 的刀开关。

③ 对于照明负荷，刀开关的额定电流大于负荷电流即可；对于动力负荷，开关的额定电流应大于负荷电流的 3 倍。

④ 闸刀开关所配用熔断器和熔体的额定电流不得大于开关的额定电流。

⑤ 用刀开关控制电动机时，为了维护和操作的安全，应该在刀开关上方另装一组插式熔断器。

3.2.2.3 低压断路器

低压断路器又叫自动开关或空气开关。低压断路器主要由感受元件、执行元件和传递元件组成。

（1）断路器工作原理

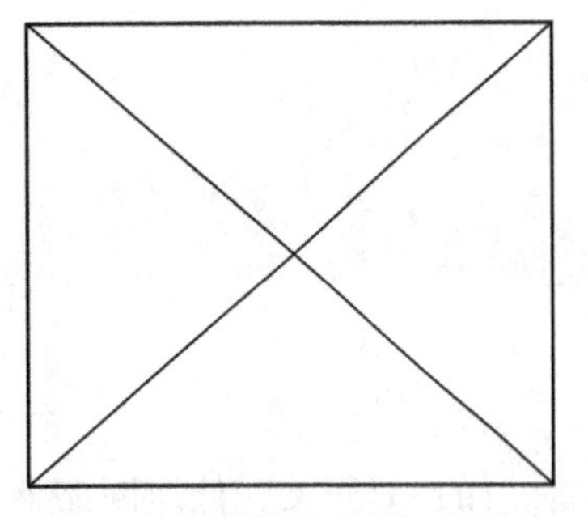

图 3-2 低压断路器的工作原理

低压断路器的工作原理如图 3-2 所示。其主触头、辅助触头由传动杆连动，当逆时针方向推动操作手柄时，操作力经自由脱扣机构传递给传动杆，主触头闭合；随之锁扣将自由脱扣机构锁住，使电路保持接通状态。断路器由储能弹簧实现分闸，分闸速度很高。

在正常情况下，低压断路器可用来不频繁地通断电路及控制电动机，当电路中发生过载、短路及失压故障时，还能自动切断故障电源，是低压配电系统中重要的控制和保护电器。

(2) 低压断路器的特性

低压断路器的特性指标很多，如断路器的型式、极数、电流种类、通断方式（直接人力、远程人力、过流、欠压、逆电流）、主电路的额定值、控制回路特性、辅助回路特性、使用类别等。图 3-3 为低压断路器的保护特性。

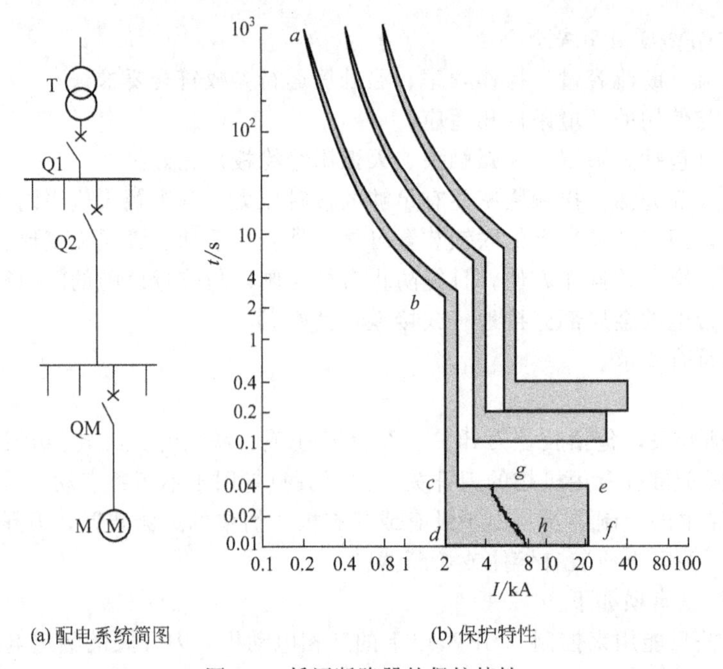

(a) 配电系统简图　　(b) 保护特性

图 3-3 低压断路器的保护特性

保护特性：动作时间 t 与过流脱扣器动作电流 I 的关系。

为了充分利用电气设备的过载能力和缩小事故范围，自动开关的保护特性必须具有选择性，即保护特性应当是分段的，通常可分为三段。

ab 段：过载保护部分。其动作时间与动作电流成反时限关系，过载倍数越大，动作时间越短。

df 段：瞬时动作部分。故障电流超过与 d 点对应的电流值，过流脱扣器便瞬时动作。

ce 段：延时动作部分。故障电流大于 c 点之值，过流脱扣器经延时后动作。

根据保护对象的要求，自动开关的保护特性有两段式，如 $abdf$ 式（过载长延时和短路瞬时动作）或 $abce$ 式（过载长延时和短路短延时动作）。

(3) 低压断路器的特点

① 低压断路器有很强的分断能力。

② 低压断路器有良好的保护特性，能在极短的时间内完全断开线路。

③ 低压断路器的自由脱扣机构有连锁作用，当线路未恢复正常、脱扣器未恢复原位时，不能合闸送电。

(4) 低压断路器的选用

① 低压断路器的额定电压及其欠电压脱扣器的额定电压不得低于线路额定电压，断路器的额定电流及其过电流脱扣器的额定电流不应小于线路计算负荷电流。

② 断路器的极限通断能力不应小于线路最大短路电流。

③ 长延时动作过电流脱扣器应按照线路计算负荷电流或电动机额定电流，具有反时限特性，以实现过载保护。

④ 自动开关的过电流保护特性必须与被保护对象的允许发热特性相匹配。

(5) 低压断路器的安装要求

① 按规定的方向正确安装，只能垂直装设，触头的闭合和断开有明显显示。

② 连接线接触良好，上下导线端接点必须使用规定截面导线或母线连接。

③ 安装时不能去除灭弧罩，应保持灭弧罩的完好无损。

(6) 低压断路器的维护

低压断路器是一种比较复杂的电器，除正确选用和调整外，还须妥善维护，才能保证其安全运行。为此，应注意以下几点。

① 使用前将电磁铁工作面上的防锈油脂擦净，以免影响其动作值。

② 定期检修时清除落在自动开关上的灰尘，以免降低其绝缘性能。

③ 使用一定次数后，应清除触头表面的毛刺、颗粒等物；触头磨损超过原来厚度的1/3时，应予更换。

④ 经分断短路电流或多次正常分断后，清除灭弧室内壁和栅片上的金属颗粒和黑烟，以保持良好的绝缘和灭弧性能。

⑤ 必要时，给操作机构的转动部位加润滑油。

⑥ 定期检查各脱扣器的整定值和延时。

3.2.3 低压保护电器

低压保护电器主要包括熔断器、热继电器、电磁式过电流继电器以及低压断路器、减压启动器、电磁接触器里安装的各种脱扣器。

3.2.3.1 低压常用保护方式

① 短路保护。短路保护是指线路或设备发生短路时，迅速切断电源的一种保护。熔断器、电磁式过电流继电器和脱扣器都是常用的短路保护元件。

② 过载保护。它是当线路或设备的载荷超过允许范围时，能延时切断电源的一种保护。热继电器和热脱扣器是常用的过载保护元件。

③ 失压（欠压）保护。当电源电压消失或低于某一限度时，它能自动断开线路。失压（欠压）保护由失压（欠压）脱扣器等元件执行。

3.2.3.2 熔断器

低压保护电器中，主要介绍一下熔断器。

(1) 熔断器的结构与原理

低压熔断器由熔断体（简称熔体）、熔断器底座和熔断器支持件组成。熔体是核心部件，常做成丝状（熔丝）或片状（熔片）。低熔点熔体由锑铅合金、锡铅合金、锌等材料制成；高熔点熔体由铜、银、铝制成（如图3-4所示）。根据结构型式，熔断器分为管式熔断器、螺塞式熔断器、插式熔断器、盒式熔断器等。

负载电流通过熔体，由于电流的热效应而使熔体的温度上升，当电路发生过载或短路故障时，电流大于熔体允许的正常发热电流，使熔体温度急剧上升，当达到熔点温度时，熔体自行熔断，分断电路，从而保护了电气设备。

(2) 熔断器的特性

保护特性和分断能力是熔断器的主要技术参数。

① 分断能力　是指熔断器在额定电压及一定的功率因数下切断短路电流的极限能力，因此，通常用极限分断电流表示分断能力。填料管式熔断器的分断能力较强。

② 保护特性　是指流过熔体的电流与熔断时间的关系曲线，如图 3-5 所示。保护特性是反时限曲线，而且有一个临界电流 I_c。

图 3-4　高熔点熔体

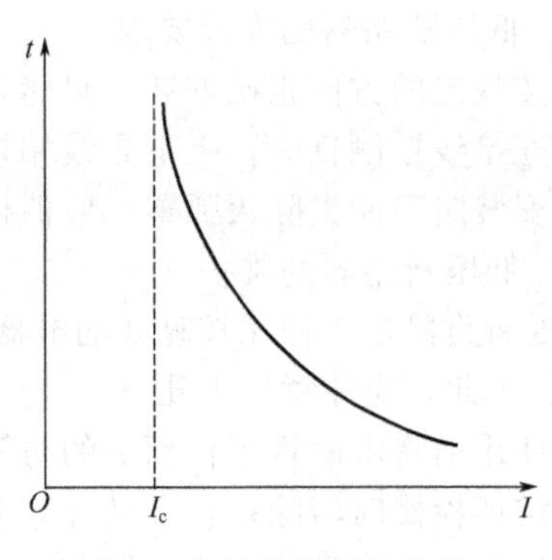

图 3-5　熔断器保护特性

(3) 熔断器的应用

① 用于变压器的过载和短路保护。

② 用于配电线路的局部短路保护。

③ 与低压断路器串接，辅助断流容量不足的低压断路器切断短路电流。

④ 用于电动机的短路保护。

⑤ 用于照明系统、家用电器的过流保护。

⑥ 临时敷设线路的过流保护。

(4) 熔断器的选用原则

① 熔断器的保护特性必须与被保护对象的过载特性配合良好。

② 熔断器的额定分断能力应大于被保护电路可能出现的短路冲击电流的有效值。

③ 在分级保护中，一般要求前一级熔体比后一级熔体的额定电流大 2～3 倍。

④ 在易发生故障的场所，应考虑选用可拆除式熔断器。

⑤ 在易燃易爆场所，应选用封闭式熔断器。

(5) 熔体更换的安全要求

熔体熔断后，应及时更换，以保证负载正常运行，更换时应注意以下几方面。

① 更换熔体时应断电，不许带电工作，以防发生触电事故。

② 更换熔体必须弄清熔体熔断原因，并排除故障。

③ 更换熔体前应清除熔器壳体和触点之间的碳化导电薄层。

④ 更换熔体时，不应随意改变熔体的额定电流，更不允许用金属导线代替熔体使用。

⑤ 安装时，既要保证压紧接牢，又要避免压拉过紧而使熔断电流值改变，导致发生误熔断故障。

⑥ 熔丝不得两股或多股绞合使用。

3.3 用电的安全措施

经研究，从触点事故发生的情况来看，可以将触电事故分为直接触电和间接触电两大类。直接触电多由主观原因造成，而间接触电则多由客观原因造成。但是无论是主观还是客观原因造成的触电事故，都可以在采用安全技术措施和加强安全管理上予以防止。因此，加强用电的安全技术措施是防止事故发生的重要环节。

3.3.1 电力系统接地分类

根据接地的目的不同，电力系统接地分为以下五类。

① 工作接地　为了保证电气系统的可靠运行而设置的接地称为工作接地，如图 3-6 所示的变压器中性点的接地。变压器、发电机中性点除接地外，与中性点连接的引出线为工作零线，将工作零线上的一点或多点再次与地可靠地电气连接称为重复接地。工作零线为单相设备提供回路。从中性点引出线的专供保护零线的 PE 线为保护零线，低压供电系统中工作零线与保护零线应严格分开。

② 保护接地　电气设备或电器装置因绝缘老化或损坏可能带电，当人体触及将遭受触电危险，为了防止这种电压危及人身安全而设置的接地，叫保护接地（如图 3-7 所示），具体的做法一般是将电气设备或电器装置的金属外壳通过接地装置同大地可靠地连接起来。保护接地适用于电源中性点不接地的低压电网中。由此看来，保护接地是为了防止触电事故而采取的一种技术措施。无论是动电还是静电；也无论是交流还是直流；无论是一般环境还是特殊环境，都常采用保护接地措施以保安全。若将电气设备的金属外壳与零线连接称为保护接零，接零是接地的一种特殊方式。保护接零措施适用于低压 380/220V 系统中。

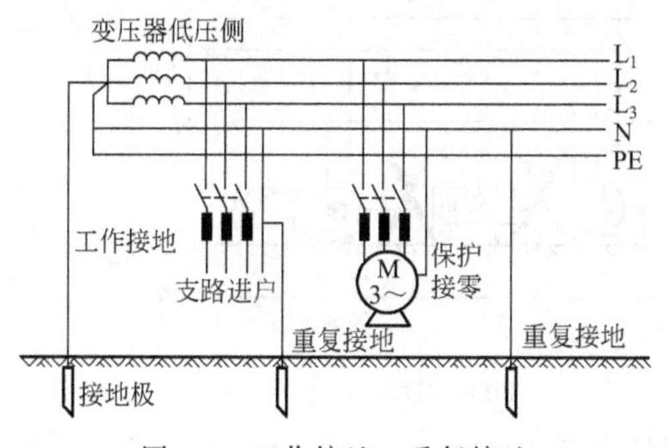

图 3-6　工作接地、重复接地

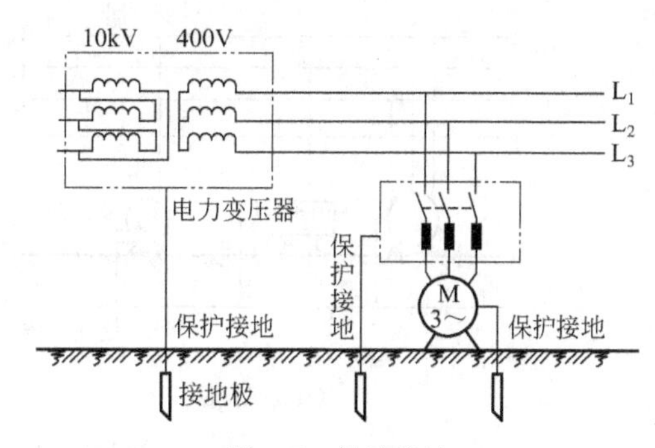

图 3-7　保护接地

③ 过电压保护接地　为了消除因雷击和过电压的危险影响而设置的接地。

④ 防静电接地　为了消除在生产过程中产生的静电及其危险影响而设置的接地。

⑤ 屏蔽接地　为了防止电磁感应而对电气设备的金属外壳、屏蔽罩、屏蔽线的金属外皮及建筑物金属屏蔽体等进行的接地。

3.3.2 电气设备接地的一般要求

① 电气设备一般应接地或接零，以保护人身和设备的安全。一般三相四线制的电力系统中应采用保护接零、重复接地；三相五线制的电力系统工作零线和保护零线都应重复接地，三相三线制的电力系统采用保护接零。

② 不同用途、不同电压的电气设备应使用不同的电气安全技术。

③ 380/220V 低压系统的中性点应直接接地。中性点直接接地的低压电网，应装设迅速自动切除接地短路故障的保护装置。

④ 中性点直接接地的低压电网中，电气设备的外壳应采用接零保护，中性点不接地的电网，电气设备的外壳应采用保护接地。

⑤ 在中性点直接接地的低压电网中，除另有规定和移动式电气设备外，零线应在电源进户处重复接地。

3.3.3 电力系统的接地装置

接地装置包括接地体和接地引线，接地体又分自然接地体与人工接地体两种，而接地引线则是与接地体可靠连接的导线，也称地线。

交流电气设备应充分利用人工接地体，既可节约钢材和人工费用，又可降低绝缘电阻。

人工接地体一般为垂直敷设，通常用直径 40～50mm 的镀锌钢管或 40mm×40mm×40mm～50mm×50mm×50mm 的镀锌角铁或直径 25～30mm 的镀锌圆钢，长度一般为2500～3000mm，垂直打入深约 0.8m 的地沟内（如图 3-8 所示），其根数的多少及排列布置由接地电阻值决定。

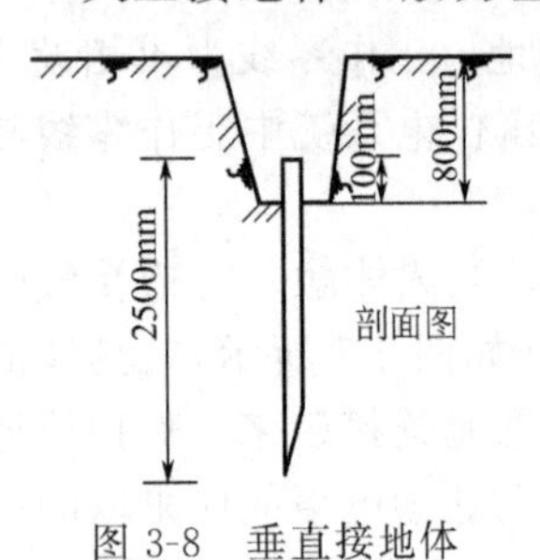

图 3-8 垂直接地体

接地线的设置应注意以下几点。

① 接地线与接地体的连接、接地线与接地线的连接一般为焊接。埋入地下的连接点应在焊接后涂上沥青漆防腐。

② 利用钢管作接地线，钢管连接外必须保证可靠的电气连接。

③ 接地线与电气设备可焊接或螺栓连接，螺栓连接应有防松螺母或防松垫片。每台设备应用单独的接地线与干线相连，禁止在一条接地线上串联电气设备（如图 3-9 所示）。

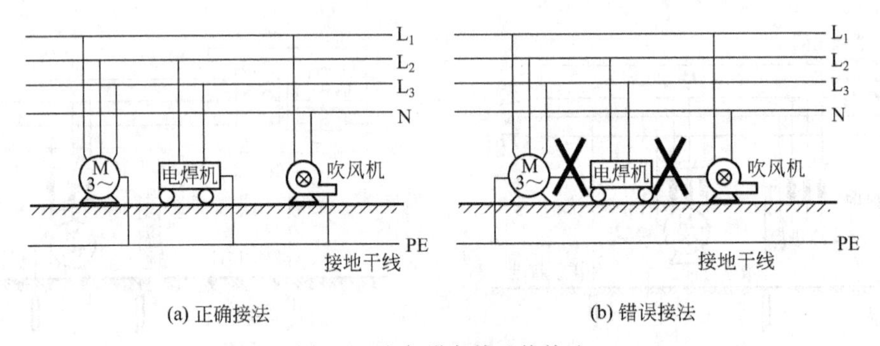

图 3-9 电气设备接地线接法

④ 危险爆炸场所内的电气设备外壳必须接地。

⑤ 接地线一般为钢质。移动式设备的接地线、三相四线制或三相五线制照明设备的接地线以及采用钢线的接地线（有困难的除外），接地线的截面积应符合截流量、短路时切除故障及热稳定的要求。

⑥ 中性点直接接地的低压系统电气设备的专用线接地线可与相线一起敷设，其截面积一般不大于：钢为 80mm^2、铜为 50mm^2、铝为 70mm^2。

⑦ 不得使用蛇皮管、保温管的金属网或外皮及低压照明导线或电缆的铅保护套作接地线。

⑧ 便携式用电设备应用电缆中的专用线芯接地，严禁利用设备的零线接地。单独使用接地线时，应用多股软铜线，其截面积不小于 1.5mm^2。

3.3.4 保护接地的应用范围

在中性点不接地的电网中，电气设备及其装置，除特殊规定外，均应采取接地保护，以防其漏电时对人体、设备构成危害。采用接地保护的电气设备及装置主要如下。

① 电机、变压器、电器、开关、携带式或移动式用电设备的金属底座及外壳。

② 电气设备的传动装置。

③ 配电屏、控制柜（台）、保护屏及配电箱（柜）等。

④ 配电装置的金属构架、钢盘混凝土构架等。

⑤ 电缆接头盒、终端盒的金属构架外壳，电缆保护钢管、屏蔽层等。

⑥ 装避雷设备的电力线路的杆塔。

3.3.5 保护接零的安装范围

中性点直接接地的电网中，采用保护接零时，必须保证以下条件。

① 中性点直接可靠接地，接地电阻应不大于 4Ω。

② 工作零线、保护零线应可靠重复接地，重复接地的接地电阻应不大于 10Ω，重复接地的次数应不大于 3 次。

③ 保护接零和工作接零不得装设熔断器或开关，必须具有足够的机械强度和热稳定性。

④ 三相四线制或三相五线制的电力系统中的工作零线和保护零线的截面积不得小于相应线路相线的截面积的一半。

⑤ 线路的阻抗不能太大，以便漏电时能够产生足够大的单相短路电流，使保护装置动作。因此，要求单相短路电流不得小于线路熔断器熔丝额定电流的 4 倍，或者不得小于线路中空气断路器瞬时或延时动作电流的 1.25 倍。

电气设备接地线的正确接法，如图 3-9(a) 所示。

3.3.6 工作接地的作用

① 中性点不接地的变压器：削弱单相接地的危害，如图 3-10 所示。

② 中性点接地的变压器：减弱高压窜入低电压的危害，如图 3-11 所示。

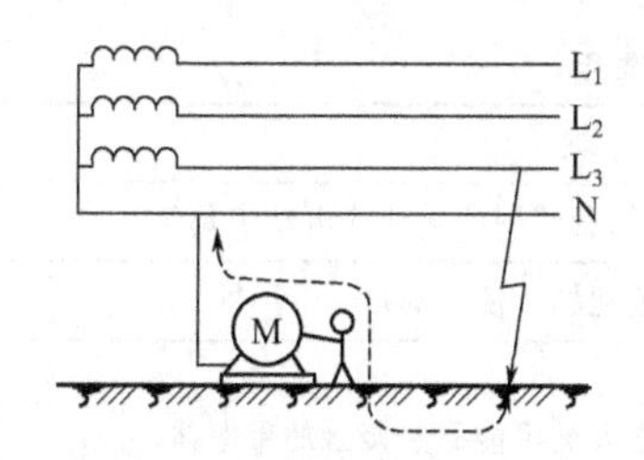

图 3-10 中性点不接地的变压器

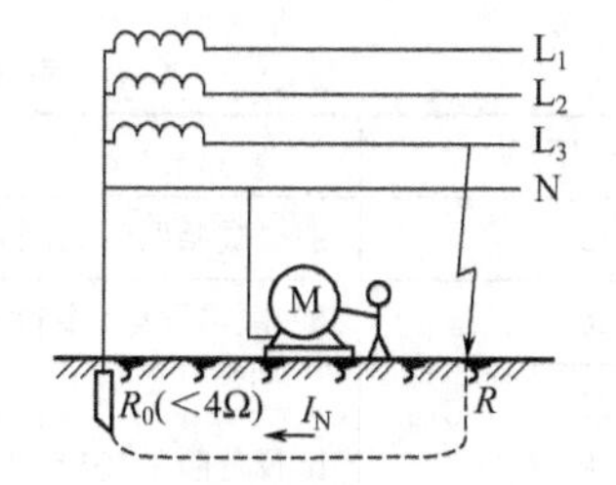

图 3-11 中性点接地的变压器

③ 变压器中性点采用工作接地后，为相电压提供一个明显可靠的参考点，为稳定电网的电位起着重要的作用。另外，为单相设备提供了一个回路，使系统有两种电压 380/220V，既满足三相设备，又满足单相设备，这是低电网最常用的接线方法。

3.3.7 允许电流与安全电压

（1）允许电流

为了确定安全电压，必须首先确定人体允许电流。

一般情况下，把作用于人体不至于引起伤害的电流或者把人能够自己摆脱的电流称为允许电流。经研究得出，交流（50～60Hz）为10mA；直流为50mA。但当线路上装有防止短路的瞬间保护时，人体允许电流可按30mA考虑。

（2）安全电压

从安全的角度来看，因为电力系统中的电压通常是比较恒定的，而影响电流变化的因素很多，所以，确定对人体的安全条件是用安全电压而不是安全电流。安全电压是指在各种不同环境条件下，在接触到带电体后，人体各部分组织，如皮肤、心脏等不发生任何损伤的电压。

安全电压是为了防止触电事故而采用的有特定电源的电压系列。其供电要求实行输出与输入电路的隔离以及与其他电气系统的隔离。这个电压系列的上限值，在正常和故障情况下，任何两导体间任一导体与地之间均不得超过交流（50～500Hz）有效值50V。

可根据场所特点，采用我国安全电压标准规定的交流电安全电压等级。

① 42V（空载上限小于等于50V）可供有触电危险场所使用的手持式电动工具等场合使用。

② 36V（空载上限小于等于43V），可在矿井、多导电粉尘等场所使用的行灯等场合下使用。

③ 24V、12V、6V（空载上限分别小于等于29V、15V、8V）三挡可供某些人体可能偶然触及的带电体的设备选用。在大型锅炉内、金属容器内工作时，为了确保人身安全一定要使用12V或6V低压行灯。当电气设备采用24V以上安全电压时，必须采取防止直接接触带电体的电路，必须与大地绝缘。

安全电压是以人体允许电流与人体电阻的乘积为依据而确定的。国际电工委员会按允许电流30mA和人体中的电阻值1700Ω来计算触电电压的限定值，即安全电压的上限值是50V（50～500Hz交流电有效值）。

（3）安全电压的选用

各等级的安全电压应根据使用场所、操作人员条件、使用方式、供电方式和线路状况等多种因素进行选用。目前我国采用的安全电压以36V和12V两个等级比较多。一般生产场地局部照明采用36V；潮湿、易导电的地沟或金属容器内工作时行灯采用12V电压。安全电压的选用见表3-3。

表3-3　各等级安全电压的选用

安全电压/V	用　途
42	手提式照明灯、无特殊安全措施、有触电危险的场所使用的手动式电动工具等
36	矿井、易导电、多粉尘、生产场所及变电站等多接地场所使用的灯
24 12 6	比较危险的场所、工作场地狭窄、温热场所、工作人员可能偶然接触的带电体

3.3.8　电气安全距离、安全色及安全标志

（1）电气安全距离

将带电体与大地、带电体与其他设备以及带电体与带电体之间保持一定的电气安全距离，是防止直接触电和电气事故的重要措施，这种措施称为电气安全距离，简称安全距离。

（2）安全距离的作用

① 防止人体触及或接近带电体而造成触电事故。

② 避免车辆及其他器具碰撞或过分接近带电体而造成事故。

③ 防止火灾爆炸及过电压放电和各种短路事故。

④ 保证操作和维护方便。

电气安全距离的大小与电压的高低、设备的类型及安装方式有关。

(3) 安全色

① 红色——一般用来标志禁止和停止。如信号灯、紧急按钮均用红色，分别表示“禁止通行”、“禁止触动”等禁止的信息。

② 黄色——一般用来标志注意、警告、危险。如“当心触电”、“注意安全”等。

③ 蓝色——一般用来标志强制执行和命令。如“必须戴安全帽”、“必须验电”。

④ 绿色——一般用来标志安全无事。如“在此工作”、“在此攀登”等。

⑤ 黑色——一般用来标注文字、符号和警示标志的图形等。

⑥ 白色——一般用于安全标志红、蓝、绿色的背景色，也可用于安全标志的文字和图形符号。

⑦ 黄色与黑色间隔条纹——一般用来标志警告、危险。如防护栏杆。

⑧ 红色与白色间隔条纹——一般用来标志禁止通过、禁止穿越等。

在使用安全色时，为了提高安全色的辨认率，使其更明显醒目，常采用其他颜色作为背景，即对比色。红、蓝、绿的对比色为白色，黄的对比色为黑色，黑色与白色互为对比色。

(4) 安全标志

① 禁止标志　圆形，背景为白色，红色圆边，中间为一红色斜杠，图像用黑色。一般常用的有“禁止烟火”、“禁止启动”等。

② 警告类标志　等边三角形，背景为黄色，边和图案都用黑色。一般常用的有“当心触电”、“注意安全”等。

③ 指令类标志　圆形，背景为蓝色，图案及文字用白色。一般常用的有“必须戴安全帽”、“必须带护目镜”。

④ 提示类标志　矩形，背景为绿色，图案及文字用白色。

电工常用的标志牌的悬挂处所及式样见表 3-4。

表 3-4　电工常用的标志牌的悬挂处所及式样

序号	名称	悬挂处所	式样		
			尺寸/mm	颜色	字样
1	禁止合闸，有人工作!	一经合闸即可送电到施工设备的开关和刀开关操作把手上	200×100 80×50	白底	红字
2	禁止合闸，线路有人工作!	线路开关和刀开关把手上	200×100 80×50	红底	白字
3	在此工作!	室、内外工作地点或施工设备上	250×250	绿底，中有直径210mm 的白圆圈。	黑字，写于白圆圈内
4	止步，高压危险!	施工地点靠近带电设备遮栏上；室外工作地点的周围栏上；禁止通行的过道上；高压试验地点；室外构架上；工作地点临近带电设备的横梁上	250×200	白底红边	黑字，有箭头
5	从此上下!	工作人员上下铁架	250×250	绿底，中有直径210mm 的白圆圈	黑字
6	已接地!	悬挂在已接地地线的隔离开关手柄上	240×130		

安全标志应安装在光线充足明显之处，高度应略高于人的视线，使人容易发现，一般不应安装于门窗及可移动的部位，也不宜安装在其他物体容易触及的部位；安全标志不宜在大面积或同一场所过多使用，通常应在白色光源的条件下使用，光线不足的地方应增设照明。

安全标志一般用钢板、塑料等材料制成，同时也不应有反光现象。

3.3.9 电气安全防护用具

电气安全防护用具是指用以保证电气工作安全所必不可少的工器具和用具。利用它们可以防止触电、弧光灼伤和高空跌落等伤害事故的发生。按其功能不同可分为基本安全用具和辅助安全用具。

(1) 基本安全用具

基本安全用具是指其绝缘强度足以承受电气设备的工作电压的安全用具。基本绝缘安全工具有绝缘操作杆、绝缘夹钳等。由于基本安全用具常用于带电作业，因此使用时必须注意以下几点。

① 绝缘操作用具必须具备合格的绝缘性能和机械强度。

② 只能用于和其绝缘强度相适应的电压等级设备。

③ 按照有关规定，要定期进行试验。

(2) 辅助安全用具

辅助安全用具是作为加强基本安全用具绝缘的安全用具。在电气作业中主要起保护作用。辅助安全用有绝缘手套、绝缘鞋、绝缘垫及绝缘台等。

除上述几项措施外，对于携带式和移动式单相设备要注意严格管理、正确使用、定期检查，单相设备及其电源线都应保持完好，电源与设备之间要防止拉脱线头，紧固装置也应保持完好。

能力训练题

一、选择题

1. 发电厂和变电所的电气主接线必须满足的基本要求是（ ）。

A. 可靠性　　B. 选择性　　C. 灵活性　　D. 灵敏性

E. 经济性　　F. 速动性　　G. 分期过渡和扩建的可能性

H. 简单性　　I. 连续性　　J. 安全性

2. 单母线用断路器分段的接线方式的特征之一是（ ）。

A. 断路器数大于回路数　　B. 断路器数等于回路数

C. 断路器数小于回路数　　D. 断路器数小于等于回路数

E. 断路器数大于等于回路数

3. 桥式接线的特征之一是（ ）。

A. 断路器数大于回路数　　B. 断路器数等于回路数

C. 断路器数小于回路数　　D. 断路器数小于等于回路数

E. 断路器数大于等于回路数

4. 发电机-变压器单元接线的特征之一是（ ）。

A. 断路器数大于回路数　　B. 断路器数等于回路数

C. 断路器数小于回路数　　D. 断路器数小于等于回路数

E. 断路器数大于等于回路数

5. 单母线带旁路母线的接线方式的特征之一是（ ）。

A. 断路器数大于回路数　　B. 断路器数等于回路数
C. 断路器数小于回路数　　D. 断路器数小于等于回路数
E. 断路器数大于等于回路数

6. 发电机-变压器扩大单元接线的特征之一是（　　）。
A. 断路器数大于回路数　　B. 断路器数等于回路数
C. 断路器数小于回路数　　D. 断路器数小于等于回路数
E. 断路器数大于等于回路数

7. 单母线不分段的接线方式的特征之一是（　　）。
A. 断路器数大于回路数　　B. 断路器数等于回路数
C. 断路器数小于回路数　　D. 断路器数小于等于回路数
E. 断路器数大于等于回路数

8. 由接于10kV母线上的电压互感器供电的二次装置有（　　）四种。
A. 自动重合闸装置　　B. 继电保护装置　　C. 测量装置
D. 自动调整励磁装置　　E. 交流绝缘检查装置　　F. 中央信号装置
G. 同期装置

9. 由接于联络线路上的单相电压互感器供电的二次装置有（　　）两种。
A. 自动重合闸装置　　B. 继电保护装置　　C. 测量装置
D. 自动调整励磁装置　　E. 交流绝缘检查装置　　F. 中央信号装置
G. 同期装置

10. 由接于单元接线的发电机端的电压互感器供电的二次装置有（　　）五种。
A. 自动重合闸装置　　B. 继电保护装置　　C. 测量装置
D. 自动调整励磁装置　　E. 交流绝缘检查装置　　F. 中央信号装置
G. 同期装置

二、简答题

1. 为检修线路断路器，需对线路进行停电操作，在断开断路器以后，应先拉母线侧隔离开关，还是先拉线路侧隔离开关，为什么？

2. 简述主接线的基本接线形式包括哪些。

3. 简述断路器和隔离开关的送电操作顺序。

4. 试述单母线带旁路母线接线中检修出线断路器时的倒闸操作过程。

4 防雷与接地安全知识

在建筑工程中做好防雷接地体的施工，是确保建筑物、弱电设备以及人身安全的重要工程项目。特别是随着现代家庭生活水平的不断提高、电子设备的不断增多，对接地体质量要求更加严格。本章就它的重要作用、施工质量控制等方面进行探讨和阐述。

4.1 建筑物的防雷等级

建筑物的防雷等级是根据建筑物的重要性、使用性质、影响后果等来划分的，不同性质的建筑物其防雷措施是不同的。在建筑电气设计中，把建筑物按照防雷等级分成三类。

4.1.1 第一类防雷建筑物

① 凡在建筑物中制造、使用或贮存大量爆炸物质，或在正常情况下能形成爆炸性混合物，因电火花而引起爆炸，造成巨大破坏和人身伤亡者。

② 具有特别重要用途的建筑物。如国家级的会堂、办公建筑、大型展览会建筑、国际性的航空港、通信枢纽、国宾馆、大型旅游建筑、国家级重点文物保护的建筑物、超高层建筑物等。

4.1.2 第二类防雷建筑物

① 特征同第一类第①条，但不致造成巨大破坏和人身伤亡者；或在不正常情况下才能形成爆炸性混合物，因电火花而引起爆炸造成巨大破坏和人身伤亡者。

② 重要的或人员密集的大型建筑物。例如部、省级大型集会和展览会，体育、交通、通信、广播、商业、影剧院建筑等。

③ 省级重点文物保护的建筑物。

④ 十九层以上的住宅建筑和高度超过 50m 的其他民用及一般工业建筑物。

4.1.3 第三类防雷建筑物

① 凡不属于第一、第二类防雷的一般建筑物而需要做防雷保护者。

② 建筑群中高于其他建筑物或处于边缘地带的高度为 20m 以上的民用和一般工业建筑物；建筑物超过 20m 的凸出物体。在雷电活动强烈地区其高度可为 15m 以上，雷电活动较弱地区其高度可为 25m 以上。

③ 高度超过 15m 的烟囱、水塔等孤立的建筑物。在雷电活动较弱地区，其高度可在 20m 以上。

④ 历史上雷害事故严重地区的建筑物。

4.2 雷电的火灾危险性

雷电的火灾危险性主要表现在雷电放电时所出现的各种物理效应和作用。

(1) 电效应

电效应在雷电放电时，能产生高达数万伏甚至数十万伏的冲击电压，足以烧毁电力系统的发电机、变压器、断路器等电气线路和设备，引起绝缘击穿而发生短路，导致可燃、易燃、易爆物品着火和爆炸。

（2）热效应

当几十至上千安的强大雷电流通过导体时，在极短的时间内将转换成大量的热能。雷击点的发热能量约为500～2000MJ，其温度一般为6000～20000℃，这一能量可熔化50～200mm^2的钢。故在雷电通道中产生的高温，往往会酿成火灾。

（3）机械效应

由于雷电的热效应，还将使雷电通道中木材纤维缝隙和其他结构中间的空气剧烈膨胀，同时使水分及其他物质分解为气体，因而在被雷击物体内部出现强大的机械压力，致使被击物体遭受严重破坏或造成爆炸。

电效应、热效应、机械效应三种效应是直接雷击所造成的，这种直接雷击所产生的电、热、机械的破坏作用都是很大的。

（4）静电感应

当金属物处于雷云和大地电场中时，金属物上会感生出大量的电荷。雷云放电后，云与大地间的电场虽然消失，但金属物上所感生积聚的电荷却来不及立即逸散，因而产生很高的对地电压。这种对地电压，称为静电感应电压。静电感应电压往往高达几万伏，可以击穿数十厘米的空气间隙，发生火花放电。因此，对于存放可燃物品及易燃、易爆物品的仓库是很危险的。

（5）电磁感应

雷电具有很高的电压和很大的电流，同时又是在极短暂的时间内发生的。因此在它周围的空间里，将产生强大的交变电磁场，不仅会使处在这一电磁场中的导体感应出较大的电动势，并且还会在构成闭合回路的金属物中产生感应电流。这时如回路上有的地方接触电阻较大，就会局部发热或发生火花放电，这对于存放易燃、易爆物品的建筑物也是非常危险的。

（6）被雷电侵入

雷击在架空线路、金属管道上会产生冲击电压，使雷电被电波沿线路或管道迅速传播。若侵入建筑物内，可造成配电装置和电气线路的绝缘层击穿产生短路，或使建筑物内的易燃易爆物品燃烧和爆炸。

（7）防雷装置上的高电压对建筑物的反击作用

当防雷装置接受雷击时，在接闪器、引下线和接地体上都具有很高的电压。如果防雷装置与建筑物内、外的电气设备、电气线路或其他金属管道的相隔距离很近，它们之间就会产生放电，这种现象称为反击。反击可能引起电气设备绝缘破坏，金属管道烧穿，甚至造成易燃、易爆物品着火和爆炸。

4.3 建筑物防雷措施

建筑物和构筑物防雷的目的，主要是防止建筑物免受直接雷击及防止其静电感应与电磁感应的破坏，同时还有防止在雷击时由架空线传入的高电位。建筑物防雷的需求根据其分类有所不同。各类防雷建筑物接地措施的具体要求如下所述。

4.3.1 第一类建筑物防雷保护

第一类建筑物应装设接地并不得有开口环路，以防止感应过电压；采用低压避雷器和电缆进线，以防雷击时高压沿低压架空线侵入建筑物内（如图4-1所示）。图4-1中采用低压电缆与避雷器防止高电位侵入。电缆首端装设低压 FS 型阀型避雷器，与电缆外皮及绝缘子铁脚共同接地；电缆末端外皮一般须与建筑物防感应雷接地相连。当高电位到达电缆首端时，避雷器击穿，电缆外皮与电缆芯连通，由于集肤效应及芯线与外皮的互感作用，便限制了芯线上的电流通过。当电缆长度在 50m 以上、接地电阻不超过 10Ω 时，绝大部分电流经电缆外皮及首端接地电阻入地。残余电流经电缆末端电阻入地，其上压降即为侵入建筑物的电位，通常可降低到原值的 1%～2%。

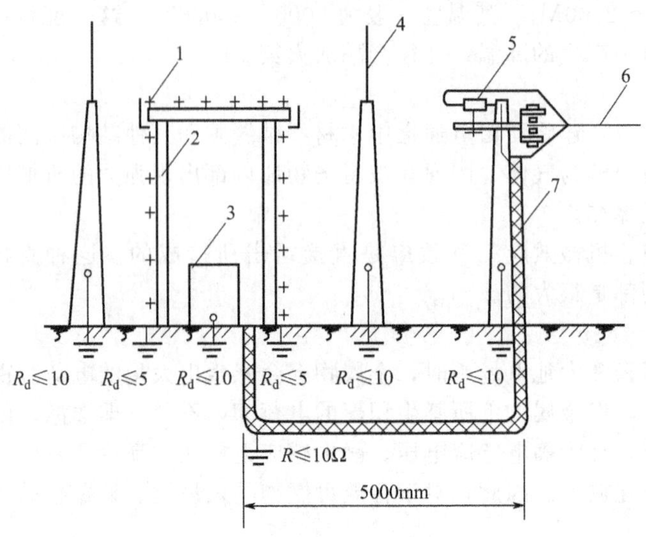

图 4-1　第一类建筑物防雷接地示意图

1—避雷网（防止感应雷）；2—引下线；3—金属设备；4—独立避雷针（防止直击雷）；5—低压避雷器；6—架空线；7—低压电缆（防止高电位侵入）

对于各种雷击的保护，可采取下列措施。

4.3.1.1　防止直接雷击的接地

为了防止雷电的反击，避雷针的接地装置及引下线必须离开该建筑物，即引入其中的各种金属管线有一定的距离。接地流散电阻不应大于 10Ω。对于采用独立避雷针的装置，最好能符合要求。但是事实上，由于各种建筑物难免有些引入的管线，这些管线分布的范围很广，与避雷针的接地装置及引下线间的距离往往不能满足上述要求。有时虽然在设计时可以得到满足，但事后由于增设管线，未能遵守上述规定，反而造成危险。在这种情况下，为了限制雷击时接地点电位的增高，应采用共同接地，即将变压器中性点以及各种电气设备的工作接地和保护接地与防雷接地共同连接起来，其总接地电阻应降低到 1Ω 以下。为了防止供电系统遭受反击，应将供电系统的中心及最可能发生反击的地方，加装避雷器、保护间隙等过电压保护装置。同时配线用的钢管和电缆的金属外皮在接近防雷的地点，应与接地系统连接起来并妥善接地。如该建筑物采用装在其上的避雷针而且与引入其中的各种管线能符合规定距离时，接地线可以沿建筑物敷设，但必须与其中的钢筋及金属构件连接起来，使电位均匀。此时接地装置的流散电阻不应超过 5Ω。如不能满足上述距离要求时，必须采用共同接地系统，要求与上述相同。为了达到 1Ω 以下的流散电阻，在一般情况下，仅采用人工接地体往往数量太多、价格太贵，所以必须尽量利用自然接地导体作为辅助接地。经验证明，在这类建筑物的附近往往有较长的给水管道，利用这些管道作为自然接地导体即可满足要求。但为了可靠起见，还应装设人工接地装置，该人工接地装置的流散电阻不应大于 5Ω。

4.3.1.2　防止静电感应的接地

防止静电感应的接地装置可以与电力设备的接地装置相连，或者利用电力设备的接地装置，总流散电阻不应超过 5Ω。除了将建筑物内的一切金属设备、管道、结构钢筋等进行接地，并将引入建筑物内的金属管道及地下电缆金属外皮等在进入建筑物处进行接地外，还要根据屋顶的不同结构采取不同的措施。对于金属屋顶，必须将金属屋顶妥善接地；对于钢筋混凝土屋顶，必须将屋面钢筋焊成 6～12m 网格，并连成为整体的电气通路；对于非金属屋顶，必须在屋顶上装每边 6～12m 的金属网格，然后在这些建筑物沿纵长方向的两侧每隔12～24m 设一根引下线与接地装置相连。

4.3.1.3 防止电磁感应的接地

防止电磁感应的接地装置也可与电力设备的接地装置相连或利用该接地装置，接地流散电阻也不宜超过 5Ω。在建筑物内，凡是有管道接头、弯头等有可能连接不可靠的地方，都应用金属线跨接。长的金属管道在平行敷设时，如其间距小于 100mm，则每隔 10～15m 应用金属线跨接。金属设备、管道、结构等之间如距离小于 100mm 时，也要用金属线跨接。

4.3.1.4 防止沿架空线传入高电位的接地

为了防止雷电由架空线传入建筑物内，最好采用电缆供电方式。此时电缆的外皮应在电源端及进入该建筑物处进行接地，该接地可与电力装置的接地系统相连。如供电端尚有接至其他用户的架空线，在供电端还必须装设避雷器、保护间隙等过电压保护设备。对于一些没有电力设备而面积较小的建筑物，可将照明灯具设在户外，由窗户照射到户内，这样可以不采用电缆，以节约投资。如建筑物内有电力设备，而且采用电缆供电困难或不经济时，容许采用架空线，但必须经过长度不小于 100mm 的间隙，其接地线应与进线电缆的金属外皮相连接，接地装置的流散电阻不应大于 5Ω。电缆引入建筑物后，应在电缆头处装设电容为 1F 的保护电容器及放电电压低的避雷器，这些保护设备与进线电缆的金属外皮及电缆头均应接到建筑物的总接地网上。如在该建筑物内采用直接雷击接地与感应雷击接地分开系统，则将这些接地接到感应雷击接地的回路上，在这种情况下，接地流散电阻不能大于 5Ω。同时为了防止高电位由架空线传入，在靠近换线杆前一根电杆上的绝缘子铁脚应该接地，流散电阻不大于 10Ω。其余在离建筑物 150m 以内的绝缘子铁脚也应接地，流散电阻不大于 20Ω。

4.3.2 第二类建筑物防雷保护

第二类建筑物可在建筑物上装避雷针或采用避雷针和避雷带混合保护，以防止直击雷。室内一切金属设备和管道，均应良好接地并不得有开口环路，以防感应雷；采用低压避雷器和架空进线，以防高电位沿低压架空线侵入建筑物内（如图 4-2 所示）。图 4-2 中采用低压避雷器

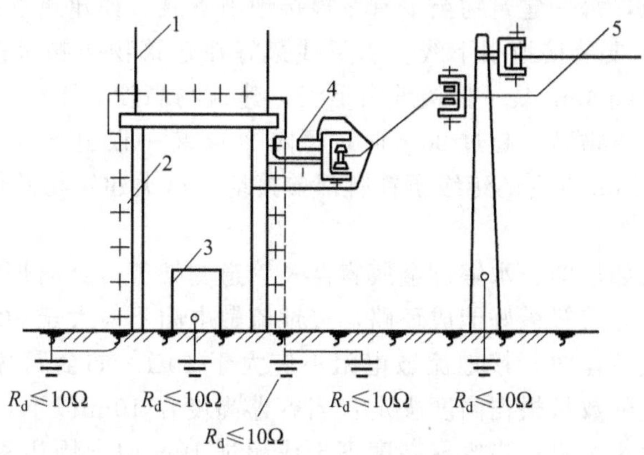

图 4-2 第二类建筑物防雷接地示意图

1—避雷针（防止直击雷）；2—引下线；3—金属设备；4—低压避雷器（防止高电位侵入）；5—架空线

与架空进线防止高电位侵入时，必须将150m内进线段所有电杆上的绝缘子铁脚都接地；低压避雷器装在入户墙上。当高电位沿架空线侵入时，由于绝缘子表面发生闪络及避雷器击穿，便降低了架空线上的高电位，限制了高电位的侵入。

第二类建筑物接地要求基本与第一类防雷建筑物相同。但防止感应雷击用接地装置的流散电阻可为10Ω，同时可以容许全部用架空线供电，此时必须将150m以内进线段上所有电杆的绝缘子铁脚都接地。除靠近建筑物的第一根电杆上绝缘子铁脚接地流散电阻为10Ω外，其余均为20Ω。如架空线敷设在墙外而且不在建筑物防雷保护范围之内，所有绝缘子铁脚都应接地，其流散电阻要求不大于5Ω。如进线采用一根电缆，电缆长度可为50m，其余要求与第一类防雷建筑物相同。

4.3.3 第三类建筑物防雷保护

第三类建筑物防止直击雷可在建筑物最易遭受雷击的部位（如屋脊、屋角、山墙等）装设避雷带或避雷针，进行重点保护。若为钢筋混凝土屋面，则可利用其钢筋作为防雷装置；为防止高电位侵入，可在进户线上安装放电间隙或将其绝缘子铁脚接地。如图4-3所示。

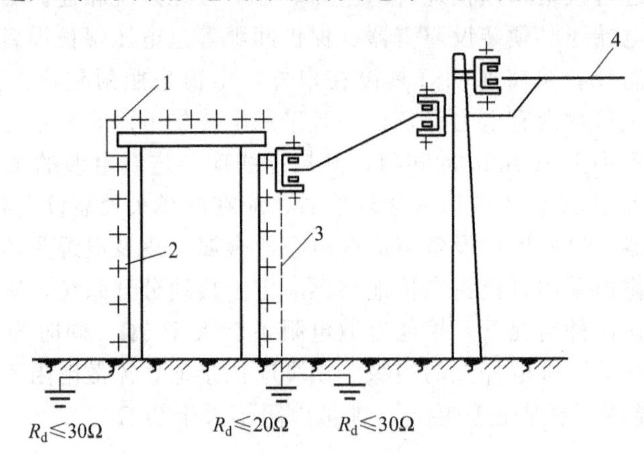

图4-3　第三类建筑物防雷接地示意图

1—避雷带（防止直击雷）；2—引下线；3—绝缘子铁脚接地（防止高电位侵入）；4—架空线

一般不考虑防止感应雷。如建筑物顶部为金属或钢筋混凝土结构，应利用其金属屋顶及屋面板中的钢筋作为避雷网，否则须加装间距不大于24m×24m的扁钢连接条或采用避雷带。无论采用何种避雷设施，每一建筑物至少有2根接地引下线。如建筑物高度超过20m，或屋面宽度大于12m时，至少要装接地引下线。引下线最好在建筑物两侧对称布置。当建筑高度在10m以下时，在四周每隔40m装一根接地引下线；建筑物高度在10～20m以内时，每隔30m装一根接地引下线；建筑物高度超过20m时，每隔20m装一根引下线。为了防止由架空线引入高电位，在进线段100m以内的绝缘子铁脚都要接地。这类建筑物的接地流散电阻要求不超过30Ω。

经常碰到的构筑物如烟囱、水塔、金属容器及管道支架等，金属烟囱及金属容器只要将其本身妥善接地即可。接地装置最好能成环路，接地流散电阻不应大于30Ω。如金属容器内盛有爆炸性或可燃性气体或液体时，接地流散电阻不应大于10Ω。如金属容器厚度小于5mm，尚应增设引下线。引下线的数目根据高度决定：当容器高度在10m以下，周边每40m引出一根接地引下线，但不得少于2根；当容器高度等于或超过10m时，周边每20m引出一根接地引下线，也不得少于2根。如为钢筋混凝土或砖砌烟囱，当高度在40m以下时，可采用一根引下线；当高度超过40m时，必须有2根引下线，也可以采用铁爬梯作为接地线，但必须使其成一连续导体。接地装置距离烟囱边缘不得小于2.5m，其流散电阻不得大于30Ω。

在架空管道中，仅有流经爆炸性或可燃性气体及液体时才考虑防雷。对于这些管道的防雷，除了在管道的始端、终端、分支处、转角处以及在直线部分每隔100m处均须接地外，当与爆炸危险车间距离小于10m时，在接近车间的一段每隔30～40m接地一次，前者接地流散电阻不应大于30Ω，后者不应大于20Ω。砖石砌的主柱每根都应接地，接地流散电阻不应大于30Ω。放散管应与接地网相连，如单独设有接地装置，其流散电阻不得超过10Ω。

对于建筑物或构筑物的防雷接地装置应考虑人身安全，引下线及接地体应布置在人不常到的地方，或离开人行道及出入口最少5m。如不能符合这个要求时，应考虑下列措施。

① 引下线接近地面2m的一段用竹管等绝缘物保护，其中灌以沥青。

② 采用环形或辐射状接地，尽量减少接地电阻，对土壤进行人工处理，降低土壤电阻系数，或采用均压网以均匀电压等方法，将跨步电压及接触电压限制在安全范围以内。

③ 加装围护栅栏或在人行道及出入口处敷设7～8cm厚的沥青层。

4.3.4 其他建（构）筑物的防雷措施

不属于第一、二、三类工业及第一、二类民用的建（构）筑物，可以不装设防直击雷装置，但是应有防雷电波侵入的措施。因为沿低压架空线侵入雷电波，可能使建筑物内的电气设备遭受过电压危害，造成绝缘击穿、相间短路，烧坏电能表和使配电设备起火，并扩大蔓延或造成人员伤亡等。由于雷电波侵入所造成的危害，在整个雷害事故中所占的比例很大，所以应该引起人们足够的重视。为防止雷电波沿电压架空线侵入，在入户处或接户杆上，应将绝缘子铁脚接到电气设备的接地装置上，如果没有电气设备接地装置，便应该增设接地装置。但符合下列条件之一者，绝缘子铁脚可不接地。

① 年平均雷暴日在30日以下的地区。

② 受建筑物等遮蔽的地方。

③ 低压架空干线的接地点距入户处不超过50m。

④ 土壤电阻率在200Ω·m及以下地区，使用铁横担的钢筋混凝土杆线路。

4.4 特殊建（构）筑物的防雷接地

4.4.1 露天可燃气储气柜的防雷接地

露天可燃气体储气柜壁厚大于4mm时，一般不装设接闪器，但应接地，柜壁上接地点不应少于2处，其间距不宜大于30m，冲击接地电阻不应大于30Ω；对放散管和呼吸阀宜在管口或其附近装设避雷针，高出管顶不应少于3m，管口上方1m应在保护范围内；活动的金属柜顶，用可挠的跨接线（$25mm^2$ 软铜线或钢绞线）与金属柜体相连，接地装置与阀门的距离宜大于5m。

4.4.2 露天油罐的防雷接地

① 易燃液体，闪点低于或等于环境温度的可燃液体的开式储罐和建筑物，正常时有挥发性气体产生，属于第一类防雷构筑物，应设独立避雷针，保护范围按开敞面向外水平距离20m、高3m进行计算；对露天注送站，保护范围按注送口以外20m以内的空间进行计算，独立避雷针距开敞面不小于23m，冲击接地电阻不大于10Ω。

② 带有呼吸阀的易燃液体储罐，罐顶钢板厚不小于4mm，属于第二类防雷构筑物，可在

罐顶直接安装避雷针，但与呼吸阀的水平距离不得小于3m，保护范围高出呼吸阀不得小于2m，冲击接地电阻不大于10Ω，罐上接地点不少于2处，两接地点间不宜大于24m。

③ 可燃液体储罐，壁厚不小于4mm，属于第三类防雷构筑物，可不接避雷针，只做接地，冲击接地电阻不大于30Ω。

④ 浮顶油罐，球形液化气储罐壁厚大于4mm时，只做接地，但浮顶与罐体应用25mm^{2}软铜线或钢绞线可靠连接。

⑤ 埋地式油罐，覆土在0.5m以上者可不考虑防雷设施，但如有呼吸阀引出地面者，在呼吸阀处需做局部防雷处理。

4.4.3 户外架空管道的防雷接地

① 户外输送可燃气体、易燃或可燃液体的管道，可在管道的始端、终端、分支处、转角处以及直线部分每隔100m处接地，每处接地电阻不大于30Ω。

② 上述管道当与爆炸危险厂房平行敷设而间距不小于10m时，在接近厂房的一段，其两端及每隔30～40m应接地，接地电阻不大于20Ω。

③ 当上述管道连接点（弯头、阀门、法兰盘等）不能保持良好的电气接触时，应用金属线跨接。

④ 接地引下线可利用金属支架，活动支架需增设跨接线，非金属支架必须另做引下线。

⑤ 接地装置可利用电气设备保护。

4.4.4 水塔的防雷接地

水塔属第三类防雷构筑物，可利用水塔顶上周围铁栅栏作为接闪器，或装设环形避雷带保护水塔边缘，并在塔顶中心装设1支1.5m高的避雷针。冲击接地电阻不大于30Ω，引下线一般不少于2根，间距不大于30m,，若水塔周长和高度均不超过40m，可设1根引下线。可利用铁爬梯作为引下线。

4.4.5 烟囱的防雷接地

烟囱属于第三类防雷构筑物。砖砌烟囱和钢筋混凝土烟囱，用装设在烟囱上的避雷针或环形避雷带保护，多根避雷针应用避雷带连接成闭合环。冲击接地电阻不大于30Ω。

当烟囱直径为1.2m以下、高度≤35m时采用1根2.2m高的避雷针；当烟囱直径≤1.7m、高度≤50m时用2根2.2m高的避雷针；当烟囱直径＞1.7m、高度≥60m时用环形避雷带保护，烟囱顶口装设的环形避雷带和烟囱各抱箍应与引下线连接；高100m以上的烟囱，在离地面30m处及以上每隔12m加装1个均压环并与引下线连接。

烟囱高度不超过40m时只设1根引下线，40m以上应设2根引下线。可利用铁扶梯作引下线。钢筋混凝土烟囱应用两根以上主筋作引下线，在烟囱顶部和底部与铁扶梯相连接。

4.4.6 电视台和微波站的防雷接地

4.4.6.1 天线塔防雷

天线防直击雷的避雷针可固定在天线塔上，塔的金属结构也可以作为接闪器和引下线。塔的接地电阻一般不大于5Ω。可利用塔基基坑的四角埋设垂直接地体。水平接地体应围绕塔基做闭合形与垂直连接体相连。

塔上的所有金属构件和部件（如航空障碍信号灯具，天线的支杆或框架，反射器的安装框架等）都必须和铁塔的金属结构用螺栓连接或焊接。波导管或同轴传输电缆的金属外皮和敷设电缆、电线的金属保护管道，应在塔的上、下两端及每 12m 处与塔身金属结构连接，在机房内应与接地网相连。塔上的照明灯电源线应采用带金属铠装的电缆，或将导线穿钢管敷设。电缆的金属外皮或钢管至少在上、下两端与塔身相连，并应水平埋入地中，埋地长度应在 10m 以上才允许引入机房（或引至配电装置和配电变压器）。

4.4.6.2　机房防雷

机房一般位于天线塔避雷针的保护范围以内。如果不在其保护范围，则沿房顶四周敷设闭合环形避雷带，可用钢筋混凝土屋面板和柱子内的钢筋作引下线。在机房外地下应围绕机房敷设闭合环形水平接地体。在机房内应沿墙敷设环形接地母线（用铜带 120mm×0.35mm）。机房内各种电缆的金属外皮、设备金属外壳和不带电的金属部分、各种金属管道等，均应以最短的距离与环形接地母线相连。室内的环形接地母线与室外的闭合接地带和屋顶的环形避雷带之间，至少应用 4 个对称布置的连接线互相连接，相邻连接线间的距离不宜超过 18m。在多雷区，室内高 1.7m 处沿墙一周应敷设均压环，并与引下线连接。机房的接地网与塔体的接地网间，至少应有两根水平接地体连接，总接地电阻不应大于 1Ω。引入机房内的电力线、通信线应有金属外皮或金属屏蔽层或敷设在金属管内，并要求埋地敷设。由机房引出的金属管、线也应埋地敷设，在机房外埋地长度不应小于 10m。微波站防雷接地示意图如图 4-4 所示。

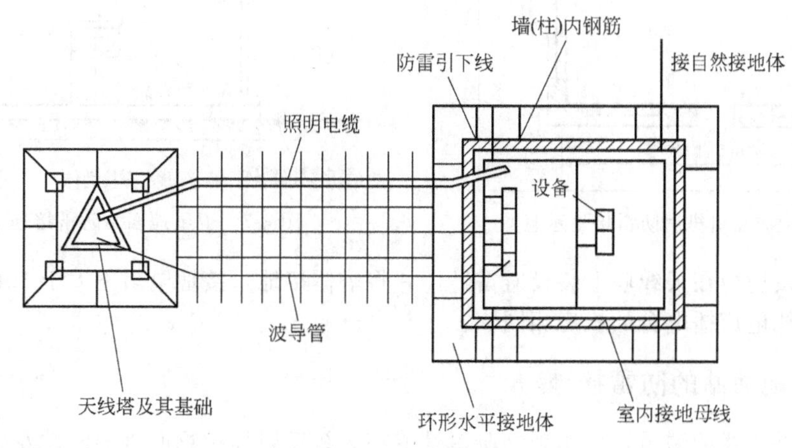

图 4-4　微波站防雷接地示意图

4.4.7　广播发射台的防雷接地

中波无线电广播电台的天线塔对地是绝缘的，一般在塔基设有球形或针板形间隙，接地装

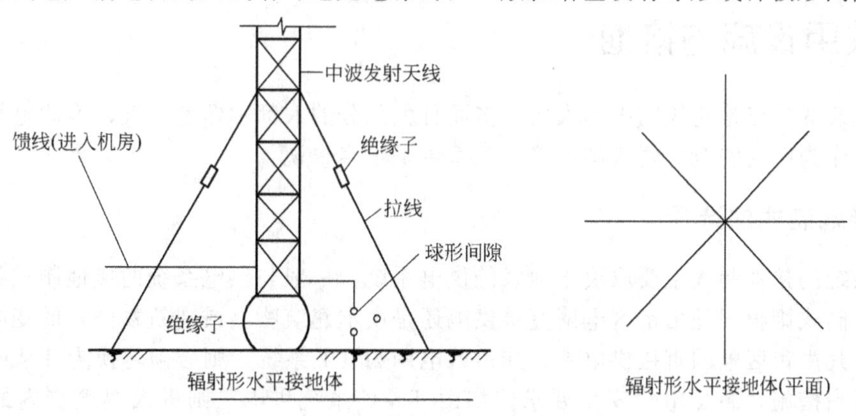

图 4-5　中波发射塔防雷接地示意图

置采用放射形低电阻水平接地体，接地电阻不大于0.5Ω，如图4-5所示。

发射机房采用避雷针或避雷网防直击雷。接地装置采用水平接地体围绕建筑物敷设闭合环形，接地电阻≤10Ω。发射机房内高频、低频工作接地母线采用120mm×0.35mm的紫铜带机架，用40mm×4mm的扁钢接到环形接地体上，如图4-6所示。

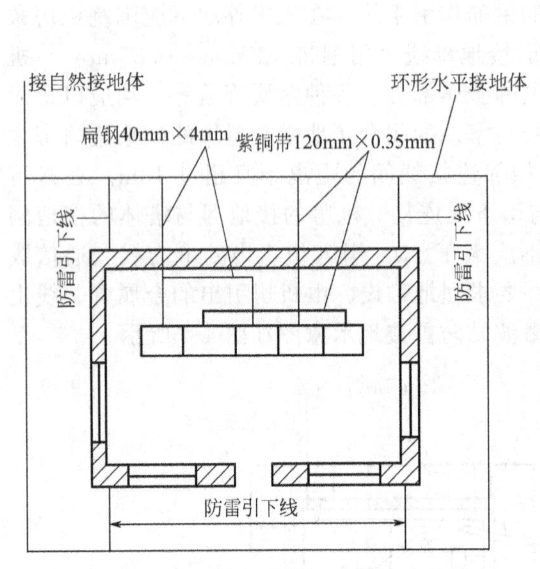

图4-6　中波发射机房防雷接地示意图

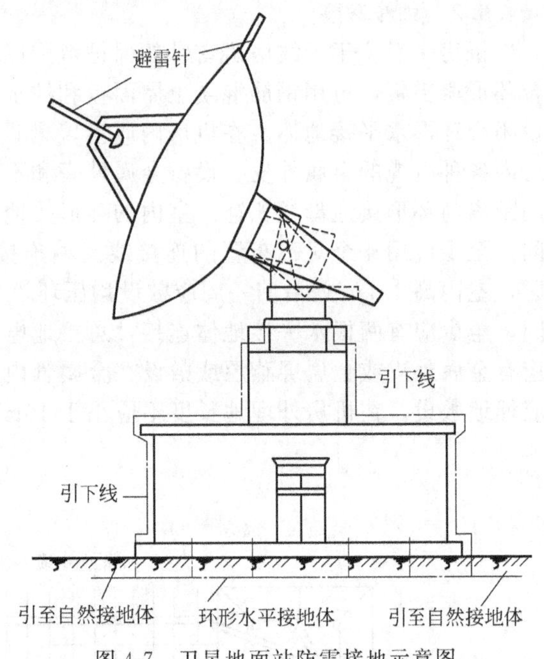

图4-7　卫星地面站防雷接地示意图

短波广播发射台在天线塔上装设避雷针，并将塔体接地，接地电阻不大于10Ω，机房防雷措施与中波无线电广播电台的机房相同。

4.4.8　卫星地面站的防雷接地

卫星地面站天线的防雷，可用独立避雷针或在天线反射体抛物面骨架两端及副面调整器顶端预留的安装避雷针处分别安装避雷针。引下线可利用钢筋混凝土内的钢筋。防雷接地、电子设备接地、保护接地可设共同接地装置。接地体围绕四周敷设成闭合环形，接地电阻不大于1Ω，机房防雷与微波站防雷相同，如图4-7所示。

4.5　共用设施的接地

民用建筑的特点是建筑物内的人比较多而且大部分的人都不熟悉电气，因此电气安全问题更为重要，作为电气安全主要措施的接地工作更是不容忽视。

4.5.1　接地制式的选用

高压系统的接地制式主要取决于地区的供电系统，一般与供电系统的接地制式相同。低压系统的接地制式则根据是由市区电网直接供电还是由本建筑物（或建筑物群）的变电所供电而有所不同。凡由市区电网直接供电者，如市区电网为TT系统，则必须转换为TN或IT系统，必须采取适当措施，满足电气安全要求。如由TN-C系统供电，则进入建筑物内最好转换为TN-S系统，即在进线开关处，将PEN线分为PE和N线，然后接入各用电气设备或带有接地触头的插座。因为一般民用建筑中都有很多软线设备，软线设备必须由 TN-S 系统供电。例如电冰箱、洗衣机、电热器等，设备本身带有供电软线和软电缆，软线或软电缆均有带接地触头的插头，因此插座必须有接地触头。为了人身安全，该接地触头应与保护线 PE 相连。如不采用 TN-S 系统，将电源插头的接地触头插座接到 PEN 线上，一旦 PEN 线断裂，而且设备发生接地故障后，人如接触设备的外露导电部分将受到相电压的电击，是非常危险的。如建筑物内采用 TT 接地制式，应另设 PE 线，不准将电源插头的接触头通过插座接到 N 线上，因为当 N 线断裂，且设备发生接地故障时，其危险程度与 TN-C 系统相同。由于建筑内的每个住户和公共建筑的每个部门各自设立 PE 线比较麻烦，因此 TT 系统也最好在进户开关处分出一根 PE 线与相线及 N 线共同送到每个用户。

4.5.2 进户线

当进户线为电缆时，如电缆有金属外皮，则将其金属外皮在建筑物入口处接地。如为塑料电缆穿钢管敷设，则将钢管在建筑物入口处接地。对于低压 TN 或 TT 系统，则将系统中的 PEN 线或 PE 线在建筑物入口处与电缆金属外皮或保护钢管连在一起共同接地，接地电阻不大于 10Ω，还可与建筑物的感应防雷接地连接在一起。

当进户线为低压架空线上有感应雷或引入雷时，雷电流击穿空气间隙流入地中，为防止进入建筑物内造成危害，仅作为防雷用的接地电阻不应超过 30Ω。土壤电阻率 ρ 在 200Ω・m 及以下地区的铁横担钢筋混凝土杆线路，由于连续多杆自然接地作用，可不另设接地装置。建筑物内电气设备的总接地端子在入口处与绝缘子铁脚相连，如果自然接地极的接地电阻不大于 4Ω。人员密集的公共场所，如剧院和教室等的进户线，以及由木杆或木横担引下的进户线，其绝缘子铁脚应接地。如钢筋混凝土杆的自然接地电阻超过 30Ω 时，则应装设集中接地装置。

年平均雷暴日数不超过 30 天的地区，低压线被建筑物屏蔽的地区，以及进户线距低压线路地点不超过 50m 的地区，进户线绝缘子铁脚可不接地。

在多雷区或容易产生雷击的地区，直接与架空线相连的电能表应考虑防雷接地。一般只要进线线路的绝缘子铁脚接地，而且电能表的金属外壳要接地。

TN-S 系统及电源端装有 RCD 的 TT 系统的 N 线，除电源点接地外，不宜在进户点接地。IN-C 系统的 PEN 线，宜在进户点接地。IT 接地制式如采用 N 线，该 N 线禁止在进户点接地。因为 N 线接地后，IT 系统变成 TT 系统，原有保护设备可能失效而导致事故。

进出入建筑物的金属管道和金属构件也应在进户处接地，最好与进户线接地采用共同接地装置，这样在进户处可以得到等电位，增加电气安全性，共同接地的接地电阻必须满足有关接地的接地电阻值，一般为 1Ω。如共同接地确有困难，也可分开接地，且各接地装置间至少相距 3m，否则不但达不到分开接地的目的，而且会相互影响，产生危险的电压，接地装置如不能连在一起，其间距离至少相距 3m。

4.5.3 电气设备

在居住建筑内的电气设备，一般仅需将其外露导电部分接地，但下列房间内的电气设备，则必须采用专用的 PE 线接地。这些房间包括地下室、技术屋、阁楼、电梯机房、供热站、泵房、通风机、锅炉房、洗衣间、烘衣间、熨衣间、配电室、垃圾间等。对于固定式电灶的金属外壳、手携式家用电器的金属外壳、空调器的金属外壳与功率大于 1.3kW 的电气设备的金属外壳的 PE 线应从进户线起火配电箱内与 N 线分开。当楼层较高或楼层面积较大时，也可接到垂直母线中的 PE 线，则这些设备至少要接到电能表钳分开的 PE 线上。

在公共建筑中的电气设备，一般仅需将其外露导电部分接地，但下列场所内的电气设备则必须采用专用的 PE 线接地，这些场所包括公共饮食业的机械化加工生产车间、冷藏室、高温操作场所和产品运输场所、学校或建筑物内的机构加工工段、电梯机房等，公共饮食业的单相与三根电灶、电锅炉和其他加热设备的金属外壳以及锅炉房、洗衣间、化学实验室内的外部导电部分也都应以与相线截面相同的专用 PE 线从配电箱连接到这些设备的外露导电部分上。如果保护钢管能符合电气连续性的要求，可用做 PE 线，但不能作为 PEN 或 N 线。

4.6 生活、办公用高层建筑物的接地

高层建筑是指 10 层及以上的住宅建设（包括底层或在下面若干层设置商业服务点的住宅，也称商住楼）及办公建筑（包括底层或在下面若干层设置商业服务点的办公楼，也称商办楼）还有建筑高度超过 24m 的其他民用建筑（包括大会堂、百货楼、医院、电信楼、财贸楼、高级宾馆）。高层建筑的特点是人员比较密集，而且大多为不熟悉电气的人员；电气设备使用得很多，而且很多家用电器和办公室电器经常为人们所接触；较之工业建筑来说，空间比较小，而且电气线路纵横。因此必须建立一个电气安全空间，才能保障人身安全和避免设备损害，也可避免电气火灾的发生。在高层建筑内，电气设备、通信设备及变配电所、各种通信站的接地，与其他建筑相同，最主要的是要建立电气安全空间。

4.6.1 建立安全的法拉第笼

因为高层建筑每层的建筑面积并不太大，而且主要是钢筋混凝土或金属结构，只要将建筑物的基础、柱、梁内的钢筋通过焊接和绑扎，就能形成多个闭合的电气通路；金属结构的建筑，只要金属件之间连接良好，也是多个闭合的电气通路。由于高层建筑结构中钢筋或金属件很多，彼此又比较接近，因此形成了一个完善的法拉第笼。在这种笼内的电气线路和设备，不会因外界的雷电流而造成危险的电位，因为多个闭合的电气通路将阻止雷电流入建筑物内部。当雷电直接击到作为接闪器的建筑物的上部金属件或钢筋网时，冲击电流会经过建筑物外的表面形成电磁屏蔽。当冲击电流流向建筑物中心时，会被由屏蔽在闭合金属导电框架中产生的感应电流所抑制。电磁屏蔽所产生的感应电压降将伴生一个围绕整个建筑物结构的磁场。这个磁场包围着建筑物内部的其他垂直导体，并在每个柱子的顶部和底部感应出相等的电压，因此电磁屏蔽上任何一个垂直导体与建筑物内部的垂直导体的电位差很小，不会超过不允许的接触电压，因此建立安全的法拉第笼是防雷的最好措施。

4.6.2 共同接地

在高层建筑中，除了防雷接地外，还有电力照明系统、电话系统、电视监视系统、访客对话系统、背景音乐及紧急广播系统、卫星电视及公共天线系统、楼宇管理及磁卡进出系统、火灾报警系统、双向无线电通信系统等，这些系统都需要接地，而且有些设备还具有接闪的天线，有些是精密的电子设备，都希望有低接地电阻值的接地，如果这些系统的接地极相互独立，彼此不受影响，则应相距 20m。在高层建筑中，地下金属构件甚多，各种金属管道纵横交叉，即使单独接地，也无法做到彼此不受影响，因此只有采用共同接地。

4.6.2.1 共同接地的优点

共同接地的优点主要有以下几点。

① 因为各接地极是并联的，总的接地电阻比较小。

② 即使有一个接地极没有起作用，可以由其他接地极来承担接地工作，提高了可靠性。

③ 如果要求的接地电阻值相同，可以减少接地极数目，简化接地系统、节约费用。

④ 利用基础钢筋作接地极时，可以得到比人工接地极小得多的接地电阻，有利于自动切断电源，保护间接电击，减少接触电压和便于泄放接地电流。

4.6.2.2　共同接地存在的问题

① 采用共同接地时，接地线和所有外露导电部分和外部导电部分相连。当产生接地故障，在接地线上出现异常电压时，则此异常电压将呈现在工作正常的电气设备的外露导电部分及外部导电部分上，如此异常电压过大，不仅损坏用电设备绝缘，甚至造成电击。

② 接地线的截面如选用太小，由于接地电阻小，接地电流可能较大，就可能发生烧毁接地线的事故。

③ 当保护接地、防雷接地和通信设备采用共同接地时，由于电力设备接地故障产生的接地电流或雷电流，可能引起通信设备的误动、拒动或性能不稳定等故障。

4.6.2.3　高层建筑采用共同接地的特点

① 接地电阻值低。高层建筑地下钢筋甚多，无论绑扎或焊接，只要连成连续的电气通路，即使在土壤电阻率较高的地区，根据对多个高层建筑基础钢筋网的测量，接地电阻一般在1Ω以下，有的只有0.2Ω甚至更小，这样低的接地电阻，即使是高压系统采用共同接地也是安全的。而且便于泄放接地电流，使该能量得以均衡，电位差不会超过安全容许的范围。

② 提供基准电位差。共同接地为通信设备及电子设备提供基准电位，从而消除各电路流经一个公共地线阻抗时耦合产生的干扰，避免电路受电磁和“地电位差”的影响。

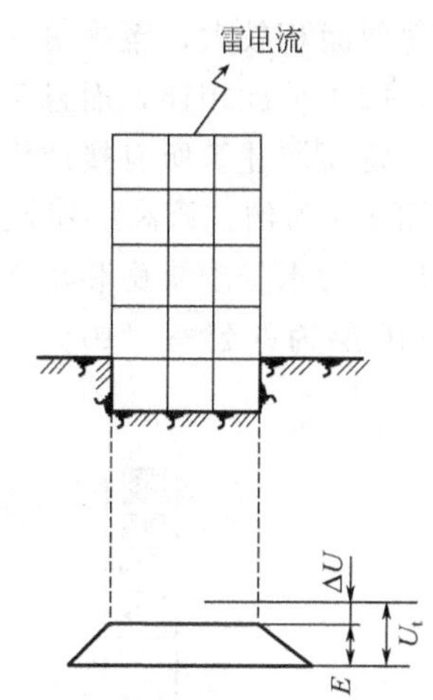

图4-8　高层建筑受雷击后电位上升

③ 减少相对电位差。高层建筑是钢筋混凝土结构和钢筋网基础，具有很高的导电性能，各部分紧密地连在一起形成电气的整体，即成为导电非常好的“法拉第笼”。假如有直击雷、雷电流从顶部钢筋经过柱子钢筋流入基础钢筋，流散入大地，建筑物的电位上升，如图4-8中的E所示。建筑物内电气设备的电位对大地上升了U_t，但对建筑物只上升ΔU。ΔU称为对地现在电位，一般不超过真正对地电位的1%。对于大接地电流系统来说，接地电阻R按$2000/I$选用，则接地电阻所产生的对地电位不超过2000V，人及用电设备所承受的电压不大于2000V×1%，即20V，所以是安全的。气体系统接地故障时，共同接地极所呈现的电压均小于2000V，因此采用共同接地，无论对人、对用电设备都是安全的。这个电压很小，也不会造成通信设备或电子设备的误动、拒动或性能不稳定。

④ 足够的热稳定性。因为高层建筑内钢筋甚多，总截面甚大，无论雷电流或故障电流均会造成熔断现象，因此这种方法是安全的。

4.6.2.4　高层建筑共同接地的原则

高层建筑中各种接地按下列原则进行连接后再全部接到有基部钢筋连接成的接地网上。

① 保护接地与系统接地可采用共同连接。

② 保护接地与通信及电子设备接地，计算机机壳接地、计算机线路滤波器接地可采用共同连接。

③ 计算机信号接地和医疗电气设备接地可与通信及电阻设备接地、计算机机壳接地、计算机线路滤波器接地采用共同连接。

④ 防雷接地必须单独与接地网连接。

⑤ 采用共同接地后，一般情况下总接地电阻≤1Ω，如果接触电压和跨步电压不超过安全值，总接地地阻也可超过1Ω。

4.6.3 完善等电位连接

在高层建筑中，除了将各种电力、通信系统及设备按各自的要求进行接地外，还要将总水管、煤气管、空调暖气管、建筑构件等进行等电位连接。为了完善等电位措施，还要采用以下方法。

（1）将人们所经常接触的外部导电部分进行等电位连接

① 楼梯是人们经常行走的地方，其金属扶手经常为人们所接触，必须进行等电位连接。

② 人员密集且经常触摸的门窗，如电梯的金属门框、铝合金窗框进行等电位连接。

③ 厕所中的金属件经常为人们所接触，也应进行等电位连接。

④ 天花板内经常设有各种管道，为了防止检修时发生电击，也要将天花板的金属支撑件进行等电位连接。

⑤ 高层建筑常用电缆桥架敷设各种导线，其金属外露部分应进行等电位连接。

（2）将每个楼层做成等电位面

将每个楼层的等电位连接与建筑物柱内主钢筋相连，每一个房间或每一个区域设置接地端子。如每层面积较大，至少每一个防火分区（一般为2000m^2）有一个接地端子，由于每层的所有接地端子彼此相连，而且又与柱内主钢筋相连，因此每个楼层都形成等电位面。

（3）将高层建筑所有接地极、接地端子等连接成一个等电位空间

以图4-9为例，该高层建筑地面上29层，地下1层。地下1层设有10/0.4kV变配电所、给水泵房、污水处理泵房和车库。首层为商场及娱乐场所。地上2层、3层为宴会厅、多功能厅。4～10层为办公室。10～28层为住宅，29层为俱乐部。顶层为设备层，设有10/0.4kV

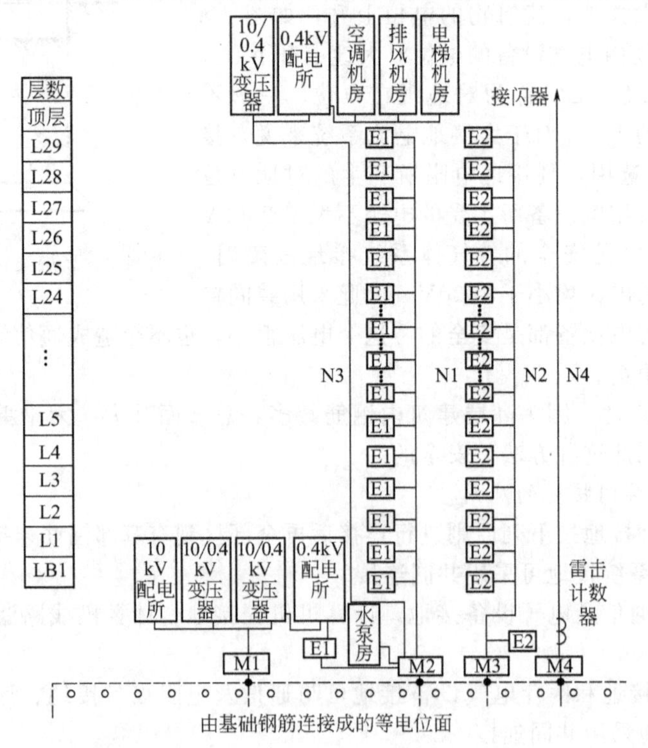

图4-9 由基础钢筋连接成的等电位面

变配电所、空调机房、排风机房及电梯机房等。顶层上设有水箱及卫星天线和共用天线接收系统。此外还设置一个环形接闪器。从地下 1 层到 29 层，每层设有电力装置的总接地端子 E1 及各种通信设施共同的总接地端子 E2。这两个接地端子除与接地干线 N1 及 N3 连接外，都通过等电位连接与各层柱子的主钢筋有不少于 2 处相连。通过这种连接，各楼层已成为等电位面。在地下 1 层，10kV 及 0.4kV 配电所各设接地端子。这种接地端子都接到接地连接箱 M1。顶层 10/0.4kV 变压器、0.4kV 配电所及空调机房、排风机房、电梯机房各接地端子，通过接地干线 N3 接到接地连接箱 M2 上。水泵房（包括给水泵房和污水泵房）内电气设备的接地端子同时接到接地连接箱 M2 上，接地干线 N2 则直接接到连接箱 M3 上。接闪器另设接地干线 N4 通过雷击计数器接到接地连接箱 M4 上。基础的钢筋全部相连，在地下形成等电位面，接地连接箱 M1～M4 就近以最短距离接到地下由钢筋网构成的等电位面上。由于各层的等电位面通过柱内主钢筋和接地干线相连，并与地下等电位面相连，因此形成一个完整的法拉第笼和等电位网，确保了电气安全。除接地干线用 40mm×4mm 两根镀锌扁钢外，其余接地线均为 20mm×3mm 钢排，分支接地线用 1 根 ϕ6mmBV 线。

（4）采用接闪器

当高层建筑采用接闪器防雷时，接闪器引下线通过雷击计数器后接入接地连接箱。即除引下线端子接地外，引下线外的铜带及导电外护层都要接地。接地连接箱引出的铜带采用热熔焊接方法，与接地的 40mm×5mm 镀锌接地扁钢相连后与建筑物的接地网相连。

4.7 变配电设备接地

4.7.1 变配电设备接地的组成

电气设备的接地组成部分在各种接地制中大致相同，只随着接地系统范围不同而稍有差异。电气设备接地的组成部分如图 4-10 所示。

① 接地极（T）。与大地紧密接触，并用来与大地发生电气接触的一个或一组导体。

② 外露导电部分（M）。电气设备能触及的导电部分。正常时不带电，故障时可能带电，通常为电气设备的金属外壳。

③ 外部导电部分（C）。不属于电气设备的导电部分，但可引入电位，一般是地电位，如建筑物的金属结构。

④ 主接地端子板（B）。一个建筑物或部分建筑物内各种接地（如工作接地、保护接地）端子和等电位连接线端子的组合；如成排排列则称为主接地端子排。

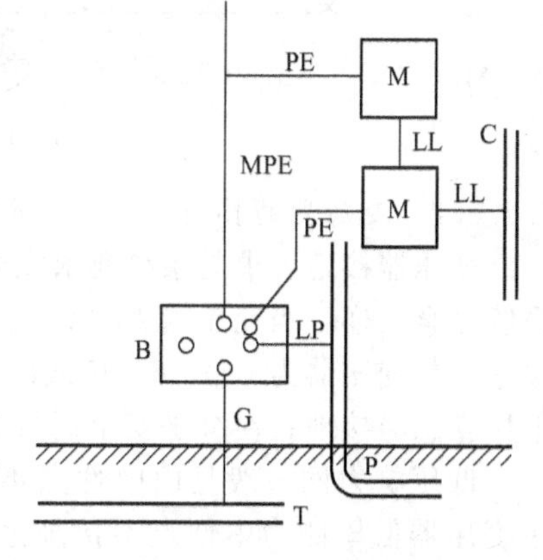

图 4-10 电气设备的接地组成

⑤ 保护线（PE）。将下列任何部分作电气连接的导体：外部导电部分、外露导电部分、主接地端子板、接地极、电源接地点或人工接地点，其中连接多个外露导电部分的导体称为保护干线（MPE）

⑥ 接地线（G）。将主接地端子板或外露导电部分直接接到接地极的保护线。连接多个接地端子板的接地线称为接地干线（MT），MT 用于大的接地系统，图 4-10 中未示出。

⑦ 等电位连接线。将保护干线、接地干线、主接地端子板、建筑物内的金属管道（如图 4-10 中所示的金属水管 P）以及可利用的金属构件、集中采暖管和空调系统的金属管道连接起来的导体称为主等电位连接线（LP）。如上述连接线只用于一套电气设备、一个场所的称为辅

助等电位连接线（LL）。等电位连接线在系统正常运行时不流通电流，只有在故障时才流过故障电流。

4.7.2 变电设备接地

4.7.2.1 配变电所接地系统的安装

在配变电所内，因为配电盘都有角钢基础，电容器架也采用角钢支架，因此在配电所内的接地系统主要就是将这些角钢基础与角钢支架用 40mm×4mm 扁钢相连作为接地干线，然后将这个接地干线延伸到变压器室内。接地干线在适当地点引至户外，如图 4-11 所示。接地干线引出户外后与户外接地装置相连接。

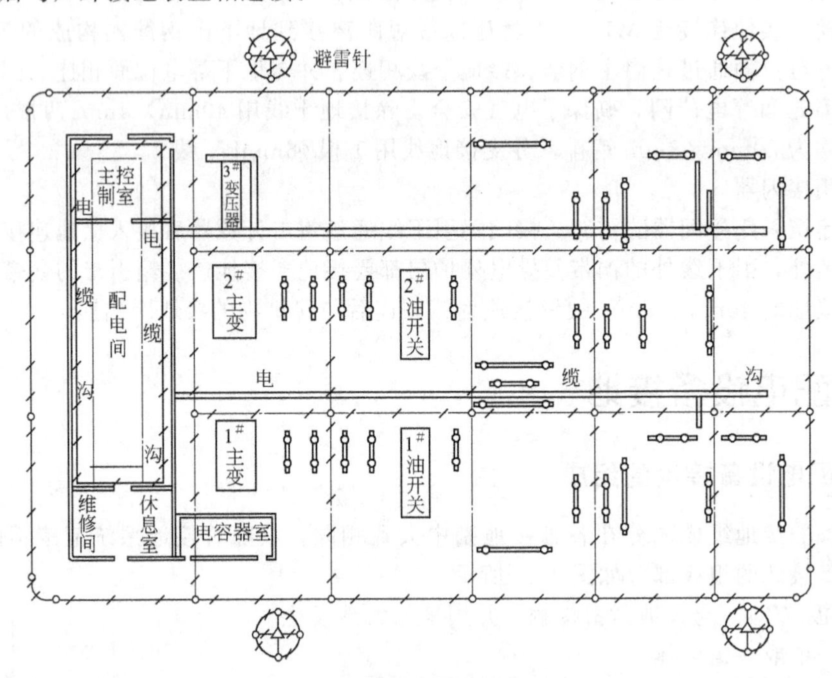

图 4-11 配变电所接地布置图

4.7.2.2 变压器的接地

变压器接地要求与系统要求完全相同，因此其接地方式与接地电阻等的计算与选择，也和系统完全一样。当变压器为“Y，y”接线及“Y，d”接线时，一般均将“一次”侧的中性点接地。如变压器为“D，d”接线时，根据系统要求，在其一侧经接地变压器接地或经适当的电压互感器接地；在合乎安全运行的条件下，也有将三角形接线中的一点接地。

低压电力网一般是由中性点不接地的 3kV、6kV、10kV 系统经过降压变压器供电。如果变压器低压侧为中性点不接地系统，根据运行经验，曾经发生过变压器内部高低压绕组间绝缘损坏，以致高压窜到低压回路上，使得低压系统中的电气设备的绝缘大量击穿而造成人身事故。为了防止这种情况，必须在中性点不接地低压系统中采用中性点或相线经过击穿熔断器接地。当高低压间绝缘损坏，高压加于低压绕组时，击穿熔断器便击穿。使低压绕组直接与地相连而消除危险。如变压器低压侧绕组为星形接线时，则将击穿熔断器接于变压器中性点；如变压器为三角形接线时，则接于其中一根相线上，如图 4-12 所示。如变压器低压侧系统为接地系统，则变压器低压绕组应为星形接线，为了防止事故，中性点必须接地。无论中性点直接接地或经击穿熔断器接地，接地电阻均不得超过 40MΩ，同时还必须满足高压方面的接地要求。

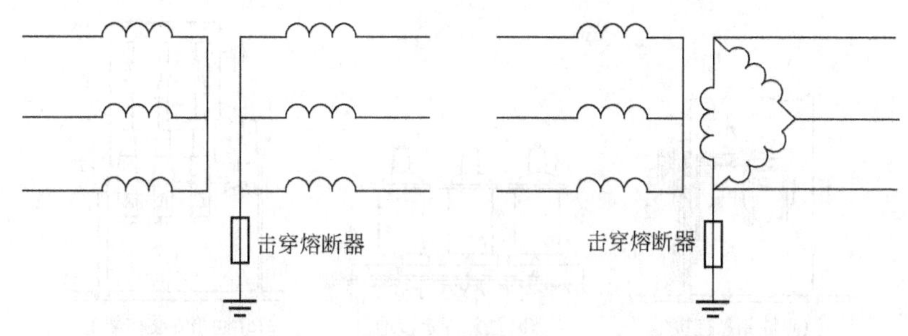

图 4-12　中性点不接地系统中变压器低压侧经击穿熔断器的接地

4.7.2.3　电压互感器接地装置

电压互感器的外壳及高压绕组的零点必须接地。其接地方法可用韧性铜线将高压绕组的零点与电压互感器的外壳相连，再用接地线与电压互感外壳上的螺栓相连。如果设计上规定低压绕组的零点以及相线或击穿熔断器需要接地的话，则根据设计要求安装。

4.7.2.4　电流互感器接地安装

外壳及短接的二次绕组都应接地。如果电流互感器安装在不导电的构架上，接地线要接到外壳的接地螺栓上。如果电流互感器安装在钢构架上，接地线就接到紧固电流互感器的法兰盘或螺栓的下面。短接的二次绕组的端子应用韧性铜线与外壳相连。如果设计规定电流互感器的二次绕组的相导线需要接地的话，则按照设计要求安装。

4.7.2.5　电容器接地安装

电容器的外壳需要接地，即将接地线接到电容器外壳的接地螺栓上。

4.7.2.6　电抗器接地安装

电抗器当垂直布置时，下面一相及上面一相的支柱绝缘子的法兰盘都要接地。如果下面一相采用拉紧螺钉的话，拉紧螺钉也应接地。如电抗器水平布置，其每相支柱绝缘子的法兰盘都应接地。支柱绝缘子法兰盘的接地安装方法如图 4-13 所示。

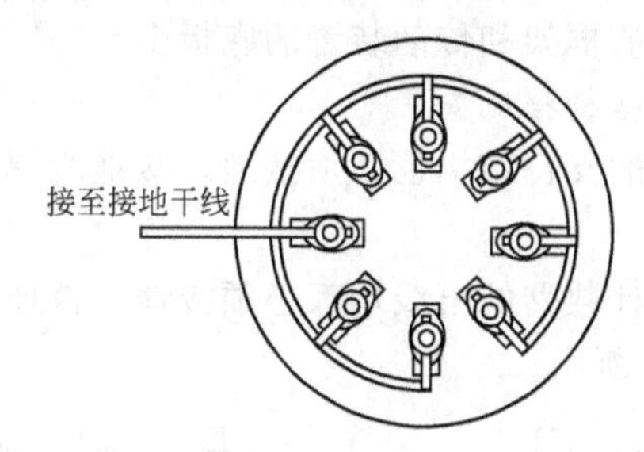

图 4-13　支柱绝缘子法兰盘的接地安装方法

4.7.2.7　断路器接地装置

多油式断路器的器壳和传动机构的外壳或底座以及少油式断路器及空气断路器的框架都必须接地，如果这些设备安装在不导电的支架或墙上时，应将接地线与器壳或框架上的接地螺栓相连。有三个油箱的油断路器，则应与每个箱壳相连。

传动机构与单独的接地线相连，如图 4-14 所示。如这些设备安装在钢结构上，接地线要焊接到支架或框架上。在断路器的外壳有振动的情况下，应采用软线，并用锁紧螺帽或弹簧垫圈与外壳相连。

4.7.2.8　绝缘子、套管等的法兰盘底板接地安装

支柱绝缘子、套管绝缘子、线路套管、高压熔断器及附加电阻等的法兰盘或底板都必须接地。如这些设备安装在不导电的结构或墙上时，接地线要连接到设备或绝缘子的接地螺栓上。

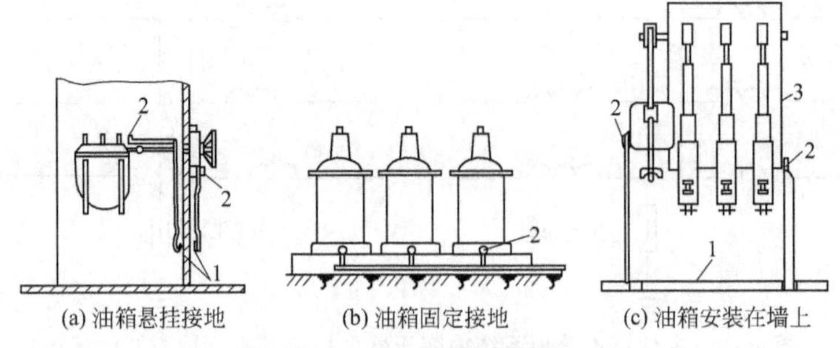

图 4-14　油断路器接地图

1—接地干线；2—接地螺栓；3—油断路器框架

如果没有接地螺栓，就接在设备的紧固螺栓上，如图 4-15 所示，如这些设备安装在钢结构上时，接地线应焊接地钢结构上。每个支持设备的结构，都以单独接地线接到接地干线上。

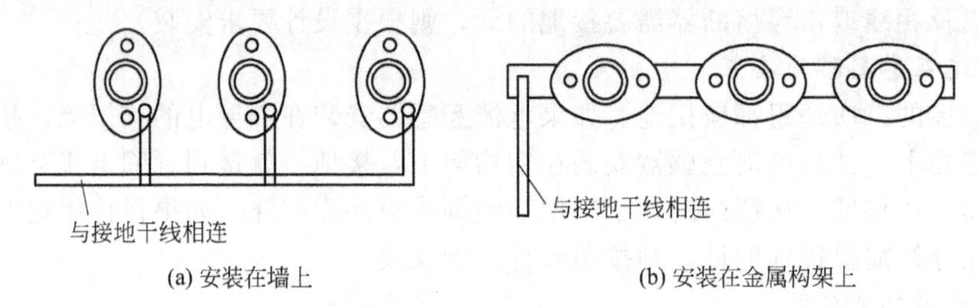

图 4-15　支柱绝缘子接地图

4.7.2.9　隔离开关接地安装

隔离开关的地板或框架、传动设备底板、支承轴承板及信号触头外壳等必须接地。接地的方法类似上述绝缘子的要求。此外，接地线还可以接到传动装置的紧固螺栓上。在户外配电装置中，接地线要焊接到隔离开关和传动装置的钢支架结构上。当隔离开关装在钢筋混凝土或木座上时，接地线则焊接到每相的框架和传动装置的底板上。

4.7.2.10　悬式绝缘子的支架结构接地安装

在钢结构上的悬式绝缘子的支持结构也必须接地，接地线焊接到支持结构上。

4.7.2.11　避雷器接地安装

放电器的铸铁底板及雷击计数器的出线端都必须接地。接地线接到每相地板的接地螺栓上或计数器的出线端，如图 4-16 所示。

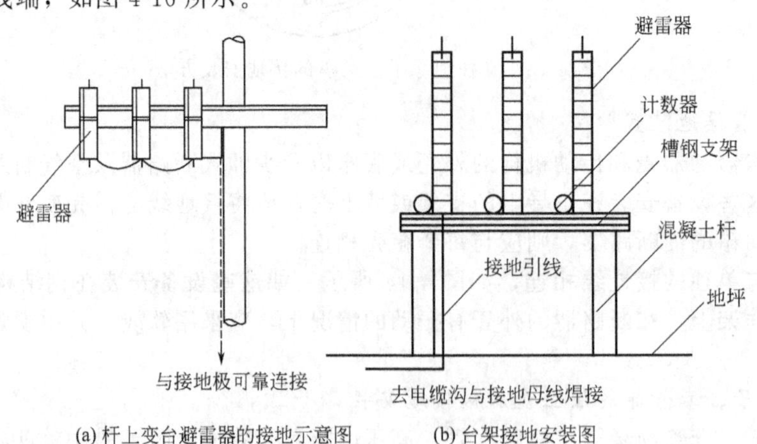

图 4-16　避雷器的接地安装图

4.7.2.12　钢栅栏门框架接地

配电间隔离用的网状栅栏和门的钢框架都必须接地。接地线应焊到每扇门或栅栏的钢框架上，如图 4-17 所示。

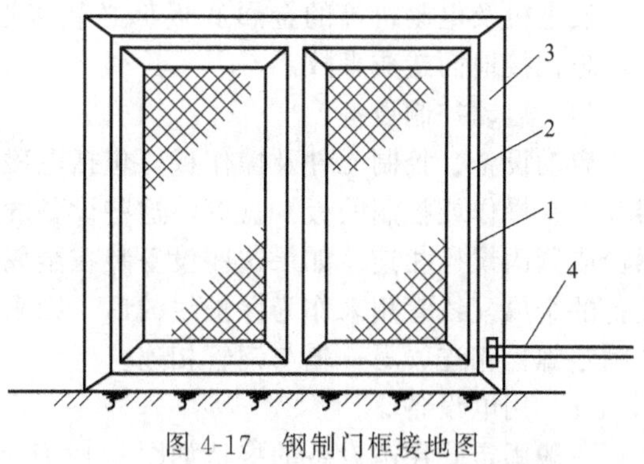

图 4-17　钢制门框接地图

1—门框；2—门；3—铰链；4—接地干线

4.7.3　配电设备接地

在发电站及变电所内，发电机、变压器、配电装置和其他电气设备的传动装置的金属结构及底座，控制设备的金属结构架等在正常时均不带电，但当绝缘损坏时，可能出现对地电压，因此都必须接地。

电流互感器和电压互感器的二次绕组，当绝缘损坏时，可能带有高电压，因此也必须接地。接地点应尽可能直接靠近这些设备的出线端子处，或与接地干线有非常牢固的连接。假如接地可能引起继电保护装置误动作，如连接几组互感器的复杂装置，则该装置可不接地，但容许经击穿熔断器或避雷器接地。

当电气设备的元件安装在金属构架上，如其间有可靠金属接触时，则只需将这些构架接地，在其上的电气设备元件可不必接地。

测量表计、继电器及安装在配电盘、配电箱内和配电室墙上的电气设备的外壳，因为所有从互感器出来的回路都已接地，而且当标记直接接入一次回路时，只有经常监视的熟练人员才可接触，同时大部分维护工作都在绝缘台上进行，因此这些设备的外壳不必接地。

为了防止雷电由架空线路侵入对配电装置造成危害所采用的避雷器，应装设在每组母线上，并且尽可能经最短的连接线接到配电装置的总接地网上。又为了降低接地网的电感压降，最好在阀型避雷器附近加装集中接地装置。

有下列情况之一者，必须接地。

① 采用封闭金属外皮（壳）的电线、电缆，金属桥架布线或钢管布线供电者。

② 在未隔离或防护的潮湿环境中。

③ 易爆炸或易燃环境内。

④ 运行时任一端对地电压在 150V 以上者。

⑤ 对于固定设备的控制器，不论电压高低（24V 及以下除外），均应将其外露导电部分（或金属外壳）接地。

根据接地制式的要求，可通过外露导电部分（如金属底座或外壳）上的接地螺栓接地，也可通过端子盒内的接地端子与电缆铠装、保护钢管、金属线槽或 PEN 线相连或与线路中的 PE 专用线相连，低压固定电气设备外露导电部分的接地电阻一般为 4Ω。

4.7.3.1　常用固定式设备的接地

(1) 配电设备的钢架

开关屏、控制屏、继电器屏、配电箱及保护干线的钢架，电缆槽盒等都必须接地，每一个屏或箱的钢架至少一处接地，并列成排的柜至少要有两处或三处与接地线相连。保护干线钢架每一节至少有两点与接地线相连，如利用钢架作为接地线时，则必须成为一个连续的导体。

(2) 配电设备的底座

露天配电设备的底座都必须接地，接地线焊接到每个设备的底座上，支持用的钢结构也要通过接地螺栓连接或与接地线焊接。

（3）电机的金属底板

发电机及电动机等的金属底板都必须接地。接地线与底板最好焊接，以免拆装修理电机后，忘记接地而造成事故。

（4）启动控制设备

启动设备、控制元件及操作板，包括电磁启动器、接触器、空气断路器、控制按钮、变阻器及一些操作或控制的板、盘等，这些设备的金属外壳也都应接地。接地线与这些设备的接地螺栓或紧固螺栓相连。如果这些设备装在金属结构上，则接地线可与金属结构相连。假如这些设备的金属配线管用来作为保护线的话，则采用一段跨接线，该跨接线一端与设备的接地螺栓或固定螺栓相连，另一端与钢管相连。

（5）用电设备

一般固定式用电设备的接地如图 4-18 所示，其中图 4-18(a) 为利用用电设备的接地螺栓接地，图 4-18(b) 为利用用电设备的外露导电部分接地。图中连接片的制作材料及长度见表 4-1，可作为参考；接地线由 25mm×4mm 扁钢制成，长度为 65mm，接地线的材料及规格按工程设计决定。图 4-18 中焊接方法为四周焊接，焊缝为三角形，高度为 4mm，接地片的转角半径 R 根据接地螺栓规格而定。

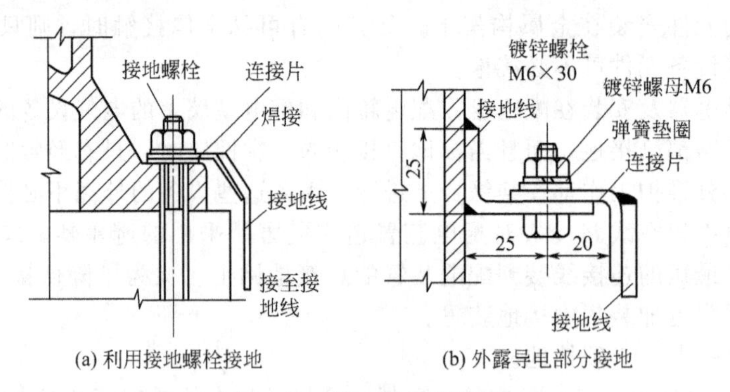

(a) 利用接地螺栓接地　(b) 外露导电部分接地

图 4-18　用电设备接地图

表 4-1　连接片规格长度

<table>
<tr><td colspan="3">安装螺栓直径/mm</td><td>M6 以下</td><td>M(8～12)</td><td>M(14～18)</td><td>M(20～24)</td><td>M(27～30)</td></tr>
<tr><td colspan="3">连接片规格/mm×mm</td><td>12×4</td><td>25×4</td><td>40×4</td><td>50×4</td><td>60×4</td></tr>
<tr><td rowspan="4">当接地线为不同规格时，连接片的长度/mm</td><td rowspan="2">扁钢</td><td>12×4</td><td>—</td><td>70</td><td>80</td><td>100</td><td>120</td></tr>
<tr><td>25×4</td><td>—</td><td>—</td><td>110</td><td>150</td><td>160</td></tr>
<tr><td rowspan="2">圆钢</td><td>ϕ(5～6)</td><td>80</td><td>80</td><td>100</td><td>120</td><td>140</td></tr>
<tr><td>ϕ(8～10)</td><td>100</td><td>100</td><td>120</td><td>140</td><td>150</td></tr>
</table>

4.7.3.2　*移动式设备的接地*

移动式设备大多数是装在金属轮、金属履带或橡皮轮上。装在金属轮及金属履带上的设备与大地经常连接在一起，装在橡皮轮上的设备，其中的梯子、操作杆、挂钩、钢索及链条与大地可能有或多或少的连接，所以也应该作为与大地经常连接的设备来考虑。由于这种设备大部分是在露天工作，而且没有采用等化电位的措施，因此当其碰壳短路时，比固定式设备还要危险。同时因为这种设备是经常移动的，如果考虑与固定设备同样接地的方法，不仅投资费用很大，而且有时也达不到安全的要求。根据这类设备的具体情况，可采用下列措施。

（1）由移动式发电站和变电所供电

在供给移动式设备或临时用电的移动式发电站或变电所中，由于这种特殊用户较多，而且在一个地方运行的时间较长，因此应首先考虑自然接地体。当自然接地体的电阻不符合要求时，再增加装配人工接地体。装配人工接地体如图4-19所示，为一钻头式的金属棒，直径为20mm，长度为900mm。接地体采用直径为25mm的钢管，长350mm，其上设有蝴蝶式螺帽以便接线。这种接地体的优点是很容易打入地下，并很容易从地下拔起来。金属棒的根数根据接地电阻要求及土壤电阻系数而定，在地下排列成放射线形状，相互之间用可挠铜线连接起来。在土壤电阻率较高的地方，要采用改善土壤的措施。

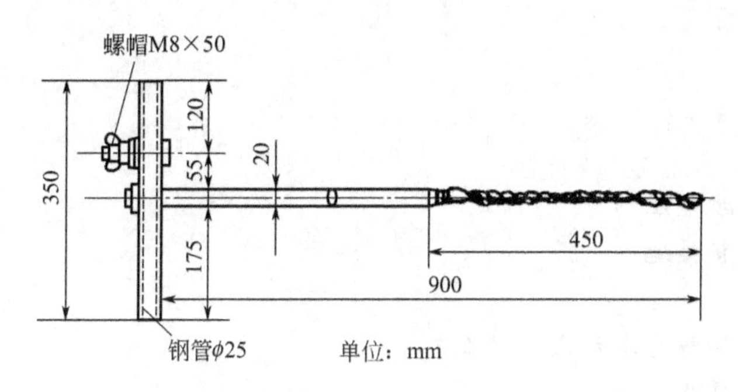

图4-19　装配人工接地体

有些移动式发电站及变电所的线路很短，接地电流也很小，采用四线制的经济效果并不大。为了改善碰壳短路的条件，可以采用中性点不接地的三相220V系统。

（2）移动式电气机械供电

在应用由外来电源供电的移动式电气机械，如挖土机等，供电电源采用中性点接地系统，则供电电缆或架空线上都应有零线，且该零线要与设备的外壳相连。因为连接到设备上的一段电缆经常移动，并受到拉力而弯曲，容易损坏，所以这一端电缆中的接地芯线的截面要与相线的截面相同。同时在连接的地方要有特殊标志，以便损坏时容易发现和更换。当供电电源为中性点不接地系统时，则应采用保护切断设备，这样不仅能改善单相接地时的安全条件，而且可以预防两相短路的危险。

（3）本身设有发电装置的移动式设备

对于本身设有发电装置的移动式设备，如电力拖动的汽车式起重机及钻探装置等，这类设备的特点是供电电源和全部电气线路都在设备的内部，而且设备的外部由金属外壳构成闭合的回路。因此当发生碰壳短路时，如图4-20所示，人虽触到D点，但其电位与E相等，也即与大地电位相等，人体与大地之间无电位差，因此不会发生触电危险。这种情况就不必接地。

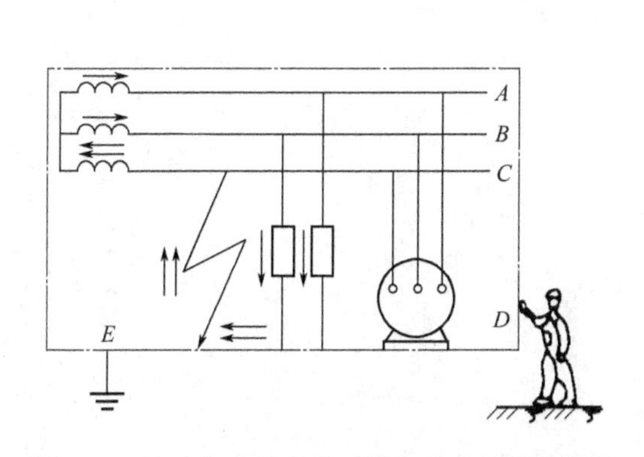

图4-20　有自备电站的移动设备外壳短路的情况

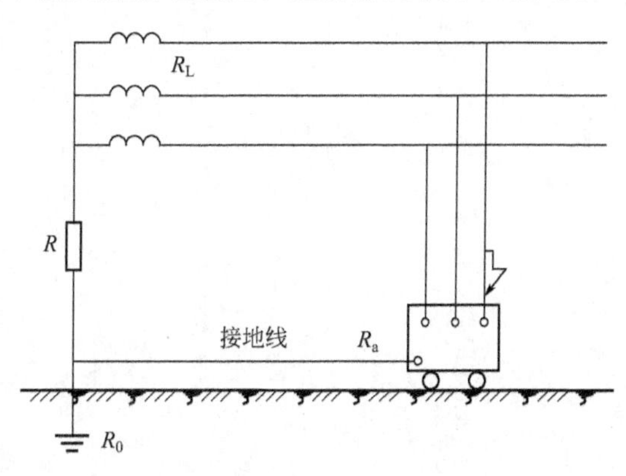

图4-21　高压电气移动式设备接地

(4) 露天工作的高压电气移动式设备

露天属于特别危险环境，最好由电阻接地的高压系统供电。移动设备的外露导电部分由专用的接地芯线连接到电源中性点电阻 R 的接地装置上，如图 4-21 所示。为了减少线路电抗，该接地芯线一般与相线的芯线同在一根电缆内，大多采用有专用芯线的重型高压橡胶套电缆。为了防止接地芯线断裂发生事故，还应设置专用的 PE 线接地。

能力训练题

一、解释下列名词

1. 安全电流
2. 安全电压
3. 接地
4. 接触电压、跨步电压
5. 工作接地、保护接地

二、简答题

1. 雷电过电压的两种基本形式是什么？
2. 简述接闪器的作用。
3. 简述避雷针的功用。
4. 简述避雷器的使用类型及功用。
5. 简述工厂变配电室常用的防雷措施。
6. 简述目前我国采用的几种保护接地的方式。
7. 等电位连接。

5 防静电安全知识

工业静电人们已不陌生，但民用建筑内静电的产生、效应及其防护却鲜为人知。静电是生活中非常常见的一种现象。现代科技已经将静电的应用技术与生活紧密地联系在一起。本章简要地对静电的应用技术进行了概括，并分析了静电的危害与防护。

5.1 静电基础知识

5.1.1 静电的分类

5.1.1.1 固体静电

固体静电为生产、操作过程中产生并积聚在固体物质上的电荷的统称。当两种固体物质紧密接触时（其间距离小于 2.5×10^{-9}cm），接触面上产生双电层，在分离时即产生静电。固体起电还与物体特性、物体表面状态、接触面积、压力、分离速度、温度、湿度、泄漏速度等因素有关。静电的自然泄漏主要取决于材料的电阻率和介电常数。固体起电通常包括接触起电、摩擦起电、电解起电、感应起电等。在生产工艺中物质粉碎、研磨、过滤、输送等过程均能产生静电，此种静电有可能引起火灾爆炸或电击事故。

5.1.1.2 粉体静电

粉体静电为生产、操作过程中产生并积聚在粉体物质上的电荷的统称。粉体是特殊形态下的固体，其静电的产生也符合双电层的原则。影响粉体静电产生的因素主要有：材料的性质，工作时间，输送或搅拌速度，载荷量，粉体颗粒大小，温度、湿度、外部电场等。粉体物质在研磨、搅拌、筛选、输送时由于颗粒之间或与管道、容器壁之间的碰撞和摩擦都可能产生静电。轻则对人体产生电击，影响生产，重则引起火灾、爆炸事故。

5.1.1.3 液体静电

液体静电为生产、操作过程中产生并积聚在液体物质上的电荷的统称。液体与固体的接触面上也会出现双电层。由于液体中的离子因扩散、流动等原因而发生移动，使液体静电比固体静电更为复杂。影响液体静电产生的因素主要有：液体中杂质含量、电阻率、流速，所含水分，过滤器材质，管道材料及几何尺寸等。液体在流动、搅拌、喷射、过滤、晃动、灌注等过程中都可能产生静电。这种静电常常引起易燃、易爆液体的火灾、爆炸事故，往往造成巨大的损失。因此在生产和使用这类液体时必须采取防静电措施。

5.1.1.4 人体静电

人体静电为人体以及包括人体所穿戴的衣帽、鞋等物品所带电荷的统称。人体静电的起因主要是由于人体自身活动以及与其他带电物体相接触或静电感应而在人体上产生并积聚电荷。由于人体是导体，当带电人体与接地导体间发生放电时，几乎释放全部储存在人体中的电能。人体静电放电有可能点燃可燃性混合物，造成火灾、爆炸事故，也有可能干扰电子设备的正常工作，同时还能使操作人员产生静电电击造成二次事故。因而，在易燃、易爆场所应采取防静电措施，如人体接地、穿防静电鞋和防静电工作服、铺防静电地面等。

5.1.2 静电的放电形式

5.1.2.1 静电泄漏

带电体的电荷通过带电体内部或其表面等途径而使之部分或全部消失的现象。绝缘体上静电泄漏有两条途径，一条是绝缘体表面，一条是绝缘体内部，两种泄漏分别取决于绝缘体的表面电阻和体积电阻。静电通过绝缘体本身泄露时，其电量符合下面规律：

$$Q=Q_0 e^{-\frac{t}{\tau}}$$

式中 Q_0——泄漏前的电量；

τ——泄漏时间常数；

t——衰减时间。

对于在生产中产生的有害静电，泄漏时间常数越大，静电越不易泄漏，危险性越大。通常用绝缘体上静电电量泄漏的半衰时间来衡量静电泄漏的快慢，亦即衡量危险性的大小（有的国家根据经验把半衰时间的上限规定为0.012s，相应的时间常数为0.0173s)。湿度对静电的泄漏影响很大，随着湿度的增加，绝缘体表面电阻大大降低，从而加速静电泄漏。

5.1.2.2 静电消散

静电消散是指带电体上的电荷由于静电中和或静电泄漏等途径部分或全部消失的现象。物体所带的静电，如果没有外来补充就会消失。静电放电是静电中和的主要方式。增湿可以加速静电泄漏。含有大量电子和离子的气体覆盖在绝缘体表面上，也能加速绝缘体静电的泄漏。

5.1.2.3 静电放电

静电放电是指当带电体周围的场强超过周围介质的绝缘击穿场强时，因介质产生电离而使带电体上的电荷部分或全部消失的现象。放电是静电中和的方法之一，静电放电受电场均匀程度、电极极性和材料、电压作用时间、气体状态等因素影响。根据放电的特点可以分为电晕放电、变形放电，火花放电，还有沿带电体表面产生的表面放电。静电放电是由电能转换成热能的过程，有可能点燃可燃物成为火灾和爆炸的点火源。

5.1.2.4 电晕放电

电晕放电为发生在不均匀的，场强很高的电场中的辉光放电。当带电体或接地体表面有凸出部分，其尖端附近电场强度很高，能将附近的空气局部电离，产生电晕层，出现微弱的发光放电，并伴有嘶嘶声。电晕放电一般发生在相距较远的两个电极之间。电晕放电能量较小，引起灾害的概率也小。

5.1.2.5 刷形放电

刷形放电是指发生于带电量大的绝缘体与导体之间空气介质中的一种放电形式。刷形放电的特点是在电极间较大的局部空间场强超过介质击穿场强时发生的放电，它的放电通路分散成树枝状（类似于刷形），并伴随清脆的爆裂声。刷形放电是电晕放电和火花放电之间的放电形态。带电体的较强放电一般属于刷形放电，刷形放电的能量较大，能点燃可燃混合气体，也能点燃能量较小的可燃粉尘云。

5.1.2.6 火花放电

火花放电是指两电极间的空气或其他电介质材料突然被击穿而引起的短暂放电现象。火花放电是在两电极间的空间场强超过介质击穿场强时，介质被击穿而在两极间出现贯通的明亮发光通路，并伴随清脆爆裂声的放电。火花放电往往出现在相距较近的，电位差较大的两个电极之间。火花放电的能量一般都很大，点燃可燃物的危险性比其他类型放电都大。

5.1.2.7 表面放电

表面放电是指当带静电的物体接近接地体而在两者之间发生放电时，沿带电体表面产生的发光放电。表面放电具有固定的呈树枝状的发光形态。它通常是在绝缘体带电量特别大和在带电绝缘体背面的邻近处有接地体时发生。表面放电与火花放电相同，能量一般很大，点燃可燃物的概率较高。

5.1.3 静电放电能量及最小点燃能量

5.1.3.1 静电放电能量

指带电体所形成的静电场通过静电放电所释放出来的总能量。静电放电是由电能转换成热能的过程，在放电过程中有可能点燃可燃物，成为点火源。当带电体的静电放电能量大于周围可燃物的最小点燃能量时，有可能点燃可燃物，造成静电火灾和爆炸事故。

5.1.3.2 最小点燃能量

指影响可燃性混合物点燃的所有因素均处于最敏感的状态时，引燃所需的最低能量。影响可燃性混合物最小点燃能量的因素很多，如形成爆炸性混合物的可燃物的性质及浓度，电极形状和火花间隙，放电形态及带电物质的电导率等。可燃性混合物的最小点燃能量越小点燃爆炸的危险越大。它是判断静电危险、保证安全生产的重要依据之一。各种可燃性混合物的最小点燃能量见表 5-1～表 5-3。

表 5-1 可燃性气体、蒸气的引燃危险性（和空气混合）

物质名称	闪点/℃	爆炸极限浓度(体积分数)/%		最小点燃能量/mJ
		下限	上限	
丙烯乙醛(丙烯醛)	<－17.8	2.8	31	0.13
丙烯腈	－1	3.0	17	0.16
乙炔	(气体)	1.5	100	0.019
乙醛	－37.8	4	60	0.37
丙酮	－19	2.5	13.0	1.15
氮杂环丙烯(氮丙环)	－11	3.6	46	0.48
异丁烷	(气体)	1.8	8.5	0.52
异丙胺	－37.2①	2.0	10.4	2.0
异丙硫醇	—	—	—	0.53
异戊烷(2-甲基丁烷)	－51	1.3	7.6	0.21
乙烷	(气体)	3.0	15.5	0.24
乙胺	<－17.8	3.5	14.0	2.4
乙基甲基酮(2-丁酮)	－6.1	1.8	11.5	0.53
乙烯	(气体)	2.7	36	0.07
环氧乙烷、氧丙环	－20①	3.0	100	0.06
烯丙基氯	－31.7	2.9	11.2	0.77
2-氯丙烷	－32.2	2.8	10.7	1.55
氯丁烷	－9.4	1.8	10.1	1.24
氯丙烷	<－17.8	2.6	11.1	1.08
叔丁基过氧化氢	18.3	—	—	0.41
甲酸甲酯	－18.9	5.0	23	0.4
醋酸乙酯	－4.4	2.1	11.5	1.42
醋酸乙烯	－7.8	2.6	13.4	0.7
二异丙醚	－27.8	1.4	21	1.14
二乙醚	－45	1.7	48	0.19
环丙烷	(气体)	2.4	10.4	0.17
环己烷	－20	1.2	8.3	0.22
环戊二烯	—	—	—	0.67
环戊烷	－42.0	1.4	—	0.54

① 表示由开放式测定的闪点，其他是用密闭式测定。

表 5-2 粉尘云和粉尘层的最小点燃能量 mJ

物　质	粉尘云	粉尘层	物　质	粉尘云	粉尘层
紫苜蓿	320	—	谷物	30	—
烯丙酯树脂	20	80	乌洛托品	10	—
铝	10	1.6	铁	20	7
硬脂酸铝	10	40	镁	20	0.24
芳基磺酰肼	20	160	锰	80	3.2
阿司匹林	25	160	甲基二甲基丙烯酯	15	—
硼	60	—	坚果壳	50	—
纤维素	60	—	聚甲醛	20	—
醋酸纤维素	10	—	季戊四醇	10	—
肉桂	40	—	酚醛塑料	10	40
烟煤	60	560	苯二甲酐	15	—
可可粉	100	—	沥青	20	6
玉米	30	—	聚乙烯	30	—
软木	35	—	聚苯乙烯	15	—
二甲基对苯二甲酯	20	—	米	40	—
二硝基甲基苯甲酰胺	15	24	紫苜蓿种子	40	—
铁锰齐	80	8	聚硅氧烷	80	2.4
硬沥青	25	4	尿素树脂	80	—
肥皂	60	3.840	钒	60	8
大豆	50	40	乙烯基树脂	10	—
硬脂酸	25	—	小麦粉	50	—
糖	30	—	木材粉	20	—
硫黄	15	1.6	锌	100	400
钍	5	0.004	锆	5	0.0004
钛	10	0.008			
铀	45	0.004			

注：表中所列被试粉尘全部过 200 目筛，粒径小于 47μm，同时经处理后水分含量小于 5%。

表 5-3 合成树脂粉体最小点燃能量与粉尘颗粒大小之间的关系

微粒大小范围/μm	最小点燃能量/mJ	微粒大小范围/μm	最小点燃能量/mJ
710～1680	＞5000	105～179	＜10
355～709	250～500	53～105	＜10
180～354	50～250	＜53	＜10

5.2 静电产生原因及危害

5.2.1 静电产生原因

5.2.1.1 摩擦起电

指用摩擦的方法使两物体分别带上等量异种电荷的过程。摩擦起电是产生静电的一种方式，由于摩擦增加了两物质间的接触面积和紧密程度，加快了接触、分离的过程而产生静电。除摩擦以外，两种物质紧密接触后再分离，物质受压、受热、电解以及感应等都能产生静电。在生产工艺过程中摩擦是常见的现象，因此易燃、易爆场所降低摩擦速率是防止或减少静电事故的重要措施之一。

5.2.1.2 静电感应

指在静电场影响下引起物体上电荷重新分布的现象。如把孤立的不带电导体靠近带电体或置于电场内时，由于静电场的作用，其上电荷发生宏观移动而成为带电体，这就是静电感应现象。在现场中，由于静电感应和感应起电，可能在导体（包括人体）上产生很高的电压，导致危险的火花放电。因此在易燃、易爆场所，应注意避免静电感应带电，以防感应电荷放电引起可燃性混合物的火灾、爆炸事故。

5.2.1.3 剥离起电

指剥离两个紧密结合的物体时，引起电荷分离而使两物体分别带电的过程。剥离起电比摩擦起电产生静电量要大，它与两物体接触面积大小、接触面的黏着力、剥离速度等因素有关。在危险场所应尽量不进行剥离，如必须剥离时应缓慢地进行，以防剥离起电造成火灾、爆炸事故。

5.2.1.4 接触电位差

指在没有电流的情况下，两种媒质界面或两种不同种类材料接触面间的电位差。两种物质接触时由于不同原子得失电子能力不同，会发生电子转移（包含能量的传递），在界面两侧会出现大小相等、符号相反的两层电荷，称为双电层，其间的电位差称为接触电位差。接触电位差与物质的性质和物质表面状态有关。由双电层及接触电位差的理论可知，当两种物质紧密接触再分离时，即可能产生静电。弄清哪种物质带正电，哪种物质带负电有助于研究静电起电和静电放电的特性及正确选择材料和控制静电的危害。

5.2.1.5 静电积累

指由于某种起电因素使在电介质或绝缘导体上产生电荷的速率超过电荷的消散速率而在其上呈现同性电荷的积累过程。也是静电产生和静电消散的综合过程。当静电积累到达一定程度时可能产生静电放电。如果周围空间存在爆炸性混合物，放电火花就有可能引燃该混合物，造成火灾、爆炸和人身伤亡事故。所以在易燃、易爆危险场所和静电放电可能带来生产障碍的场所，应采取适当措施避免静电积累。

5.2.1.6 冲流电流

冲流电流又称流动电流，即在流动的液体中，由随液体而流动的电荷所形成的电流。冲流电流与液体的流动方向相同。冲流电流的大小在数值上等于单位时间内通过管道横截面的电量。冲流电流与液体的电阻率、管的材质及其内表面的粗糙度、管径和流速等因素有关，其中与电阻率和流速的关系最大。由于冲流电流的存在，当通过管道给油罐、油轮、油槽车、油箱等容器注油时，随着容器内油量的增加，电荷量也增加，油面电位能上升到几万伏。带高电位的油面往往对容器内凸出的结构物等放电。如果这种放电能量超过油蒸气的最小点燃能量，就可能引起爆炸和火灾。在液体内掺入适量的防静电添加剂或降低液体流速，能减少冲流电流，是防止油罐静电事故的重要措施。

5.2.1.7 喷射起电

固体、粉体、液体和气体类物质从小截面喷嘴高速喷射时，由于迅速摩擦而使喷嘴和喷射物分别带电的过程。产生喷射带电的原因不仅与开口部位之间的摩擦有关，还与各类物质本身的相互撞击以及小飞沫的飞溅等因素有关。由于物质在管内流动时，物质与管壁的距离较近，等效电容较大，因而即使带有一定量电荷，带电物的电位也不会很高，然而当物质喷出喷嘴时，由于物质与管体的距离迅速变大，其等效电容突然变小，则带电物的电位突然升高，于是在喷嘴与喷射物之间往往出现静电放电。如果喷射物是易燃液体，则喷射过程中出现的静电放电火花有可能点燃在喷射过程中形成的易燃蒸气，使喷射变成喷火。如果喷射物是粉体类，由于粉体微粒与喷嘴或与被喷射物之间发生摩擦和冲撞也将产生大量静电，因此在喷涂作业中应注意压力、流量、喷射速度，以防止粉尘静电事故发生。

5.2.2 静电的危害

5.2.2.1 静电危害

静电的危害是在生产、操作过程中，由于静电现象造成的危险和生产障碍的统称。静电的危害有以下三方面。

① 引起爆炸、火灾事故。

② 造成生产障碍。

③ 对人产生电击。

静电爆炸发生火灾是因静电放电引起的，由于带电体上的电荷所产生的电场强度超过周围介质击穿场强时，会出现击穿放电，一旦放电能量超过爆炸性混合物的最小点燃能量时就有可能发生火灾、爆炸事故。静电造成的生产故障主要是静电的力学现象和放电现象，由于静电力的吸引和排斥，放电电流、声、光、电磁波等导致生产效率降低，形成干扰，影响产品质量。静电对人体的危害是造成电击，电流通过人体内部，对心脏、神经等部位造成伤害，电击的严重程度取决于电流大小、通电时间及人体健康情况等因素。静电电击时人体的反应见表 5-4，人体可能因静电电击坠落或摔倒造成二次事故。

表 5-4 静电电击时人体的反应

电压/kV	电击程度	电压/kV	电击程度
1	没有感觉	7	手指、手掌剧痛，有麻木感
2	手指外侧有感觉，但不疼痛	8	手掌乃至手腕前部有麻木感
3	有轻微和中等针刺痛感	9	手腕剧痛，手部严重麻木
4	手指微疼痛，有较强的针刺痛感	10	整个手剧痛，有电流通过感
5	手掌乃至手腕前部有电击疼痛感	11	手指剧烈麻木，整个手有强烈电击感
6	手指剧痛，手腕后部有强烈电击感	12	整个手有强烈电击感

5.2.2.2 静电火灾

指静电放电火花引燃易燃易爆物质所造成的火灾危害。静电放电是由电能转换成热能的过程。当静电积累到一定程度，带电体周围的电场强度超过空气的击穿场强时，就会发生击穿放电，这一放电火花能量超过可燃混合物的最小点燃能量时可能引起火灾爆炸事故。静电火灾、爆炸发生的条件如下。

① 产生和积累足够的静电，以致局部电场强度超过电介质的击穿场强，发生静电放电，产生火花。

② 静电放电的火花能量超过爆炸性混合物的最小点燃能量。

③ 爆炸性混合物的浓度在爆炸极限之内。

当同时满足上述条件点燃才可能发生。从消除静电危害的角度原则上说，只要消除其中任何一个条件都可能达到防止静电火灾的目的。

5.3 静电防护措施

防静电原则上应根据不同的对象采取不同的措施。下面列举防静电的一般措施。

① 防止静电产生的措施：降低工艺流程速度；利用静电（起电）序列，尽量采用少产生静电的材料；采用接地的导电器具等。

② 促进静电泄漏的措施：导体和导电设备接地；增加环境的相对湿度；材料中添加防静电剂，提高电导率；利用静电消除器。

③ 防止易燃、易爆物质爆炸的措施：用惰性气体（如氮气或二氧化碳）替换空气，用不燃粉尘降低可燃粉尘云的爆炸感度；加强通风措施，把可燃性混合物的浓度控制在燃烧极限浓度范围之外。

④ 防止人体带电的措施：工作地面导电化；穿防静电鞋、防静电工作服。

5.3.1 人体静电防护措施

5.3.1.1 人体接地

人体接地是使人体与大地之间构成电气连接，将人体包括衣服上产生并积累的电荷泄漏于大地，防止人体静电放电引起火灾、爆炸事故。在一般情况下，可通过穿防静电鞋和采用防导电地板防止人体静电。在特殊情况下，可以使用接地用具使人体接地，如坐着工作可在手腕上佩戴腕带和脚套等方法将人体接地，或在进入工作间之前用徒手接触接地金属体，以便泄放人体上已有的静电。同时应注意在静电危险场所的工作人员不应佩戴孤立的金属物件。

5.3.1.2 防静电工作服

防静电工作服就是在纺织时大致等间隔或均匀地混入导电性纤维或防静电合成纤维或者两者混合交织而成的织物。穿防静电工作服的目的是为防止因工作服带电而引起着火、爆炸事故。

防静电工作服的技术要求：外观要求无破损、斑点、污物及其他影响穿用性能上的缺陷；防静电性能要求每件防静电服的带电电荷量、耐洗涤性能，必须符合表 5-6 要求。

防静电服穿用要求如下。

① 在其他爆炸危险场所，属 0 区、1 区且可燃物的最小点燃能量在 0.25mJ 以下者穿用防静电服。

② 禁止在易燃、易爆场所穿脱。

③ 禁止在防静电服上附加或佩戴任何金属物件。

④ 穿防静电服时，必须与防静电鞋配套穿用。

⑤ 不要靠近和接触高压裸露电线。

防静电服的带电电荷量、耐洗涤性能见表 5-5。

为使人体上的静电能尽快通过地面泄漏到大地，工作地面的泄漏电阻越小越好。各种不同工作场所的泄漏电阻要求见表 5-6。为使工作场所的泄漏电阻达到要求，应按照不同的需要参考表 5-7 选择各种地面材料。

表 5-5 防静电服的带电电荷量、耐洗涤性能

名 称	A级	B级
带电电荷量	<0.6μC/件	
耐洗涤性能	≥100 次	≥50 次

表 5-6 不同工作场所的泄漏电阻

工 作 场 所	泄漏电阻/Ω
有可能产生爆炸和火灾的危险场所	10^8以下
有可能产生静电电击的场所	10^{10}以下
有可能产生生产故障的场所	10^{11}以下

表 5-7 各种地面材料的泄漏电阻

地面材料名称	泄漏电阻/Ω	地面材料名称	泄漏电阻/Ω
导电性水磨石	$10^5 \sim 10^7$	一般的涂刷地面	$10^8 \sim 10^{12}$
导电性橡胶(粘面)	$10^4 \sim 10^8$	橡胶(粘面)	$10^9 \sim 10^{13}$
石	$10^4 \sim 10^9$	木,木胶合板	$10^{10} \sim 10^{13}$
混凝土(干燥时)	$10^5 \sim 10^{10}$	沥青	$10^{11} \sim 10^{13}$
导电性聚氯乙烯	$10^7 \sim 10^{11}$	聚氯乙烯	$10^{12} \sim 10^{13}$

5.3.1.3 导电鞋

导电鞋可在短时间内消除人体静电积聚，但不能避免因偶然触及工频电（220V 以下）而导致人体遭受电击。导电鞋在穿用期间鞋底电阻值必须不大于 $1.5\times10^5\Omega$。对具有特殊要求的导电鞋（如具有耐酸、碱、油等性能）还应符合相应的技术标准。为确保消除人体静电的效果，穿导电鞋时，所处的地面电阻应不大于 $1.5\times10^5\Omega$。并且鞋底不得粘有绝缘性的杂质，还应注意避免同时穿绝缘性袜子以及绝缘性鞋垫等。导电鞋主要用于防止因人体带有静电而引起火灾、爆炸的场所。但它仅适用于作业人员不会遭受电击的场所。以免人体静电放电造成易燃、易爆物质的火灾、爆炸事故。对于维护动力设备或处理高压电气设备，有触电危险的工作人员则禁止穿导电鞋。

5.3.1.4 防静电鞋

防静电鞋是指鞋底用电阻变化小的防静电材料制作的鞋。防静电鞋不仅具有防止人体静电积聚的性能，而且还能避免因偶然触及工频电（220V 以下）而导致人体遭受电击。防静电鞋在穿用期间鞋底电阻值必须在 $0.5\times10^5\sim1.0\times10^8\Omega$ 范围内。对具有特殊要求的防静电鞋（如具有耐酸、碱、油等性能）还应符合相应的技术标准。为确保消除人体静电的效果，在穿防静电鞋时，所处地面的电阻应不大于 $1.0\times10^8\Omega$。并且鞋底不得粘有绝缘性杂质，还应注意避免同时穿绝缘性袜子以及绝缘性鞋垫等。防静电鞋主要用于防止因人体带有静电而可能引起燃烧、爆炸的场所，如橡胶、化工、印刷、医疗、电子等行业的某些场所，以免人体静电放电造成易燃、易爆物质的火灾、爆炸事故和对电子仪器的干扰等事故。对于维护动力设备或处理高压电气设备，有触电危险的工作人员禁止穿防静电鞋。

5.3.2 电气设备及其他静电防护措施

5.3.2.1 导体接地

接地是消除静电危害最常见的办法，主要用来消除导体上的静电。

导体上发生火花放电时，能量集中释放，具有较大的危险性。烃类气体或蒸气混合物的最小引燃能量多为 0.2mJ 左右，即当电压为 10kV、电容为 4pF 时，可由静电放电火花引燃。为了防止火花放电，应将可能发生火花放电的间隙跨接连通，并予以接地，以使各部分与大地等电位。不仅产生静电的金属部分应当接地，为了防止感应静电的危险，其他不相连接但邻近的金属部分也应接地。

在生产过程中，以下工艺设备应采取接地措施。

① 凡用来加工、储存、运输各种易燃液体、气体和粉体的设备，如储存池、储气罐、产品输送装置、封闭的运输装置、排注设备、混合器、过滤器、干燥器、升华器、吸附器、反应器、泵等都必须接地。如果袋形过滤器由纺织品或类似物品制成时，建议用金属丝穿缝并予以接地。如管道由不导电材料制成时，应在管外或管内绕以金属丝，并将金属丝接地。

② 工厂及车间的氧气、乙炔等管道必须连接成一个整体，并予以接地。其他所有能产生静电的管道和设备，如油料输送设备、空气压缩机、通风装置和空气管道，特别是局部

排风的空气管道，都必须连接成连续整体，并予以接地。可能产生静电的管道两端和每隔200～300m处均应接地。平行管道相距100mm以内时，每隔20m应用连接线互相连接起来；管道与管道或管道与其他金属物件交叉或接近，且其间距小于100mm时，也应互相连接起来。

③ 注油漏斗、浮动罐顶、工作站台、磅秤、金属检尺等辅助设备均应接地。油壶或油桶装油时，应与注油设备跨接起来，并予以接地。

④ 油槽汽车行驶时，由于汽车轮胎与路面有摩擦，汽车底盘上可能产生危险的静电电压。

为了导走静电电荷，油槽车应带有导电橡胶条或金属链条（在碰撞火花可能导致危险的场合，不得用金属链条），其一端与油槽车底盘相连，另一端与大地接触。汽车槽车与铁路槽车在装油之前，应同储油设备跨接并接地；装卸完毕后先拆除油管，后拆除跨接线和接地线。油轮船壳应与水保持良好的导电性连接；装卸油时也要遵循先接地后接油管、先拆油管后拆底线的原则。飞机加油时，油箱、管道、阀门、泵、储油设备等均应互相连接起来，并予以接地；飞机上所有不带电的金属部分都要连接机壳，机壳部分要有良好的电气连接；飞机降落时应用1根电阻10Ω以下的金属线先与地面接触，以泄放静电。

⑤ 可能产生和积累静电的固体和粉体作业中，压延机、上光机、各种辊轴、磨、筛、混合器等工艺设备均应接地。

某些危险性较大的场所，为了使转轴可靠接地，可采用导电性润滑油或采用滑环、炭刷接地。

因为静电泄漏电流很小，所以单纯为了消除导体上静电的接地电阻不超过1kΩ即可，但不应超过1MΩ。

静电接地的连接线应保证足够的机械强度和化学稳定性，连接应当可靠，不得有任何中断之处。

静电接地装置可以同其他接地装置共用，但各设备应有自己的接地线同接地体或接地干线相连。接地装置的连接，一般应采用焊接；在焊接十分困难或需要拆卸的地方可采用螺钉连接，但应有防松措施；而对于经常移动者，可采用软连接。

容易产生和积累静电的材料多是高电阻材料，而且静电电量和泄漏电流都极小。因此，如果导体与大地之间的电阻不超过1MΩ，即可认为该导体对于静电是接地的。

5.3.2.2 导电覆盖层

绝缘体表面电荷密度达到26.5$\mu C/m^2$时，空气中的电场强度将达到30kV/cm，即可能发生放电，产生静电火花，引起燃烧或爆炸。绝缘体表面带电，亦可造成与其他导体之间的火花放电。为了防止上述危险，可以在绝缘体表面上加一导电性覆盖层，以泄漏静电电荷，避免危险的电荷密度。

导电覆盖层的材料是掺有金属粉、石墨粉等导电性填料的聚合材料。由于加入了导电性填料，聚合材料的导电性能大大提高。例如，含有34%～40%铬镍的聚合材料的电阻率接近金属材料的电阻率。导电覆盖层是一层极薄的薄膜，厚度约为0.1～0.2mm。导电覆盖层是经过专门喷刷工艺完成的。

导电覆盖层分为完全覆盖层和不完全覆盖层。对于不完全覆盖层，未被覆盖的面积不得太大，其上储存的能量应不足以引燃周围的混合物。实际上由于存在着覆盖部分的电荷向导电覆盖部分的泄漏，允许的电荷密度可以取得高一些，亦即未被覆盖的面积可以取得大一些，但具体数值应由运行经验确定。

导电覆盖层的办法对于输送粉体或液体的管道也是适用的。为了防止管道外壁与邻近的导体发生放电，管道外壁可涂覆螺旋状导电覆盖层。

5.3.2.3　导电性地面

采用导电性地面实质上也是一种接地措施。采用导电性地面不但能导走设备上的静电，而且有利于导走聚积在人体上的静电。导电性地面指用电阻率$10^6\Omega\cdot m$以下的材料制成的地面，如混凝土、导电橡胶、导电合成树脂、导电木板、导电水磨石、导电瓷砖等地面。导电橡胶等材料是在生产过程中加入导电性填料制成的，其电阻率比不加导电性填料时低得多。例如，普通橡胶的电阻率为$10^{12}\sim10^{13}\Omega\cdot m$，而导电橡胶的电阻率有的可抵达$10^2\Omega\cdot m$. 采用导电性地面可以大大减轻静电的危险。例如，某工作现场，人在普通橡胶板上行走时，人体静电电压达到7500V；而当人走到导电橡胶板上行走三步之后，人体静电电压即降低到100V以下。

在绝缘板上喷刷导电性涂料也能起到与导电性地面同样的效果。例如，某工作现场，人在普通橡胶板上行走12m时，人体静电电压即高达7500V，而当给橡胶板上喷刷导电性涂料以后，人行走时产生的静电电压不超过150V。同上述导电橡胶等材料一样，导电性涂料也并非真正的导电体，而只是电阻率较低的物质。采用导电性地面或导电性涂料喷刷地面时，地面与大地之间的电阻不应超过1Ω；地面与接地导体的接触面积不宜小于$100mm^2$。

应当指出，导体因感应而带电时，接地只能消除部分危险。如图5-1所示，导体B端不接地时，A、B两端都有放电危险；B端接地后，B端没有放电危险了，但A端仍有放电危险。

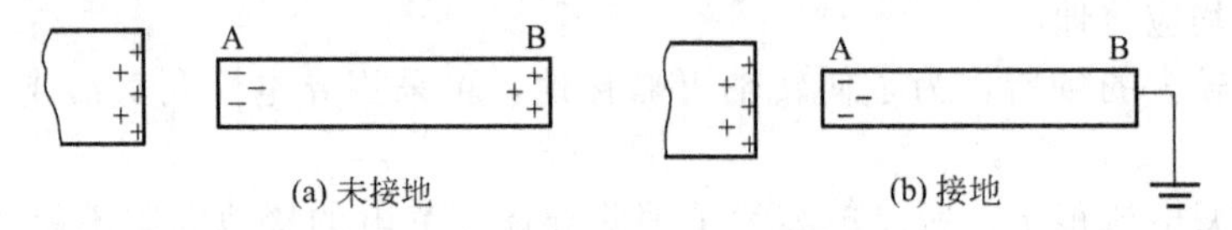

图5-1　导体感应带电及其接地

5.3.2.4　绝缘体接地

对于产生和积累静电的高绝缘材料，即对于电阻率$10^9\Omega\cdot m$以上的固体材料和电阻率$10^{10}\Omega\cdot m$以上的液体材料，及时与接地导体接触，其上静电变化也不大。如经导体直接接地，则相当于把大地电位引向带电的绝缘体，有可能反而增加火花放电的危险性。前面说过，电阻率$10^7\Omega\cdot m$以下的固体材料和电阻率$10^8\Omega\cdot m$以下的液体材料都不积累静电。因此，为了使绝缘体上的静电较快地泄漏，绝缘体宜通过$10^6\Omega$或稍大一些的电阻接地。

由于静电经绝缘体的泄漏是很慢的，因此对于运动中的绝缘体，不得将接地导体与其接触，否则产生静电的效应可能超过泄漏静电的效应，使静电反而增强。

5.3.2.5　屏蔽

屏蔽是用接地导体即屏蔽导体靠近静电体放置，增大带电体对地电容，减小带电体静电电位，从而减轻静电放电的危险。应当注意，屏蔽不能消除静电电荷。此外，屏蔽还有减小可能的放电面积，以限制放电能量以及防止静电感应的作用。

对带电体而言，可以整体屏蔽，也可根据现场条件和防护需要，采用局部屏蔽。

屏蔽可采用板状屏蔽体，也可采用网状屏蔽体。网状屏蔽的网眼面积，对于最小引燃能量0.1mJ以下的危险物品不宜超过$4cm^2$；对于最小引燃能量0.1～1mJ的危险品不应超过$25cm^2$。屏蔽可采用下列材料制作。

① 导体。包括金属板、金属网、金属线、金属管、金属带、金属箔等。

② 导电性材料。包括导电橡胶、导电塑料、导电纸、导电布等。

③ 导电性涂料。如导电漆。

屏蔽体的结构应根据工艺装置的要求设计。屏蔽体应尽量靠近带电体，以提高屏蔽效果。屏蔽体应位于带电体靠操作者的一侧，而不应位于带电体的背面。绝缘管屏蔽如图5-2所示。

处理粉体物料的布袋或布制漏斗，应在布内加导电纤维或金属丝作为屏蔽；处理大量粉体

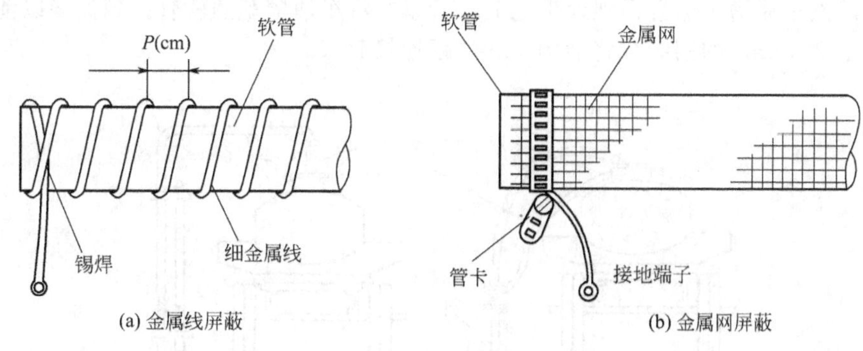

图 5-2　绝缘管屏蔽

物料的布袋，应装设与布袋紧密结合的金属网制的屏蔽笼。对于大型储罐，为了避免取样时发生危险，可插入接地管状金属笼，以抑制可能的放电。

5.3.2.6　变压器充油、过滤油时静电防护措施

在给变压器充油以及过滤变压器油时，都会产生静电。若未采取有效措施，则容易引起变压器油燃烧导致火灾或爆炸。具体措施如下。

① 利用油箱下部的油阀门往变压器里注油。这样做可以防止充油时产生的静电危害。因为若将变压器油通过油枕且以较大的流速注入变压器箱内时，就会在变压器油内产生并积聚静电。尤其是在干燥的冬天，或当变压器油的黏度较大及夹杂固体微粒时便会积聚静电。当静电一旦积聚到相当程度时，就会发生火花放电，引起变压器油燃烧而导致火灾。

所以，一般都不从变压器油箱上部往里注油（仅在补充变压器油时方可由上部缓慢地注入）；当从下部的注油阀门往里注油时，可先将油管妥善接地，使变压器油靠本身压力慢慢地注入。

② 过滤变压器油时不能使用普通胶皮管。这一方面是因为普通胶皮管在接触变压器油后会受到腐蚀而引起变质，并且此时变压器油将会由于胶皮管的化学作用而使油质劣化。另一方面因为在滤油过程中，由于胶皮管是绝缘的，滤油时产生的静电荷便不能很快地泄漏，静电的积聚现象将会越来越严重。直至胶皮管与滤油机铁架等金属部分之间的电位差达到很高数值时，便会产生火花放电而导致火灾。所以，过滤变压器油时不应使用普通胶皮管。

5.3.2.7　铁路、汽车油槽车注油静电防护措施

为了防止产生静电，凡是与油类管道相连的以及在铁路油槽车、汽车油槽车及油桶灌油的带金属管头的所有橡胶软管都要采取接地措施。接地的方法是在管子内部或外部缠以金属导线（一般采用截面为 1.5mm² 的铜绞线），然后再用截面为 2.5mm² 的铜绞线，一端与油类管道的金属部分相接，另一端在软管端部两点相接，并与绕在软管内或软管外的金属导线相连，如图5-3所示。

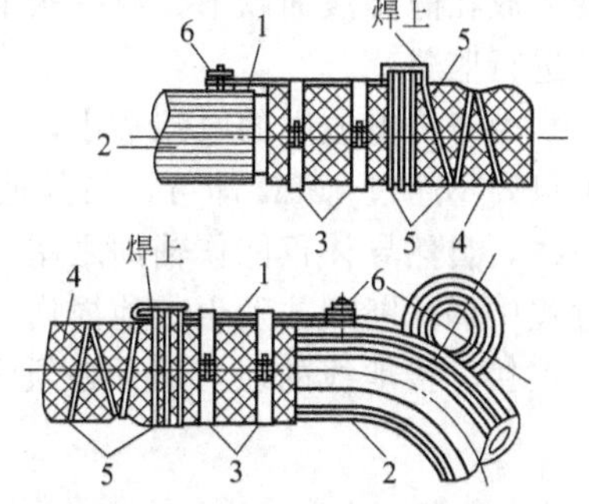

图 5-3　和管子连在一起的软管和管头的接地简图

1—多股铜绞线；2—管子或管头；3—金属夹箍；4—软管；5—金属绕线；6—ϕ5mm 镀锡螺钉

采用软管向汽车油槽灌油时，为了将静电电荷自汽车油槽上导入大地，在灌油前必须把车体与有接地的管道连接起来，或与临时接地体相连。接地线采用截面不小于 2.5mm² 的铜绞线。接地的方法是将铜绞线的一端接到管道法兰的专用薄片上，另一端接到汽车油槽车的端钮上。当采用竖管灌油时，同样采用一根截面不小于 2.5mm² 的铜绞线竖管与油槽车连起来。汽车油槽车的接地如图 5-4 所示。因为在装卸

石油产品时，汽车油槽车也会强烈地带电荷，所以在汽车油槽车的软管接到油罐以前，必须先用截面不小于 2.5mm² 的铜绞线将油槽车和油罐连接起来。

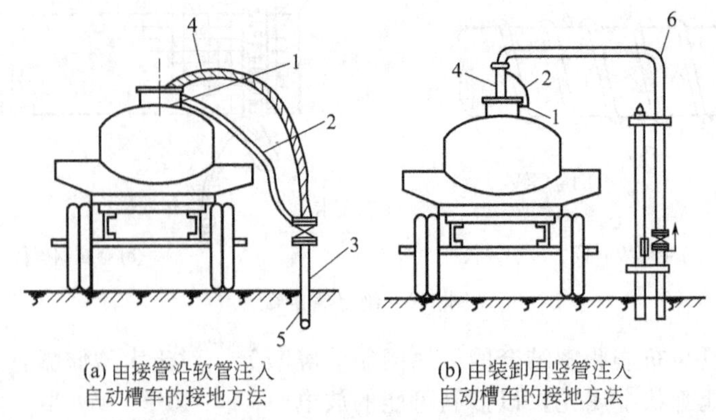

图 5-4　汽车油槽车的接地

1—接线端子；2—截面不小于 2.5mm² 铜绞线；3—接管；4—软管；5—总管；6—装卸用竖管

向铁路油槽车灌油的桥台，也应该设有接地装置。装卸油所用软管的金属接管、油槽车、桥台的金属结构以及油类装卸区的铁轨都必须进行接地。除了铁轨接地采用 40mm×4mm 的扁钢相互连接并与接地体连接外，其余部分的接地都采用截面为 6mm² 的铜绞线作为接地线与接地体相连。在盛有易燃液体储罐的液体表面上，最好不采用浮动式水准指示器。如果必须采用这种水准指示器时，在该设备的表面上不容许有造成静电放电的锐利毛刺或尖角等，而且这个设备的浮子应固定在金属弦杆上，并保证当浮子沿弦杆移动时与罐壁有一定的距离，以免使浮子上所聚集的静电荷产生火花放电。

向汽车油槽车灌油的竖管和向铁路油槽车灌油的站台都应接地。装卸油区的火车轨道也应该连成一个连续的导体，并与接地装置连在一起。在装卸油的码头上及油槽船上都应备有专用的接地螺钉，以便把注油软管和岸上的接地装置连在一起。岸上的接地装置采用面积不小于 1m²、厚度不小于 4mm 的钢板直接放在水底，并用截面不小于 10mm²、厚度不小于 4mm 的扁钢引到岸上。接地线和油槽车或油槽船连接时，必须采用不会因撞击或摩擦而产生火花的材料，如磷青铜或铍青铜等制成的工具，并保证有可靠的接触。软管上如有金属接头时，也应该利用青铜、铝等制成。

向油罐、油桶、油槽车、油槽中灌注易燃液体时，严禁用自流的方法，必须将输油软管的管端放在静止液面以下。第一次灌注时，灌注速度必须不超过 0.5～0.7m/s，并要求有值班人员进行监督。

由于静电放电的电流很小，一般不超过几个微安，所以仅仅为了静电放电所设置的接地电阻只要不超过 100Ω 即可，与其他接地装置相连时，则采用其中数值最小者，但应采用专用接地线，自然导体仅能作辅助之用。对于接地线亦无特殊要求，仅需考虑机械强度，以免在使用过程中偶然断裂或发生其他损伤。全部接地线最好采用焊接的方法，当焊接有困难时才利用螺栓连接。接地线的地上部分必须涂上油漆，地下部分和焊接处应有防腐保护层。

能力训练题

一、选择题

1. 人身事故一般指（　　）

A. 电流或电场等电气原因对人体的直接或间接伤害。

B. 仅由于电气原因引发的人身伤亡。

C. 通常所说的触电或被电弧烧伤。

2. 接触起电可发生在（　　）

A. 固体-固体、液体-液体的分界面上　　B. 固体-液体的分界面上

C. 以上全部

3. 防静电措施中最直接、最有效的方法是（　　）

A. 接地　　B. 静电屏蔽　　C. 离子中和

二、简答题

1. 静电的危害通常表现在哪些方面？

2. 静电危害半导体的途径通常有哪几种？

3. 预防静电的基本原则是什么？

4. 静电的防护措施有哪些？

5. 一个完整的静电防护工作应具备哪些要素？

6　电气防火与防爆安全知识

防火防爆安全技术，是一门为了防止火灾和爆炸事故的综合性技术，涉及多种工程技术学科，范围广泛，技术复杂。火灾和爆炸是安全生产的大敌，一旦发生，极易造成人员的重大伤亡和财产损失。所以，必须贯彻“以防为主，以消为辅”的消防工作方针，严格控制和管理各种危险物及起火源，消除危险因素，将火灾和爆炸危险控制在最小范围内；发生火灾事故后，作业人员能迅速撤离险区，安全疏散，同时要及时有效地将火灾扑灭，防止蔓延和发生灾害。

6.1　电气防火安全知识

6.1.1　电气基本知识

6.1.1.1　基本概念

① 额定电流　电气设备在设计和制造时规定的一个长时间使用保证安全的电流值。记以 I_N。通常标在电气设备的铭牌上，它与额定电压 U_N、额定功率 P_N 称为电气设备的额定值，三者关系是 $P_N=I_NU_N$。在铭牌上只要标出其中两个，那么第三个就可以计算出来。由于电流的热效应要产生热量使设备温度升高，因此不论电源还是负载通过它们的电流都不允许超过额定值，只可以小于或等于额定值。通常把小于额定值称为欠载；超过额定值的称为过载；等于额定值的称为满载。为了防止过载，通常用熔断器或其他装置进行安全保护，因为过载运行是引起火灾和事故的根源。

② 额定电压　用电设备在设计和制造时，按规定确保安全的电压数值。记以‰，通常标注在用电设备的铭牌上。一般用电设备是以市电 380/220V 为其额定值考虑其内部绝缘性的，不准错接。绝缘层若被击穿，容易引起短路，造成过流而产生危害；另外，负载内部的电阻通常是一定的，当其两端电压增大时，通过它的电流也将增大，功耗和产生的热量也增大，这就难免发生事故。因此按额定电压接入相应的电源是安全用电必须遵守的规则。

③ 电流热效应　电流通过导体时引起导体发热的现象，也是电能转换成热能的现象。根据焦耳-楞次定律，电流通过导体产生的热量 $Q=I^2Rt$，可见产生的热量与电流的平方成正比。为防止电流热效应损坏设备，对电气设备的主要电气参数的允许值做了具体规定，这就是额定值，它是正确使用电气设备的依据。一旦忽视了这些参数的正确使用，电流热效应将使设备或导线升温发热，甚至使导体红热或熔化，轻则损坏设备，重则引起火灾等事故。电流热效应是产生电气火灾事故的最基本的因素，切不可轻视。

④ 过电流保护　电气系统中，出现过电流时能自动切断电路以防损坏线路或设备的保护措施。它包括短路保护和过负荷保护。短路保护要求保护装置具有足够的分断能力，能够可靠地切断较大的短路电流。熔断器是最常见的过电流保护元件。它利用低熔点或小截面熔体在过电流作用下首先熔断的原理来切断电路。主要用做短路保护和粗略的过负荷保护。低压系统中的过电流保护常采用低压断路器（又称自动开关、空气开关）。它具有短路和过负荷保护功能，采用带灭弧装置的触点来分断电路，比较可靠。根据双金属片受热弯曲的原理分断电路的热继电器和热分断器，大量用于电动机的过电流保护，热继电器通常用于工业电机，热分断器则主

要用于家用电器。在高压系统中，过电流保护通常由电流继电器和断路器组成。电流继电器在短路或过负荷时发出信号，控制断路器分断电路。调整电流继电器可获得不同的保护特性，灵活方便，可靠性较高。正确可靠的过电流保护是电气系统安全运行的必要保证。擅自放大熔断器的熔丝规格或保护装置的整定值将使之失去保护作用，当出现过电流时可能损坏导线或设备，甚至引起火灾。

⑤ 低电压保护　又称失压保护或欠电压保护。电源电压消失或低于某一数值时，能自动断开电路的一种保护措施。其功能是避免电压恢复时，设备突然启动而造成事故；同时避免因在低电压下勉强运行而遭损坏。设备在低电压下，只有增大电流才能维持运行，电流增大，发热升温自然加剧，轻则损坏设备，重则造成火灾。对于重要保护对象，其装置由电压继电器、时间继电器和断路器组成，保护性能比较精确；对于一般低压设备，常用熔断器、接触器和失压（欠压）脱扣器等作为保护器件。

⑥ 过电压保护　防止过电压对电力系统的危害而采取的措施。主要有：在输电线路和变电所设置避雷线和避雷针，防止直接雷击；对重要旋转电机采取电缆进（出）线并设置避雷器以防止雷电波的侵入；采用并联电抗器限制工频过电压；对断路器加装并联电阻以限制操作过电压。特别是正确地选用避雷器可以有效地限制最常见的大气过电压和操作过电压。近年来出现的金属氧化物压敏电阻，为380/220V低压配电线路及设备提供了有效的过电压保护器件。

⑦ 跨步电压　人体两脚接触带电地面所承受的电位差。以高压电线断线落地点为中心，一定范围的地面上形成了从高到低的电位分布区域，人体两脚接触该区域地面两点时所承受的跨步电压与人体站立的位置和离触地点的距离有关：沿径向方向站立，电压大，而沿圆周方向站立，电压小；离触地点愈近，电位愈高，反之电位愈低，20cm以外电位趋于零。另外还跟地表面土壤的电阻率、跨步的大小等因素有关。跨步电压有时能危及人的生命，应予以避免，发现电线落地时，应报告有关部门，及时消除隐患。

⑧ 安全电压　不致造成人身触电事故的电压。安全电压值的规定，各国有所不同，如西欧许多国家规定为24V，美国为40V。我国规定为：在无高度触电危险的建筑物（指干燥温暖，无导电粉尘，金属占有系数小于20%的装配楼、实验室等）中为65V；在有高度触电危险的建筑物（指潮湿、炎热，有导电粉尘，金属占有系数大于20%的金工车间、变电所等）中为36V；在有特别触电危险的建筑物（指特别潮湿、有腐蚀性气体、煤尘的铸工车间、电镀车间等）中为12V。安全电压是安全生产的保证。

⑨ 触电　可分为电击与电灼伤。人体相当于一个电阻，当电压施加于人体形成电流时，电流使人体的细胞受到破坏，中枢神经麻痹，从而造成休克或死亡，这就是电击。电流的热效应、化学效应、机械效应以及在电流作用下熔化、蒸发的金属微粒等侵袭人体皮肤使皮肤局部发红、起泡、烧焦，甚至置人于死地的这类现象称为电灼伤。通常当通过人体的工频交流电流20～25mA或直流超过80mA时，会使人感觉麻木剧痛，呼吸困难，有生命危险。若通过人体的电流超过100mA时，就会使人的心脏停止跳动而死亡。通过人体电流的持续时间以不超过0.1s为界限。

⑩ 一、二、三级负荷　按负荷的重要性和对供电可靠性的要求，对负荷进行的分级。用电负荷一般分为三级。一级负荷：突然中断供电将造成人身伤亡或重大设备损坏且难以修复，引起火灾，甚至爆炸，需要长时间才能恢复的用电负荷，如煤矿、电炉炼钢、特种化工、医院手术室，重大政治性活动场所、军事机关等。二级负荷：突然中断供电产生大量废品，引起减产，损坏生产设备，打乱生产过程，且需长时间才能恢复的用电负荷。三级负荷：一般性用电负荷。各级用电负荷的供电方式：一级负荷要求保证连续供电，任何情况下都不能中断，因此

应由两个独立电源供电，有特殊要求的一级负荷，两个独立电源应来自不同的地点；二级负荷在条件允许的情况下，可采用双回路供电；三级负荷因系一般性用电，可由一个电源供电。

6.1.1.2　安全载流量

安全载流量又称安全电流，是指导线的连续允许通过的电流。具体地说，电流通过导线时，由于电流热效应使导线发热升温，最后达到平衡，如果这个温度刚好是导线绝缘的最高允许温度，那么这时的电流就是该导线的安全载流量。一般橡皮绝缘导线，最高允许温度规定为65℃。在不同工作温度下，其不同规格的安全载流量不同，可参照规范具体要求。安全载流量跟导线所处的环境温度密切相关，通常环境温度越低允许通过的电流越大。拿铝芯绝缘导线来说，25℃时它的安全载流量为25A，则在连续使用中升温不会超过65℃，而35℃时安全载流量降为21A，这是因为前者允许温升为40℃而后者为30℃。安全载流量还和布线方式有关，暴露在空气中比敷设在管子中散热要好。线路中应设置必要的过电流保护装置，用户不得擅自延长线路或违章使用电炉等大功率电器，更不允许擅自改变过电流保护装置的整定值，如以铜线代替熔丝等。

6.1.1.3　电气绝缘

① 绝缘电阻　等于所加直流电压与流经绝缘的电流（泄漏电流）之比。有体积电阻和表面电阻之分，前者是电流通过绝缘厚度的电阻值，而后者是电流通过绝缘表面的电阻值，而绝缘的全电阻就是两者之并联值。与此相对应，其电阻率也有体积电阻率和表面电阻率之分。绝缘电阻通常用绝缘电阻表测定。一般来说，照明线路要求其绝缘电阻值不低于0.5MΩ，而配电盘的二次线路，绝缘电阻不低于1MΩ，家用电器类不低于2MΩ。此外还用介质“损耗角”衡量材料漏电流的大小来表征其绝缘性能的优劣。电气设备的绝缘电阻达不到规定要求时容易引起绝缘击穿而造成触电、短路等事故。

② 绝缘老化　由于绝缘体内部的杂质变化、外部灰尘水分的侵入、使用温度过高、使用时间过久等原因造成绝缘体变质，使绝缘性能逐渐变差的现象。绝缘老化是材料老化的基本形式，长期受热后，一些绝缘材料的抗弯和抗张强度均会显著降低，当受到机械作用后很容易损坏而导致绝缘击穿；水分能和其他污物一起组成弱电介质，生成离子，增大电导及介质损耗，使绝缘材料进一步发热，加速了热老化的进程。另外，局部放电、光照、辐射等都是影响绝缘老化的因素。绝缘老化意味着绝缘材料的使用寿命已经到期，如果继续使用将有发生漏电、短路等事故的危险。

③ 绝缘击穿　绝缘材料所承受的电压超过某一数值后，在材料的某些局部区域发生放电而遭到破坏的现象。固体绝缘材料一旦遭受击穿一般就不能恢复其绝缘性能；而液体、气体绝缘遭受击穿，在电压撤除之后，绝缘性能往往还能恢复。固体击穿有两种基本形式：热击穿和电击穿。热击穿在外加电压作用下，先产生泄漏电流，电流热效应使材料发热升温，结果使材料绝缘性能恶化，电流进一步增大，最后导致材料发生熔化和烧穿的现象；而电击穿在强电场作用下，使材料内部的束缚电子获释而成为自由电子，绝缘体变成导电体而导致击穿。除此，腐蚀性气体、潮湿、粉尘、机械损伤都会降低材料的绝缘性能而导致击穿，绝缘材料逐渐老化，也是失去绝缘性能，造成击穿的原因。绝缘击穿和电气火灾是密切相关的，应积极采取措施加以防范。

④ 闪络　在高电压作用下，在气体内沿着固体绝缘的表面发生的两电极间的击穿。发生闪络前一瞬时两电极间的电压称为闪络电压。因受固体绝缘的表面状态、形状等因素的影响，闪络电压总是低于（最多等于）相同电极结构、相同距离的气体间隙的火花放电电压。沾有污秽（工业污秽、盐分等）的高压输变电设备的绝缘子或绝缘套管，在受潮（特别是遇到雾、露、霜或小雪）时，闪络电压显著降低，甚至在电气设备的工作电压下闪络，造成严重事故。

这种情况称为污闪，可以通过改进绝缘设计及定期清扫来防止。

6.1.1.4　安全距离

人与带电体、物（地）与带电体、带电体与带电体之间保持不发生危险的最短距离。它是以安全作业，避免事故为原则做出的规定。安全距离的大小取决于电压高低、设备类型和安装方式等因素。设备安装、布线、检修等的安全距离分别称为设备间距、线路间距、检修间距等；另外电线与有爆炸危险厂房、可燃性物质之间的安全距离称为防火间距。常用安全距离见表 6-1～表 6-4。

表 6-1　检修时人体与带电体之间的安全距离　　m

项　　目	10kV 以下	20～35kV
在高压无遮拦操作中人体或其所带工具与带电体之间(不小于)	0.70	1.00
在线路上工作的人体或所带工具等与邻近带电线路间(不小于)	1.00①	2.50①
工作中使用喷灯成气焊时，火焰与带电体间(不小于)	1.50	3.00

① 表示不足时邻近线路应停电。

表 6-2　架空导线与建筑物、树木之间的最小距离　　m

名称	距离	1kV 以下	10kV	35kV
建筑物	垂直距离	2.50	3.00	4.00
	水平距离	1.00	1.50	3.00
树木	垂直距离	1.00	1.50	3.00
	水平距离	1.00	2.00	

表 6-3　各种配线与易燃气体管道之间的最小距离

管名　最小距离/m　配线方式		导线穿管配线	绝缘导线明配	裸导线
煤气管	平行	1.00	10.00	10.00
	交叉	1.00	3.00	3.00
乙炔管	平行	1.00	10.00	20.00
	交叉	1.00	5.00	5.00
氧气管	平行	1.00	5.00	10.00
	交叉	1.00	3.00	5.00

表 6-4　电缆与电缆、电线、设施之间的最小距离

项目　最小距离/m　敷设条件	平行敷设	交叉敷设
低压电缆与低压电缆之间	0.35	0.35
低压电缆与高压电缆之间	1.50	1.50
低压电缆与照明线路之间	1.00	1.00
高压电缆与照明线路之间	1.50	1.50
电缆与可燃气体及液体管道之间	10.00	5.00
电缆与普通铁路路轨之间	30.00	10.00

6.1.2 电气防火与电气火灾

6.1.2.1 电气防火

电气防火的预防主要指静电火灾和一般电气火灾的预防。按照具有火灾危险的对象物，一般电气火灾的预防可分为发电厂防火、变电及配电所防火、电气线路防火、用电设备防火，以及火灾和爆炸危险场所的电气设备防火等。

6.1.2.2 电气火灾

是指电能在非常状态下，转换热能的过程中，热能引燃不应引燃的可燃物质所发生的火灾。

电气火灾包括发电设备（各类发电机和电池），送、变、配电设备以及一切用电设备和线路在运行过程中或带电状态下由于电气短路、过负荷、接触不良等引起的火灾，还包括由静电引起的火灾。

6.1.3 电气火灾的原因

电气火灾的原因是比较复杂的，大致可归纳为短路、过负荷、接触不良三大类。

① 电气短路 由于短路时阻抗突然减小，负载电流突然增大，导体上产生的热量和电流的平方成正比。在短路瞬间发热量大大超过正常工作的发热量，不仅可以烧毁导线的绝缘，而且还可能在局部使导体熔化，引起附近可燃物质燃烧。

② 过负荷 也称过载。如果导线（设备）上流过的电流超过了安全电流值，就会产生不应有的高温，当达到一定程度时就可能引燃周围的可燃物质，引起火灾。有时过负荷虽然达不到引燃周围可燃物的温度，但却可引起导线绝缘损坏，使导线短路，同样会引起火灾。

③ 接触不良 导体连接时，接触面处理得不好，接触松动，局部产生较高的电阻，在这一点上由于电流的作用就会出现高温、熔融，直致引起火灾。

除上述三种电火原因，雷击、静电放电火灾从机理上看都属于电气火灾的范畴。

6.1.3.1 短路

又称碰线、混线或连电。相线与相线，相线与中性线（或地线）在某一点由于绝缘损坏等原因碰在一起，造成电气回路中电流突然增大的现象。由于短路电流极大，在短路处将产生强烈的火花和电弧，并使金属导线出现熔化和剥蚀痕迹，并能引起附近的可燃性物质燃烧或引起电气火灾。由于电流突然增大，因此在极短时间内发热量也很大，往往会引起短路回路中导线绝缘层迅速燃烧而造成更大的破坏。

短路常常发生在电气线路中，分为相间短路和对地短路两大类型，造成短路的主要原因是绝缘选择得不合适，或受高温、潮湿、腐蚀作用而失去绝缘，或时间过久使绝缘老化，错误安装也是原因之一，雷击过电压也能造成绝缘击穿而发生短路。注意绝缘完好和安全距离是防止短路的有效措施。

6.1.3.2 过负荷

电力线路和电气设备，在运行中超过安全载流量或额定值的现象。由于电流的发热量与电流的平方成正比，因此过负荷时，发热量往往大大超过允许限度，轻则加速绝缘层老化，重则会使绝缘层燃烧而引起火灾事故。

发生过负荷的原因有以下几方面。

① 违章用电。在小容量的供电线路上接用大功率的用电设备或接用更多用电设备。例如在住宅照明线路中接用电炉等。再有，当由于并网运行的部分发、供电设备因发生故障而切除时，将负荷加到其余联网设备上。

② 用电设备发生机械故障或异常现象。例如电动机的机械卡死或所带机械负荷过重等。

合理选用导线，按章用电，安装合适的熔断器和保护装置是防止过负荷现象发生的有效措施。

6.1.3.3 接触电阻过大

导线与导线，导线与电气设备的连接处，由于接触不良使接触部位的局部电阻过大的现象。当电流通过时，在接触电阻过大的部位，就会吸收很大的电能，产生极大的热量，从而使绝缘层损坏，金属变色甚至熔化，严重时引起附近的可燃性物质着火。其原因如下。

① 电气连接处接触不牢固、接触面接触不良。

② 接触面上有导电性不良的杂质。

③ 金属（铜、铝）导线接头处的电腐蚀作用和铜铝接头也是接触电阻过大的原因。

为防止接触电阻过大，在施工中应尽量减少线路接头，必要的接头要紧密牢靠；铜、铝接头应采取技术处理；电器设备接线端应用螺钉紧固，并采用防松装置；重点部位导线接头应进行焊接；对于大电流接触点应进行定期检查。

6.1.3.4 中性点位移

在星形接法的三相电路中，电源中性点 O 和负载中心点 O′之间，出现电压不等于零（$U_{OO'} \neq 0$）的现象。由于中性点位移引起负载上各相电压分配不对称，以致使某些相电压过高而损坏设备，另一些相电压过低而使设备不能正常运行。在电源和负载做星形接法的系统中接入中线是消除中性点位移的有效措施，应尽可能使中线的阻抗接近或等于零。因此在照明线路中通常采用三相四线制的供电方式，使三相负载电压做到基本平衡。由于通过中线的电流较小，中线可用容量较小的导线但不允许断开。

6.1.3.5 漏电

当电气线路或设备的绝缘因老化、污染、受潮、受力等原因作用而失去绝缘性能时，在一定的条件下，有部分电流通过绝缘失效处和接地体而流入大地的电气故障现象。漏电的主要危害在于它能够引起触电和火灾等继发性事故和灾害。漏电使正常情况下不带电的金属物体带有危险的电压，当人触及这些物体时，就会触电。较大的漏电流在其入地路径中流经电阻较大或接触不良的部位时，会产生高温或电火花，引燃周围可燃物造成火灾。低压电气系统中常用的漏电保护装置有漏电保护器和防火漏电报警器。前者在漏电超过预定值时切断电源，主要用于防止触电，后者在漏电超过额定值时发出报警信号，主要用于防止漏电火灾。

6.1.3.6 气体放电

在电场作用下，气体介质被激发电离或击穿所产生的电晕、电弧、火花、辉光放电等现象。通常情况，气体分子呈中性，气体不导电，是绝缘体。使气体分子电离，变成正负离子是使气体具有导电性的首要条件。气体分子在火焰、紫外线、伦琴射线、放射线作用下电离而具有导电性的现象叫被激放电；气体分子在强电场作用下通过碰撞电离而具有导电性的现象叫自激放电。气体放电往往伴随着发光、发声等现象，雷电是自然界中一种规模巨大的气体放电现象。利用气体放电可以制成光源，气体放电还可用于除尘、冶炼、焊接、电火花加工等。电力系统中绝缘击穿、短路等形成的气体放电是引起火灾的重要原因，应予以避免。

6.2 电气防爆安全知识

6.2.1 电气防爆基本概念

6.2.1.1 本质安全电路

本质安全电路简称本安电路。电气设备内、外配线，经国家检验机关确认，在正常情况或事故状况下产生的电气火花和温度，均不能点燃爆炸性混合物的电路。其中，与本安电路有直接关联的电路称为关联电路；与本安电路有非直接关联的电路称为一般电路。它们是决定本安型电气设备防爆性能的关键所在。

6.2.1.2　安全栅

安全栅是指连接在本安型和非本安型电路之间的一种特殊关联设备，包括安全栅元件或安全栅电路，如熔断器、电阻器和并联二极管等。安全栅的作用是将供给本安型电路的电压和电流限制在一定安全水平之内。

6.2.1.3　电气设备防爆性能等级

电气设备因外力损伤、大气锈蚀、化学腐蚀、机械磨损、自然老化等原因可导致防爆性能等级下降，经过检修不能恢复原有防爆性能等级的，可根据设备实际技术性能，按下列原则和办法处理。

① 降低防爆等级使用。这时须除去原有防爆等级标志，更换相应的防爆等级标志，并从使用部位上拆除。此外还应将其批准降级使用的文件、防爆性能的测试记录等资料一并存入设备档案，随设备转移。

② 降为非防爆电气设备使用。这时应除去防爆标志，不得在爆炸危险区域使用，其有关批准文件、测试记录等资料入档并随设备转移。

6.2.1.4　防爆电气设备表面温度极限

防爆电气设备外壳表面或可能与爆炸性混合接触的表面所允许的最高温度。对于隔爆型，是指外壳表面温度；对于其余各防爆类型，是指可能与爆炸性混合物接触的表面温度。防爆电气设备表面温度有可能点燃爆炸性混合物，故对不同类型的爆炸性物质，其电气设备最高表面温度有不同的要求。如对于有甲烷存在的矿井中使用的电气设备，采取措施能防止煤粉堆积时，最高表面温度不得超过450℃；有煤粉沉积时，最高表面温度不得超过150℃。对于有爆炸性气体或蒸气的场所使用的电气设备，其最高表面温度按T1、T2、T3、T4、T5、T6引燃温度组别，分别不得超过450℃、300℃、200℃、135℃、100℃、85℃。对有爆炸性粉尘的场所使用的电气设备，其表面温度不得超过表6-5所示的极限值。

表6-5　粉尘爆炸危险场所电气设备最高表面温度值

引燃温度组别	电气设备表面或零部件温度极限值			
	无过负荷可能的设备		有过负荷可能的设备②	
	极限温度/℃	极限温升①/℃	极限温度/℃	极限温升/℃
T1	215	175	190	150
T2	160	120	140	100
T3	110	70	100	600

① 是指环境温度为40℃时的温度。

② 是指电动机和动力变压器。

6.2.1.5　最小点燃电流

最小点燃电流又称最小引爆电流。指在规定的实验条件下，能点燃最易点燃的爆炸性混合物的最小电流。通常在直流电压24V和电路电感95mH下，用火花实验装置进行火花点燃试验。以3000次火花为一个统计单元，如3000次火花以内引爆，即将此电流递降5%，继续试验，直至3000次火花试验不发生引爆为止。取此不引爆电流和与之邻近的点燃电流之和的算术平均值。即为最小点燃电流，以毫安计。最小点燃电流是爆炸性物质的一个爆炸危险性系数，也是防爆电气设备分级的依据。见表6-6。

表 6-6 爆炸性气体按最小点燃电流的分级

级别	最小点燃电流比 MICR	爆炸性气体举例
Ⅰ	MICR=1.0	甲烷
ⅡA	0.8<MICR<1.0	乙烷、丙烷、丙酮、苯乙烯、氯乙烯、丁烷、乙醇、丙烯、乙酸酐、戊烷、汽油、乙醚、亚硝酸乙酯
ⅡB	0.45<MICR≤0.8	二甲醚、民用煤气、环氧乙烷、乙烯、丁二烯、异戊二烯
ⅡC	MICR≤0.45	水煤气、氢、乙炔、二硫化碳、硝酸乙酯

6.2.1.6 最大试验安全间隙

在规定的试验条件下，任何浓度的被试验气体（蒸气）与空气混合物被点燃后，均不能通过容器外壳空腔两部分接合面之间的最大间隙。该试验是在标准容器内，通过 25mm 长的结合面进行的。要求试验气体被点燃后，其火焰不能通过结合面而点燃容器壳外的爆炸性混合物。最大试验安全间隙表征爆炸性气体的传爆特征，是防爆电气设备分级的依据。见表 6-7。

表 6-7 防爆电气设备按最大试验安全间隙的分级

级别	最大试验安全间隙 MESG/mm	爆炸性气体举例
Ⅰ	MESG=1.14	甲烷
ⅡA	0.9<MESG<1.14	乙烷、丙烷、苯、一氧化碳、氨、乙醇、丙烯、己烷、汽油、乙醚
ⅡB	0.5<MESG≤0.9	甲醚、民用煤气、乙烯、环氧丙烷、异戊二烯
ⅡC	MESG≤0.5	水煤气、氢气、乙炔、二硫化碳

注：Ⅰ—防爆电气设备；Ⅱ—工厂用防爆电气设备。

6.2.2 电气爆炸危险场所

电气爆炸危险场所的类别和区域见表 6-8。

表 6-8 电气爆炸危险场所的类别和区域等级

类别	区域等级	场 所 特 征
气体爆炸危险场所	0 区	在正常情况下，爆炸性气体混合物连续地、短时间频繁地出现或长时间存在的场所
	1 区	在正常情况下，爆炸性气体混合物有可能出现的场所
	2 区	在正常的情况下，爆炸性气体混合物不能出现，仅在不正常情况下偶尔短时间出现的场所
粉尘爆炸危险场所	10 区	在正常情况下，爆炸性粉尘和可燃纤维与空气的混合物，可能连续地、短时间频繁地出现或长时间存在的场所
	11 区	在正常情况下，爆炸性粉尘或可燃纤维与空气的混合物不能出现，仅在不正常情况下偶尔短时间出现的场所

注：正常情况是指设备的正常启动、停止，正常运行和维修；不正常情况下是指有可能发生设备故障或误操作。

6.2.3 防爆电气设备

在运行过程中，不具备引燃周围爆炸性混合物性能的电气设备称为防爆电气设备。电气设备在运行中所产生的火花、电弧或电气设备表面温度过高，都能引起爆炸性混合物的火灾和爆炸事故。因此，以安全生产为目的，必须采取一定的技术措施，使电气设备能在爆炸危险场所使用。防爆电气设备的类型有：隔爆型（d），增安型（e），本质安全型（i），正压型（p），充油型（o），充砂型（q），无火花型（n），防爆特殊型（s），粉尘防爆型。

防爆电气设备的选型原则如下。

① 防爆电气设备应根据爆炸危险区域的等级和爆炸物质的类别、级别、组别类型选用。

② 在0区只准许选用ia级本质安全型设备和其他特别为0级区域设计的电气设备（特殊型）。

③ 气体爆炸危险场所防爆电气设备的选型见表6-9。

表6-9 气体爆炸危险场所用电气设备防爆类型选型

爆炸危险区域	适用的防护型式	
	电气设备类型	符号
0区	1. 本质安全型(ia级) 2. 其他特别为0区设计的电气设备(特殊型)	ia s
1区	1. 适用于0区地防护类型 2. 隔爆型 3. 增安型 4. 本质安全型(ib级) 5. 充油型 6. 正压型 7. 充砂型 8. 其他特别为1区设计的电气设备(特殊型)	 d e ib o p q s
2区	1. 适用于0区或1区的防护类型 2. 无火花型	 n

6.2.3.1 隔爆型电气设备

即具有隔爆外壳的防爆电气设备。这种隔爆外壳，可把能点燃爆炸性混合物的部件封闭在壳内，并能承受内部爆炸性混合物的爆炸压力和阻止向周围的爆炸性混合物传播。例如隔爆型电动机、隔爆型开关、隔爆型照明灯具、矿用隔爆型高压真空配电箱等。隔爆型电气设备的防爆性能好，可用于1区和2区爆炸危险场所。

6.2.3.2 增安型电气设备

增安型电气设备是防爆电气设备的一种类型。指在正常运行条件下，不会产生点燃爆炸性混合物的火花或危险温度，并在结构上采取措施，提高其安全程度，以避免在正常和规定过载条件下出现点燃现象的电气设备。如增安型电动机、增安型照明灯具等。其增强安全的措施，通常有提高绝缘等级、增大漏电距离和电气间隙、控制工作温度、严格工艺要求等。增安型电气设备比较价廉、实用，但防爆可靠性较低。可用于1区和2区爆炸危险场所，但温升不稳定的增安型电气设备应尽量避免在1区使用。

6.2.3.3 本质安全型电气设备

本质安全型电气设备简称本安型电气设备。全部电路均为本质安全型电路的电气设备。即在正常运行或在标准试验条件下所产生的火花或热效应均不能点燃爆炸性混合物的电气设备。

按本安电路使用的场所和可能出现的故障点个数，可分为以下两个等级。

① ia级本安型电气设备。指在正常条件下。一个故障点和两个故障点时均不能点燃爆炸性混合物的电气设备，可用于0区、1区和2区爆炸危险场所。

② ib级本安型电气设备。指在正常工作和一个故障点时不能点燃爆炸性混合物的电气设备，适用于除0区以外的爆炸危险场所。

本质安全型防爆结构仅限于弱电流线路构成的电机、电器。被广泛地应用于自控仪表方面。它是安全性能最高的防爆结构，然而这种设备使用安装较复杂，必须使整个系统回路都具有本质安全性，才能保证它的防爆性能。

6.2.3.4　正压型电气设备

外壳内充有正压保护气体的防爆电气设备。保护气体采用新鲜空气或惰性气体，其充入压力应保持高于周围爆炸性混合气体的压力，一般不得低于196kPa，以避免外部爆炸性混合物进入电气设备外壳内部。其分为通气式和封入式两种类型。通气式是向外壳内部持续供给保护气体，以保持正压状态；封入式是外壳内封入的正压保护气体，泄漏很少，只需间断补充就可以持续保持正压状态。产品都装有保护装置（微压继电器），当风压或气压低于98kPa时，能及时发出警报并切断电源。这种防爆型电气设备，多为大型设备，如大功率电动机等。缺点是设备费和维持费皆较高，且一旦正压状态遭到破坏，也将失去其防爆安全性能。可用于1区和2区爆炸危险场所。

6.2.3.5　充油型电气设备

将可能产生火花、电弧或危险温度的带电部件浸在绝缘油中的电气设备。充油的目的是使之不能点燃油面以上或外壳周围的爆炸性混合物。例如防爆的油开关、充油断路器、充油变压器等固定式电气设备。可用于1区和2区爆炸危险场所，但不宜用于有振动而使油面倾斜或摇动的场所。

6.2.3.6　充砂型电气设备

外壳内充填细砂的电气设备。充砂的作用是保证在规定使用条件下，壳内产生的火花、火焰传播、壳壁或粒面的过热温度均不能点燃周围的爆炸性混合物。例如充砂型防爆熔断器等。可用于1区和2区爆炸危险场所。

6.2.3.7　无火花型电气设备

在正常运行条件下不产生电弧或火花的电气设备。这种电气设备也不能产生可以点燃周围爆炸性混合物的高温表面或灼热点，且一般也不会有点燃作用的故障。例如无火花型电动机以及晶体管和限制小功率电路能量的电阻器等。由于防爆可靠性较低，只能适应于2区爆炸危险场所。

6.2.3.8　防爆特殊型电气设备

外壳有防尘密封措施的电气设备。如使外壳结合紧固严密并加密封垫圈，以及在转动轴与轴孔间加防尘密封等方法，以防止爆炸性粉尘进入设备内部。粉尘沉积有增温引燃作用，要求设备的外壳表面光滑、无裂缝、无凹坑或沟槽，并具有足够的强度。粉尘防爆型电气设备，根据其防爆安全性能，可选用于10区或11区爆炸危险场所。

6.2.4　爆炸危险场所电气、电缆线路要求

6.2.4.1　爆炸危险场所电气线路安全要求

在爆炸危险场所内敷设的绝缘导线和电缆，其主要的安全要求如下。

① 电气线路应敷设在爆炸危险性较小的区域或距释放源较远的位置，并避开易受机械损伤、振动、腐蚀、粉尘积聚以及有危险温度的地方。

② 配线方式参照表6-10。

表6-10　爆炸危险场所的配线方式

配线方式		爆炸危险区域等级				
		0区	1区	2区	10区	11区
本质安全型电气设备的配线工程		0	0	0	0	0
低压镀锌钢管配线工程		×	0	0	×	0
电缆工程	低压电缆	×	0	0	×	0
	高压电缆	×	△	0	×	△

注：0表示适用；△表示尽量避免；×表示不适用。

③ 电缆线路除应按爆炸危险场所的危险程度和防爆电气设备的额定电压、电流选用外，还应根据使用环境的情况，具有相应的耐热性能、绝缘性能和耐腐蚀性能。

④ 低压电缆和绝缘导线，其额定电压不应低于线路的额定电压，且不得低于500V（通信电缆除外）。

⑤ 零线绝缘的额定电压应与相线相同，并应在同一护套钢管内。

⑥ 有剧烈振动地方的用电设备的线路，应采用钢芯绝缘软线或铜芯多股电缆。

⑦ 固定敷设的低压电缆或绝缘导线，其铜线芯最小截面应符合表6-11所示的数值。

表6-11 铜线芯最小允许截面

爆炸危险区域	线芯最小截面/mm^2			
	电力	控制	照明	通信
1区	2.5	1.5	1.5	0.28
2区	1.5	1.5	1.5	0.19
11区	2.5	1.5	1.5	0.28

⑧ 移动式电气设备的线路应使用橡套电缆型号YC、YCW（重型），其主芯最小截面应为2.5mm^2。

⑨ 电气线路使用的接线盒、分线盒、接头、隔离密封盒、挠性连接管等连接件，在1区和11区范围内可用隔爆型、增安型，在2区范围内可用增安型。

⑩ 架空线路严禁跨越爆炸危险场所，邻近场所时，应与其边界保持不少于1.5倍杆塔高的距离。

⑪ 电气线路应根据需要设有相应的保护装置，以便在发生过载、短路、漏电、接地、断线等情况能自动切断电源。

6.2.4.2 *爆炸危险场所电气配线方式*

在爆炸危险区域配置电气线路的方式。根据爆炸危险区域等级，电气配线方式应按表6-10选定。

6.2.4.3 *爆炸危险场所电缆线路连接方法及要求*

爆炸危险场所内电缆与电缆之间或电缆与电气设备连接的方法及要求主要如下。

① 橡胶电缆的连接，须用热补或与热补有同等效能的冷补，补后的电缆应浸水耐压试验合格后方可使用。

② 纸绝缘电缆在防爆接线盒内连接时，其接线盒灌注绝缘充填物。

③ 导电部分的连接，应采用有防松措施的螺栓固定、压接、钎焊或熔焊。

④ 电缆与电气设备的连接应按表6-12所示的要求执行。

表6-12 电缆与电气设备的连接

引入装置型式	密封方式 \ 外部配线	钢管配线工程	电缆工程			移动式电缆
			橡胶、塑料、护套电缆	铅包电缆	铠装电缆	
压盘式 压紧螺母式	密封圈式	0	0	0	0	0
压盘式	浇封式		0	0	0	

注：1. 浇封式的引入装置为放置电缆头空腔的装置。

2. 移动式电缆须采用有喇叭口的引入装置。

3. 除移动式电缆和铠装电缆外，引入口均须用带有螺纹的保护钢管与引入装置的螺母相连接。

4. “0”表示适用。

在爆炸危险区域之间或危险场所之间的电缆沟、钢管、保护管和敷管时留下的孔洞内，通常采用如下方法。

① 在两极区域交界处的电缆沟内充砂、填充阻火堵料或加防火隔墙分隔。

② 保护管口用不燃性填料进行密封。

③ 管道通过与相邻领域共用的隔墙、楼板或地坪时，将其留下的孔洞用不燃材料堵塞严密。

能力训练题

1. 电气火灾的主要原因是什么？
2. 防爆电气设备选用的要求有哪些？
3. 爆炸性气体环境电气设备选用原则有哪些？
4. 简述危险物质的分类、分级、分组。
5. 简述防爆电气设备分类及各自特点。
6. 防爆性能标志表示方法有哪些？

7 消防系统的组成

消防系统是否安全、能否可靠运行关系到国计民生，要使此系统安全可靠运行，应着重控制设计、施工、管理和监督等四大环节，认真做好各自的工作，发挥各环节的作用。

7.1 火灾的产生机理

火灾形成的过程及形成原因的研究一直是防灭火研发人员的重要依据，它是建立防灭火自动化的理论基础，是人们研发各种防灭火设施的重要依据。

7.1.1 火灾的形成条件

在时间上失去控制的燃烧所造成的火害称为火灾。具体形成过程如下。

当可燃物质处在被热源加热升温的过程中，其表面会产生挥发性气体。这便是火灾形成的开始阶段，一旦挥发性气体被点燃，就会与周围的氧气反应，由于可燃物质被充分地燃烧，从而形成光和热，即形成火焰。如果设法隔离外界供给的氧气，则不可能形成火焰。这就是说，在断氧的情况下，可燃物质不能充分燃烧而形成烟。所以烟是火灾形成的初期象征，火焰的形成，说明火灾就要发生。

烟雾是含有大量可燃气体的混合物。由于烟在燃烧时伴随火焰同时存在一种对人体等有害的产物，它是包含一氧化碳、二氧化碳、氢气、水蒸气及许多有毒气体的混合物。所以人们在叙述火灾形成过程时总要提到烟。火灾形成过程也就是火焰和烟的形成过程。

火灾形成的过程是一种放热、发光的复杂化学现象，是物质分子游离基的一种连锁反应，不能看出，存在能够燃烧的物质，又存在可供燃烧的热源及助燃的氧气或氧化剂，便构成了火灾形成的充分必要条件。

任何物质的燃烧并不是随便发生的，它必定是可燃物质、氧化剂和火源这三个基本条件同时存在并且相互作用才能发生的。人们通常用燃烧三角形来表示这三个要素。随着科学的发展，人们发现燃烧三角形能够确切表示无焰燃烧，但无法满足燃烧过程中存在未受抑制的游离基作为中间体的有效结合，所以有焰燃烧应增加一个必要条件——链式反应，这样就形成了燃烧四面体。

7.1.2 燃烧的必要条件

① 可燃物　物质被分成可燃物质、难燃物质和不可燃物质三类，可燃物质是指在火源作用下能被点燃，并且当火源移去后能继续燃烧，直到燃尽的物质。如汽油、木材、纸张等。难燃物质是在火源作用下能被点燃并阴燃，当火源移去不能继续燃烧的物质，如聚氯乙烯、酚醛塑料等，不可燃物质是在正常情况下不会被点燃的物质，如钢筋、水泥、砖、瓦、灰、砂、石等。

凡是能与空气中的氧气和其他氧化剂发生剧烈氧化反应的物质，都称为可燃物质。可燃物质的种类很多，按其物理状态不同可分为气态、液态和固态三类；一般是气体较易燃烧，其次是液体，再次是固体。按其组成不同可分为有机可燃物质和无机可燃物质两类，可燃物质较多为有机物，少数为无机物。

无机可燃物质主要包括某些金属单质，如生产中常见的铝、钠、钾、钙，以及某些非金属单质如磷、硫、碳，此外还有一氧化碳、氢气等。有机可燃物质种类繁多，大部分都含有碳氢氧元素，有些还含有少量的氮、硫、磷等。其中，碳是主要成分，其次是氢。他们在燃烧时放出大量的热量，硫和磷的燃烧产物会污染环境，对人体有害。

② 氧化剂　凡具有较强的氧化性能、能与可燃物质发生反应的物质。

氧气是最常见的一种氧化剂，由于空气中含有21%的氧气。因此，人们的生产和生活空间，普遍被这种氧化剂所包围，多数可燃物能在空气中燃烧，也就是说，燃烧的氧化剂这个条件广泛存在着。在人们工作和生活的场所，它不便被消除。此外，生产中的许多元素和物质，如氯、氟、溴、碘以及硝酸盐、氯酸盐、高锰酸钾、双氧水等，都是氧化剂。

③ 点火源　具有一定温度和热量的能源，或者说能引起可燃物质着火的能源。

生产和生活中常用的多种能源都有可能转化为点火源，例如：化学热转化为化合热、分解热、集合热、着火能、自燃热；电能转化为电阻热、电火花、电弧、感应发热、静电发热、雷击发热；机械能转化为摩擦热、压缩热、撞击热；光能转化为热能以及核能转化为热能。同时，这些能源的能量转化可能形成各种高温表面。如灯泡、汽车排气管、暖气管、烟囱等，还有自然界存在的地热、火山爆发等。几种点火源的温度见表7-1。

表7-1　几种点火源的温度

点火源名称	火源温度/℃	点火源名称	火源温度/℃
烟头表面	250	烟头中心	700～800
火柴焰	500～650	煤油灯焰	700～900
植物油灯焰	500～700	煤炉火焰	1000
烟囱飞火	600	酒精灯焰	1180
生石灰与水反应	600～700	气体灯焰	1600～2100
汽车排气管火星	600～800	机械火星	1200
蜡烛焰	640～940	焊割火星	2000～3000

④ 链式反应　可燃物受热时，它不仅会汽化，而且可燃物的分子还会发生热裂解作用，能与其他的游离基及分子发生反应，从而使燃烧持续下去。

7.1.3　燃烧的充分条件

（1）一定的可燃物浓度

燃烧都需要介质。可燃气体或蒸气只有达到一定浓度才会发生燃烧，若不能达到燃烧所需的浓度，即使有足够的氧气和和点火能，仍不能发生燃烧。

（2）一定的氧含量

各种不同的可燃物发生燃烧，均有本身固定的最低含氧量需求。几种可燃物燃烧所需要的最低含氧量见表7-2。低于这一浓度，虽然燃烧的其他条件具备，但燃烧仍不能发生。例如，氢气的浓度低于4%时，便不能点燃，煤油在20℃时，接触明火也不会燃烧，这是因为在此温度下，煤油蒸气的数量还没有达到燃烧所需浓度。

表7-2　几种可燃物燃烧所需要的最低含氧量

可燃物名称	最低含氧量/%	可燃物名称	最低含氧量/%
乙炔	3.7	乙醚	12.0
氢气	5.9	丙酮	13.0
大量棉花	8.0	汽油	14.4
黄磷	10.0	乙醇	15.0
二硫化碳	10.0	煤油	15.0
橡胶屑	12.0	蜡烛	16.0

(3) 一定的点火能量

各种不同的可燃物发生燃烧，均有本身固定的最小点火能量需求。达到这一强度的要求时才会引发燃烧反应，否则燃烧便不会发生。某些可燃物的最小点火能量见表7-3。

表 7-3 某些可燃物的最小点火能量

物质名称	最小点火能量/mJ	物质名称	最小点火能量/mJ	
			粉尘云	粉尘
氢(28%～30%)	0.019	铝粉	10	1.6
乙炔	0.019	苯酚树脂	10	40
乙醚(5.1%)	0.19	聚苯乙烯	15	
汽油(0.2%)	0.2	硫黄	15	1.6
甲醇(2.3%)	0.215	合成醇酸树脂	20	80
呋喃(4.4%)	0.23	沥青	20	6
丙烷(5%～5.5%)	0.26	聚乙烯	30	
甲烷(8.5%)	0.28	砂糖	30	
苯(2.7%)	0.55	钠	45	0.004
醋酸乙烯(4.5%)	0.7	硼	60	
丙酮(2.3%)	1.2	肥皂	60	3.84
甲苯(4.5 %)	2.5			

(4) 相互作用

对于无烟燃烧，以上三个条件同时存在和相互作用，燃烧就会发生。对于有焰燃烧，除以上三个条件外，燃烧过程中还要存在未受抑制的游离基，以形成链式反应，使燃烧能够持续下去。

7.1.4 燃烧产物及危害

火灾所产生的高温、烟尘、毒气是火灾造成人员伤亡、财产损失、建筑坍塌、环境污染的重要原因，因此，分析和控制燃烧产物能有效地较少火灾的危害。燃烧的特征如图7-1所示。

7.1.4.1 *燃烧产物的成分取决于可燃物的化学组成和燃烧条件*

大部分的可燃物都是有机化合物，碳和氢是构成它们的主要元素，还可能含有氧、硫、磷、氮等元素。在空气中燃烧，除可以生成上述完全燃烧产物外，如果空气不足或温度较低，还会生成一氧化碳、醛、酮、醇、醚、羧酸等不完全燃烧产物，这些不完全燃烧产物都有继续燃烧或爆炸的危险。旧式的建筑结构中，木材是主要的可燃物质。但在近代建筑中，除了一些室内家具和门窗采用木质材料外，其余大量的装修、家具和用品，则采用高分子合成材料，如塑料贴面、钙塑板吊顶、聚苯乙烯泡沫塑料保温材料、尼龙地毯、环氧树脂绝缘层、化纤制的家具、沙发和床上用品等。这些高分子合成材料的燃烧和热解产物比单一的木质材料要复杂得多，其燃烧产物也相对复杂。

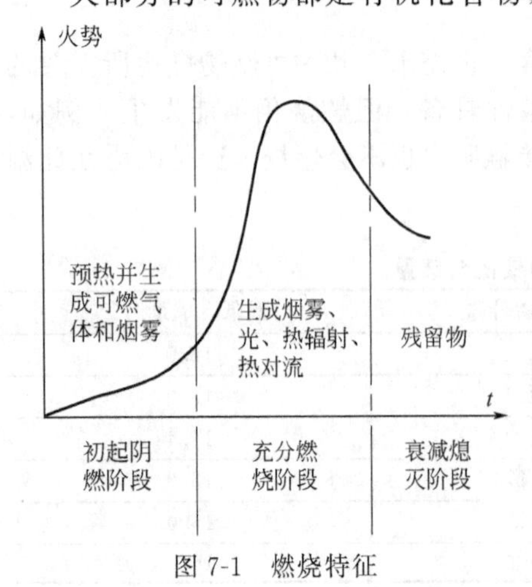

图 7-1 燃烧特征

火灾在发生、发展和熄灭各阶段中所生成的气体是不同的，在火灾扑救过程中，由于采取不同的措施和灭火剂，也相应产生一些不同的气体。一般情况下采用水流扑救时，只产生大量的水蒸气。但如果燃烧物质本身与灭火剂能起化学反应时，就会产生一些其他有害物质。严重时会造成人员中毒伤亡事故。

7.1.4.2 热解和燃烧所生成的悬浮微粒

烟气中飘浮的热解和燃烧所生成的悬浮微粒，称为烟粒子。这些微粒通常有游离碳（炭黑）、焦油类粒子和高沸点物质的凝缩液滴等。由于烟粒子的性质不同，所以在火灾发展的不同阶段，烟气的颜色亦不同。在起火之前的阴燃阶段，由于干馏热分解，主要产生的是一些高沸点物质的凝缩液滴粒子，烟色常呈白色或青白色；而在起火阶段，主要产生的是炭黑粒子，使烟色呈黑色，形成滚滚黑烟。

7.1.4.3 剩余空气

在燃烧过程中，没有参与燃烧反应的空气称为剩余空气或过剩空气。着火房间的燃烧过程往往是在氧气不足的情况下进行的。如果由于某种因素而改善其供氧条件，火势就会扩大。所以，保安人员在扑救火灾过程中，要注意控制供氧甚至隔绝空气。因为着火房间内产生的烟气在一般情况下并没有剩余空气。但是，一旦门窗玻璃或房门打开，大量空气涌进着火房间时，就会存在剩余空气，所以火灾扑救不当会扩大火势蔓延。

7.2 火灾自动报警系统的形成和发展

1847 年美国牙科医生 Channing 和缅甸大学教授 Farmer 研究出世界上第一台城镇火灾报警发送装置，拉开了人类开发火灾自动报警系统的序幕。此阶段主要是感温探测器。20 世纪 40 年代末期，瑞士年轻的科学家 Walter Jaeger 研究发明了离子感烟探测器。70 年代末期，光电感光探测器问世，80 年代随着电子技术、计算机应用及火灾自动报警技术的不断发展，各种类型的探测器在不断地形成，探测报警技术也在不断提高、完善。

20 世纪 70 年代以前火灾自动报警系统是多线制开关量式，其特点是成本低、简单；缺点是它以一个不变的灵敏度来面对不同使用场所、不同使用环境的变化，无法排除环境和其他干扰因素。灵敏度过低，就会使报警不及时或漏报；灵敏度过高，又会形成误报。探测器的内部元件失效或漂移现象等因素，也会发生误报。另外，其性能差、功能少，无法满足发展需要。

20 世纪 80 年代初，总线制可寻址开关量式火灾探测器报警系统形成。其特点是：省钱、省工；所有的探测器均并联到总线上，每只探测器设置一地址编码，使用多路传输的数据传输法，还可连接带地址码模块的手动报警按钮、水流指示器及其他中继器等；增设了可现场编程的键盘、系统自检和复位功能、火灾地址和时钟记忆与显示功能、故障显示功能、探测点开路、短路时隔离功能，准确地确定火情部位，增强了火灾探测或判断火灾发生的能力等，但对火灾的判断和处置无大改进。

20 世纪 80 年代后期，模拟量传输式火灾报警系统出现。其特点是：在探测处理方法上做了改进，即把探测器的模拟信号不断地送到控制器去评估或判断，控制器用适当的算法辨别虚假或真实火灾及其发展程度或探测器受污染的状态。可以把模拟量探测器看做一个传感器，通过一个串联发讯装置，不仅能提供探测器位置信号，还能将火灾敏感现象参数（如烟雾浓度、温度等）以模拟值（一个真实的模拟信号或者等效的数字编码信号）传送给控制器，对火警的判断和发送由控制器决定，报警方式有多火灾参数复合式、分级报警式和响应阈值自动浮动式等。还能降低误报，提高系统的可靠性。

随着科学技术的发展，多功能智能火灾自动报警系统，即分布智能火灾报警系统也问世了。其探测器具有智能，相当于人的感觉器官，可对火灾信号进行分析和智能处理，做出恰当的判断，然后将这些判断信息传给控制器，控制器相当于人的大脑，既能接收探测器送来的信息，也能对探测器的运行状态进行监视和控制。由于探测器和控制部分的双重智能处理，使系统运行能力大大提高。

20世纪90年代，无线火灾自动报警系统、空气样本分析系统和早期可视烟雾探测火灾报警系统也研制成功。无线式火灾自动报警系统由传感器、发射器、中继器以及控制中心三大部分组成。以无线电波为传播媒体，探测部分与发射机合成一体，由高能电池供电，每个中继器只接收自己组内的传感发射机信号。当中继器接到组内某传感器的信号时，进行地址对照，一致时判读接收数据，并由中继器将信息传给控制中心，控制中心还应显示信号。此系统优点是：节省布线费时、安装开通容易；适用于不宜布线的楼宇、工厂、仓库等，也适于改造工程。空气样本分析系统中采用高灵敏吸气式感烟探测器，主要抽取空气样本并进行烟粒子探测，还采用了特殊设计的检测室、高强度的光源和高灵敏度的光接收器件，使感烟灵敏度增加了几百倍。这一阶段还相继产生了光纤温度探测报警系统和载波系统等。早期可视烟雾探测火灾报警系统是利用计算机对标准摄像机提供的图像进行分析，采用先进的图像处理技术，加之广角探测和已知的误报现象算法，自动识别烟雾的特定方式，并提醒操作人员在最短时间内到达现场。火灾产品不断更新换代，使火灾报警系统发生了一次次革命，为及时而准确地报警提供了重要保障。

7.2.1 被保护对象的分级

7.2.1.1 保护对象级别的确定

火灾自动报警系统的基本保护对象是工业与民用建筑和场所。不同保护对象的使用性质、火灾危险性、疏散扑救难度等也不同。要根据不同情况和火灾自动报警系统设计的特点与实际需要，有针对性地采取相应的防护措施。国家标准《火灾自动报警系统设计规范》（GB 50116—2008）明确规定："火灾自动报警系统的保护对象应根据其使用性质、火灾危险性、疏散和扑救难度等分为特级、一级和二级，并应符合表7-4的规定"。

表7-4 火灾自动报警系统保护对象分级

<table>
<tr><th>级别</th><th colspan="2">保护对象</th></tr>
<tr><td>特级</td><td colspan="2">建筑高度超过100m的高层民用建筑</td></tr>
<tr><td rowspan="4">一级</td><td>建筑高度不超过100m的高层民用建筑</td><td>1. 一类建筑
2. 高层停车库</td></tr>
<tr><td>建筑高度不超过24m的民用建筑及建筑高度超过24m的单层公共建筑</td><td>1. 200床位及以上的病房楼、每层建筑面积1000m² 及以上的门诊楼
2. 每层建筑面积超过3000m² 的百货楼、商场、展览楼、高级旅馆、财贸金融楼、电信楼、高级办公楼
3. 藏书超过100万册的图书馆、书库
4. 超过3000座位的体育馆
5. 重要的科研楼、资料档案楼
6. 省级(含计划单列市)的邮政楼、广播电视楼、电力调度楼、防灾指挥高度楼
7. 重点文物保护场所
8. 大型以上的影剧院、会堂、礼堂</td></tr>
<tr><td>工业建筑</td><td>1. 甲、乙类生产厂房
2. 甲、乙类物品库房
3. 占地面积或总建筑面积超过1000m² 的丙类物品库房
4. 总建筑面积超过1000m² 的地下丙、丁类生产车间及物品库房</td></tr>
<tr><td>地下民用建筑</td><td>1. 地下铁道、车站
2. 地下电影院、礼堂
3. 使用面积超过1000m² 的地下商场、医院、旅馆、展览厅及其他商业或公共活动场所
4. 重要的实验室、图书、资料、档案库</td></tr>
</table>

续表

级别	保护对象	
特级	建筑高度超过 100m 的高层民用建筑	
二级	建筑高度不超过100m 的高层民用建筑	二类建筑
	建筑高度不超过24m 的民用建筑	1. 设有空气调节系统或每层建筑面积超过 2000m² 但不超过 3000m² 的商业楼、财贸金融楼、电信楼、展览楼、旅馆、办公楼；车站，海、河、航空港等公共建筑及其他商业或公共活动场所 2. 市、县级的邮政楼、广播电视楼、电力高度楼、防火指挥调度楼 3. 中型以下的影剧院 4. 高级住宅 5. 图书馆、书库档案楼
	工业建筑	1. 丙类生产厂房 2. 面积大于 50m²，但不超过 1000m² 的丙类物品库房 3. 总建筑面积大于 50m²，但不超过 1000m² 的地下丙、丁类生产车间及地下物品库房
	地下民用建筑	1. 长度超过 500m 的城市隧道 2. 使用面积不超过 1000m² 的地下商场、医院、旅馆、展览厅及其他商业公共活动场所

按《高层民用建筑设计防火规划》GB 50045—1995（2005 版）的规定，高层建筑应根据其使用性质、火灾危险性、疏散和扑救难度等进行分类。并宜符合表 7-5 的规定。

表 7-5　高层建筑分类

名称	一　类	二　类
居住建筑	高级住宅 19 层及 19 层以上的普通住宅	10 层至 18 层的普通住宅
公共建筑	1. 医院 2. 高级旅馆 3. 建筑高度超过 50m 或每层建筑面积超过 1000m² 的商业楼、展览楼、综合楼、电信楼、财贸楼、金融楼 4. 建筑高度超过 50m 或每层建筑面积超过 1500m² 的商住楼 5. 中央级和省级（含计划单列市）电力高度楼 6. 藏书超过 100 万册的图书馆、书库 7. 重要的办公楼、科研楼、档案楼 8. 建筑高度超过 50m 的教学楼和普通的旅馆、办公楼、科研楼、档案楼等	1. 除一类建筑以外的商业楼、展览楼、综合楼、电信楼、财贸金融楼、商住楼、图书馆、书库 2. 省级以下邮政楼、防灾指挥调度楼、广播电视楼、电力调度楼 3. 建筑高度不超过 50m 的教学楼和普通的旅馆、办公楼、科研楼、档案楼等

按《建筑设计防火规范》(GB 50016—2006) 的规定，厂房生产的火灾危险性可按表 7-6 分为 5 类。

表 7-6　厂房生产火灾危险性分类

生产类别	火灾危险性特征
甲	使用或产生下列物质的生产： 1. 闪点＜28℃ 2. 爆炸下限＜10％的气体 3. 常温下受到水或空气中水蒸气的作用，能产生可燃气体并引起燃烧或爆炸的物质 4. 受到水或空气中蒸汽的作用，能产生可燃气体并引起燃烧或爆炸的物质 5. 遇酸、受热、撞击、摩擦、催化以及遇有机物或硫酸等易燃的无机物，极易引起燃烧或爆炸的强氧化剂 6. 受撞击、摩擦或与氧化剂、有机物接触时能引起燃烧或爆炸的物质 7. 在密闭设备内操作温度等于或超过物质本身自燃的生产

续表

生产类别	火灾危险性特征
乙	使用或产生下列物质的生产： 1. 28℃≤闪点＜60℃的液体 2. 爆炸下限≥10％的气体 3. 不属于甲类的氧化剂 4. 不属于甲类的化学易燃危险固体 5. 助燃气体 6. 能与空气形成爆炸性混合物的浮游状态的粉尘、纤维、闪点≥60℃的液体雾滴
丙	使用或产生下列物质的生产： 1. 闪点≥60℃的液体 2. 可燃固体
丁	具有下列情况的生产： 1. 对非燃物质进行加工，并在高热或熔化状态下经常产生强辐射热、火花或火焰的生产 2. 利用气体、液体、固体作为燃料或将气体、液体进行燃烧作其他用的各种生产 3. 常温下使用或加工难燃物质的生产
戊	常温下使用或加工非燃烧物质的生产

《建筑设计防火规范》(GB 50016—2006）也对仓库储存物品的火灾危险性进行了分类，见表 7-7。

表 7-7　仓库储存物品的火灾危险性分类

储存物品类别	火灾危险性的特征
甲	1. 闪点＜28℃的液体 2. 爆炸下限＜10％的气体，以及受到水或空气中水蒸气的作用，能产生爆炸下限＜10％气体的固体物质 3. 常温下能自行分解或在空气中氧化即能导致迅速自燃或爆炸的物质 4. 常温下受到水或空气中水蒸气的作用，能产生可燃气体并引起燃烧或爆炸的物质 5. 遇酸、受热、撞击、摩擦以及遇有机物或硫酸等易燃的无机物，极易引起燃烧或爆炸的物质 6. 受到撞击、摩擦或与氧化剂、有机物接触时能引起燃烧或爆炸的物质
乙	1. 28℃≤闪点＜60℃的液体 2. 爆炸下限≥10％的气体 3. 不属于甲类的氧化剂 4. 不属于甲类的化学易燃危险固体 5. 助燃气体 6. 常温下与空气接触能缓慢氧化，积热不散引起助燃的物品
丙	1. 闪点≥60℃的液体 2. 可燃固体
丁	难燃烧物品
戊	非燃烧物品

特级、一级和二级保护对象的举例说明如下。

特级：建筑高度超过 100m 的高层民用建筑。

一级：建筑高度＜100m 的高层民用建筑（一类建筑）；

建筑高度＞24m 的民用建筑；

建筑高度＜24m，重要用途的建筑，如电信楼，财贸金融，重点文物；

工业厂房＞1000m^2；

地下民用的地铁、车站，大于 1000m^2 的商场、旅馆。

二级：建筑高度＜100m 的高层民用建筑（二类建筑）；

建筑高度<24m 的民用建筑（县市一级）；

工业厂房<1000m²；

地下民用的商场、旅馆<1000m²。

7.2.1.2 防烟防火分区和报警区域、探测区域的划分

（1）防火和防烟分区

高层建筑内应采用防火墙等划分防火分区，每个防火分区的允许最大建筑面积不应超过表7-8的规定。

表 7-8 每个防火分区的允许最大建筑面积

建筑类别	每个防火分区的允许最大建筑面积/m²	建筑类别	每个防火分区的允许最大建筑面积/m²
一类建筑	1000	地下室	500
二类建筑	1500		

注：1. 设有自动灭火系统的防火分区，其允许最大建筑面积可按本表增加 1 倍；当局部设置自动灭火系统时，增加面积可按局部面积的 1 倍计算。

2. 一类建筑的电信楼，其防火分区的允许最大建筑面积可按本表增加 50%。

高层建筑内的商业营业厅、展览厅等，当设有火灾自动报警系统和自动灭火系统，且采用不燃烧或难燃烧材料装修时，地上部分防火分区的允许最大建筑面积为 4000m²，地下部分防火分区的允许最大建筑面积为 2000m²。

当高层建筑与其裙房之间设有防火墙等防火分隔设施时，其裙房的防火分区的允许最大建筑面积不应大于 2500m²；当设有自动喷水灭火系统时，防火分区的允许最大建筑面积可增加1倍。

高层建筑内设有上下层相连通的走廊、敞开楼梯、自动扶梯、传送带等开口部位时，应按上下连通层作为一个防火分区，其允许最大建筑面积之和不应超过建筑防火规范的规定。当上下开口部位设有耐火极限大于 3h 的防火卷帘或水幕等分隔设施时，其面积可不叠加计算。

高层建筑中庭防火分区面积应按上、下连通的面积叠加计算，当超过一个防火分区的允许最大建筑面积时，应符合下列规定。

① 房间与中庭回廊相通的门、窗，应设自动关闭的乙级防火门、窗。

② 与中庭相通的过厅、通道等，应设乙级防火门或耐火极限大于 3h 的防火卷帘分隔。

③ 中庭每层回廊应设自动喷水灭火系统。

防烟分区的划分应符合下列规定。

① 设置排烟设施的走道、净高不超过 6m 的房间，应采用挡烟垂壁、隔墙或从顶棚下突出不小于 0.5m 的梁来划分防烟分区。

② 每个防烟分区的建筑面积不应超过 500m²，且防烟分区不应跨越防火分区。

（2）报警区域的划分

报警区域是将火灾自动报警系统的警戒范围按防火分区或楼层划分的单元。

在系统设计中，在报警区域的划分中既可将一个防火分区划分为一个报警区域，也可以将同层相邻的几个防火分区划为一个报警区域，但这种情况下，报警区域不得跨越楼层。

一般情况下，一个报警区域设一台区域报警控制器。当用一台区域警戒数个楼层时，应在每层各主要楼梯口处明显部位装设识别楼层的声光显示器。

区控的容量应不小于报警区域内探测器部位的总数。采用总线制时，每只探测器都有自己独立的编制，有时区域内几只探测器可按探测器组编成同一个报警部位号。报警部位号的编号应做到有规律，便于操作人员识别，以达到迅速断定着火地点或范围的目的。

合理正确划分报警区域，能在火灾初期及早发现火灾发生的部位，尽快扑灭火灾。

(3) 探测区域的划分

探测区域是将报警区域按探测火灾的部位划分的单元。探测出被保护区内发生火灾的部位，需将被保护区按顺序划分成若干探测区域。

探测区域可以是一只探测器所保护的区域，也可以是几只探测器共同保护的区域。但一个探测区域在区控器上只能占有一个报警部位号。探测区域的划分应符合下列规定。

① 探测区域应按独立房（套）间划分。一个探测区域的面积不宜超过 $500m^2$。从主要出入口能看清其内部，且面积不超过 $1000m^2$ 房间，也可划为一个探测区域。

② 符合下列条件之一的二级保护对象，也可划为一个探测区域。

a. 相邻房间不超过 5 个，总面积不超过 $400m^2$ 房间，并在每个门口设有灯光显示装置。

b. 相邻房间不超过 10 个，总面积不超过 $1000m^2$ 房间，在每个房间门口均能看清其内部，并在每个门口设有灯光显示装置。

③ 下列场所应分别单独划分探测区域。

a. 敞开、封闭楼梯间。

b. 防烟楼梯间前室、消防电梯前室、消防电梯与防烟楼梯间合用前室。

c. 走道、坡道、管道井、电缆隧道。

d. 建筑物门顶、夹层。

7.2.2 建筑火灾过程与消防

建筑火灾是指建筑内某一空间燃烧起火，进而发展到某些防火分区或整个高层建筑的火灾。在某一防火分区或建筑空间，可燃物在刚刚着火、火源范围很小时，由于建筑空间相对于火源来说，一般都比较大，空气供应充足。所以，燃烧状况与开敞的空间基本相同。随着火源范围的扩大，火焰在最初着火的可燃物上燃烧，或者阴燃附近的可燃物，当防火分区的墙壁、屋顶等开始影响燃烧的继续发展时，一般说来，就完成了一个发展阶段，即火灾初期。建筑防火分区火灾一般可分为三个时间区间，即火灾初期、旺盛期和衰减期，发展过程如图 7-2 所示。

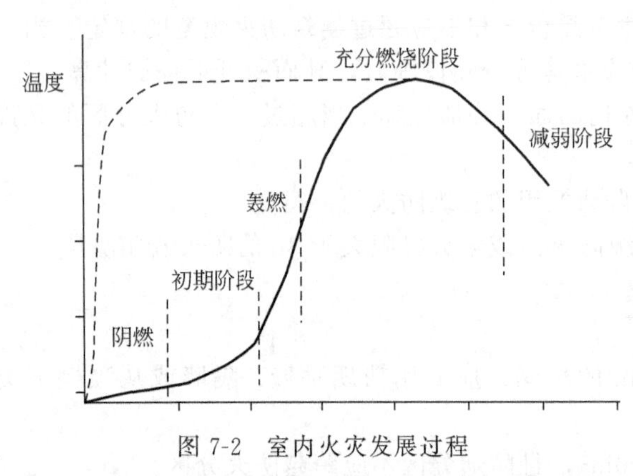

图 7-2 室内火灾发展过程

7.2.2.1 初期火灾（轰燃前期）

防火分区内的可燃物，因某种原因被引起燃烧，一边消耗分区内的氧气，一边扩大燃烧范围。若燃烧范围进一步扩大，火灾温度就会急剧上升，并发生轰燃。一般把火灾由初期转变为全面燃烧的瞬间，称为轰燃。在火灾的初起阶段，虽然火灾分区的平均温度低，但在燃烧区域及其周围的温度较高。在局部火焰高温的作用下，使得附近可燃物受热分解、燃烧，火灾规模扩大，并导致火灾分区全面燃烧，轰燃经历的时间短暂，它的出现，标志着火灾由初期进入旺盛期，火灾分区内的平均温度急剧上升。

当火灾分区的局部燃烧形成之后，由于受可燃物的燃烧性能、分布状况、通风状况、起火点位置、散热条件等的影响，燃烧发展一般比较缓慢，并会出现下述情况之一。

① 当最初着火物与其他可燃物隔离放置时，着火源燃尽，而并未延及其他可燃物，导致燃烧熄灭。此时，只有火警而未成灾。

② 在耐火结构建筑内，若门窗密闭，通风不足时，燃烧可能自行熄灭；或者受微弱通风

量的限制，火灾以缓慢的速度燃烧。

③ 当可燃物与通风条件良好时，火灾能够发展到整个分区，出现轰燃现象，使分区内的所有可燃物表面都出现有焰燃烧。

初期火灾时，着火分区的平均温度低，而且燃烧速度较低，对建筑结构的破坏也比较低。初期火灾的持续时间，即火灾轰燃之前的时间，对建筑物内人员的疏散、重要物资的抢救以及火灾扑救，都具有重要意义。若建筑火灾经过诱发成长，一旦达到轰燃，则该分区内未逃离火场的人员，生命将受到威胁。

在评价某一分区的火灾危险性时，轰燃之前的时间是一个重要因素。这段时间延缓得越长，甚至会出现窒息灭火，有"火警"而无火灾的结果。从灭火角度来看，火灾初期燃烧面积小，只用少量水就可以把火扑灭，因而是扑救火灾的最好时机。为了及早发现并及时扑灭初期火灾，对于重要的建筑物，最好能够安装自动火灾报警和自动灭火设备。

7.2.2.2　旺盛期火灾（轰燃期和轰燃后期）

轰燃是建筑火灾发展过程中的特有现象，是指房间内的局部燃烧向全室性火灾过渡的现象。

轰燃后，空气从破损的门窗进入起火分区，使分区内产生的可燃气体与未完全燃烧的可燃气体一起燃烧。此后，火灾温度随时间的延长而持续上升，在可燃物即将烧尽时达到最高。

室内火灾经过轰燃后，整个房间立即被火焰包围，室内可燃物的外露表面全部燃烧起来。由于轰燃之际，门、窗玻璃已经破坏，为火灾提供了比较稳定的、充分的通风条件，所以，在此阶段的燃烧将发展到最大值，并且可产生高达1100℃左右的高温。在此高温下，房间的顶棚及墙壁的表面抹灰层发生剥落，混凝土预制楼板、梁、柱等构件也会发生爆裂剥落的破坏现象，在高温热应力作用下，甚至发生断裂破坏。在此阶段，铝制品的窗框被熔化，钢窗整体向内弯曲，无水幕保护的防火卷帘也向加热一侧弯曲。火灾旺盛期随着可燃物的消耗，其分解产物逐渐减少，火势逐渐衰减。室内靠近顶棚处能见度渐渐提高；只有地板上堆集的残留可燃物，如大截面木材、堆放的书籍、棉制品等，还将持续燃烧。

7.2.2.3　衰减期（熄灭期）

经过火灾旺盛期之后，火灾分区内可燃物大都被烧尽，火灾温度渐渐降低，直至熄灭，一般把火灾温度降低到最高值的80%作为火灾旺盛期与衰减期的分界。这一阶段虽然有焰燃烧停止，但火场的余热还能维持一段时间的高温。衰减期温度下降速度是比较慢的。

建筑物发生火灾后人们一定会采取多种消防行动来抗御火灾，这些行动或多或少会影响火灾的发展，从而使有些火灾在初期即被扑灭，或者不会达到充分发展阶段（旺盛期），采取的消防行动越及时、越合理，越有助于保护建筑物内人员与财产的安全，并使建筑本身少受损失。各种消防对策对于控制和扑救火灾都有着重要的作用，它们分别以不同的方式，在火灾的不同阶段，对火灾的发展进程产生影响。例如在火灾早期启动喷水灭火，对控制室内温度的升高很有效，于是室内可能不会出现轰燃阶段，并且火灾也会较快地熄灭。

7.2.3　建筑防火的基本理论

在建筑火灾中，各种防治火灾对策的应用都应当参照火灾的发生发展过程加以考虑，控制起火是防止或减少火灾损失的第一个关键环节，为此应当了解各类可燃材料的着火性能，将其控制在危险范围之外。在防火设计过程中，不仅需要严格控制建筑物内的火灾荷载密度，而且必须重视材料的合理选用，对那些容易着火的场所或部位采用难燃材料或不燃材料。而通过阻燃技术改变某些可燃或易燃材料的燃烧性能也是一种基本的阻燃手段，控制起火的时间如图7-3所示。

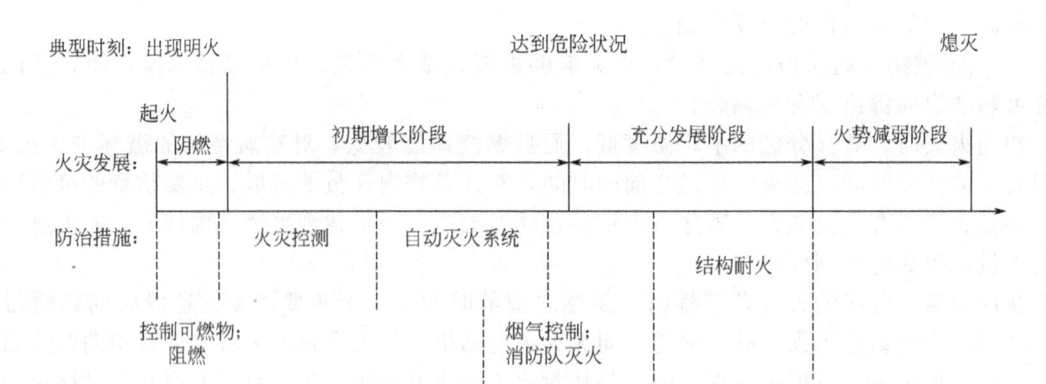

图 7-3　控制起火的时间

防灭火自动化系统是防治火灾的另一重要环节。该系统可在火灾初期发挥作用。在发生火灾的早期，准确地探测到火情并迅速报警，不仅可为人员的安全疏散提供宝贵的报警信息，而且可通过联动以启动有关的消防设施来扑灭或控制早期火灾。自动喷火灭火系统是一种当前广泛应用的自动灭火设施，它可及时将火灾扑灭在早期或将火灾的影响控制在限定的范围内，并能有效地保护室内的某些设施免受损坏。对于某些使用功能或存储物品比较特殊的场合，还应根据具体的情况选择其他适用的灭火系统。

对于大型建筑、高层建筑和地下建筑等现代建筑来说，使用自动消防系统对控制火灾的增长具有特别重要的意义。这些建筑中往往都有较大的火灾荷载，且火灾发展迅速，单纯依靠外来消防队扑灭火灾，往往会延误时机，加强建筑物的火灾自防救助能力已成为现代消防的基本理念。自动火灾探测和灭火系统是实现这种功能的两种基本手段。由于火灾的类型不同，扑灭火灾的具体技术也有较大的差别。在一些特定的场合应当选用与该场合相适应的灭火系统。

在建筑火灾中，防止烟气的蔓延是一个极为重要的问题，主要是因为烟气可对楼内人员的安全构成严重的威胁。因此，必须在烟气达到对人员构成危险之前就将他们撤离到安全地带。有效控制烟气的蔓延还是迅速灭火的基本条件，对于保护财产也具有重要的意义。建筑物内的许多设施受到烟熏后，它们的工作性能也会受到极大的影响，例如电子仪器、通信设备、生化材料等。

许多建筑火灾经常可以发展到轰燃阶段，在这种情况下保住建筑物整体结构的安全便成了火灾防治的主要目标，为此应当保证建筑物的构件具有足够强的耐火性能，认真核算相关构件的耐火极限是防火安全工程的又一重要方面。

建立良好的消防监控中心或通信指挥中心是实现多种消防技术综合集成的关键一环，缺乏强有力的统一管理和控制，难以保证各类消防系统的有效协同运作。此外，消防队接到报警后的快速反应也具有重要的意义，对于轰燃后的大火，一般需要专业的消防队来扑救。他们到达火场的时间越快，就越有利于控制火灾。因此，加强消防通信和指挥系统、提高消防队伍的快速反应能力是增强城市防火安全的重要方面。

7.2.4　建筑防火的综合措施

防火对策可分为两类，一类是“积极”防火对策，即采用预防起火、早期发现（如设火灾探测报警系统）、初期灭火（如设自动喷水灭火系统）等设施，尽可能做到不失火成灾。采用这类防火对策为重点进行防火，可以减少火灾发生的次数，但却不能排除遭受重大火灾的可能性。另一类是“消极”防火对策，即采用以耐火构件划分防火分区、提高建筑结构耐火性能、设置防排烟系统、设置安全疏散楼梯等措施，尽量不使火势扩大并疏散人员和财物。以“消极”防火对策为重点进行防火，虽然会发生火灾，但却可以减少发生重大火灾的概率。

“消极”防火对策和“积极”防火对策的目的是一致的，都是为了减轻火灾损失，保证人员的生命安全。

现行《建筑设计防火规范》(GB 50016—2008）和《高层民用建筑设计防火规范》[GB 50045—1995（2005版)] 等规范规定了建筑设计防火应采用的技术措施，其按工种概括起来有以下四大方面。

7.2.4.1 建筑防火

建筑设计防火的主要内容如下。

① 总平面防火。它要求在总平面设计中，应根据建筑物的使用性质、火灾危险性、地形和风向等因素，进行合理布局，尽量避免建筑物相互间构成火灾威胁和发生火灾爆炸后可能造成的严重后果，并且为消防车顺利扑救火灾提供条件。

② 建筑物耐火等级。划分建筑物耐火等级是建筑设计防火规范中规定的防火技术措施中最基本的措施。它要求建筑物在火灾高温的持续作用下，墙、柱、梁、楼板、屋盖、吊顶等基本建筑构件，能在一定的时间内不破坏，不传播火灾，从而起到延缓和阻止火灾蔓延的作用，并为人员疏散、抢救物资和扑灭火灾以及为火灾后结构修复创造条件。

③ 防火分区和防火间隔。在建筑物中采用耐火性较好的分隔构件将建筑物空间分隔成若干区域，一旦某一区域起火，则会把火灾控制在这一局部区域之中，防止火灾扩大蔓延。

④ 防烟分区。对于某些建筑物需用挡烟构件（挡烟梁、挡烟垂壁、隔墙）划分防烟分区，将烟气控制在一定范围内，以便用排烟设施将其排出，保证人员安全疏散和便于消防扑救工作顺利进行。

⑤ 室内装修防火。在防火设计中应根据建筑物性质、规模，对建筑物的不同装修部位，采用相应燃烧性能的装修材料。要求室内装修材料尽量做到不燃或难燃，减少火灾发生和降低蔓延速度。

⑥ 安全疏散。建筑物发生火灾时，为避免建筑物内人员由于火烧、烟熏中毒和房屋倒塌而受到伤害，必须尽快撤离；室内的财物也要尽快抢救出来，以减少火灾损失。为此要求建筑物应有完善的安全疏散设施，为安全疏散创造良好条件。

⑦ 工业建筑防爆。在一些工业建筑中，使用和生产的可燃气体、可燃蒸气、可燃粉尘等物质能够与空气形成爆炸危险性的混合物，遇到火源就能引起爆炸。这种爆炸能够在瞬间以机械功的形式释放出巨大的能量，使建筑物、生产设备遭到毁坏，造成人员伤亡。对于上述有爆炸危险的工业建筑，为了防止爆炸事故的发生，减少爆炸事故造成的损失，要从建筑平面与空间布置、建筑构造和建筑设施方面采取防火防爆措施。

7.2.4.2 消防给水、灭火系统

其设计主要内容包括：室内消防给水系统、室内消火栓给水系统、闭式自动喷水灭火系统、雨淋喷水灭火系统、水幕系统、水喷雾消防系统以及二氧化碳灭火系统、卤代烷灭火系统等。要求根据建筑的性质、具体情况，合理设置上述各种系统，做好各个系统的设计计算，合理选用系统的设备、配件等。

7.2.4.3 采暖通风和空调系统防火、防排烟系统

采暖通风和空调系统防火设计应按规范要求选好设备的类型，布置好各种设备和配件，做好防火构造处理等。在设计防排烟系统时要根据建筑物性质、使用功能、规模等确定好设置范围，合理采用防排烟方式，划分防烟分区，做好系统设计计算，合理选用设备类型等。防排烟的作用有以下三个方面。

① 为安全疏散创造有利条件。防排烟设计与安全疏散和消防扑救关系密切，是综合防火

设计的一个组成部分，在进行建筑平面布置和室内装修材料以及防排烟方式的选择时，应综合加以考虑。火灾统计和实验表明：凡设有完善的防排烟设施和自动喷水灭火系统的建筑，一般都能为安全疏散创造有利条件。

② 为消防补救创造有利条件。火场实际情况表明，如消防人员在建筑物处于熏烧阶段、房间充满烟雾的情况下进入火场区，由于浓烟和热气的作用，往往使消防人员睁不开眼，呛得透不过气，看不清着火区的情况，从而不能迅速准确的找到着火点，大大影响灭火战斗力。如果采取有效的放、排烟措施，则情况就有很大不同，消防人员进入火场时，火场区的情况看得比较清楚，可以迅速而准确地确定起火点，判断出火势蔓延的方向，及时扑救，最大限度地减少损失。

③ 可控制火势的蔓延扩大。试验情况表明，有效的防烟分隔及完善的排烟设施不但能排除火灾时产生的大量烟气，又能排除火灾中70％～80％的热量，起到控制火势蔓延的作用。

7.2.4.4 电气防火、火灾自动报警控制系统

设计要求是根据建筑物的性质，合理确定消防供电级别，做好消防电源、配电线路设备的防火设计，做好火灾事故照明和疏散指示标志设计，采用先进可靠的火灾报警控制系统。此外，对建筑物还要设计安全可靠的防雷装置。

7.3 火灾自动报警系统的组成

在火灾初期，将燃烧产生的烟雾、热量、光辐射及变化的空气组分等物理量，通过感温、感烟、感光及气体浓度等火灾探测器变成电信号，传输给火灾报警控制器，并同时显示出火灾发生的部位，记录火灾发生时间。一般火灾自动报警系统和自动喷水系统、室内消防栓、防排烟系统、通风系统、防火门、防火卷帘门、挡烟垂壁等相关系统联动，通过自动或手动方式发出指令，控制外围联动装置的启停并接收其反馈信号。

火灾自动报警系统的组成形式多种多样，具体组成部分的名称也有所不同，但无论怎样划分，火灾自动报警系统基本可概括为由触发器件、报警装置、警报装置和电源及其具有其他辅助功能的装置所组成，见表7-9。

表 7-9 火灾自动报警系统的组成

<table>
<tr><td rowspan="15">火灾报警系统</td><td rowspan="2">触发器件</td><td>火灾探测器</td></tr>
<tr><td>手动报警按钮</td></tr>
<tr><td rowspan="4">报警装置</td><td>探测器报警控制装置</td></tr>
<tr><td>火灾报警控制器</td></tr>
<tr><td>中继器</td></tr>
<tr><td>火灾显示盘</td></tr>
<tr><td rowspan="3">警报装置</td><td>火灾警报器</td></tr>
<tr><td>声光显示器</td></tr>
<tr><td>火灾显示灯</td></tr>
<tr><td rowspan="5">控制装置</td><td>消防自动灭火装置</td></tr>
<tr><td>防排烟控制系统及空调通风系统的控制装置</td></tr>
<tr><td>电梯追降装置</td></tr>
<tr><td>应急广播、消防电话、应急照明和疏散指示装置</td></tr>
<tr><td>常开防火门、防火卷帘、挡烟垂壁的控制装置</td></tr>
<tr><td colspan="2">电源</td></tr>
</table>

7.3.1 触发器件

在火灾自动报警系统中，自动或手动产生火灾报警信号的器件主要包括火灾探测器和手动报警按钮。火灾探测器是能对火灾参数（如烟、温、光、火焰辐射、气体浓度等）响应，并自动产生火灾报警信号的器件。按响应火灾参数的不同，火灾探测器可分为感烟火灾探测器、感温火灾探测器、感光火灾探测器、可燃气体火灾探测器和复合火灾探测器五种基本类型。不同类型的火灾探测器适用于不同类型的火灾和不同的场所。

手动报警按钮是手动方式产生火灾报警信号的器件，如手动按钮、消火栓按钮等，也是火灾自动报警系统中不可缺少的组成部分之一。

现代消防设施中的重要条件，如自动喷水灭火系统中的压力开关、水流指示器、供水阀门等所处的状态直接反映出系统的当前状态，关系到灭火行动的成效。因此，在很多工程中将此类与火灾有关的信号通过转换装置传送至火灾报警控制器。

7.3.2 报警装置

在火灾自动报警系统中，用以接收、显示和传递火灾报警信号，并能发出控制信号和具有其他辅助功能的控制指示设备称为火灾报警装置，火灾报警控制器就是其中最基本的一种。火灾报警控制器为火灾探测器提供稳定的工作电源，监视探测器及系统自身的工作状态，接收、转换、处理火灾探测器输出的报警信号，进行声光报警。指示报警的具体位置及时间，同时执行相应的辅助控制等诸多任务，是火灾报警系统中的核心组成部分。

在火灾报警装置中，还有一些如中继器、区域显示器、火灾显示盘等功能不完整的报警装置，它们可视为火灾报警控制器的演变或补充。它们在特定条件下应用，与火灾报警控制器同属于火灾报警装置。

7.3.3 警报装置

在火灾自动报警系统中，用以发出区别于环境声、光的火灾警报信号的装置称为火灾警报装置，声光报警器就是一种最基本的火灾警报装置。通常与火灾报警控制器（区域显示器、火灾显示盘、集中火灾报警控制器等）组合在一起，它以声光方式向报警区域发出火灾警报信号，以提醒人们展开安全疏散、灭火救援等行动。

7.3.4 控制装置

在火灾自动报警系统中，当接收到来自触发器件的火灾信号后，能自动或手动启动相应消防设备并显示其工作状态的装置。主要包括：自动灭火系统的控制装置、室内消防栓的控制装置、水泵的控制装置；防排烟控制系统及空调通风系统的控制装置；常开防火门、防火卷帘、挡烟垂壁的控制装置；电梯追降控制装置；火灾应急广播、火灾警报装置、消防通信设备、火灾应急照明及疏散指示的控制装置等控制装置中的部分或全部。

控制装置一般设置在消防控制中心，以便于实行集中统一控制，如果控制装置位于被控消防设备所在现场，其动作信号则必须返回消防控制室，以便实行集中与分散相结合的控制方式。

也可将火灾报警系统的组成形式按火灾报警控制器、火灾探测器、按钮、模块、警报器、联动控制盘、楼层显示盘等设备进行划分，其中火灾报警系统核心为火灾报警控制器，其主要外部设备为火灾探测器及模块。

7.3.5 电源

火灾自动报警系统属于消防用电设备，其主电源应采用消防电源，备用电源一般采用蓄电池组，系统电源除为火灾报警控制器供电外，还为与系统相关的消防控制设备等供电。

7.3.6 火灾探测器

7.3.6.1 火灾探测器的类型

根据火灾探测方法和原理，目前生产、运用最多的火灾探测器有感烟式、感温式、感光式、可燃气体探测器和复合式等类型。而每种类型中，又可分为不同型式。针对不同的火灾选择不同的类型，同时根据不同的场所选择合适该场所型式的火灾探测器，才能真正发挥火灾探测器的效能，有效地探测火灾，从而实现早期发现火灾、早期报警的目的。

根据实用的分类方法有构造型分类法、参数分类法和使用环境分类法等。

(1) 构造型分类法

可分为点型和线型两类。

① 点型火灾探测器　这是一种响应某一点周围的火灾参数的火灾探测器。

② 线型火灾探测器　这是一种响应某一连续线路周围的火灾参数的火灾探测器，其连接线路可以是“硬”的，也可以是“软”的。

(2) 火灾参数分类法

根据火灾探测器周围火灾参数的不同，可以分为感温式、感烟式、感光式、可燃气体和复合式等。

(3) 使用环境分类法

有陆用、船用、耐酸耐碱和防爆型。

火灾探测器的主要技术性能和要求如下。

① 可靠性　它是火灾探测器最重要的性能。它是指火灾探测器按其使用要求，在规定的条件下和规定限期内，能否可靠地工作。它包含两层含义，一是发生火灾后。能否准确地向火灾报警控制器发出火警信号，不漏报；二是处于监视状态下，其误报率和故障率是多少。概括来说，就是要求准确地发送报警信号，并且误报率和故障率低。

② 工作电压和允差　工作电压是指火灾探测器处于工作状态时所需供给的电源电压，目前要求火灾探测器的工作电压为DC 24V。

允差是指火灾探测器工作电压允许的波动范围，按国家标准规定，允差为额定电压的－15％～＋10％，有的要求为1V，各种不同产品，由于采用的元件不同，允差值也不一样，一般允差值越大越好。

③ 响应阈值和灵敏度　响应阈值是指火灾探测器动作的最小参数值，而灵敏度是指火灾探测器响应火灾参数的灵敏程度。

④ 监视电流　是指火灾探测器处于监视状态时的工作电流。由于工作电流是定值，所以监视电流值代表火灾探测器的运行功耗。因此要求好的探测器的监视电流越小越好，现行产品的监视电流值一般为几十微安或几百微安。

⑤ 允许的最大报警电流　是指火灾探测器处于报警状态时的允许的最大工作电流。若超越此值，火灾探测器会损坏，一般要求该值越大越好，越大表明火灾探测器的负载能力越大。

⑥ 报警电流　是指火灾探测器处于报警状态时的工作电流。此值一般比允许的最大报警电流小，报警电流值和允差值一起决定了火灾报警系统中，火灾探测器的最远安装距离，以及

在某一部位号允许并接火灾探测器的数量。

⑦ 保护面积　是指一个火灾探测器警戒的范围，它是决定火灾自动报警系统中采用火灾探测器数量的依据。

⑧ 工作环境条件　它是保证火灾探测器长期可靠工作所必备的条件，也是决定选用火灾探测器的参数依据。它包括：环境温度、相对湿度、气流流速和清洁程度等。一般要求火灾探测器工作环境适应性越强越好。

7.3.6.2　火灾探测器的基本工作原理

(1) 感烟式火灾探测器

感烟式火灾探测器是目前世界上应用较普遍、数量较多的探测器。可以对火灾初期阴燃阶段的烟雾进行检测，从而可以实现对火灾早期报警，及时扑灭。据了解，感烟式火灾探测器可以探测 70%以上的火灾。

感烟式火灾探测器是响应环境烟雾浓度的探测器。在可能产生阴燃火的场所，在火焰出现前有浓烟扩散、发生无焰火灾的场所等应用。从而可以实现对火灾的早期报警、及时扑灭。

① 离子感烟火灾探测器　20 世纪 40 年代末开始，瑞士物理学家根据烟雾改变电离室电流的原理研制出了离子感烟探测器。它把物质初期燃烧所产生的烟雾信号转变成电信号，通过导线传输给报警器，发出声光报警信号。

a. 离子感烟探测器的电离室　离子感烟火灾探测器是利用电离室离子流的变化基本正比于进入电离室的烟雾浓度来探测火灾的，如图 7-4 所示。

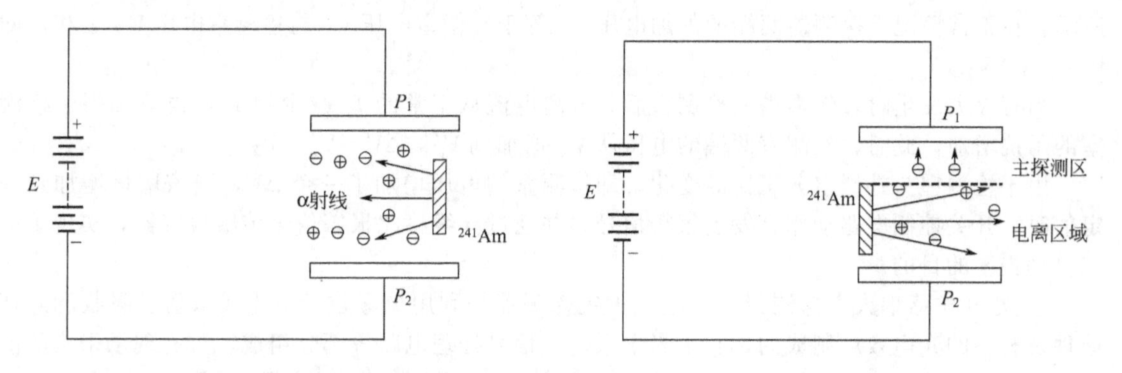

图 7-4　离子感烟火灾探测器原理图　　图 7-5　单源双室电离室

电离室又分为单源双室和双源双室。单源双室是指电离室局部被 α 射线所照射，使一部分成为电离区，而未被 α 射线所照射的部分则为非电离区，称为主探测区，如图 7-5 所示。在电离区和主探测区的交界面处出现一个临界面，它会阻止电离层的负离子进入主探测区，使离子的流动速度降低，所以在相同的电压、相同的烟雾浓度的条件下，单元双室电离层烟雾吸附离子的机会要比双源双室电离大。电流变化也大，也就是可以得到较大的电压变化量，从而可以提高离子感烟探测器的灵敏度。

双源双室实际上是将两个单源双室反串联起来，一个作为检测电离室（外电离室），另一个作为补偿电离室（内电离室），在实际的离子感烟探测器设计中，也是将两个单极性电离室反串联起来，一个作为检测电离室，结构上做成烟雾容易进入的型式；另一个作为补偿电离室，做成烟离子很难进入的结构型式。电离室采用这种串联的方式，主要是为了减少环境温度、湿度、气压等自然条件的变化对电离电流的影响，提高离子感烟探测器的环境适应能力和稳定性。如图 7-6 所示。

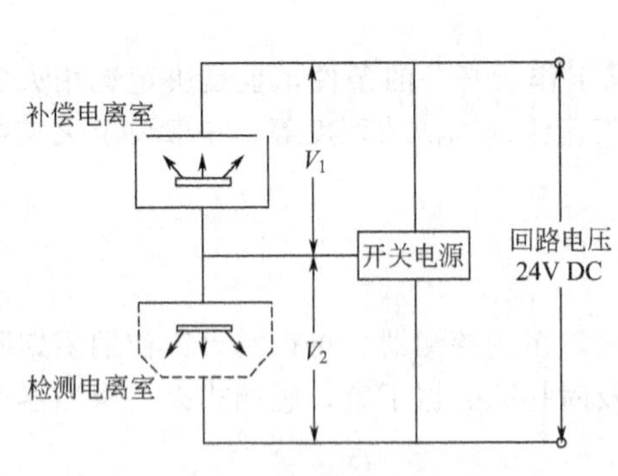

图 7-6　检测电离和补偿电离室

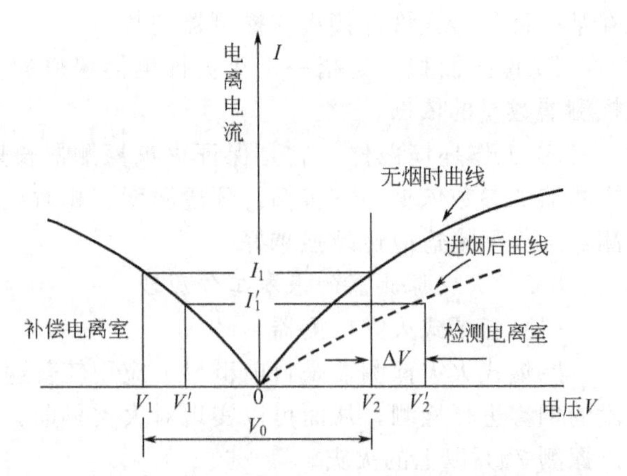

图 7-7　检测电离室和补偿电离室伏压-安特性曲线

b. 工作原理　离子感烟探测器电离室内的放射源（放射元素“镅 241”）将室内的纯净空气电离，形成正负离子。当两个收集极板间加一电压后，就会在两个极板间形成电场。在电场的作用下，离子分别向正负极板运动形成离子流。当烟雾粒子进入电离室后，由于烟雾粒子的直径大大超过被电离的空气粒子的直径。因此烟雾粒子在电离室内对离子产生阻挡和俘获的双重作用，从而减少了离子流。

当火灾发生时，烟雾粒子进入检测电离室后，电离电流减少，相当于检测电离室的空气等效阻抗增加，因而引起施加两电离室两端分压比的变化。其伏-安特性曲线变化规律如图 7-7 所示。在正常情况下探测器两端的外加电压 V_0 等于补偿室电压 V_1 与检测室电压 V_2 之和，即 $V_0=V_1+V_2$。

当有火灾发生时，烟雾进入检测室后，电离电流从正常的 I_1 减少到 I_1'，也就相当于检测室的阻抗增加，此时，检测室两端的电压从 V_2 增加到 V_2'，$\Delta V=V_2'-V_2$。

由于检测室与补偿室分压比的变化，即检测室的电压增加了一个 ΔV，当该增量增加到一定值时，开关控制电路动作，发出报警信号。并通过导线将此报警信号传给报警器，实现了火灾自动报警的目的。

② 光电式感烟火灾探测器　光电式火灾探测器是利用烟雾粒子对光线散射、吸收和遮挡原理及材料的光电效应制成的，它由光学系统、信号处理电路等部分组成，具有现场采集的能力。同时还能准确分析火情、辨别真伪、降低误报率。并可以向控制器传递烟雾。这种探测器对燃烧时产生的白烟有良好的响应。

按工作特点分为点型和线型两种。点型探测器设定在规定位置上进行整个警戒空间的探测；线型探测器所探测的区域为一条直线。

按工作原理分为散射光式和遮光式两种。

a. 散射光式感烟探测器　探测器的检测室内亦装有发光元件（红外发光二极管）和受光元件（半导体硅光电池）。在正常情况下，受光元件是接收不到发光元件发出的光的，因此不产生光电流。在火灾发生时，当烟雾进入探测器的检测室时，由于烟粒子的作用，使发光元件发射的光产生漫射，这种漫射光被受光元件所接收，使受光元件阻抗发生变化，产生光电流。从而实现了将烟信号转成电信号的功能，探测器发出报警信号，如图 7-8 所示。

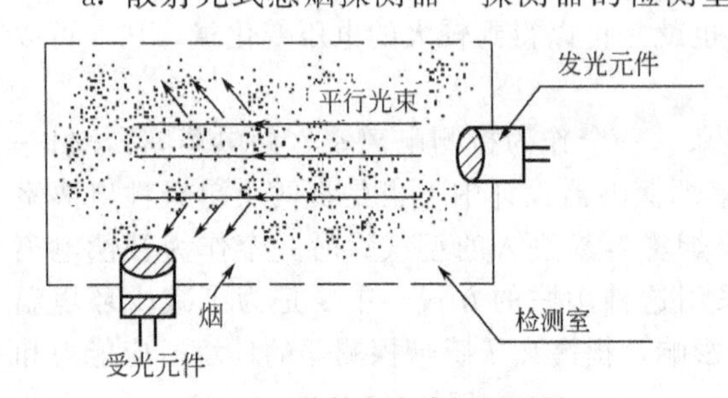

图 7-8　散射光式感烟探测器

b. 减光式（遮光式）光电探测器　其实，减光式光电探测器也分为点型和线型两种。点型遮光式光电探测器主要由光源、光接收器和电子线路等组成，并组合成一体。在正常监视状态下，光源发出的光线全部直接入射到光线接收器上，产生光敏电流；当火灾发生时，光线被烟粒子阻挡，使到达光接收器的光通量减小，若减小到电子开关电路动作阈值时，即输出报警信号，如图 7-9 所示。

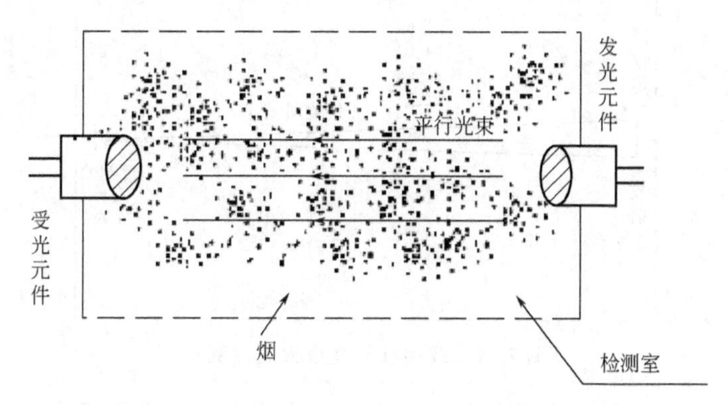

图 7-9　点型减光式（遮光式）光电探测器

还有一种线型减光式光束感烟探测器是由红外发射器和红外光敏接收器两个独立部分组成，并分别安装在被监视现场的相对墙壁上。在红外发射器内装有脉冲电源、红外发射元件及附件；红外光敏接收器内装有光电接收器件、脉冲放大器及开关报警电路。

在工作时，红外发射器可以发射出频率为 1000Hz，波长 940mm 的红外脉冲信号，即由双凸透镜形成红外光束，并通过被监视场所空间到达红外光敏接收器。在正常监视情况下，红外光线到达红外光敏接收器并转换成电信号的幅度值最大；当火灾发生时，由于烟雾扩散到红外光束之中，使红外光敏接收的红外光束强度减少，当减少量（若减少到正常值的 50%以下）经一定的延时（一般要求延时 10s 左右），即发出火警信号，如图 7-10 所示。

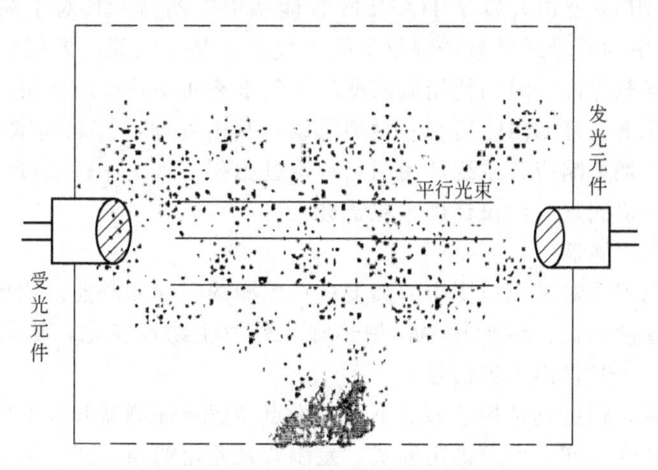

图 7-10　线型减光式光束感烟探测器

c. 线型红外光束火灾探测器　智能线型红外光束感烟探测器为编码型反射式线型红外光束感烟探测器，探测器将发射部分和接收部分合二为一。探测器可直接与火灾报警控制器连接，将探测器与反射器相对安装在保护空间的两端且在同一水平直线上。

在正常情况下红外光束探测器的发射器发送一个不可见的波长为 940mm 的脉冲红外光束，经过保护空间不受阻挡，反射到接收器的光敏感元件上。当火灾发生时，由于受保护空间的烟雾气溶胶扩散到红外光束内，使到达的反射器和接收器上的红外光束衰弱，接收器接收的红外光束辐射通量减弱，当辐射通量减弱到预定的感烟动作阈值（响应阈值）（例如，有的厂家设定在光束减弱超过40%且小于93%）时，如果保持衰减5s或10s时间，探测器立即动作，发出火灾报警信号，如图7-11所示。

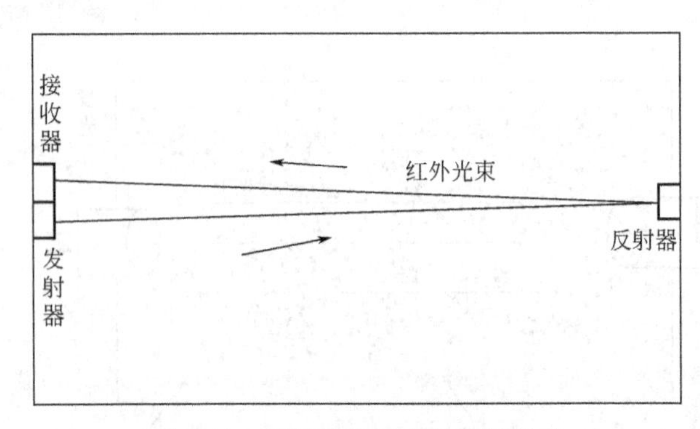

图7-11　线型红外光束火灾探测器

d. 点型激光感烟探测器　应用在高灵敏度吸气式感烟火灾报警系统中，点型激光感烟探测器灵敏度高于目前光电感烟探测器的10～50倍。点型激光感烟探测器的原理主要采用了光散射的基本原理，但又与普通散射光探测器有很大区别，激光感烟探测器的光学探测室的发射激光二极管和组合透镜使光束在光电接收器的附近聚焦成一个很小的亮点，然后光线进入光阱被吸收掉。当有烟时，烟粒子在窄激光光束中的散射光通过特殊的反光镜（光学放大镜）被聚到光接收器上，从而探测到烟雾颗粒。在点型的光电感烟探测器中，烟粒子向所有方向散射光线，仅一小部分散射到光电接收器上，灵敏度较差，而激光探测器采用光学放大器件，将大部分散射光聚集到光电接收器上，极大地提高了灵敏度，降低了误报率。

e. 严酷环境下的智能感烟探测器　解决有严重污染的环境条件的火灾探测问题。业界一直在探索，美国Notifier公司开发了HARSH智能感烟探测器。其对于高温（多蒸汽、多水滴）、灰尘大、空气中的纤维或其悬浮颗粒多的环境，以及强气流、温度变化范围大的环境特别适用。HARSH甚至允许短时间使用低浓度的大气水雾而不致造成误报。

正常工作情况此下，HARSH装有一微型风扇，其由处理器控制间歇式通断以节省电源，然而必须保证良好的烟雾响应，系统使用两只特殊过滤膜，其中一只是可以拆卸的，它可有效地阻止杂物进入光电检测室，而仅让烟雾粒子进入。

（2）感温式火灾探测器

感温式火灾探测器是对警戒范围中的温度进行监测的一种探测器。物质在燃烧过程中释放出大量热，使环境温度升高，致使探测器中热敏元件发生物理变化，从而将温度转变成电信号，传输给控制器，由其发出火灾信号。

感温式火灾探测，根据其结构造型的不同分为点型感温探测器和线型感温探测器两类；根据监测温度参数的特性不同，可分为定温式、差温式及差定温组合式三类。

在火灾初始阶段，一方面有大量烟雾产生；另一方面物质在燃烧过程中释放出大量的热量，周围环境温度急剧上升。感温探测器就是利用适合的传感元件感应出温度的变化，以此来反映火灾的发生与否。

① 定温火灾探测器　当火灾发生后探测器的温度上升，探测器内的温度传感器感受火灾温度的变化；当温度达到报警阈值时，温度信号转变成电信号，探测器便发出报警信号，定温火灾探测器因温度传感器的不同可分为多种类型，如热敏电阻型、双金属片型、易熔合金

型等。

a. 热敏电阻型火灾探测器　热敏电阻型火灾探测器（图 7-12）其敏感元件是半导体热敏电阻，对于定温式感烟探测器，热敏电阻是临界热敏电阻，这种电阻在室温下具有较高的阻值（可达 1MΩ 以上），如图 7-12 所示。随着环境温度的升高，阻值缓慢下降，当到达设定的温度点时，临界电阻的阻值会迅速减至几十欧姆，从而完成从高阻态向低阻态的转变，使得信号电流迅速增大。当电流达到或超过临界阈值时，双稳态电路发生变化，变化信号经地址译码开关后送到控制器，控制器发出报警信号，如图 7-13 所示。

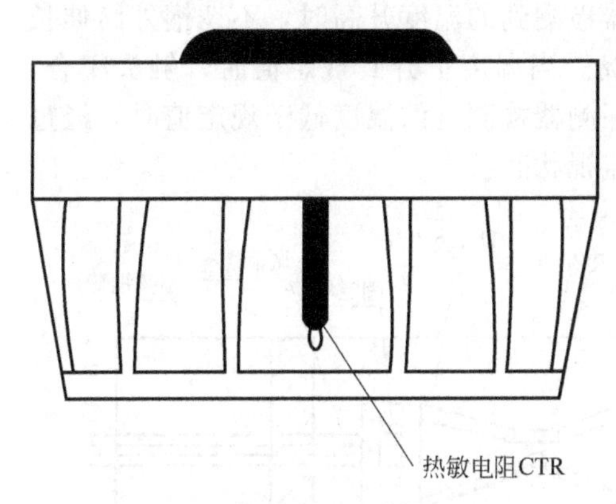

图 7-12　热敏电阻型火灾探测器

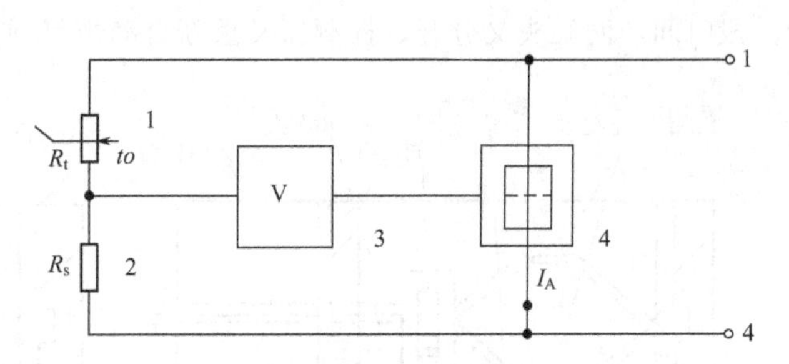

图 7-13　热敏电阻型定温探测器工作原理
1—热敏电阻 CTR；2—采样电阻；
3—阈值电路；4—双稳态电路

由于热敏电阻在正常情况下具有高阻值，并且随着环境温度的变化，阻值变化不大，因此，这种探测器的可靠性高。

热敏电阻是一种半导体感温元件，优点是：电阻温度系数大，因而灵敏度高，测量电路简单；体积小、热惯性小；自身电阻大，对线路电阻可以忽略，适于远距离测量。缺点是稳定性较差和互换性差。

b. 双金属型定温火灾探测器

双金属型定温火灾探测器是利用两种膨胀系数不同的金属片制成的。主要有双金属定温火灾探测器、翻转式碟形双金属定温火灾探测器和圆筒状双金属定温火灾探测器。图 7-14 为双金属定温火灾探测器，当金属片受热时，膨胀系数大的金属就要向膨胀系数小的方向弯曲，如图中虚线所示，造成电器接触闭合，产生一个短路信号，经地址译码开关后送到控制器，控制器发出报警信号。

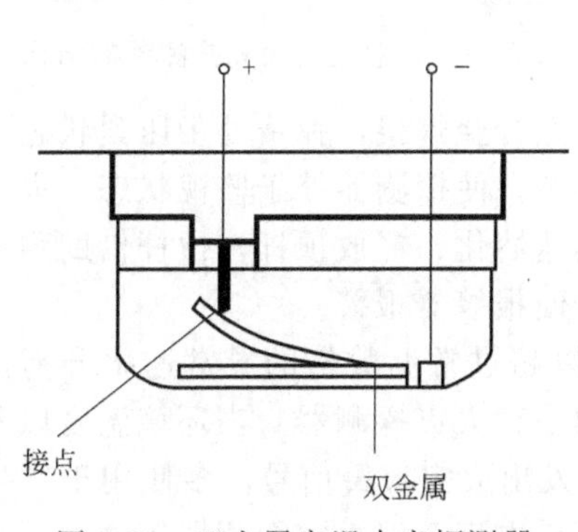

图 7-14　双金属定温火灾探测器

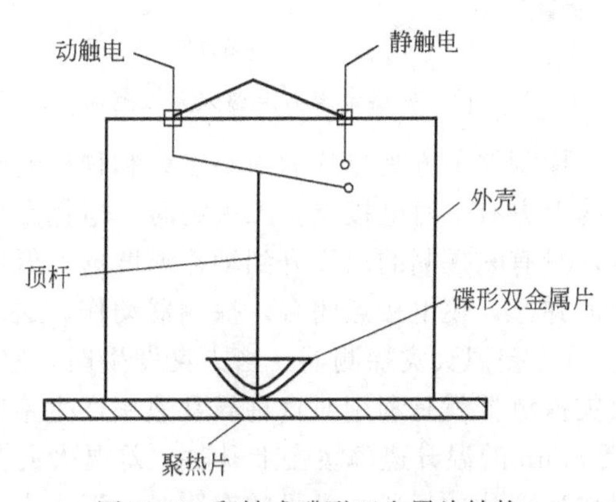

图 7-15　翻转式碟形双金属片结构

图 7-15 为翻转式碟形双金属片结构，凹面选用膨胀系数大的材料制成，凸面选用膨胀系数小的材料制成，随着环境温度升高，碟形双金属片逐渐展平，当达到临界点（即定温值时）碟形双金属片突然翻转，凸形向上，通过顶杆推动触电，造成电气触电闭合，在通过后续电子电路时发出火灾报警电信号。当环境温度逐渐恢复至原来温度时，碟形双金属片的变化过程恰好与升温时相反，恢复到凹面向上，电气触电脱开，使探测器恢复到正常控制状态。

图 7-16 为圆筒结构双金属定温火灾探测器。它是将两块磷铜合金片通过固定块固定在一个不锈钢的圆筒形外壳内，在铜合金片的中断部位各安装一个金属触头作为电接点。由于不锈钢的热膨胀系数大于磷铜合金的热膨胀系数，当探测器检测到的温度升高时，不锈钢外筒伸长大于磷铜合金片，两块合金片被拉伸而使两个触头靠拢。当温度上升到规定值时，触头闭合，探测器即动作，送出一个开关信号使报警器报警。当探测器检测到的温度低于规定值时，经过一段时间，两触头又分开，探测器又重新自动恢复到监视状态。

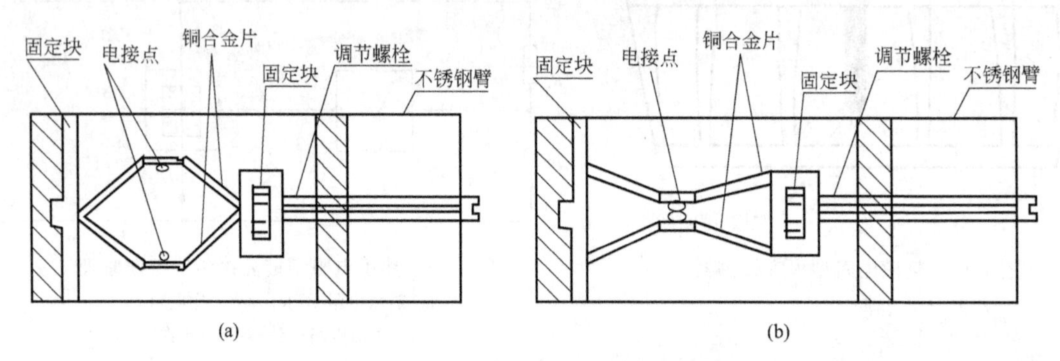

图 7-16　圆筒结构双金属定温火灾探测器

c. 易熔金属型定温火灾探测器　易熔金属型定温火灾探测器是一种以能在规定温度值时迅速熔化的易熔合金作为敏感元件的定温火灾探测器。如图 7-17 所示。

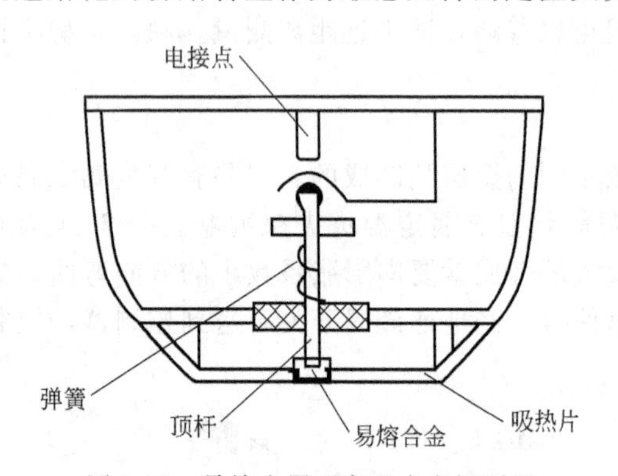

图 7-17　易熔金属型定温火灾探测器

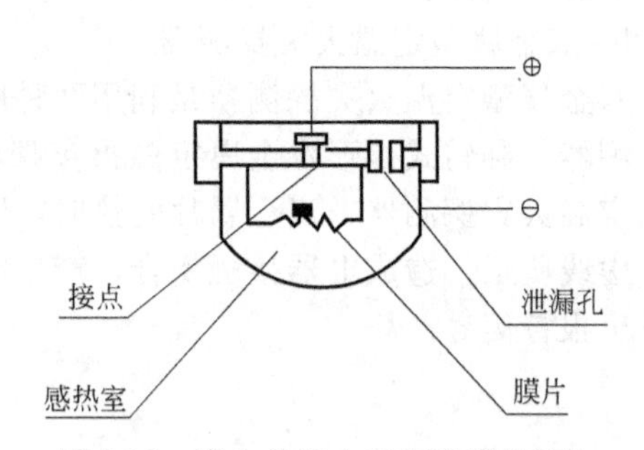

图 7-18　膜盒差温火灾探测器的结构

探测器下方吸热片的中心点处和顶杆的端面用低熔点合金焊接，弹簧处于压紧状态，在顶杆的上方有一对电接点。无火灾时，电接点处于断开状态，使探测器处于监视状态。火灾发生后，只有它探测的温度升到动作温度值，低熔点合金迅速熔化，释放顶杆，顶杆借助弹簧弹力立即弹起，使电接点闭合，探测器动作，送出一个信号使报警器报警。

② 差温火灾探测器　当火灾发生时，室内温度将以超过常温数倍的异常速率升高，差温火灾探测器就是利用对这种异常速率产生感应而研制的一种火灾探测器。当环境温度以不大于 1℃/min 的温升速率缓慢上升时，差温火灾探测器将不发出火灾报警信号，多使用于发生火灾时快速变化的场所。常见的有膜盒差温火灾探测器和热敏电阻差温火灾探测器等。

膜盒差温火灾探测器在环境温度缓慢变化时，气室内外的空气由于有泄气孔的调节作用，气室内外的压力保持平衡。当发生火灾，环境温度迅速升高时，气室内的空气由于急剧受热膨胀而来不及从泄气孔外溢，致使气流气室内的压力增大将波纹膜片鼓起，而被鼓起的波纹膜片与触电碰接，从而接通了电接点，于是送出火警信号到报警控制器，如图 7-18 所示。

③ 差定温火灾探测器　这种探测器是将温差式和定温式两种感温探测器元件组合在一起，同时兼有两种功能，其中某一种功能失效；另一种功能仍能起作用，因而大大提高了可靠性，差定温火灾探测器可分为机械式和电子式两种，上述介绍的感温探测器都属于点型机械式，膜盒差定温火灾探测器的结构如图 7-19 所示。

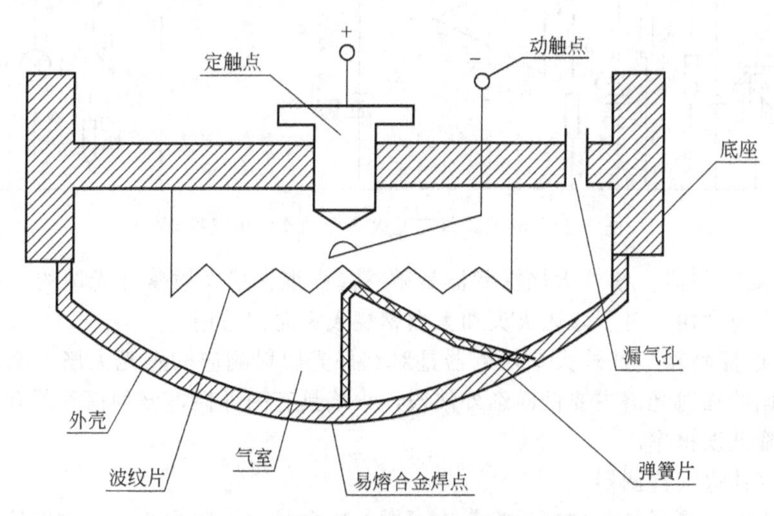

图 7-19　膜盒差定温火灾探测器的结构

电子式差定温火灾探测器一般采用两只同型号的热敏原件，其中一个热敏元件位于探测区域的空气环境中，使其能直接感受到周围环境气流的温度；另一只热敏元件密封在探测器内部以防止气流直接进入，当外界温度缓慢上升时，两只热敏元件均有响应，此时探测器表现为定温特性，当外界温度急剧上升时，位于检测区的热敏元件迅速变化，而在探测器内部的热敏元件阻值变化缓慢，此时探测器表现为差温特性。所以说差定温感烟探测器兼有差温和定温的双重功能。

电子式差定温火灾探测器的电气原理如图 7-20 所示，它有三个热敏电阻和两个电压比较器。当探测器警戒范围的环境温度缓慢变化，温度上升到预定报警温度时，由于热敏电阻 R_{t_3} 的阻值下降较大，使 $U'_a < U'_b$，比较器 C' 翻转，$U_c > 0$，使 T_2 导通，J_1 动作，点亮报警灯 BD、输出 X 报警信号为高电平，这是定温报警。

当环境温度上升速率较大时，热敏电阻 R_{t_1} 阻值比 R_{t_2} 下降多，使 $U'_a > U'_b$，比较器 C 翻转，$U_c > 0$，使 T_2 导通，J_1 动作，点亮报警灯 BD、输出 X 报警信号为高电平，这是差温报警。

(3) 感光火灾探测器

感光火灾探测器又称火焰探测器，它是用于响应火灾的光特性，即扩大火焰燃烧光照强度和火焰闪亮频率的一种火灾探测器。由于火焰辐射的紫外光和红外光具有特定的峰值波长范围，因此可以采用检测火焰辐射的红外光和紫外光来探测火灾的发生。

感光火灾探测器较之感温、感烟火灾探测器，响应速度快，其传感元件在接收辐射光后几毫秒，甚至几微秒内就能发出信号，特别适用于突然起火而无烟雾的易燃易爆场所。由于它不受气流扰动的影响，是唯一能在室外使用的火灾探测器。

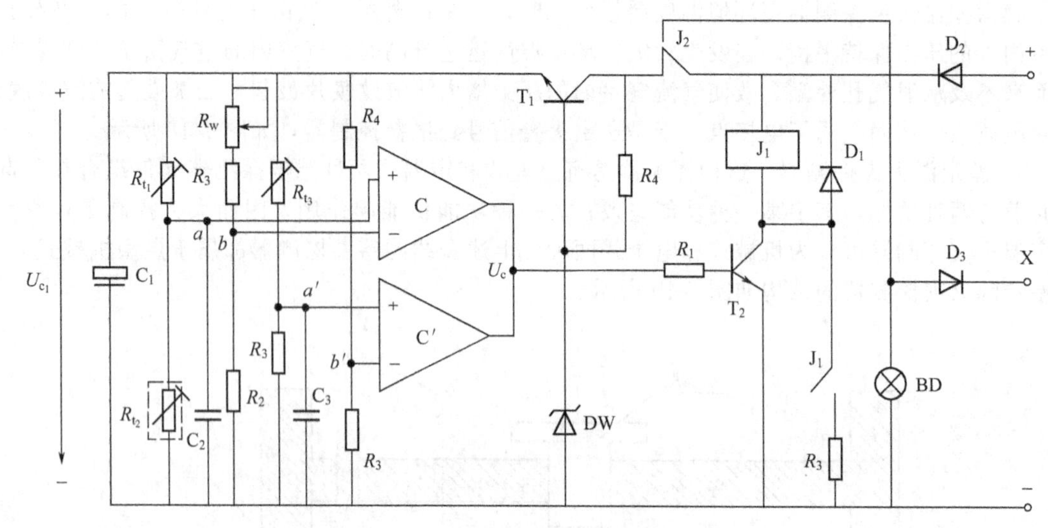

图 7-20　电子式差定温火灾探测器的电气原理

① 紫外火焰探测器　紫外火焰探测器是敏感高强度火焰发射紫外光谱的一种探测器。其灵敏度高，响应速度快，对于爆燃火灾和无烟燃烧火灾尤为适用。

② 红外火焰探测器　红外火焰探测器是对红外光辐射响应的感光火焰探测器。大多数火灾燃烧中，火焰的辐射光谱主要偏向红外波段，火焰具有闪烁性，该种探测器有一个延时的电路，其作用是降低误报率。

(4) 可燃气体火灾探测器

可燃气体火灾探测器是一种能对空气中可燃气体含量进行监测并发出报警信号的火灾探测器。它通过测量空气中可燃气体爆炸下限以内的含量，当空气中可燃气体浓度达到或超过爆炸浓度下限时，自动发出报警信号，所以，可燃气体火灾探测器主要用在易爆、易熔的场所中。而预报的报警点通常设在可燃气体爆炸浓度下限的 20%～50%。

可燃气体火灾探测器主要有催化型可燃气体探测器和半导体可燃气体探测器。

① 催化型可燃气体火灾探测器　催化型可燃气体火灾探测器是利用熔点高的铂丝作为探测器的气敏元件。工作时，先把铂丝预热到工作温度，当铂金属丝接触到可燃气体时，将产生催化作用，并在其表面产生强烈的氧化反应（无烟燃烧），使铂金丝温度升高，其电阻增大；通过响应电路因可燃气体浓度变化而引起铂金丝电阻变大，放大、鉴别和比较后，输出相应电信号；当可燃气体浓度超过报警值时，开关电路打开，输出报警信号。

催化型可燃气体火灾探测器电气原理如图 7-21 所示，其中检测元件 r_1 由铂丝绕制，并在其表面涂以三氧化二铝载体和催化剂钯，故又称为反应元件或催化元件，是用来补偿供电电流、风速、周围温度变化等因素对电桥的影响，以保持器件的检测精确性。固定电阻 R_1、R_2 为电桥的平衡臂，是绕线式精密电阻。调整电阻 R_3 的作用是当周围空气中的可燃性气体浓度为零时，调整 R_2 使电桥处于平衡状态。通常选 $r_1=r_2$，$R_1=R_2$ 即 $r_1R_1=r_2R_2$，此时输出端 5、6 无信号输出，即初始（正常）检测状态。将检测元件 r_1 和补偿元件 r_2 都装设在气室内，二者相隔一定距离，其中 r_1 可与周围空气接触，r_2 则与周围空气隔离。当电源电压施加在电桥上后，r_1、r_2 都有电流通过，使它们发热，阻值增加，因二者阻值变化基本相同，所以电桥仍处于原来平衡状态，输出 5、6 无信号输出。当发生可燃气体泄漏事故时，可燃气体与空气混合后进入探测器的气室内，由于 r_1 表面上的催化剂作用而产生无焰燃烧，生成二氧化碳和水，并释放出热量使 r_2 因未涂以催化剂，并与空气相隔离，故不产生催化反应，其温度和

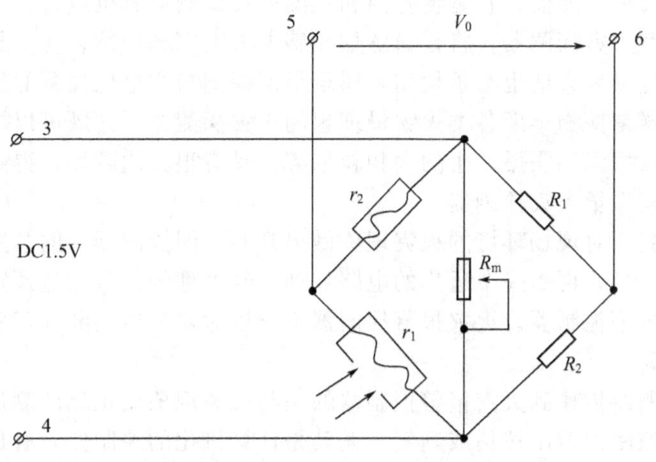

图 7-21 催化型可燃气体火灾探测器电气原理

r_1—检测原件；r_2—补偿元件；R_1，R_2—平衡电阻；R_m—调整电阻；V_0—输出信号电压

阻值不变。于是，电桥平衡被破坏，即 $r_1R_1 \neq r_2R_2$，输出端 5、6 有信号电压输出。

周围空气中的可燃气体浓度愈高，r_1 上的催化反应愈剧烈，r_1 的阻值增加得愈多，输出的电压信号也就愈大，即输出电压信号的大小与可燃气体浓度成正比关系。通常取周围空气中的可燃气体的爆炸下限为 100%，且报警点设定在爆炸浓度下限的 25%处。为了延长探测器寿命，在气体进入气室处装有过滤器。

② 半导体可燃气体火灾探测器　半导体可燃气体火灾探测器是一种对可燃气体有高度敏感的半导体元件作为气敏元件的火灾探测器。可以对空气中散发的可燃气体，如甲烷、醛、醇、炔等或汽化的可燃气体，如一氧化碳、氧气、天然气进行有效检测。

气敏半导体内的一根电热丝先将气敏半导体预热到工作温度，若半导体接触到可燃气体时，气体电阻发生变化，电阻的变化反映了可燃气体浓度的变化，通过相应电路将其电阻的变化转换成电压变化。当可燃气体浓度达到预报警浓度时，其相应的电压值使开关电路导通，发出报警信号。

如图 7-22 所示，U_1 为探测器的工作电压，U_2 为探测器检测部分的信号输出，由 R_3 取出作用于开关电路，微安表用来显示其变化。探测器工作时，气敏半导体元件的一根电热丝先将元件预热至它的工作温度，无可燃气体时，U_2 值不能产生报警信号，微安表指示为零。在可燃气体接触到气敏半导体时，其阻值（A、B 间的电阻）发生变化，U_2 亦随之变化，微安表有对应的气体含量显示，可燃气体含量一旦达到或超过预报警设定点时，U_2 的变化将使开光电路导通，发出报警信号。调节电位器 R_p 可任意设定报警点。

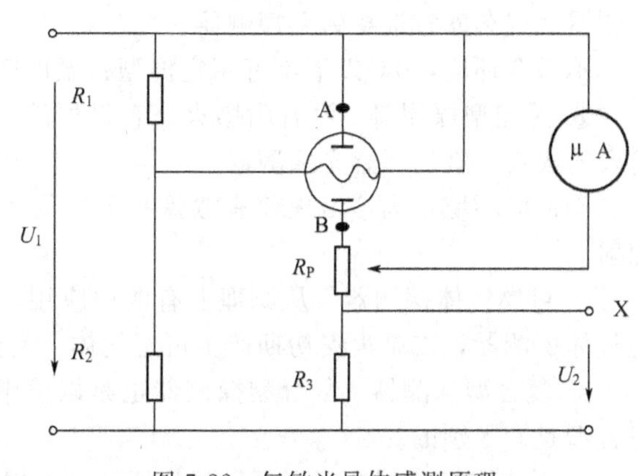

图 7-22 气敏半导体感测原理

(5) 复合型火灾探测器

迄今为止，没有一种单独品种的火灾探测器能有效地探测各类火情。能够更有效地探测多种类型火情的复合型火灾探测器，即同时具有两种以上探测传感功能的探测器的应用，对设计、施工、安装、维护等各方面将带来很大方便。差定温火灾探测器就是一

种满足这种要求的火灾探测器，它是将差温和定温火灾探测器有机组合在一起。

感烟感温复合型火灾探测器，将普通感烟和感温火灾探测器结合在一起，以期在探测早期火情的前提下，能对以后火情也给予检测，属于早期探测与非早期探测的复合。离子、光电感烟复合型火灾探测器是探测早期各类火灾最理想的火灾探测器。它既可以探测到开放燃烧产生的烟雾粒子，又可以探测到阴燃产生的大颗粒烟雾。具有很大优越性，得到了广泛的应用。

(6) 开关量、模拟量火灾探测器

开关量火灾探测器对现场环境的火灾现象做出判断，即探测器中的敏感元件感知火灾参数后，将其转换成电信号，再由一个适当的电路处理，经处理的信号超过预定电平时，转换成开关量信号送至火灾报警控制器。火灾报警探测器不再校对探测器判断的正确性，随即发出火灾报警信号，误报率高。

模拟量火灾探测器传输到火灾报警控制器的是与火灾现象成正比的测量值，它本身不判定火灾，由火灾报警控制器做出评估或判定，尤其是计算机化的控制器，有足够的数据处理能力回答“火灾——是与非”的问题。报警控制器将这些探测器发送来的信息与储存在记忆库内的预先编制的烟雾浓度级别相比较，若此变化达到足以报警的程度，火灾报警控制器立即发出火灾报警信号，减少了误报率。

7.3.6.3 探测器类型选择原则

探测器种类的选择应根据区域内的环境条件、火灾特点、房间高度、安装场所的气流状况等，选用与其相适应的探测器或几种探测器的组合。

(1) 根据尽早发现火灾为目的来选择

探测方法应以早期发现火灾为目的，所以在使用中，一般情况下，首选感烟式，只有在不适应感烟式的情况下用感温探测器。在感烟式和感温式都不合适的情况下再用感光式探测器。

(2) 据火灾特点和使用环境来选择

① 感烟探测器　对火灾初期有阴燃阶段，产生大量的烟和少量热，很少或没有火焰辐射的场所，应选择感烟探测器。一般在厅堂、办公室、卧室、计算机房、书库、楼梯走道、机房等场所宜选择感烟探测器。

离子感烟探测器不适合环境：相对湿度≥95%；气流速度≥5%；有大量粉尘、水雾；有腐蚀气体；有烟雾滞留等。

光电感烟探测器不适合环境：燃烧物质产生黑烟，颗粒特别细的情况；有大量粉尘水雾；有烟雾滞留等。

② 感温探测器　对火灾发展迅速，无（少）烟，产生大量的热，或在感烟探测器不适合的场所，如有大量粉尘、有烟雾滞留，一般在厨房、锅炉房、发电机房、吸烟室等宜选择感温探测器。汽车库宜选择感温探测器。

不适合环境：0℃以下不宜用定温型；温度变化大的不宜用温差型。

③ 感光型探测器　没有阴燃火，有强烈的火焰辐射和少量的烟、热，液体燃烧等无阴燃阶段的火灾，宜选择感光探测器。

不适应环境：火焰出现前有浓烟扩散，易污染镜头；摄像镜头被遮挡；阳光或其他光源照射。

a. 可燃气体探测器　从原理上有两种应用，一是使用管道煤气或天然气的场所宜选择可燃气体探测器，二是火灾初期产生可燃气体。实际使用主要是前者。

b. 复合型探测器　复合型探测器也是以感烟式为基础的，再加上感温的原理。复合型和组合型是有区别的。

c. 对火灾形成特征不可预料的场所，可根据模拟实验的结果选择探测器。

(3) 根据探测器的智能化程度选择

火灾信息处理有下述三种方法

① 阈值比较法　探测器人为设定一个值，火灾信号不断与这个值比较，高于这个值就报警。探测器送到控制器的信号是开关量。例如：定温式感温探测器、减光式光电感烟探测器属这类。误报率较高。

② 类比法　探测器送到控制器的信号是模拟量，由控制器来进行比较，做出判断。离子感烟探测器、差温式感温探测器属这类。报警阈值是一个变量，对于环境条件，如灰尘污染，缓慢的温度变化可以修正。排除干扰，减少了误报率。但控制器需要有相应的软件功能。

③ 分布智能式　采集的火灾信息是模拟量，由火灾探测器（火灾探测器带 CPU 芯片）对火灾信息的时间特性、趋势特性进行分析，报警信号准确。

(4) 根据房间高度选择（见表 7-10）

表 7-10　根据房间高度选择探测器

房间高度 H/m	感烟探测器	感温探测器	火焰探测器	红外光束感烟探测器		
		一级	二级	三级		
$12<H\leqslant20$	不合适	不适合	不适合	不适合	适合	适合
$8<H\leqslant12$	适合	不适合	不适合	不适合	适合	适合
$6<H\leqslant8$	适合	适合	不适合	不适合	适合	适合
$4<H\leqslant6$	适合	适合	适合	不适合	适合	适合
$H\leqslant4$	适合	适合	适合	适合	适合	适合

(5) 根据探测器保护面积和保护半径选择（见表 7-11）

表 7-11　根据探测器保护面积和保护半径选择

火灾探测器的种类	地面面积 S/m²	房间高度 h/m	探测器的保护面积 A 和保护半径 R 房间坡度 θ					
			$\theta\leqslant15°$		$15<\theta\leqslant30°$		$\theta>30°$	
			A /m²	R /m²	A /m²	R /m²	A /m²	R /m²
感烟探测器	$S\leqslant80$	$h\leqslant12$	80	6.7	80	7.2	80	8.0
	$S>80$	$6<h\leqslant12$	80	6.7	100	8.0	120	9.9
		$h\leqslant6$	60	5.8	80	7.2	100	9.0
感温探测器	$S\leqslant30$	$h\leqslant8$	30	4.4	30	4.9	30	5.5
	$S>30$	$h\leqslant8$	20	3.6	30	4.9	40	6.3
红外光束感烟探测器	大开间房间	$h\leqslant20$	两组探测器之水平距离≤14m 发射、接收间距不大于 100m				一般光束探测器	

(6) 探测器之间的极限距离

探测器之间的极限距离如图 7-23 所示。

7.3.7　火灾报警系统的设备

7.3.7.1　火灾报警信号处理

火灾探测器和手动报警按钮采集火灾信息，它将火灾初期发生的烟、热、光转变成电信号，送入火灾报警控制器。

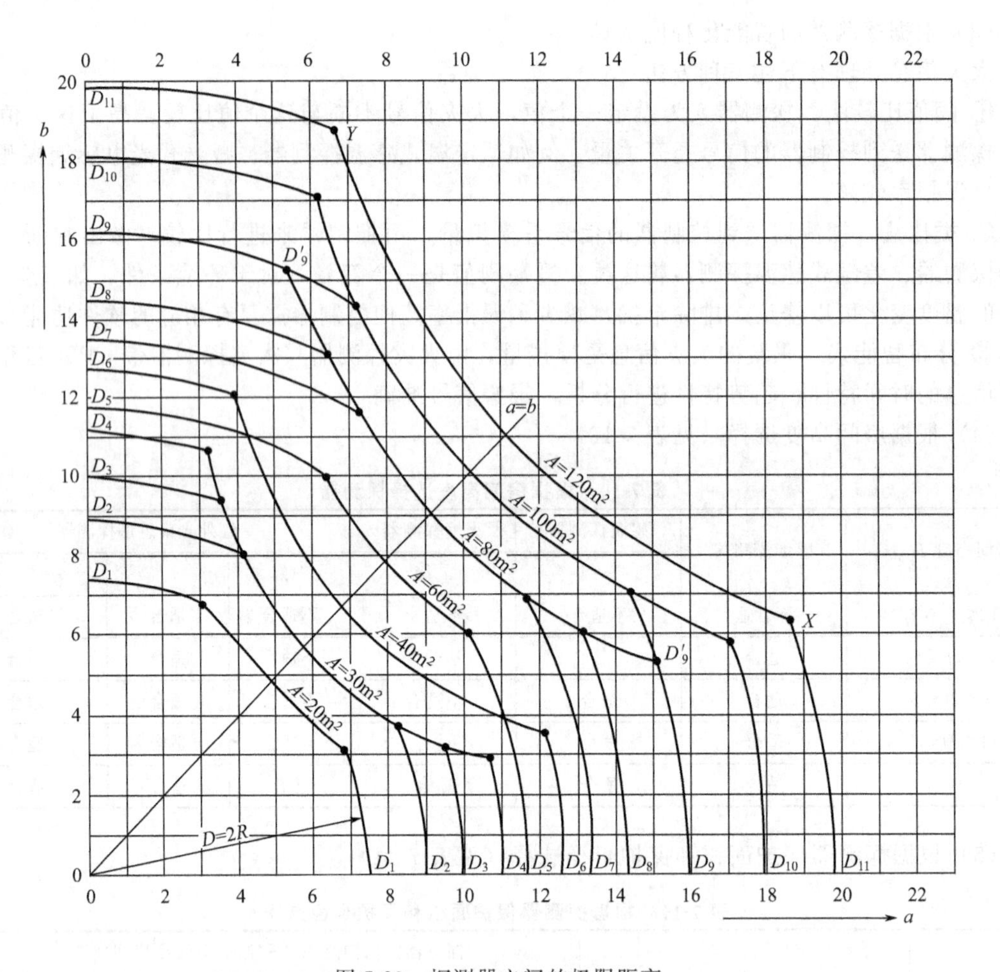

图 7-23 探测器之间的极限距离

A—探测器的保护面积，m^2；a，b—探测器的安装间距，m；D_1～D_{11}—在不同的保护面积A和保护半径R下，确定探测安装间距a，b的极限曲线；XY—极限曲线的端点（X、Y之间），保护面积可得到充分利用

火灾报警控制器将收到的电信号进行分析、比较、显示、判断，发出执行命令，控制各个报警设备发出报警。它们之间由信号总线、控制总线（电源线）连接，构成系统。

7.3.7.2 手动报警按钮

手动报警按钮是火灾报警装置，确认火灾发生后，敲碎有机玻璃片按下按钮，向消防控制室发出火灾报警信号。

《火灾自动报警系统设计规范》(以下简称规范）规定，报警区域内每个防火分区应至少设置一只手动报警按钮。从一个防火分区内的任何位置到最临近的一个手动报警按钮的步行距离不应大于30m。当发生火灾时，为了便于及时报警，手动报警按钮应设置在明显和便于操作的部位，即各楼层的电梯间、电梯前室、主要通道等经常有人通过的地方，大厅、过厅、主要公共活动场所的出入口，餐厅、多功能厅等处的主要出入口。

手动报警装置安装在墙上时，其底边距地（楼）面高度宜为1.3～1.5m，且应具有明显的标志和防误动作的保护措施。手动报警按钮应在火灾报警控制器上显示部位号，并以不同显示方式或以不同的编码与其他触发装置信号区别开。

手动报警按钮常与插孔电话做成一体。有的产品还带有确认灯。

7.3.7.3 火灾报警控制器

它是火灾自动报警系统中的核心。其基本功能有：为其他部件供电；接收、处理探测点的故障，显示及记录火灾发生的时间，地点；指挥报警装置发出报警信号。当有联动功能时，发出相关联动命令。

(1) 分类

① 按系统设计（用途）分为三种形式：区域报警系统、集中报警系统、控制中心报警系统。

② 按机械结构形式分为：壁挂式、柜式、台式，可使用不同工程情况。

③ 容量：控制器规格，以点数来衡量。容量的概念是能连接的地址码数量。

(2) 组成

火灾报警控制器包括电源（包括蓄电池备用电源）、CRT 显示、打印机，对于有联动功能的报警控制器还有手动操作盘。

(3) 电源

① 交流电源。380V/220V 应可靠，双电源末端切换；独立的供电回路；不能用插座供电，不能用漏电开关。

② 要有 24V 备用电池；CRT 显示，消防通信设备宜采用 UPS。要注意电源容量的选择。

7.3.7.4 报警设备

(1) 火灾警报装置

声光报警器是常见的一种火灾警报装置。每个防火区至少设一个火灾警报装置，其位置设在各楼层走道靠近楼梯出口处。在未设置火灾应急广播的火灾自动报警系统中，应设火灾警报装置。

(2) 应急广播系统

① 消防广播系统的作用　对于控制中心报警系统应设置火灾应急广播；对于集中报警系统宜设置火灾应急广播。它对防止混乱、指导人员疏散起着重要作用。

② 广播设置原则　规范规定，消防广播扬声器功率不应小于 3W，从防火分压的任何一处到达最近一个扬声器的距离不应大于 25m。实际上如用吸顶扬声器应再密一些。若背景噪声大（大于 60dB）的，报警声音要大于背景 15dB。宾馆客房用扬声器功率为 1W。为了声场均匀，吸顶布置宜均匀。

③ 紧急广播与背景音乐宜合用扬声器，以节省投资　火灾时应对背景音乐要有强制转入火灾紧急广播功能。同时在广播时要能切断警铃。消防广播输出线与联动控制继电器的动合触点串联后，构成广播输出，由源点提供喇叭。其切换方式为两种。一种是总切换，火灾发生时，由联动控制将背景音乐输出切断，并转接至消防广播输出，这种方式用于楼层不多的小工程（不超过 4 层）。另一种是层切换，用输出模块实现切换，无需状态信号返回。

④ 扩音器容量选择　同时工作的扬声器的最大容量之和，乘以 1.5 倍。

(3) 消防电话

① 消防电话是独立的电话系统。不能利用一般电话线或综合布线中的电话线路，应独立布线。

② 消防专用电话总机和分机（或电话线塞孔）之间是直通的。消防专用电话有多线制和总线制。

③ 消防泵房、变配电房、备用发电机房、排烟机房、电梯机房、主要通风和空调机房等重要地点设消防专用固定电话。在手动报警按钮处设消防电话插孔。消防值班室应有直拨“119”的电话。电话塞孔位置，除上列重点部位外，特级保护对象的各避难层应每隔 20m 设

置一个消防专用电话分机或电话插孔。

7.3.7.5 线路及模块

(1) 线路连接

由火灾报警控制器的信号总线、控制总线引出，各设备并联连接。

① 线路：消防系统中不同的线路。

a. 弱电线路：信号总线、控制总线、广播线、电话线、直启线。

b. 阻燃和耐火要求：当报警、控制全总线系统时，按控制线对待。通常采用 ZR—RVS—2×1，2×1.5。

c. 耐压要求：当用于 50V 以下电压时，选择耐压不小于 250V 线缆。当用于 380/220V 电压时，选择耐压不小于 500V 线缆。

d. 截面要求：控制线输出 24V，要考虑压降，截面要适当加大。

e. 线色要求："+" 为红色，"−" 为蓝色。

② 强电线路用 NH—VV，NH—YJV，ZR-VV，ZR-YJV。

(2) 模块的应用

① 单输入模块，也叫信号模块。对于没有编码的探测器或手动报警按钮，用它与信号总线相连。

② 单输出模块，也叫控制模块。用在与声光报警器、广播线路强切功能的连接。

③ 编码方法。一般采用二进制代码、拨码盘。智能型码是出厂时自带的唯一号码。

7.4 消防设备的联动控制

火灾自动报警系统和消防系统在建筑物内组成了一个完整的自动报警系统。报警信号为联动控制系统的工作提供了初始条件，是联动系统自动工作信号来源。

火灾自动报警与消防联动系统，对于早期发现火灾准确报警和较快地利用各种设备控制火情实施灭火起着很大的作用。一般地说，消防联动控制包括以下几方面。

① 水灭火系统控制。

② 气体灭火系统控制。

③ 防火分割及疏散设施。

④ 防排烟系统控制。

⑤ 火灾应急广播及消防专用电话。

总线制火灾报警系统、总线智能型火灾报警系统，都是利用了电子技术、通信技术和控制技术，用计算机进行管理的火灾报警与联动控制系统。

总线智能型火灾报警及消防联动系统，即利用总线机制，在两条或几条总线上完成火灾报警、联动控制及联动设备信号反馈的监控。利用软件编程实现消防联动，替代传统型的各种硬组合方式。这在简化设计、方便施工、适应现代管理的要求等方面，都显示出非常明显的优势。

7.4.1 水灭火系统

水是运用最广的灭火剂。在建筑物内又分为水喷淋、消火栓两个独立的系统。

7.4.1.1 水喷淋系统

自动喷淋的分类有湿式系统、干式系统、预作用系统、雨淋系统、水喷雾系统等方式。

(1) 湿式喷水灭火系统的组成

湿式喷水灭火系统由闭式喷头、管道系统、湿式报警阀、报警装置和供水设施等组成，由于该系统在报警阀的前后管道内始终充满着压力水，故称湿式喷水灭火系统。

① 喷头　当发生火灾时，喷头周围的环境温度不断升高；当喷头处的温度达到感温元件动作温度时，控制喷头的热敏元件动作，压力水冲出喷口，水流通过溅水盘喷洒灭火。

② 水流指示器　水流指示器可将水流的信号转换为电信号，安装在配水支管或配水干管始端，其作用在于当失火时喷头开启喷水或者管道发生泄漏故障时，有水流经过装有水流指示器的管道，桨片开关（限位开关）动作，则将输出的信号送至报警控制器或控制中心以显示喷头喷水的区域和楼层。

③ 检修信号阀　是阀门限位器，它基于行程开关原理。通常在水流指示器前的管道上，与水流指示器的距离不宜小于300mm。用于监视阀的开启状态。一旦发生误操作，关闭或检修后忘了打开，即向系统的报警控制器发出报警信号。

④ 湿式报警阀　湿式报警阀安装在喷水灭火系统的总管上，连接供水设备和配水管网。一般采用止回阀的形式，它是只允许水流单方向流入喷水管网，防止管网内水倒流回水池；当喷头喷水，破坏了阀门上下压力的平衡，阀板打开，配水管网得到水的供应，同时，部分水流经延迟器，送入水力警铃，发出音响报警。

⑤ 水力警铃　是利用水流的冲击发出声响的报警装置。

⑥ 延迟器　作用是消除累积误差。压力波动或水锤现象引起阀瓣短暂开启或局部渗漏，有可能造成误报警。延迟器安装在报警阀和水力警铃之间，对于局部渗漏的水起暂时容纳的作用。因延迟器有一定容量，且有一个小的泄水排放口，水就会从延迟器经泄水排放口流出，不致直接流动到警铃处驱动铃响；避免虚假信号。只有水流量大量涌入，经15～90s延时，水力警铃才响。

⑦ 压力开关：压力开关是监测压力状态的自动开关控制器件，它将水压力信号变成电信号。其原理是当报警阀的阀瓣打开，压力水经管道首先进入延时器后再流入压力开关内腔，推动膜片向上移动，继而触点接触，闭合接通电路，发出电信号。它通过信号模块接到信号线，送消防控制室。从而启动喷淋泵。

⑧ 末端试水装置　主要功能是检验系统启动、报警及联动功能是否处于正常状态。放水测得的压力和流量，并不能判断系统的供水压力和流量是否符合设计要求，所以它的功能只在于前者。

(2) 联动控制

在管道内均充满压力水。火灾发生时，在火场温度的作用下，闭式喷头的感温元件温度达到预定的动作温度范围内，喷头开启，水从喷口喷出。当系统排水量大到相当于一只喷头开启喷水时，配水支管上的水流指示器动作，向消防控制室报警；同时湿式报警阀上下产生压力差，打开阀门，压力水进入管网，另一股水流也不断流入延迟器，此时延迟器的泄水排放口因很小，不能将水迅速排出，使压力开关及水力警铃动作，压力开关信号送至控制室作为泵启动信号，启动水泵，向管网加压供水，达到持续自动喷水灭火的目的，如图7-24所示。

(3) 相关电气线路

模块的作用及接线方法如下。

① 信号模块的作用　将信号送到信号总线上，并赋予地址码，再送到控制器。在湿式喷水灭火系统中，水流指示器、检修信号阀、压力开关等都用了输入模块。

② 控制模块的作用　由控制器发出命令；使电控箱内的水泵启动回路接通，启动喷淋泵；并接收喷淋泵是否已启动的回答信号。采用输入输出模块。

(4) 其他类型的喷淋系统

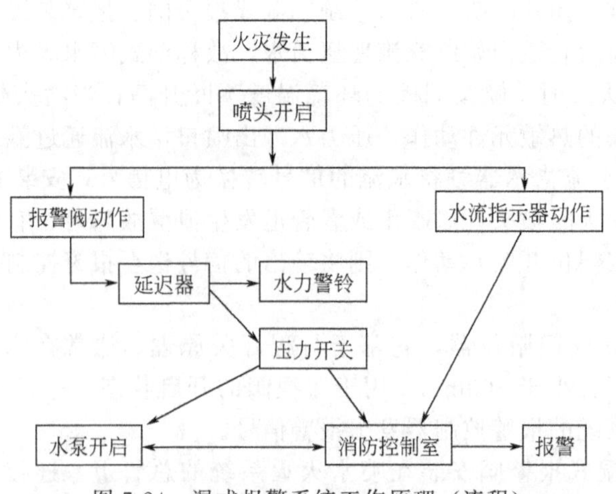

图 7-24 湿式报警系统工作原理（流程）

① 干式自动喷水灭火系统　其应用环境是用在寒冷和高温，低于 4℃和高于 70℃及严禁管道漏水或误喷的场所。

干式报警阀入口侧充满水，出口侧和供水管路里面充满气体。动作过程是：发生火灾时，喷头的感温元件温度上升，达到预定温度下开启，但要先排气，干式报警阀的一侧压力下降，干式报警阀打开，管道内充水，水力警铃、压力开关动作。

干式与湿式比较，湿式喷水灭火系统具有结构简单、施工和管理维护方便、使用可靠、灭火速度快等优点。但由于其管路和喷头始终充满水，所以它的应用受到环境温度的限制。环境温度过高，会使管道内的水温升高，产生汽化，环境温度过低则有结冰冻裂的危险。但干式增加了一套充气装置，投资增加，管理麻烦。延缓了出水时间，不如湿式系统反应快。

② 水喷雾灭火系统　由喷头、管道、控制装置组成。主要特点在于水雾喷头，消防水能迅速汽化，带走大量热，冷却效果好，同时，隔开燃烧物质表面的空气。具有窒息、冷却、稀释等多项功能。常用于燃油锅炉房、可燃油浸变压器、柴油发电机房、电容器和多油开关等场所。

③ 预作用自动喷水灭火系统　其特点是管道中平时无水，可用在严禁"跑冒滴漏"、误喷水的场所，如图书室、档案室，通信中心。也适用于干式系统的场所。

由火灾报警系统或手动控制预作用阀开启。在喷头动作之前报警（不同于湿式先喷水后报警），以便及早组织扑救。

④ 雨淋系统　闭式喷头水量太小，某些场所需要大水量。如易燃物品、燃烧蔓延快的火灾场所。

7.4.1.2 消火栓灭火系统

消火栓灭火系统是固定灭火系统中重要的一个内容，是除不能用水灭火的少数建筑外，最基本的灭火设备。

(1) 室内消火栓

室内消火栓设置：室内消火栓应设在走道、楼梯附近等明显易于取用的地点；消防电梯前室应设室内消火栓；除小型库房外，消火栓的间距应保证同层任何部位有两个消火栓的水枪充实水柱同时到达；水枪充实水柱长度由计算确定，一般不应小于 7m（普通的工业与民用建筑）、10m（甲、乙类厂房和超过六层的民用建筑、超过四层的厂房和库房、建筑高度不超过 100m 的高层民用建筑）、13m（高层工业建筑、高架仓库和建筑高度超过 100m 的高层民用建筑）。

（2）消火栓按钮的控制

① 消火栓按钮按下，同时接通两对接点，一是作为信号模块的输入，一是作为直接启泵的控制。另外还有水泵启动以后的回答信号。

② 控制模块：发出控制命令及接受反馈信号。

③ 消防泵手动控制的重要性：能分别在消火栓按钮、消防控制室、泵房配电柜直接启动。

（3）启动方式

水泵电机容量大，都不采用直接启动（冲击电流大，造成压降大，启动时间长，启动困难，新修改的规范要求在1分钟内）。传统的方法有星-三角起动。目前有“电机智能控制器”，采用“软启动”，利用微机技术，在轻载或空载时，适当降低电机端电压，提高电机的功率和效率，使电机处于最佳工作状态。

在水泵特性上，采用变流恒压技术，克服传统离心泵流量大时扬程小的缺点，更适合消防的要求。

7.4.2 气体灭火系统

（1）动作控制

气体灭火系统中，储存容器阀可以通过多种方式启动释放灭火剂。常用驱动气体压力打开。它的动作过程是：人工确认后，紧急启动，延时（关门窗等），启动电磁阀产生吸力（推力），使推杆动作，驱动气体的密封膜片刺破，打开电路阀门及钢瓶阀门，释放灭火剂，同时放气灯点亮，声光报警。当防护区（灭火区）发生火灾时，火灾探测器动作报警，经火灾报警控制器和气体灭火联动控制器，进行顺序控制（现场发出声光报警指示、关闭防护区的通风空调、防火门窗及有关部位的防火阀），延时30s后，启动气瓶装置，利用高压的启动气体开启灭火剂储存容器的容器阀和分配阀，灭火剂通过管道输送到防护区，从喷嘴喷出实施灭火。在管网上一般设有压力（或流量）信号装置（如压力开关）。主要出入口上方应设气体灭火剂喷放指示标志灯；联动控制装置应设置延时机构及声、光警报器，如图7-25所示。

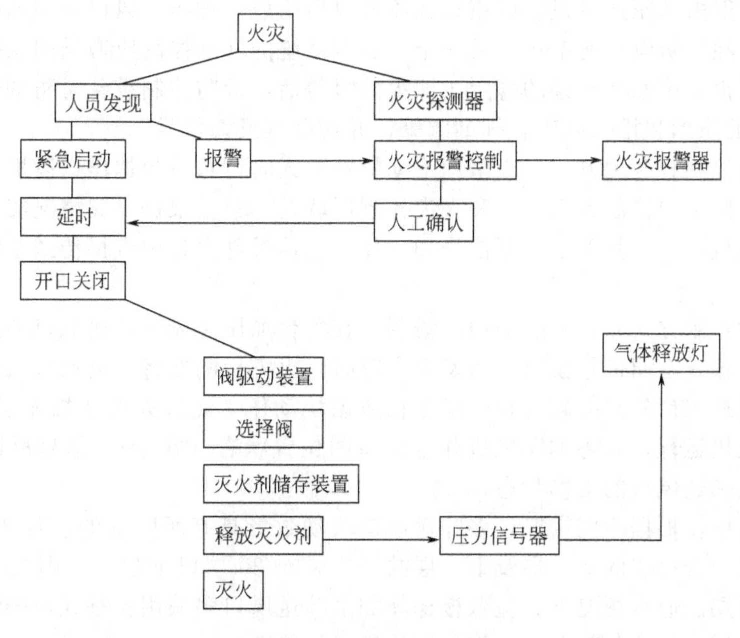

图7-25 气体灭火流程

(2) 联动控制的特点

与其他灭火系统相比，气体灭火系统造价高，尤其是灭火剂价格昂贵。同时，七氟丙烷、二氧化碳灭火剂都具有一定的毒性，灭火的同时会对人产生毒性危害，所以有几点问题应特别注意。

① 设计规范规定了必须设置感烟和感温两种探测器，只有当两种不同探测器都动作报警后的“与”控制信号才能联动控制灭火系统。

② 要延迟启动，在这段时间，门窗、通风管道出口要关闭，否则影响灭火效果。人员疏散至关重要。延时30s（可调）期间，关闭防火门、防火阀，关停通风空调系统，关闭防护区的门窗，保证防护区内人员的安全疏散。

③ 控制室要有显示，发出报警后，一定要人工确认，不要求紧急启动。设置在防护区出入门口外的手动紧急启动、停止控制按钮，必须有透明的玻璃保护窗口并加强管理，不能因人为原因造成误动作，使灭火剂无故释放。

7.4.3 防排烟系统

近年来的火灾，常常是被烟熏窒息或中毒的人数比烧死的多。常见燃烧产物一般分为气体、热量、可见烟等几种。气体一般为一氧化碳、二氧化碳、二氧化硫、氰化氢等，可引起单纯窒息、化学窒息及黏膜刺激。一氧化碳浓度在4000mg/m^3 以上时，人一小时之内即可致死；氰化氢为一种迅速致死、窒息性毒物；二氧化碳能引起即刻死亡；二氧化硫在远低于致死浓度时，即难以忍受。可见烟主要是引起窒息。

防排烟系统是一项重要的减灾措施。

(1) 正压送风系统联动控制

对一幢建筑在某一部位发生火灾时，对其迅速实行排烟控制。使火灾产生的烟气和热量能迅速排除，以利人员的安全疏散和灭火扑救。该部位的空气压力为负压，对非火灾部位及疏散通道等迅速采取机械加压送风的防烟措施，使该部位空气压力值为相对正压，以阻止烟气的侵入，控制火灾蔓延。

防烟系统一般由加压送风机、风道和加压送风口组成。加压送风口在防烟楼梯间宜每隔二至三层设一个，在消防电梯前室每层设一个。防烟系统的联动控制应遵循国家标准《火灾自动报警系统设计规范》第6.3.9条的规定，即火灾报警后，消防控制设备对防烟、排烟设施应有“启动有关部位的防烟和排烟风机、排烟阀等，并接受其反馈信号”。

防烟系统的控制有两种方式。当采用手动控制方式时，每一台加压送风机，送风口的控制线均引至消防控制室的控制台上，不和火灾控制器联动，只是根据火灾情况实行手动，送风口打开，联动送风机运行，其手动控制信号和动作反馈信号都由各层直接传送至防烟系统的控制盘上。

当采用自动控制方式时，一般采用总线制。在每台加压送风机，送风口分别设有一个输出控制模块和一个输入返回信号模块。当发生火灾时，火灾探测器将火灾信号通过两总线送到控制室主机，主机按照预先编的软件程序指令相应模块动作，使着火层及相邻层的送风口打开，同时启动加压风机运行，并将加压风机和送风口的位置状态（开/关）信号反馈给主机，主机可监视每台风机和送风口的工作状态。

在工程实践中，根据不同情况，多叶送风口联动数量是有所区别的，对20层及以上的建筑，联动着火层、着火层的上一层及下一层共三层，对20层以下建筑，则联动着火层及着火层的上一层共两层。通常情况下，疏散楼梯间的多叶送风口多采用自垂式，未设电磁阀，并不进入消防联动控制，对这一部分，只需控制加压送风机即可。

(2) 机械排烟系统联动控制

发生火灾时，烟气流动速度大大超过人的疏散速度，在水平方向流动速度为0.3～0.8m/s，垂直方向扩散速度为3～4m/s。当烟气流动无阻挡时，只需1min左右就可以扩散到几十层高的大楼，而人在浓烟中低头掩鼻，最大通过距离为20～30m。在火灾死亡人数中被烟熏死的占78.9%；被火烧死的人数中，多数也是先中毒窒息晕倒后被火烧死的。

当高层建筑发生火灾时，防烟楼梯间是高层建筑内部人员唯一的垂直疏散通道，消防电梯是消防队员进行扑救的主要垂直运输工具。为了疏散和扑救的需要，必须确保在疏散和扑救过程中防烟楼梯间和消防电梯井内无烟。

《高层民用建筑设计防火规范》第8.4.8条规定："机械排烟系统中，当任一排烟口或排烟阀开启时，排烟风机应能自行启动"。明确了排烟系统对联动控制的基本要求。《火灾自动报警系统设计规范》第5.3.2条规定："消防水泵、防烟和排烟风机的控制设备当采用总线编码模块控制时，还应在消防控制室设置手动直接控制装置"，进一步说明这些设备在控制方面有着更加可靠的要求，不但要有自动控制，还必须有手动的操作。

排烟口平时关闭，并设有手动和自动两种开启装置，以适应不同的控制方式。当排烟设备不和探测器联动时，排烟风机和排烟口处于联动关系，当任何一个排烟口开启时，排烟风机即能自动启动。即当某层着火时，需由人员用手动操作相应排烟口，进而联动排烟风机，同时关闭着火区的通风空调系统。

采用总线控制时，需在每一台排烟风机和排烟口处分别设置一个输出模块和一个输入模块。火灾报警后，其火警信号通过总线送到消防控制室主机，主机按事先设定的程序指令相应输出模块动作，使着火层及其上、下层的电动排烟口打开，同时启动排烟风机，关闭空调系统，并将排烟机和阀门的位置状态反馈给主机，主机可对其位置状态进行监视。

(3) 分隔防烟分区的挡烟垂壁

当该区的感烟探测器或手动报警按钮动作时，应自动启动。

(4) 防火阀及模块

① 排烟防火阀

a. 280℃防火阀原理：易熔合金片，280℃时熔化，在机械弹簧的作用下，阀门关闭。无论自动、手动关闭时，都能接通电接点，发出反馈电信号。它需要人工复位。

b. 对排烟防火阀设置要求如下。

排烟防火阀设在排烟支管、干管和排烟风机旁边，280℃关闭，防止火灾扩散。同时联锁停止排烟风机，在排烟风机旁边防火阀宜采用常开阀。

排烟口当有烟感报警后，24V控制电源使其打开，送出信号。

② 70℃防烟防火阀　用在通风的空调的送、回风管道上，它平时常开，当管道内的空气温度达到70℃时关闭。

a. 70℃防火阀动作原理。防火阀上的易熔合金片，发生火灾时当温度达到70℃时自动关闭，其辅助节点将关闭信号通过信号模块送至消防控制室，也可采用24V电动控制防烟防火阀关闭。不论自动、手动关闭，都能接通电接点，发出反馈电信号。由该信号带动通风空调的强切功能。

b. 火灾时应切断空调电源，是非消防电源之一。防火阀动作的信号送到控制室，完成空调电源的强切功能。

7.4.4 防火分割及疏散设施

7.4.4.1 防火卷帘的控制

采用它的目的是形成防火分区，把火灾控制在一个区域内，抑制火灾蔓延和烟雾扩散。防火卷帘要求有一定的耐火时间，当卷帘门本身达不到耐火时间要求时，应在感温探测器动作后，联动水幕系统电磁阀，启动水幕系统对防火卷帘做降温防火处理。

① 根据设计规范要求，用于疏散通道上的防火卷帘两侧都要装感烟探测器和感温探测器、警报装置。

② 用在两种场合，有不同的控制要求。

用在疏散走道上，分两步到位，感烟探测器动作时，下降到 1.8m；感温探测器动作时，全降到底（目前，也有些工程中只采用感烟探测器动作报警，联动控防火卷帘下降到离地 1.8m 处，然后延时 30s 后，防火卷帘自动下降到底）。

在跨防火分区的大厅，包括扶梯四周不再分两步进行，而是一步到底。

③ 防火卷帘两边都要有手动控制按钮及人工升降装置。

7.4.4.2 电动防火门及其控制

防火门通常采用平开单扇或双扇形式，有的上面开有镶防火玻璃的窗。防火门上所设置的自动关闭装置有两种：一种是装有易熔合金元件的重锤拉住门扇，防火门平时处于开启状态，发生火灾时，易熔合金熔断，重锤坠落，防火门则自行关闭；另一种为电动防火门，设有电动自动关闭装置，由火灾报警控制系统输出模块联动控制。

根据设计规范要求，电动防火门两侧应设有专用感烟（感温）火灾探测器。当火灾发生时，火灾探测器动作报警，经火灾报警控制系统联动，控制防火门电动关闭装置动作，使防火门关闭，同时将状态信号反馈至消防控制室显示出来。

7.4.4.3 电梯

① 所有电梯都有回归首层功能（不仅仅是消防梯）。

② 消防梯还要有由消防员投入使用的功能。在一层开门，火灾时供消防人员去各层救火和救人之用。

③ 电梯前室的感烟探测器动作，由消防值班室确认，或在消防控制室里设有电梯控制。

7.4.4.4 切断非消防电源

在扑救火灾过程中，容易造成电线短路，人员触电，电线短路又有可能引起二次火灾。

所以，对于非消防电源要及时切除。其原则是：本层报警，切本层的非消防电源。以免造成慌乱。

7.4.4.5 火灾应急照明和疏散指示标志

(1) 设置部位

①《高层民用建筑设计防火规范》中的要求 高层民用建筑的下列部位，应设置消防应急照明灯具。

a. 楼梯间、防烟楼梯间前室、消防电梯间及其前室、合用前室和避难层（间）。

b. 配电室、消防控制室、消防水泵房、防烟排烟机房、供消防用电的蓄电池室、自备发电机房、电话总机房及发生火灾时仍需坚持工作的其他房间。

c. 观众厅、展览厅、多功能厅、餐厅和商业厅等人员密集的场所。

d. 公共建筑内的疏散走道和居住建筑内走道长度超过 20m 的内走道。

②《建筑设计防火规范》中的要求 除住宅外的民用建筑、厂房和丙类仓库的下列部位，应设置消防应急照明灯具。

a. 封闭楼梯间、防烟楼梯间及其前室、消防电梯间的前室或合用前室。

b. 消防控制室、消防水泵房、自备发电机房、配电室、防烟与排烟机房以及发生火灾时仍需正常工作的其他房间。

c. 观众厅，建筑面积大于 $400m^2$ 的展览厅、营业厅、多功能厅、餐厅，建筑面积大于

200m² 的演播室。

d. 筑面积大于 300m² 的地下、半地下建筑或地下室、半地下室中的公共活动房间。

e. 公共建筑中的疏散走道。

(2) 设置要求

① 疏散走道的应急照明，其地面最低照度不应低于 0.5lx。

② 人员密集场所内地面最低水平照度不应低于 1.0lx；

③ 楼梯间内的地面最低水平照度不应低于 5.0lx；

④ 除二类居住建筑外，高层建筑的疏散走道和安全出口处应设灯光疏散指示标志。

⑤ 公共建筑、高层厂房（仓库）及甲、乙丙类厂房应沿疏散走道和在安全出口、人员密集场所的疏散门的正上方设置灯光疏散指示标志，并应符合下列规定。

a. 安全出口疏散门的正上方应采用“安全出口”作为指示标志。

b. 沿疏散走道设置的灯光疏散指示标志，应设置在疏散走道及其转角处距地面高度 1.0m 以下的墙面上，且灯光疏散指示标志间距不应大于 20m；对于袋形走道，不应大于 10m；在走道转角区，不应大于 1.0m。其指示标志应符合现行国家标准《消防安全标志》GB 13495—1992 的有关规定。

⑥ 消防应急照明灯具宜设置在墙面的上部、顶棚上或出口的顶部。

⑦ 应急照明灯和灯光疏散指示标志，应设玻璃或其他不燃烧材料制作的保护罩。

⑧ 应急照明和疏散指示标志，可采用蓄电池作备用电源，且连续供电时间不应少于 20min；高度超过 100m 的高层建筑连续供电时间不应少于 30min。

⑨ 下列建筑或场所应在其内疏散走道和主要疏散路线的地面上增设能保持视觉连续的灯光疏散指示标志或蓄光疏散指示标志。

a. 总建筑面积超过 8000m² 的展览建筑。

b. 总建筑面积超过 5000m² 的地上商店。

c. 总建筑面积超过 500m² 的地下、半地下商店。

d. 歌舞娱乐、放映游艺场所。

e. 座位数超过 1500 个的电影院、剧院，座位数超过 3000 个的体育馆、会堂或礼堂。

7.4.4.6 *应急照明的控制*

有 EPS 供火灾时应急照明的电源装置或灯具，采用自带蓄电池方式，发生火灾并经确认后，消防控制室的控制设备应通过模块将应急照明从正常电源切换至应急电源上。接线时要注意：让其保持 24h 不间断充电，应急照明与一般照明不能混接在一个回路上。

7.4.5 火灾应急广播及消防专用电话

(1) 火灾应急广播

火灾应急广播从结构形式上可分为多线制广播和总线式广播两种。

① 多线制消防广播系统　多线制消防广播系统是由消防专用扩音机及广播分路盘、扬声器等组成，广播扩大机的音源有指挥员的麦克风和录音卡盒的信号，当发生火情时，消防值班人员可根据情况手动决定向哪几层进行疏散、诱导广播。当按下某 N 层的广播分路按键后，第 N 层及 $N+1$ 层和 $N-1$ 层的广播转入火灾事故广播状态（切断播放背景音乐），广播录音装置开始自动录音。

② 总线式消防广播系统　总线式消防广播系统是由广播主机（即广播录放盘、功放盘、扩大机）、输出模块、切换接口、扬声器等组成。当某层发生火警时，主机按预先编制的软件程序指令紧急广播系统动作，打开报警疏散信号源，同时指令相应输出模块动作，使着火灾层

及上、下层扬声器自动切换至紧急广播总线，并自动鸣响报警。在消防中心的联动控制盘上还为每层的消防广播扬声器分别设置了手动开关，使得各层的消防广播扬声器不但可自动也可手动播放。与主机装在一起的应急广播系统还设有麦克风，由消防值班人员指挥人员疏散或灭火行动。当广播转入火灾广播时，录音装置自动将广播内容录制下来。根据规程规定，每个扬声器的额定功率不应小于3W，播放范围内最远点的播放声压级应高于背景噪声15dB。

（2）消防专用电话

在消防中心设置消防专用电话总机（一般与消防广播合为一体，称广播通信柜），当发生火灾事故时，它可以为火灾报警和消防指挥提供必要通信联络。电话采用直接呼叫通话方式，无需拨号。各部分机拿起电话总机立即响应，总机和分机可以通话，当总机呼叫分机时，按下对应机开关，对应的分机发出铃流音响，分机即可和总机对话。

当进行电话通话时，录音装置自动将通话声音录下来，事后可通过装置上的盒式磁带录放装置将通话的内容进行复查。

7.4.6 建筑物内有煤气产生的场所

应使用可燃气体探测器和控制器。控制器应向消防中心发出信号，使消防中心有相应的声、光报警，消防值班人员手动操作关闭煤气管道电磁阀信号。

能力训练题

1. 举例说明高层建筑总设置自动消防系统的必要性。
2. 画图说明自动监控消防系统的组成，并说明其工作原理。
3. 举例说明微机监控系统的特点及其在应用上的优越性。
4. 详细说明建筑消防系统典型设备的性能及应用。
5. 简要说明自动监控系统的正常检测与自动灭火过程。

8 消防设备用电

本章对建筑现场消防用电存在的一些安全技术管理方面的问题进行分析，对提高建筑现场临时用电安全技术水平的综合措施进行了详细论述。

8.1 消防供电设计原则

消防供电主要是对以下建筑消防设施提供动力，如消防控制室、火灾自动报警装置、自动喷水灭火装置、气体灭火装置、消防水泵、火灾事故照明、疏散指示标志、消防电梯及电动防火门、防火卷帘、防火阀等。这些消防设施都需要安全可靠的消防供电设计，平时和其他用电设备一样，采用市电供电，一旦发生火灾，立即切换为消防供电，以保证建筑消防设施用电的连续性。

8.1.1 消防供电的负荷等级

根据用电负荷的性质和重要性而划分级别，称为负荷分级。电气负荷常分为三个等级。

(1) 一级负荷

符合下列情况之一的，应为一级负荷。

① 中断供电将造成人身伤亡的。

② 中断供电将在政治、经济上造成重大损失的。例如：重大设备损坏、重大产品报废、用重要原料生产的产品大量报废、国民经济中重点企业的连续生产过程被打乱需要长时间才能恢复等。

③ 中断供电将影响有重大政治、经济意义的用电单位的正常工作。例如：重要交通枢纽、重要通信枢纽、重要宾馆、大型体育馆、经常用于国际活动的大量人员集中的公共场所等用电单位中的重要电力负荷。

在一级负荷中，当中断供电发生中毒、爆炸和火灾等情况的负荷，以及特别重要场所的不允许中断供电的负荷，应视为特别重要的负荷。

(2) 二级负荷

符合下列情况之一的，应为二级负荷。

① 中断供电将在政治、经济上造成较大的损失的。例如：主要设备损坏、大量产品报废、连续生产过程被打乱需较长时间才能恢复，重点企业大量减产等。

② 中断供电将影响重要用电单位的正常工作。例如：交通枢纽、通信枢纽等用电单位中的重要电力负荷，以及中断供电将造成大型影剧院、大型商场等较多人员集中的重要的公共场所秩序混乱。.

(3) 三级负荷

不属于一级和二级的电力负荷。

按照上述负荷分级的划分原则，建筑消防设施的用电负荷举例如下。

① 一级负荷

a. 一类高层建筑中的消防控制室、消防水泵、消防电梯、防烟排烟风机、火灾自动报警、漏电火灾报警系统、自动灭火系统、应急照明、疏散指示标志和电动防火门、窗、卷帘、阀门等消防用电。

b. 建筑高度超过 50m 的乙、丙类厂房和丙类库房的消防用电。

c. 石油化工企业生产区消防水泵的用电设备。

② 二级负荷

a. 二类高层建筑中的消防控制室、消防水泵、消防电梯、防烟排烟风机、火灾自动报警、漏电火灾报警系统、自动灭火系统、应急照明、疏散指示标志和电动防火门、窗、卷帘、阀门等消防用电。

b. 室外消防用水量超过 30L/s 的工厂、仓库。

c. 室外消防用水量大于 35L/s 的可燃材料堆场、可燃气体储罐（区）和甲、乙类液体储罐（区）。

d. 座位数超过 1500 个的电影院、剧院，座位数超过 3000 个的体育馆、任一层建筑面积大于 $3000m^2$ 的商店、展览建筑、省（市）级及以上的广播电视楼、电信楼和财贸金融楼，室外消防用水量大于 25L/s 的其他公共建筑。

③ 三级负荷　除去一级负荷和二级负荷的用电负荷。

8.1.2　不同级别负荷的供电要求

8.1.2.1　一级负荷的供电要求

一级负荷应由两个电源供电。两个电源的要求，应符合下列条件之一。

① 两个电源间无联系。

② 两个电源间有联系，但符合下列要求。

a. 发生任何一种故障时，两个电源的任何部分应不致同时受到损坏。

b. 发生任何一种故障且保护装置动作正常时，有一个电源不中断供电，并且在发生任何一种故障且主保护装置失灵以致两电源均中断供电后，应能在有人值班的处所完成各种必要操作，迅速恢复一个电源供电。

对于特别重要的建筑应考虑第一电源系统检修或故障时，另一电源又发生故障的严重情况。此时应从电力系统取得第三电源或自备电源，自备发电设备应设有自动启动装置，并能在 30s 内供电。

8.1.2.2　二级负荷的供电要求

二级负荷应尽量做到当发生电力变压器故障或电力线路常见故障时不致中断供电（或中断后能迅速恢复）。因此当地区供电条件允许且投资不高时，二级负荷宜由两个电源供电。在负荷较小或地区供电条件困难时，二级负荷可由 6kV 及以上专用架空线供电。如采用电缆时，应敷设备用电缆并经常处于运行状态。二类建筑有自备发电设备的，当采用自备启动有困难时，可采用手动启动装置。

8.1.2.3　三级负荷的供电要求

应设有两台变压器，一用一备。

8.1.2.4　双回路供电

从建筑消防设施的供电要求上看，无论是 10kV 供电回路或是 380/220V 配电回路，都应该做到安全可靠、技术先进、经济合理、操作简单、维护方便。根据负荷分级、负荷计算，选择电压等级、系统形式、设备配置、电容补偿，从而保证可靠地供电。

两路电源指的是两个发电厂或两个电站互不关联的独立发电部门。两回路则指电力系统中一个区域变电站的不同母线段上的 10kV 电源两个出线回路，或是不同的 10kV 开闭所的两个出线回路，或是同一开闭所有不同母线段，这几种可能性都存在。

图 8-1 为双电源供电示意图。

图 8-2 为两路 10kV 电源一用一备方案。

图 8-3 为两路 10kV 电源同时供电方案。

图 8-4 为三路 10kV 电源两用一备方案。

图 8-5 为自备发电机组的接入。

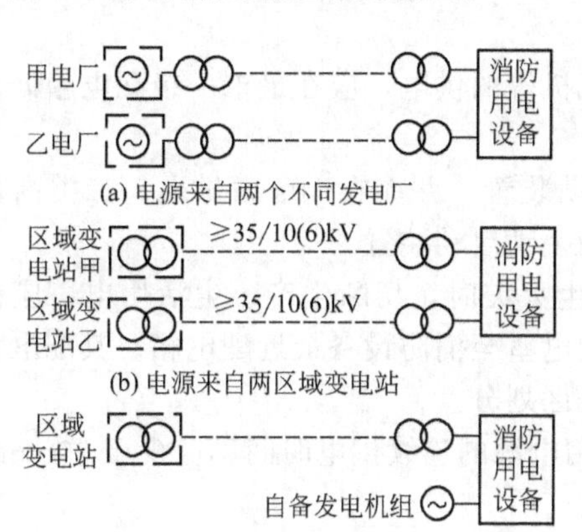

图 8-1　双电源供电示意图

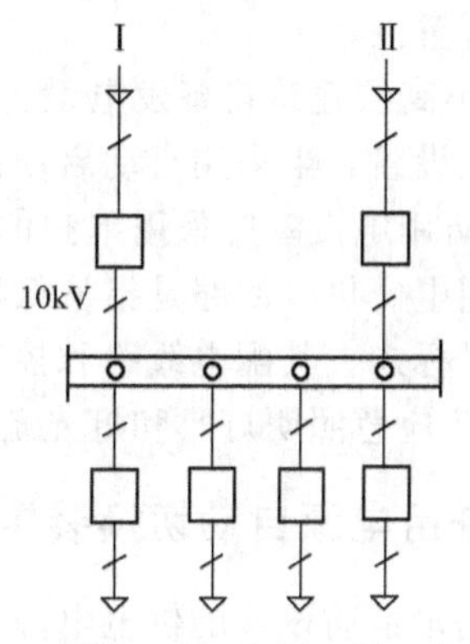

图 8-2　两路 10kV 电源一用一备方案

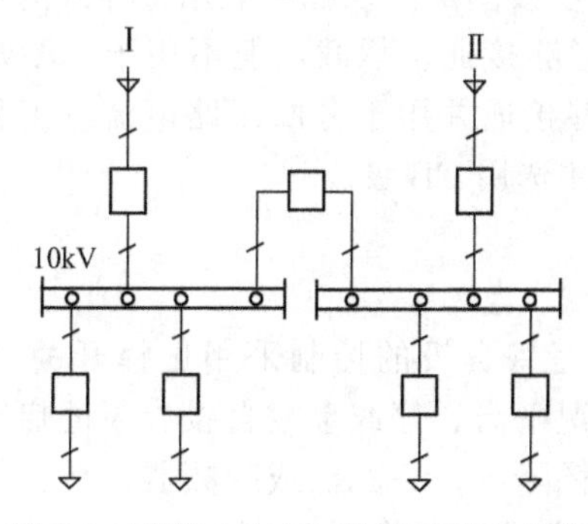

图 8-3　两路 10kV 电源同时供电方案

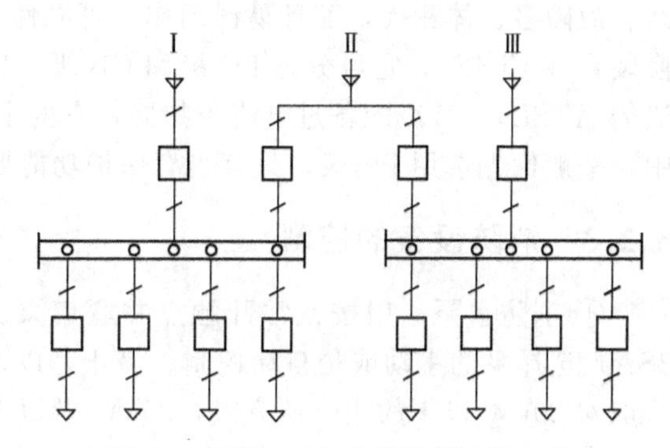

图 8-4　三路 10kV 电源两用一备方案

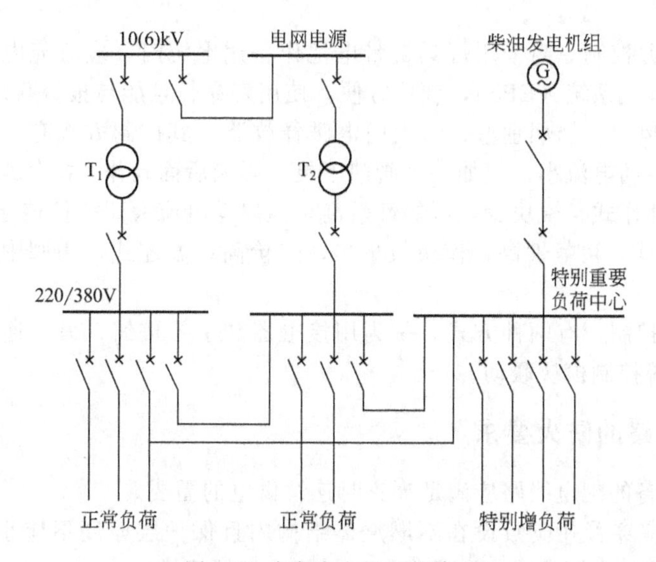

图 8-5　自备发电机组的接入

8.2 消防设备的供电要求

8.2.1 消防设备的配电系统

消防控制室、消防水泵、消防电梯、防烟排烟风机等的供电，应在最末一级配电箱处设置自动切换装置。

① 一类高层建筑自备发电设备，应设有自动启动装置，并能在30s内供电。二类高层建筑自备发电设备，当采用自动启动有困难时，可采用手动启动装置。

② 消防用电设备应采用单独的供电回路，当发生火灾时，切断生产、生活用电，应仍能保证消防用电。供电回路是指从低压总配电室或分配电室至消防设备最近配电箱。其配电设备应设有明显标志。其配电线路和控制回路宜按防火分区划分。

③ 消防应急照明灯具和灯光疏散指示标志的备用电源的连续供电时间不应少于30min。

8.2.2 备用电源自动切换装置

为了满足消防设备的供电电源必须在配电箱的末端进行自动切换的要求，过去通常采用接触器、中间继电器、按钮和熔断器组成的双电源切换箱。这种方式，不仅元器件多、结构复杂、故障多、体积大，而且易误动作，可靠性低，正逐步被淘汰。现在一般用整体式的双源切换装置（ATSE），它可分为PC级和CB级。PC级为能够接通、承载，但不用于分断短路电流的ATSE，CB级配备过电流脱扣器，它的主触头能够接通并用于分断短路电流。工程实际中，一般优先选用PC级，只有当有保护功能要求时，才选用CB级。

8.2.3 消防设备的控制

① 消防水泵　用按钮常开触点并联启泵。对两台互备自投的控制采用选择开关（1SA、2SA）选择泵的手动或是自动控制、停止，以及自动情况下启、停或事故自投。泵的启动方式一般对20kW以下的用全压方式，20kW及以上的用自耦降压、Y-△法或变频器。

② 防排烟风机　用选择开关来选择手动启、停风机或选择自动控制时的火灾自动报警装置。

③ 应急照明电源控制　当采用灯具自带电池作备用电源时，应有充电回路。目前很多大中型工程采用集中供电系统（EPS），维护方便，使用寿命长且能与报警联动。

④ 防火阀、送风口、挡烟垂壁、防火门电磁释放器　其控制方式有：串联方式，即顺序动作式，模块少，启动电流小，但如一个阀门不灵，影响后面动作，故每组不超过3～4个阀；并联方式，即同时动作式，模块少，可靠性较高，但启动电流大，需校核导线压降，每组不超过3～4个阀；独立式，可靠性高，模块数量多，造价高；温控式，用阀中的易熔件控制，简单可靠。

⑤ 非消防电源控制　有两种方式，一为用接触器加手控按钮，另一通过断路器的分励脱扣器，可和火灾报警控制模块联动。

8.2.4 供配电线路的防火要求

① 消防用电设备的配电线路应满足火灾时连续供电的需要。

a. 暗敷设时，应穿管并应敷设在不燃烧体结构内且保护层厚度不应小于30mm，明敷设时，应穿有防火保护的金属管或有防火保护的封闭式金属线槽。

b. 当采用阻燃或耐火电缆时，敷设在电缆井、电缆沟内可不采取防火保护措施。

c. 当采用矿物绝缘类不燃性电缆时，可直接敷设。

d. 其他配电线路分开敷设；当敷设在同一井沟内时，宜分别布置在井沟的两侧。

② 甲类厂房、甲类仓库，可燃材料堆垛，甲、乙类液体储罐，液化石油气储罐，可燃、助燃气体储罐与架空电力线的最近水平距离不应小于电杆（塔）高度的1.5倍，丙类液体储罐与架空电力线的最近水平距离不应小于电杆（塔）高度的1.2倍。

35kV以上的架空电力线与单罐容积大于200m^3或总容积大于1000m^3的液化石油气储罐（区）的最近水平距离不应小于40m；当储罐为地下直埋式时，架空电力线与储罐的最近水平距离可减小50%。

③ 电力电缆不应和输送甲、乙、丙类液体管道、可燃气体管道、热力管道敷设在同一管沟内。

配电线路不得穿越通风管道内腔或敷设在通风管道外壁上，穿金属管保护的配电线路可紧贴通风管道外壁敷设。

④ 配电线路敷设在有可燃物的闷顶内时，应采取穿金属管等防火保护措施；敷设在有可燃物的吊顶内时，宜采取穿金属管、采用封闭式金属线槽或难燃材料的塑料管等防火保护措施。

⑤ 电缆竖井其井壁应为耐火极限不低于1h的非燃烧体。井壁上的检查门应用丙级防火门，井道应每隔2～3层在楼板处用相当于楼板耐火极限的非燃烧体做防火分隔，井道与房间吊顶等相连通的孔洞，其空隙应采用非燃材料紧密填塞。

⑥ 配电箱结构及其器件宜用耐火耐热型，当用普通型配电箱时，其安装位置的选择除了常规遵循事项外，应尽可能避开易受火灾影响的场所，并对其安装方式和安装部位的结构做好防火隔热措施。

⑦ 配电回路不应装设漏电切断保护装置。对消防水泵、防烟排烟风机等重要消防设备不宜装设过负荷保护，必要时可手动进行控制。

⑧ 设在建筑物内地下层的变（配）电室、发电机房，应采用耐火极限分别不低于2.0h的隔墙和1.5h的楼板，与其他部位隔开，设置直通室外的通道或出口。柴油发电机房应设置固定式自动灭火装置。

⑨ 消防设备的供电线路导线截面应适当放宽，其长期允许载流量，一般可比断路器长延时脱扣器整定值大25%。

8.2.5 爆炸和火灾危险环境的电气线路

（1）爆炸性气体环境电气线路的设计和安装要求

① 电气线路应在爆炸危险性较小的环境或远离释放源的地方敷设。

a. 当易燃物质比空气重时，电气线路应在较高处敷设或直接埋地；架空敷设时宜采用电缆桥架；电缆沟敷设时沟内应充砂，并宜设置排水措施。

b. 当易燃物质比空气轻时，电气线路宜在较低处或电缆沟敷设。

c. 电气线路宜在有爆炸危险的建、构筑物的墙外敷设。

② 敷设电气线路的沟道、电缆或钢管，所穿过的不同区域之间墙或楼板处的孔洞，应采用非燃性材料严密堵塞。

③ 当电气线路沿输送易燃气体或液体的管道栈桥敷设时，应符合下列要求。

a. 沿危险程度较低的管道一侧。

b. 当易燃物质比空气重时，在管道上方；比空气轻时，在管道的下方。

④ 敷设电气线路时宜避开可能受到机械损伤、振动、腐蚀以及可能受热的地方，不能避开时，应采取预防措施。

⑤ 在爆炸性气体环境内，低压电力、照明线路用的绝缘导线和电缆的额定电压，必须不低于工作电压，且不应低于500V。工作中性线的绝缘额定电压与相线电压相等，并应在同一护套或管子内敷设。

⑥ 在1区内单相回路中的相线及中性线均应装设短路保护，并使用双极开关同时切断相线及中性线。

⑦ 在1区内应采用铜芯电缆；在2区内宜采用铜芯电缆，当采用铝芯电缆时与电气设备的连接应有可靠的铜-铝过渡接头等措施。

⑧ 选用电缆时应考虑环境腐蚀、鼠类和白蚁危害以及周围环境温度及用电设备进线盒方式等因素。在架空桥架敷设时宜采用阻燃电缆。

⑨ 对3～10kV电缆线路，宜装设零序电流保护；在1区内保护装置宜动作于跳闸；在2区内宜作用于信号。

(2) 爆炸性粉尘环境电气线路的设计和安装要求

① 电气线路应在爆炸危险性较小的环境处敷设。

② 敷设电气线路的沟道、电缆或钢管，在穿过不同区域之间墙或楼板处的孔洞时，应采用非燃性材料严密堵塞。

③ 敷设电气线路时宜避开可能受到机械损伤、振动、腐蚀以及可能受热的地方，如不能避开时，应采取预防措施。

④ 爆炸性粉尘环境10区内高压配线应采用铜芯电缆；爆炸性粉尘环境11区内高压配线除用电设备和线路有剧烈振动者外，可采用铝芯电缆。

⑤ 爆炸性粉尘环境10区内绝缘导线和电缆的选择应符合下列要求。

a. 绝缘导线和电缆的导体允许载流量不应小于熔断器熔体额定电流的1.25倍，或自动开关长延时过电流脱扣器整定电流的1.25倍（本款第2项情况除外）。

b. 引向电压为1000V以下鼠笼型感应电动机的支线的长期允许载流量，不应小于电动机额定电流的1.25倍。

c. 电压为1000V以下的导线和电缆，应按短路电流进行热稳定校验。

⑥ 在爆炸性粉尘环境内，低压电力、照明线路用的绝缘导线和电缆的额定电压，必须不低于网络的额定电压，且不应低于500V。工作中性线绝缘的额定电压应与相线的额定电压相等。并应在同一护套或管子内敷设。

⑦ 在爆炸性粉尘环境10区内，单相回路中的相线及中性线均应装设短路保护，并使用双极开关同时切断相线和中性线。

⑧ 爆炸性粉尘环境10区、11区内电缆线路不应有中间接头。

⑨ 选用电缆时应考虑环境腐蚀、鼠类和白蚁危害以及周围温度及用电设备进线盒方式等因素。在架空桥架敷设时宜采用阻燃电缆。

⑩ 在3～10kV电缆线路应装设零序电流保护；保护装置在爆炸性粉尘环境10区内宜动作于跳闸，在爆炸性粉尘环境11区内宜作用于信号。

⑪ 电压为1000V以下的电缆配线最小载面：10区为铜芯2.5mm^{2}及以上，11区为铜芯1.5mm^{2}以上，铝芯2.5mm^{2}及以上。

⑫ 在爆炸性粉尘环境内，严禁采用绝缘导线或塑料管明设。当采用钢管配线时，电压为1000V以下的钢管配线管子螺纹旋合应不少于5扣，接线盒、分支盒采用尘密型。

钢管应采用低压流体输送，用镀锌焊接钢管。为了防腐蚀，钢管连接的螺纹部分应涂以铅油或磷化膏。在可能凝结冷凝水的地方，管线上应装设排除冷凝水的密封接头。

⑬ 在10区内敷设绝缘导线时，必须在导线引向电气设备接头部件，以及与相邻的其他区域之间做隔离密封。供隔离密封用的连接部件，不应作为导线的连接或分线用。

8.3 灯具防火要求

① 开关、插座和照明灯具靠近可燃物时，应采取隔热、散热等防火保护措施。

② 卤钨灯和额定功率大于等于100W的白炽灯泡的吸顶灯、槽灯、嵌入式灯，其引入线应采用瓷管、矿棉等不燃材料做隔热保护。

③ 大于60W的白炽灯、卤钨灯、高压钠灯、金属卤灯光源、荧光高压汞灯（包括电感镇流器）等不应直接安装在可燃装修材料或可燃构件上。

④ 可燃材料仓库内宜使用低温照明灯具，并应对灯具的发热部件采取隔热等防火保护措施；不应设置卤钨灯等高温照明灯具。

⑤ 配电箱及开关宜设置在仓库外。

能力训练题

1. 画图说明建筑消防系统供电的几种形式，并说明系统布线时的注意事项。
2. 消防控制室供电有哪些要求？
3. 消防控制室中一般应具有哪些消防控制设备？
4. 消防系统配线的设计方法和布线原则是什么？
5. 在消防弱电系统中，有几种直流电源供电方式？各有什么特点？

9 消防检测机构及检测程序

消防报警及其联动控制系统工程是构成建筑工程的基本单元，因其专业要求严、技术含量高而直接关系到整个建筑物体的消防安全，关系到防火灭火的成败。《中华人民共和国建筑法》、《中华人民共和国消防法》和公安部、原建设部的有关法规文件都明确规定了要对消防工程实行消防监督，实行专业许可制。消防工程专业设计、施工、监理、检测、验收是整体建筑设计、施工等的专项工程，可以说是比其他专项工程还要独立的特殊工程。同时，也是计算机、网络、控制、通信等各种技术在智能建筑中的集中应用和体现，是构筑楼宇自控系统等建筑智能化系统不可缺少的重要组成部分。《中华人民共和国消防法》明确指出，按照国家工程建设消防技术标准进行消防设计的建筑工程竣工后，必须经公安消防机构进行消防验收。未经验收或验收不合格的，不得投入使用。经过建筑消防审核的建筑工程未经验收或验收不合格擅自开业的将被视为违反消防法律、法令的行为，将会受到行政处罚。由专业的消防设施检测机构对建筑工程的消防设施进行严格的功能指标检测，公安消防机构提供必需的验收数据，确保验收工作顺利进行。

9.1 消防检测机构

9.1.1 建筑消防设施检测资质

《中华人民共和国消防法》第三十四条规定：“消防产品质量认证、消防设施检测，消防安全监测等消防技术服务机构和执业人员，应当依法获得相应的资质、资格”。所以消防检测检测机构应依法向消防主管部门取得消防检测资质证书。检测机构未取得消防检测资质证书之前，不得从事消防检测业务。

建筑消防设施检测单位资质申报，采取由地、市公安消防部门推荐和由企业直接申报两种办法，由省级以上公安消防监督部门审查批准，业务上受省级消防监督部门的监督和指导。

消防检测机构的资质证书主要有两个：一个是消防主管部门核发的消防检测技术服务资格证书，另一个是质量技术监督部门核发的质量认证证书。前者是证明检测机构能够开展的业务范围，后者是指检测机构运行的能力和质量保证措施。

9.1.2 建筑消防设施检测单位必须具备的条件

① 已在工商管理部门登记，具有独立法人资格的经济或技术实体；具备相应条件的经济或技术实体。

② 有专职的熟悉消防专业知识的技术人员和符合国家要求的检查和检测仪器设备。

③ 承担检查和检测的人员参加并通过省级消防部门组织的专门培训和考试。

④ 与公安消防部门在职能、财务、人事方面无隶属关系。

⑤ 建立完整的质量保证体系及内部管理制度。

9.1.3 建筑消防设施检测资质证书年审制度

每年对建筑消防设施检测单位进行一次资质复查，对已参加培训教材检测人员进行复查，未按期复查或复查不合格的，其证书失效。

9.1.4　建筑消防设施检测单位的内部管理体系

基本建筑消防设施检测工作，对保证检测工作的质量，使检测结果具有权威性、公正性、准确性，切实加强建筑消防设施检测单位的内部管理十分必要。

① 建立工程岗位定期培训考核制度。检测人员必须具备良好的职业道德，全面掌握国家消防技术标准及各类消防产品的国家标准、行业标准、企业标准，熟练掌握各种检测仪器、设备的操作方法和消防设施安装质量检测评定规程。

检测人员必须经过消防监督部门或技术监督部门的培训，取得上岗证书。

② 建立法人代表总负责制和工程技术人员岗位责任制等一系列岗位制度。

③ 建立健全质量保证制度、质量责任追究制度。

④ 设立检测数据内部审核机构，建立检测数据申报审核制度。建筑消防设施检测单位在现场检查、测试工作中填写测试记录，并经内部审核人员现场审核后，由测试人员和审核人员签字存档，数据生效。全部现场检查、测试记录生效后，方可填写检测报告。检测报告须经法人代表签字生效后，分别提供给建筑产权单位和使用单位，并报当地消防监督部门和省级消防监督部门备案，报当地消防监督部门的应有送达手续。

⑤ 建立完善可行的检测规程，并在检测中严格执行。

9.1.5　建筑消防设施检测单位的职责

① 建筑消防设施检测单位必须严格遵守国家有关消防法律法规，严格执行国家消防技术标准及国家有关标准。

② 建筑消防设施检测单位必须具备从事消防设施检测活动的合法资质。

③ 建筑消防设施检测单位不得从事建筑消防设施施工安装、调试和维修保养活动。

④ 建筑消防设施检测单位应对检测工作认真负责，不得弄虚作假。

⑤ 建筑消防设施检测单位应严格执行检测规程，并接受消防监督部门的按比例抽查复测。

⑥ 建筑消防设施检测单位应交纳一定数量的抵押金，以保证其检测质量和由此造成的索赔问题。

9.1.6　建筑消防设施检测单位法律责任

针对建筑消防设施检测单位需依法履行的义务和职责，《中华人民共和国消防法》、“公安部 30 号令”均对消防设施检测单位的法律责任做了明确规定。

建筑消防设施检测单位应依法承担下述法律责任。

①《中华人民共和国消防法》第六十九条规定：消防产品质量认证、消防设施检测等消防技术服务机构出具虚假文件的，责令改正，处五万元以上十万元以下罚款，并对直接负责的主管人员和其他直接责任人员处一万元以上五万元以下罚款；有违法所得的，并处没收违法所得；给他人造成损失的，依法承担赔偿责任；情节严重的，由原许可机关依法责令停止执业或者吊销相应资质、资格。

前款规定的机构得出具失实文件，给他人造成损失的，依法承担赔偿责任；造成重大损失的，由原许可机关依法责令停止执业或者吊销相应资质、资格。

②“公安部 30 号令”第二十九条规定：建筑消防设施检测单位和个人有下列行为之一的，由公安机关责令改正，并可以对单位和直接责任人员、主管人员处三万元以下罚款；对拒不改正或限期不改的，责令停工，已完成任务不得验收交付使用；已取得检测资质的，由省级以上

公安消防部门撤销其证书。

a. 未取得资质证书和年度复验的。

b. 建筑消防设施检测弄虚作假的。

③ 消防设施检测单位违反消防安全技术规定进行检测，对检测失实，致使消防设施在火灾时不能正常使用或由此造成后果的，建筑消防设施检测单位除承担经济赔偿责任处，应依法追究其相关人员的法律责任。

a. 消防检测机构设备的配备，消防主管部门都有硬性的规定，这些仪器的配备，都是为了满足消防检测业务而配备的；中华人民共和国公共安全行业标准 GA 502—2004 中对消防检测设备的配备要求见表 9-1。

表 9-1 消防检测装备的配备要求

序号	装备名称	单位	配备数量			备注
			一级	二级	三级	
			应配	应配	应配	
1	秒表	个	4	3	2	
2	数字照度计	个	4	3	1	测量范围不小于 200lx，精度±3%
3	数字声级计	个	4	3	1	测量范围 30～130dB，精度±1.5dB
4	数字测距仪	个	—	—	—	测量范围不小于 50m
5	卷尺	个	4	3	2	测量范围不小于 30m
6	数字风速计	台	4	3	1	测量精度±3%
7	数字微压计	个	2	1	1	测量范围 0～500Pa，精度±3%
8	消火栓测压接头	套	4	3	2	压力表测量范围 0～1.0MPa，精度 1.5 级
9	超声波流量计	个	—	—	—	测量管径 0～100mm，精度±1%
10	防火涂料测厚仪	个	1	1	1	主要用于检测钢结构防火涂层厚度，测量厚度 1～20mm，精度 0.1mm
11	喷水末端试水接头	个	4	3	1	压力测量范围 0～0.6MPa，精度 1.5 级
12	点型感烟探测器功能试验器	个	4	3	2	
13	点型感温探测器功能试验器	个	3	2	1	
14	线型光束感烟探测器滤光片	套	1	1	—	
15	火焰探测器功能试验器	套	1	1	—	红外线波长>850nm 紫外线波长<280nm
16	漏电电流检测仪	台	2	1	1	测量范围 0～2A，精度 0.1mA
17	红外测温仪	个	2	1	1	测量范围－30～800℃，精度 2%
18	红外热像仪	台	—	—	—	精度不小于 0.5℃
19	便携式可燃气体检测仪	台	2	1	1	可检测一氧化碳、氢气、氨气、液化石油气、甲烷等可燃气体浓度，并发出声光报警
20	防爆静电电压表	个	—	—	—	测量范围 0～30kV，精度 10%
21	接地电阻测量仪	个	3	2	1	测量范围 0～1000Ω
22	绝缘电阻测量仪	个	3	2	1	测量范围 0～3000MΩ

续表

序号	装备名称	单位	配备数量			备　注
			一级	二级	三级	
			应配	应配	应配	
23	数字万用仪	个	4	3	2	
24	钳型电流表	个	4	3	2	测量范围 0～1000A
25	泡沫称重电子秤	个	1	1	—	
26	消防设施检测专用车	辆	3	2	1	装载本表检测设备

b. 要建立各项规章制度和质量保证体系。

9.2 检测工作程序

消防检测工作程序一般为：委托、调查、编制检测方案，现场检测，编写检测报告（包括综合评定），报告发送。

9.2.1 委托

委托检测单位应以书面形式向具有消防检测资质的检测机构提出检测申请，双方签订委托检测合同并提供如下资料，并保证提供的资料合法有效。

① 填写工程情况表。

② 工程竣工图。

③ 消防部门审核意见书。

④ 施工单位、工程监理单位资质等级证明文件。

⑤ 质量验收记录、工程监理评审意见。

⑥ 主要材料、设备质量合格证明文件、出厂合格证、准销证、设备操作说明书。

⑦ 设计变更通知单、图纸会审纪要等。

⑧ 隐蔽工程中间验收记录。

⑨ 自检报告。

⑩ 施工中间测试记录：水压试验记录、气密性试验记录、冲洗记录、接地电阻、绝缘电阻测试记录等主要项目测试记录。

除了提交资料外，检测机构应向委托方提出配合检测的要求。

① 根据工程所含系统种类，配备技术人员协助检测，一般来讲，水、电专业各不少于 2 人，其他专业各不少于 1 人。

② 委托单位应协调主要设备安装调试人员到场。

9.2.2 调查

检测单位接受委托之后，首要的工作就是开展调查，调查分为资料调查、现场调查和补充调查。要仔细查看提交的资料，查看现场时，调查要有重点，委托方应派工程技术人员对工程状况进行系统介绍。

对现场调查的未尽事宜、遗漏部分，可进行补充调查，补充调查主要涉及个别项目或个别部位。

9.2.3 编写检测方案（大纲）

检测方案的内容主要有以下几方面。

① 工程概况：包括建筑名称、工程地址、建筑面积、建筑层数、建筑高度、使用性质、火灾危险性分类、建设单位、设计单位、施工及工程监理单位等。

② 检测目的：按委托方的要求。

③ 检测依据：按消防主管部门建筑工程消防审核意见书及根据有关适用的消防设计规范、施工及验收规范，没有国家标准的，按地方标准和行业标准。

④ 检测项目检测及系统检测程序：列出检测的系统及每个系统的具体检测项目。

⑤ 检测工作的组织措施、技术措施、质量保证措施、安全措施。

⑥ 检测仪器的配备。

⑦ 检测工作进度计划安排。

9.2.4 现场检测

① 准备工作　准备工作是搞好现场检测的基础，因而检测前要做好充分的准备，包括人员准备、设备机具准备、资料准备等。首先成立检测小组，指定负责人，该负责人应熟悉检测工作，而且有一定组织能力，小组成员应具有检测资格证和一定的检测经验。检测前需召集小组全体成员进行任务、技术和安全交底，使大家明确任务和具体检测程序。

对现场检测人员，安全要求如下。

a. 检测人员应服从负责人或安全人员的指挥，不得随便离开检测场地，或擅自到其他与检测无关的场地，也不得乱动与检测无关的设备。

b. 检测人员应穿戴好必需的防护服帽方可进入现场。

c. 高空作业前需检查梯子等登高机具，佩戴安全带。

d. 临时用电应由持电工证接线，并应设有地线或漏电保护器，以保证安全。

e. 检测人员在整个工作期间严禁饮酒。

f. 做好仪器、机具的准备，检查仪器是否已经计量完好。

g. 准备好检测记录和必要的资料。

② 现场检测

a. 检测前应预先检查现场准备工作是否落实，电源、水源是否接通。委托单位应组织好各受检系统施工技术人员，进行系统情况介绍，检测人员介绍现场检测实施方案及有关要求。

b. 检测工作应按检测方案中所列程序对各消防系统进行检测。

c. 做好检测记录，要求记录数据准确，字迹清晰，不得追记、涂改，如有笔误，应进行更改。

d. 补充检测：当发现检测数据不足，需要增补数据时，或对检测数据有疑问时，应在现场进行补充检测。

e. 检测后，系统的主要检测人员应向委托单位反馈现场检测情况，对有争议的项目，可现场复检，确认后在检测记录上签字。

若检测中发现工程存在问题，检测单位应出具整改意见书，并限期整改，整改完成，进行复检。

9.2.5 编写检测报告

消防主管部门对消防检测报告的编写都有固定的格式和内容，其主要内容包括以下几个方面。

① 工程名称。

② 委托单位。

③ 检验性质。

④ 工程概况。

⑤ 检验范围。

⑥ 检测依据。

⑦ 检测结果及结论。

⑧ 检测人、审核人、批准人签字。

检测报告的编写应本着科学、公正、求实的方针，结论要准确，用词要规范，文字要简练。

9.2.6 检测报告的发送

检测报告份数应根据当地消防部门的要求来定，除检测机构要存档一份外，委托单位和消防支队都要送达。

9.3 电气防火检测的条件、手段及内容

9.3.1 电气防火检测的基本条件

① 应在电气设施和线路经 I_n（允许电流）以上的有载运行，在进入热稳定状态下进行检测。

② 应与受检方有关技术人员在现场配合下进行。

9.3.2 电气防火检测的主要手段

使用现代高科技仪器设备，如采用红外测温仪测温、红外热电视扫描、红外热像仪拍热谱图以及采用超声探测仪测量异常高温、火花放电等现象及使用常规电工仪器、仪表如电压表、电流表、验电器、接地电阻测试仪、真有效值电流表等，对运行中的电气设施的各项运行参数进行测量，并运用直观方法，对照国家相关技术规范，对运行中的高低压电气设施的安装、使用、维护和保养等情况进行电气防火安全检测。

9.3.3 检查（测）内容

9.3.3.1 高、低压配电装置

（1）变压器室

① 直观检查变压器室的设置位置、防火等级及孔洞封堵等，变压器的设置、外观质量、组件完整性及防火措施等，高低压电缆（线）的敷设等。

② 用红外系列仪器检测变压器绕组和高低电缆（线）各接点的温度并拍热谱图。

（2）高（低）压配电装置

① 直观检查高（低）压配电装置的设置、安装质量、柜内配线、高（低）压电缆（线）接头、接地、配件的完整及防火措施等。

② 采用常规仪表测量（或读取）各相线的电压（流）值、N 线的不平衡电流值、PE 线有无异常电流及接地电阻值等。

③ 采用红外系列仪器测量导线及其连接点、开关触头的温度并拍热谱图。

(3) 低压配电箱(盘)

① 直观检查配电箱(盘)的设置、材质、安装质量、柜内配线、接线端子连接、接地及防火措施等。

② 采用常规仪表测量负荷电流值、N线电流值及PE线有无异常电流。

③ 采用红外系列仪器测量箱(盘)内各接线端子、断路器触头的温度并拍热谱图;采用超声探测仪测量有无打火放电现象。

(4) 低压配电线路敷设

检查不同用电场所的暗敷、明敷、直敷及穿保护管的线路在安装使用中存在的电气火灾隐患。

(5) 电气照明装置

检查不同的用电场所及各种照明装置在安装使用中存在的电气火灾隐患。

(6) 开关、插座

检查在不同的用电场所安装使用的开关、插座存在的电气火灾隐患。

9.3.3.2 消防控制系统

(1) 火灾自动报警系统

① 检测火灾自动报警系统线路的绝缘电阻、接地电阻、系统的接地、管线的安装及其保护状况。

② 检测火灾探测器和手动报警按钮的设置状况、安装质量、保护半径及与周围遮挡物的距离等,并按30%~50%的比例抽检其报警功能。

③ 检测火灾报警控制器的安装质量、柜内配线、保护接地的设置、主备电源的设置及其转换功能,并对控制器的各项功能测试。

④ 检测消防设备控制柜的安装质量、柜内配线、手自动控制及屏面接受消防设备的信号反馈功能。

⑤ 检测电梯的迫降功能、消防电梯的使用功能、切断非消防电源功能和着火层的灯光显示功能。

⑥ 检测消防控制室、各消防设备间及消火栓按钮处的消防通信功能。

⑦ 检测火灾应急广播的音响功能,手动选层和自动广播、遥控开启和强行切换等功能。

⑧ 检测消防控制室的设置位置及明显标志、室内防火阀及无关管线的设置、双回路电源的设置和切换功能。

⑨ 检测火灾应急照明和疏散指示标志的设置、照度、转换时间和图形符号。

(2) 消防供水系统

① 检查消防水源的性质、进水管的条数和直径及消防水池的设置状况。

② 检查消防水池的容积、水位指示器和补水设施、保证消防用水和防冻措施等。

③ 检查消防水箱的设置、容积、防冻措施、补水及单向阀的状况等。

④ 检测各种消防供水泵的性能、管道、手自动控制、启动时间,主备泵和主备电源转换功能等。

⑤ 检测水泵结合器的设置、标志及输送消防水的功能等。

(3) 室内消火栓系统

① 检查室内消火栓的安装、组件、规格及其间距等。

② 检测屋顶消火栓的设置、防冻措施及其充实水柱长度等。

③ 检查室内消火栓管网的设置、管径、颜色,保证消防用水及其连接形状。

④ 检测室内消火栓的首层和最不利点的静压、动压及其充实水柱长度。

⑤ 检查手动启泵按钮的设置及其功能。

(4) 自动喷水（雾）灭火系统

① 检查管网的安装、连接，设置喷头数量及末端管径等。

② 检查水流指示器和信号阀的安装及其功能。

③ 检测报警阀组的安装、阀门的状态、各组件及其功能。

④ 检测喷淋头安装、外观、保护间距和保护面积及与邻近障碍物的距离等。

⑤ 对报警阀组进行功能试验。

⑥ 对自动喷淋水（雾）系统进行功能试验。

(5) 防排烟及通风空调系统

① 检查正压送风系统的风管、风机、送风口设置状况并测量其风速和正压送风值。

② 检测排烟系统风机、风道、防火阀、送风口、主备电源设置状况及其功能。

③ 检查通风空调系统的管道和防火阀的设置状况。

④ 对各个系统进行手动、自动及联动功能试验。

9.4 实施计划和标准选择

9.4.1 电气防火检测计划及其隐患诊断实施过程

对电气系统火险隐患的认定，是一个从在线检测到离线检测分析和评估的程序化过程。所以必须按照一定的逻辑思维程序，规范检测诊断的实施过程。

在现场充分应用传统的和现代的检测方法，利用声、像、图表、文字等载体，广为采集及时状态隐患信息。

离线采用人-机结合的方法、充分利用计算机的存储、数据处理和图像分析诊断功能提取隐患特征信号。

以国家有关电气防火安全技术规范、标准为依据对隐患信息进行对比分析。

编制图文并茂的检测报告，指出隐患类型、性质、部位、危险程度，预测可能趋势，提出整改意见。送受检单位和报公安消防监督部门。电气火险隐患故障诊断实施过程，如图 9-1 所示。

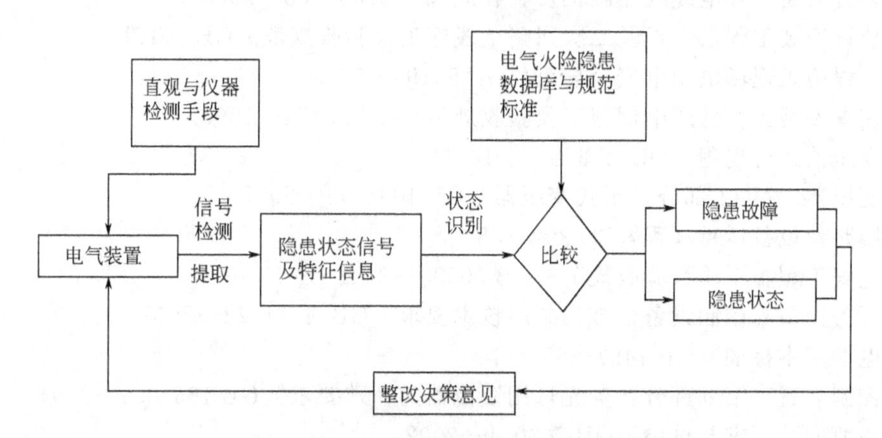

图 9-1　电气火险隐患故障诊断实施过程

图 9-1 中很重要的环节是建立电气装置火险隐患档案库（数据库），因为它是直接表征电气装置火险隐患状态的典型模式，只有它才是识别隐患的可靠依据，否则检测诊断将无法操

作，即使勉强操作，也只能显示出盲目性和随意性。建立档案库的方法很多，比如有意识地积累在线检测数据，然后对电气装置表征出的各种正常和隐患状态信息进行认真详细的观察、统计、分析和归纳，总结出典型隐患模式。实验研究分析和计算机辅助实验方法，虽有其先进、准确、周期短的特点，但目前应用条件尚不成熟。

检测诊断实施过程中，决定检测诊断成败的关键是要选用适当的仪表，采用正确的检测方法，只有这样才能客观、真实、充分地采集到表征电气装置故障状态的信息。然后才能从中把最能表征运行状态的隐患信息提取出来，与档案库中的标准隐患样式进行比较识别，判断其技术安全状态是否正常，预测可靠性和发展趋势，为评价故障原因、部位和火灾危险程度做出合理的整改决策。

9.4.2 选择标准

电气防火安全检测技术工作，是一个综合性科学范畴，涉及多个技术专业门类，目前还没有专用的国家标准，为了开展检测工作，做到有法可依，有标准可循，只能参照现有国家、地方和企业标准的有关内容，作为隐患比对的标准依据，在检测实践中要参照和引用的部分规范和标准如下。

《高层民用建筑设计防火规范》GB 50045—1995（2005年版）

《建筑设计防火规范》GB 50016—2006

《建筑内部装修设计防火规范》GB 50222—1995

《建筑防火封堵应用技术规程》CECS 154—2003

《北京市电气防火检测技术规范》DB 11/065—2000

《建筑电气工程施工质量验收规范》GB 50303—2002

《供配电系统设计规范》GB 50052—2009

《10kV及以下变电所设计规范》GB 50053—94

《低压配电设计规范》GB 50054—2011

《通用用电设备配电设计规范》GB 50055—2011

《电力工程电缆设计规范》GB 50217—2007

《民用建筑电气设计规范》JGJ 16—2008

《电气装置安装工程电缆线路施工及验收规范》GB 50168—2006

《电气装置安装工程盘、柜及二次回路结线施工及验收规范》GB 50171—92

《建筑工程施工现场供用电安全规范》GB 50194—93

《电气装置安装工程低压电器施工及验收规范》GB 50254—1996

《电力变压器运行规程》DL/T 572—2010

《电力变压器　第11部分：干式变压器》GB 1094.11—2007

《架空线路及设备运行规程》SD 292—88

《建筑电气工程施工质量验收规范》GB 50303—2002

《高压开关设备和控制设备标准的共用技术要求》GB/T 11022—2011

《低压电器基本标准》GB 1497—85

《灯的控制装置　第9部分：荧光灯用镇流器的特殊要求》GB 19510.9—2004

《灯具一般安装要求与试验》GB 7000.1—2002

《建筑物电气装置　第5-54部分：电气设备的选择和安装——接地装置、保护导体和保护联结导体》GB 16895.3—2004

《带电设备红外诊断应用规范》DL/T 664—2008

《建筑物电气装置——特殊装置和场所的要求——装有桑拿浴加热器的场所》IEC 60364-7-703—2004

《建筑物电气装置——特殊装置和场所的要求——家具》IEC 60364-7-713—1996

能力训练题

1. 《中华人民共和国消防法》对建筑消防设施检测资质要求有哪些？
2. 消防检测机构的资质证书主要是什么？
3. 建筑消防设施检测单位必须具备哪些条件？
4. 建筑消防设施检测单位应依法承担哪些法律责任？
5. 简述消防检测工程程序。
6. 电气防火检测的基本条件是什么？
7. 电气防火检测的主要手段有哪些？
8. 简述电气防火检测计划及其隐患诊断实施过程。

10 电气火灾隐患诊断与检测

检测人员在用科学的技术手段对检测对象进行交叉实施检测、分析和判断时，必须确定要检测的隐患参数和检测方法，只有这样才能以较小的技术面，及时、准确地从混杂的众多信息中，把火灾隐患信息捕捉、分离出来，特别是已存在的早期隐患信息。要做到这一点，就要对每个检测对象的常见隐患特征和表现形式熟练掌握，心中有数，然后选用适当的检测方法。比如通常对温度、放电声、电气参数、性能、环境、违规安装、使用不当等特征参数，在眼、耳、鼻、手直观检查的基础上，用红外检测法、超声波检测法、常用电工仪表等进行检测。对检测到的已知信息参数用表面温度法、比较法、热图像分析法等，通过分析识别，把火灾隐患信息从中分离出来，虽然隐患的形成是个复杂过程，甚至其中有自然和人为因素的影响，但总能找出内在的规律性，利用这些规律指出隐患所在，实现电气防火检测的初衷。

前面已经指出电气系统及其所处环境的复杂性，要判断其当前处于何种火灾隐患状态，就要将现代高新技术与传统实施防火安全检测的科学化、系统化和规范化检测结合，对一定部位从不同角度交叉诊断，只有这样才能对隐患种类存在部位、性质、原因、危险程度做出正确的识别和判断。电气装置的主要检测范围、对象、隐患特征、诊断方法与使用仪表见表 10-1。

表 10-1 检测范围、对象、隐患特征、诊断方法与使用仪表

检测范围	检测对象与内容	常见隐患特征	诊断方法	使用仪表
变配电装置	变压器、电容器、断路器、母排、电线电缆、土建条件等	温度、声音、间距、绝缘老化、耐火、封堵、渗漏油、污秽	目测法、电磁法、红外测温法、超声法	红外探测器、红外热电视、超声探测器、接地电阻测、试仪
电气线路	敷设方式、导线	方式不当、穿管不到位、无盒无盖、接头、绝缘老化、电流泄漏、温度、耐火、阻燃	目测法、电磁法、红外、测温法	红外探测器、漏电测试仪、钳形电流表
配电箱	箱体材质、位置、内部电器、接线、导线	箱体可燃、密封不严、位置不当、温度、声音	目测法、红外测温法、超声波法	红外探测器、红外热电视、超声波探测器
照明装置及附件	灯具、镇流器、位置	功率、温度、隔热、散热、间距	目测法、红外测温仪	红外探测器
开关插座	开关形式、插头、位置	缺盒、缺盖、隔热、温度	目测法、红外测温法	红外探测器
电动机	本体、位置	温度、声音	目测法、红外测温法	红外探测器、超声波探测器
电热设备	规格型号、位置	温度、隔热、间距	目测法	
保护装置	装置类型、设置方式、绝缘配合	整定值、铜丝代熔丝、拒动、时间	目测法、电磁法	钳形电流表
接地装置	接地极、接地线	无接地、连接松动、锈蚀、电阻	目测法、电磁法	接地电阻、测试仪
可燃物	装修材料、装饰物、放置位置	阻燃性能、防火间距、隔热措施、防止状态	目测法	产品合格证、卷尺

电气火灾隐患的产生总是伴随着一些物理参数的变化，因此通过监测和检测这些参数的变化可以判断电气线路和设备是否处于正常状态，从而起到排除隐患的作用。这些物理参数包括电气参数，比如电压、电流、绝缘电阻、接地电阻；也包括一些现象，比如电火花、电弧；当

然也包括直接表征发热情况的温度。通过这些参数来发现可能存在的电气火灾隐患，首先必须需要搞清楚的就是这些参数的变化是如何引起火灾的，这也是本章介绍的重点所在。此外，电气火灾隐患的检测还包括电气火灾防护设备的运行状态检测，主要是指剩余电流动作断路器。

10.1 电压和电流的测量

10.1.1 电压的测量

供电电压是最基本、最重要的电能指标，对电气系统中的施工材料、设备规格、防护措施都起决定作用。检测并分析电气系统的电压指标，目的在于获知其是否存在异常变化，并根据造成异常变化的原因，采取相应的治理、整改和应对措施，防止出现电气安全问题。电源电压偏高或者偏低均有可能导致发热的增加，因此实际中电压的检测主要看其是否在正常的偏差范围内。此外，电压降也是判断参数之一，如果某段线路的电压降偏大则意味着线路发热增大。

（1）电压偏差与电压降的定义

《电能质量　供电电压偏差》GB/T 12325—2008 对“电压偏差”的定义为“实际运行电压对系统标称电压的偏差相对值。”并规定“220V 单相供电电压偏差为标称电压的＋7%，－10%。”

“电压降”指由线路阻抗（或电源内阻）造成的负载一侧的电压损失，其数值等于“空载电压”与“带载电压”之差，也可用此差值与系统标称电压之比的百分数表示。

《建筑物的电气设施　第 5-52 部分：电气设备的选择和安装　布线系统》IEC 60364-5-52—2001 规定“正常情况下，建议用户电气装置的进线至设备之间的实际电压降不应大于装置额定电压的 4%。包括电击和大冲击电流设备的启动期间在内的瞬态情况，如瞬变电压和由于误操作引起的电压变动可忽略不计”。“电压降”与“电压偏差”的联系在于：只要线路中存在“电压降”就必然导致“电压偏差”，而且两者均以“标称电压”作分母进行计算。

“电压降”与“电压偏差”的不同在于以下几方面。

① 计算时的分子不同——“电压降”以“空载”与“带载”电压之差作为分子；“电压偏差”则以“标称”与“实际”电压之差作为分子。

② 数值的正负不同——“电压降”只有正值，“电压偏差”既可能为正也可能为负。

③ 指标数量不同——同一个测量点，“电压降”只有一个值，电压偏差则有“空载电压偏差”和“带载电压偏差”两个值。

④ 两者所衡量的对象不同——“电压降”体现线路安全，“电压偏差”则影响用电设备和电器的安全。

⑤ 电压降与电压差之间没有直接关系，“电压降”指标合格，并不代表“电压偏差”指标合格。电压降与电压差之间的关系见表 10-2。

表 10-2　电压降与电压差之间的关系

<table>
<tr><th rowspan="2">序号</th><th colspan="2">额定 220V 线路</th><th rowspan="2">电压降</th><th rowspan="2">电压偏差</th><th rowspan="2">结　论</th></tr>
<tr><th>空载</th><th>带载</th></tr>
<tr><td>1</td><td>231V</td><td></td><td>10%超标</td><td>空载偏差＋5%，合格
带载偏差－5%，合格</td><td>负载能正常工作，但线路本身存在火灾隐患</td></tr>
<tr><td>2</td><td>238V</td><td></td><td>1.36%合格</td><td>空载偏差＋8.2%，超标
带载偏差＋6.8%，合格</td><td>负载可能工作异常或损坏，但线路本身足够安全</td></tr>
<tr><td>3</td><td>219V</td><td></td><td>2.0%合格</td><td>空载偏差－0.45%，合格
带载偏差－25%，合格</td><td>负载可正常工作，线路本身也足够安全</td></tr>
</table>

从表 10-2 的分析可以看出，“电压降”与“电压偏差”是两个完全不同的电气指标，不能互相替代，更不应混淆。

(2) 电压偏差的工程检测

在线路电压降满足要求（$<4\%$）的前提下，标准允许范围内的电压偏差（220V 单相供电电压偏差为标称电压的 $+7\%$，-10%），不会影响线路或设备安全。真正对电气系统造成威胁的，是超出允许范围之外的严重电压偏差。

① 过电压

a. 过电压类别　建筑电气系统中的过电压一般由线路空载、接地故障、断开负荷、开关操作、雷电等引起。

b. 过电压检测　过电压的最大危害是破坏绝缘，小幅度、长时间的过电压会造成电气设备过热。无论哪种类型的过电压，共同特点是作用时间短且随机出现，这就要求必须采用在线检测方式予以检测。因为过电压的幅值和作用时间共同决定其能量高低，所以要求检测仪表能同时记录这两个参量。

② 欠电压

a. 欠电压类型　欠电压是由电网、电力设施的故障（主要是短路）或负载突然出现的变化引起的，可能随机出现，也可能连续出现，或持续维持在超过电压允许负偏差的水平上相当长的时间。

b. 欠电压检测　欠电压虽然不会破坏绝缘，但长期欠电压仍然会威胁线路、电器安全，甚至人身安全。例如：线路电压低于电子式剩余电流保护装置（RCD）的工作电压后，出现漏电故障时，装置将拒动；供电出现严重欠压时，电动机会因无法启动而烧毁；在严重欠压状态下工作的脉宽调制（PWM）型开关电源，功耗将增加。上述情况都会增加电气火灾风险。

供电中断后，虽然电气系统不再有火灾危险，但如果是应急照明或消防专用线路断电，紧急情况下危险性更大。

与过电压相比，欠电压虽然持续时间可能更长，但仍是随机出现，所以也要采用在线监测，并记录有效值和持续时间。

实际电气防火检测中，对电气设备或用电器具的电压偏差检测除了对各个接点的电压进行实际测试外，更多的时候是一种确认测试，即对于电气发热稍有异常的设备，测量其电源电压是否在允许范围内，以此来确认异常发热是否由电源电压偏差引起。

(3) 电压降的工程测试

对线路损耗公式 $P=I^2R$ 稍加变换即得：$P=I^2R=IRI=\Delta UI$，其中，ΔU 就是线路上的电压降，即电源“空载电压”与“带载电压”之差，也可用此差值与标称电压之比的百分数表示。电压降是线路电阻与电流的乘积，更能真实准确地反映线路电阻与负载电流的综合效应。换言之，过载和高阻都可以反映在电压降指标上，比单纯检测电阻或电流更全面、更简单、更有效，这也解决了前面提到的导体电阻检测难以实现带载检测的问题。

① 现场检测　只有线路带有额定负载时的电压降，才能体现线路真实带载能力。

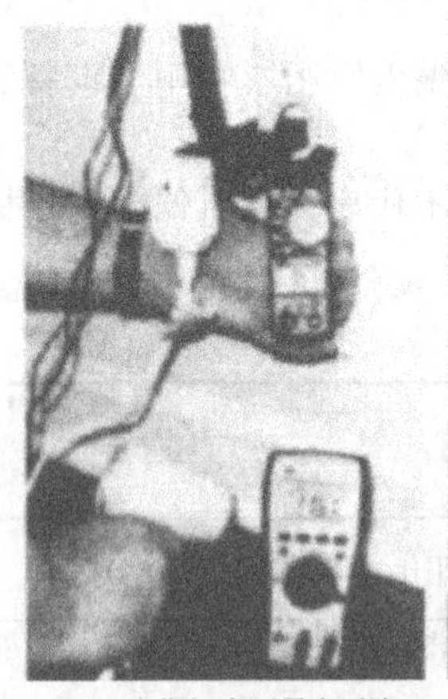

(a) 常规仪表测量电压降

(b) 专用电压降测试仪表

图 10-1　测量电压降

然而，电气工程施工及验收现场，实际用电设备往往尚未安装，或负载并未达到线路额定设计功率。为了获得电压降数据，按图 10-1(a) 所示，用大功率电器作负载，测量带载前后的电压、电流，再计算结果，理论上可行，但实际操作不便。具有仿真负载功能的专用电压降测试仪表，如图 10-1(b) 所示，已被发达国家广泛应用，使检测工作变得简单、快速、安全、有效。

得到电压降数据后，仪表能自动计算被测回路的导线阻抗，为寻找故障点提供帮助。

② 故障定位　以检测墙壁插座线路为例，一般从距配电盘最远的插座开始，如图 10-2 所示，由远及近逐一测试每个插座回路的电压降。

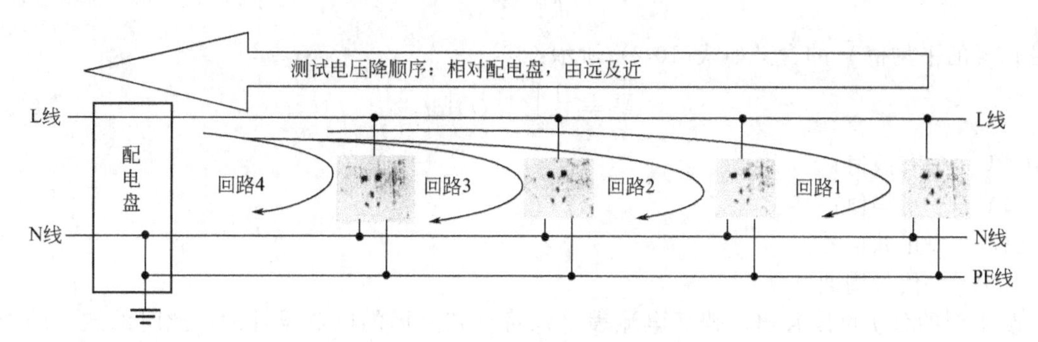

图 10-2　通过插座测量线路电压降

电压降测试结果有以下 4 种。

a. 每个插座回路的电压降均正常（<4%），说明线路正常。

b. 两个插座回路的读数有明显变化，说明故障就在这两个插座之间的线路中，需检查导线连接情况。

c. 各插座回路间的电压降无明显变化，但最远端插座电压降偏大，由远及近，压降逐渐变小，说明导线截面积偏小，不能满足配电长度或负载用电的要求。

d. 各插座回路间的电压降无明显变化，但压降值始终偏大，说明问题出在第一个电气连接点，或配电盘本身有问题。

③ 检测“电压降”的优势　利用线路电压降指标评估线路火灾风险，与直接测温、监听电火花引起的超声波、单纯测电流（包括谐波电流）、单纯评估线路电阻等方法相比，具有以下优势。

a. 线路无需预热，随时检测。

b. 空载线路上可使用模拟负载，真实负载状态不影响获得检测数据。

c. 在线路末端检测，整条回路上的任何高阻隐患均能显现。

d. 在线路末端检测，不受布线方式限制，适于隐蔽工程。

e. 便于确定发热原因——额定电流下电压降超标，线路必然存在高阻点。

f. 造成串型电弧的高阻点会在电压降检查时显现。

g. 检测结果简单，容易判断是否合格。

h. 检测仪表操作简单，易于被用户接受和普及。

10.1.2　电流的测量

电流热效应是引发电气火灾的根本原因之一，其与电气火灾之间关系最为密切，也最容易理解。电流测量非常简单，最关键的问题其实是电流的准确测量。

(1) 电流的准确测量

对电气防火检测来说，电流的测量有两个方面的目的，一是确定电流未超过允许值，二是为温度折算提供数据，即根据一定电流下的温度折算额定电流下的温度。

对于电流，一般采用钳形电流表进行不断电测量，非常简单。关键问题在于受线路谐波的影响，普通的钳形电流表存在测量读数偏小的问题，从而导致错误的判断。

普通数字电流表是按照基波频率 50Hz 设计的，从电流传感器进来的信号经过积分式 A/D 转换，可以直接获得平均值，再根据理想正弦信号平均值和有效值之间的固定关系得到被测电流的有效值。波形因数 K_f 和含义如式(10-1) 所示：

$$k_f = \frac{V}{\overline{V}} \tag{10-1}$$

正弦信号的平均值 $\overline{V}$ 的含义如式(10-2) 所示：

$$\overline{V} = \frac{1}{T}\int_0^T |u(t)|\mathrm{d}t \tag{10-2}$$

式中 V——有效值；

$\overline{V}$——平均值；

$u(t)$——正弦信号；

T——信号周期。

从上面的分析可以看出，普通电流表是针对正弦波形的电流设计的，此时的波形因数为 1.111。如果被测电流的波形发生了畸变，不再是规则的正弦波形，则测量结果会偏离真实值，因为此时波形因数已经不再是 1.111 了。

普通数字电流表的测量方法，因为硬件设计的影响，致使其存在以下缺点。

① 测量值并非真有效值。考虑到谐波的影响，其测量值一般小于真有效值，误差随谐波含量的增加而增大。

② 由于所采用 A/D 的缺陷，直流漂移的影响较为明显。

③ 可测量频域窄，针对基波频率设计，导致它只在 50Hz 上下很窄的频率范围内有较好的测量效果。

就目前来说，随着电子产品的大量使用，非线性负载大幅增加，线路中的谐波电流含量日益丰富，普通的电流表已经难以满足要求，必须使用真有效值电流表才能获得准确的电流数值。

(2) 谐波电流的测量

根据前面的分析，谐波电流不仅可能导致中性线电流过载，还与线路的发热有直接的关系。因此实际检测中，除了获得线路的准确电流外，还应采用谐波分析仪器了解线路中谐波电流的具体构成。

采用电力谐波测量仪表或分析系统可以实时观察供电系统的电压、电流波形，直观地进行时域分析，获得 2～50 次谐波的幅值大小和总谐波畸变率，实现频域分析。

10.2 绝缘和接地测试

10.2.1 绝缘测试

10.2.1.1 绝缘与电气火灾

绝缘最基本的功能就是阻止电流流通。只有良好的绝缘，才能保证电气设备和电气线路安全运行。绝缘并不是绝对不导电，只是通过它的泄漏电流很小而已。绝缘损坏或者绝缘不良时，流过绝缘的泄漏电流会明显增加，久而久之则会形成安全隐患。如果绝缘继续损坏以至于击穿，则可能引发短路，尤其是引起接地故障。绝缘损坏还可能导致绝缘破损点对附近金属导体放电、打火。这些都可能最终导致电气火灾。

绝缘最大的特点是会随着时间的推移而发生不可逆转的绝缘老化，绝缘老化意味着其保证运行安全的能力降低，也意味着发生危险的可能大大增加。绝缘老化直接导致泄漏电流增加，泄漏电流增加又导致发热增加，绝缘老化的速度又会随着温度的升高而加快，形成恶性循环。

绝缘的轻微损坏并不会立即引发严重后果，可能会平安无事地运行一段时间，甚至很可能一直安全地运行下去。但是电气设备或者电气线路绝缘损坏的局部是一个潜在的问题，一旦由于其他原因引发的过电压导致绝缘损坏加剧变成绝缘故障，引发后果也就成了必然。即使一次过电压不至于引起绝缘故障，但是屡次遭受过电压冲击，必然会导致绝缘损坏加剧，造成绝缘故障，最终形成短路。

10.2.1.2 绝缘测试的分类

绝缘性能测试是一系列的试验，在绝缘系统设计中，对绝缘结构的设计、参数的选定是否合理，要进行产品模拟试验；在产品制造中，对原料、半成品、产品是否合格，要进行例行试验；在新产品试制或原材料、工艺有重大改变时，要进行型式试验；产品出厂安装好后，要进行验收试验；产品在运行中要进行预防性试验。

绝缘性能测试包括绝缘电阻测试、介质损耗因数测量、介电强度测试以及局部放电测量等多个方面。

对于电气防火检测来说，重点关注的测试类型是验收测试和预防性测试，重点关注的测试内容是绝缘电阻测试和介电强度测试。

10.2.1.3 绝缘测试

(1) 绝缘电阻测试

《电气装置安装工程　电气设备交接试验标准》（GB 50150—2006）规定了测试绝缘电阻的仪表的电压等级，见表10-3。

表 10-3　测试绝缘电阻的仪表电压等级

电气设备或回路的电压等级/V	仪表输出电压/V	仪表量程/MΩ	电气设备或回路的电压等级/V	仪表输出电压/V	仪表量程/MΩ
100V 以下	250	≥50	3000～10000	2500	≥10000
100～500	500	≥100	10000V 以上	2500 或 5000	≥10000
500～3000	1000	≥2000			

被测系统中任何一点绝缘出现缺陷，整个系统的绝缘电阻值都会降低，必然出现隐患。当测试结果不合格时，可通过分段测试，精确定位故障点。

(2) 极化指数与绝缘吸收比

极化指数与电介质吸收率都是以不同时刻绝缘电阻测试结果的比值来表示的，是表征绝缘强度的参数。

极化指数的含义可以用式(10-3) 表示：

$$PI=\frac{R_{10\min}}{R_{i\min}} \tag{10-3}$$

式中　PI——极化指数；

$R_{10\min}$——持续测试 10min 得到的绝缘电阻值，MΩ；

$R_{i\min}$——持续 $i$min 得到的绝电阻值，MΩ。

绝缘吸收比的含义可以用式(10-4) 表示：

$$DAR=\frac{R_{1min}}{R_{30s}} \tag{10-4}$$

式中 DAR——绝缘吸收比；

R_{1min}——持续测试 1min 得到的绝缘电阻值，MΩ；

R_{30s}——持续测试 30s 得到的绝缘电阻值，MΩ。

（3）介电强度测试

介电强度测试分为两种试验类型，即击穿试验和耐压试验。击穿试验是在一定的试验条件下，升高电压直到绝缘发生击穿为止，经过一定的时间，如果在此时间内，绝缘没有击穿，即认为绝缘合格。显然，耐压试验只能说明绝缘的介电强度不低于试验电压的水平，但不能说明有多高。要想知道介电强度有多高，必须做击穿试验。

击穿试验属于破坏性试验，获得的是击穿绝缘材料而导致短路的最小电压，特指实验室指标，工程现场一般只在必要时进行“耐压实验”。

耐压试验与绝缘电阻测试的最大区别在于实验电压的性质与强度不同，绝缘电阻测试施加直流电压，而耐压试验采用工频交流电压，电压值大约选用绝缘材料击穿电压的 40%，一般取电气系统正常工作电压的 2～3 倍进行试验。

《电能质量　暂时过电压和瞬态过电压》GB/T 18481—2001 对“低压设备的绝缘水平”有如下规定：基本固体绝缘和附加固体绝缘应能承受不超过 5s 的交流有效值 1080V（即1.5×220V＋750V）暂时过压；或超过 5s 小于 24h 的交流有效值 330V（即 1.5×220V）暂时过压。

《电气装置安装工程　电气设备交接试验标准》GB 50150—2006 规定，采用 1000V 对二次回路、动力配电装置、低压电器进行交流耐压实验；同时规定，当回路绝缘电阻值＞10MΩ 时，可用 2500V（直流）兆欧表持续测试 1min，代替交流耐压实验。

与绝缘电阻类似，被测系统中任何一点绝缘出现缺陷，系统耐压能力就会降低，该点则最容易被击穿造成短路。由于采用交流电压进行实验，电缆的分布电容会影响耐压试验的测试结果，当线路超过 100m 时，应考虑分段测试。

10.2.2　接地测试

接地故障是引起电气火灾的一个重要因素，可靠的接地不仅能够防止人身遭受电击、设备和线路遭受损坏，同时也可以预防火灾、防止雷击、防止静电损害，保障电力系统正常运行。从接地的作用来看，防止设备和线路遭受损坏、防止雷击、静电损害和保障电力系统正常运行等都是防止发生电气火灾的间接措施。

10.2.2.1　系统接地和保护接地

供电系统有两个接地，一是系统内电源端子带电导体的接地，另一个是负荷电气装置外露

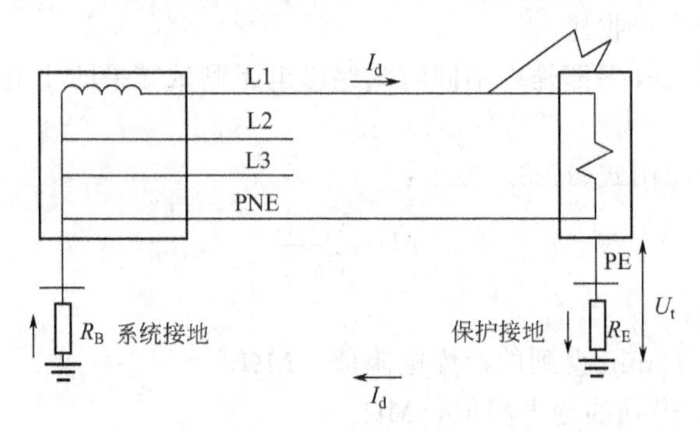

图 10-3　保护接地示意图

导电部分的接地。就低压配电系统而言，前者通常指变压器、发电机等中性点的接地，称为系统接地；后者通常指电气装置内设备金属外壳、布线金属管槽等外露可导电部分的接地，称为保护接地。如图 10-3 所示。

10.2.2.2 接地的作用

(1) 系统接地的作用

系统接地是为了取得大地电位作为参考电位，从而降低对地绝缘水平的要求，保证系统的正常和安全运行。例如，发生雷击时，地面强大的瞬变地磁场使得架空线路感应出幅值很大的瞬态过电压，虽然持续时间短，但过电压幅值和变化都很大，从而使得设备和线路承受危险电流电压的冲击。有了系统接地后，线路感应的雷电荷获得对地释放的通路，大大降低了对地瞬态过电压，减小了设备和线路绝缘被击穿的危险。如果不做系统接地，当系统发生单相接地故障时，另外两相对地电压将由原来的相电压（220V）升高为线电压（380V），如图 10-4 所示。由于没有返回电源的电流通路，故障电流仅为线地间的电容电流，保护设备不会动作，此过电压将持续存在，如果人体接触无故障的相线，接触电压将达 380V，危险非常大。

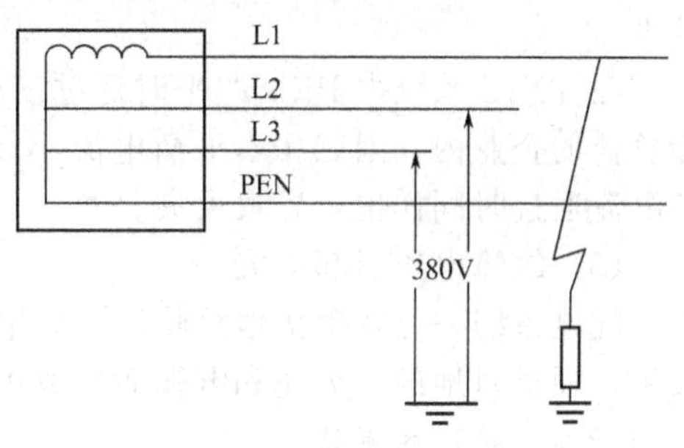

图 10-4 无系统接地时的危险性

(2) 保护接地的作用

保护接地的作用有两点，一是降低人体接触外露可导电部分的接触电压，二是形成电流通路，使得保护设备动作，切断电源。

如图 10-3 所示，电气装置的外露可导电部分接地后，发生相线碰设备外壳的故障时，人体接触设备外壳的接触电压 U_t 为图中 PE 线和 R_E 上故障电流 I_d 产生的电压降，仅仅是 220V 的一部分，此外，R_E 还为 I_d 提供返回电源的通路，从而使防护电气动作。显然，如果没有保护接地，此时的接触电压将变为 220V，危险大大增加。

可以看出，保护接地通路的导通才能发挥其保护作用，这也是为什么 PE 线和 PEN 线上不允许装设开关和熔断器的原因。

10.2.2.3 接地故障的危险性

接地故障为相线与电气装置的外露导电部分（包括电气设备金属外壳、敷线管槽及构架等）、外部导电部分（包括金属的水、暖、煤气、空调管道和建筑的金属结构等）以及大地之间的短路。这种故障与相线和中性线间的单相短路故障不同，与相线之间产生的相间短路也不同。

接地故障与一般短路相比，具有更大的危险性和复杂性。一般短路起火主要是短路电流作用在线路上的高温引起火灾，而接地故障则由以下三个原因引起火灾，且危险性更大，其防范工作也十分复杂。

(1) 接地故障电流引起火灾

一般短路的电流通路为线路的金属导线，短路电流大，短路点金属常被熔焊而可忽略其阻抗，这种短路容易被过电流保护电器（熔断器、低压断路器）迅速切断而不致起火。但接地故障的电流通路内有设备外壳、敷线管槽以及接地回路的多个连接端子等，TT 系统（接地系统）还以大地为通路。大地的接地电阻大，PE、PEN 线（接地线）连接端子的电阻由于种种原因，其阻值也常常较大，所以接地故障电流比一般短路电流小，常出现不能使过电流保护电器及时切断故障，且因故障点多不熔焊而出现电弧、电火花。

另外过去不重视TN系统中PE、PEN线在故障条件下的热稳定，往往选用过小的截面，当TN系统中较大的接地故障电流通过时，易导致线路高温起火。

(2) PE、PEN线端子连接不紧密引起火灾

设备接地的PE线平时不通过负荷电流，只在发生接地故障时才通过故障电流。如果因振动、腐蚀等原因，导致连接松动、接触电阻增大等现象，平时是不易觉察的。一旦发生接地故障，接地故障电流需通过PE线返回电源时，PE线的大接触电阻限制了故障电流，使保护电器不能及时动作，连接端子处因接触电阻大而产生的高温或电弧、电火花却能导致火灾的发生。

在TN-C系统中PEN线平时通过三相不平衡电流，但在机械、纺织等一些主要为三相平衡负荷的企业内，因三相不平衡电流小，PEN线端子连接不紧密的隐患不易被发现，当大故障电流通过时同样也可导致火灾。

(3) 故障电压引起火灾

配电系统一处发生接地故障后，如果保护未动作，通过PE线传导的故障电压是危险的起火源，通过对地的电火花和电弧而导致火灾。

10.2.2.4 接地的测试

从上面的分析可以看出，发生接地故障后，都是因为保护未动作而导致了更大的危险，如果有了可靠的接地，而保护又能正常动作，则上述危险可以避免。接地测试包括以下三个方面。

① 是否按规范做了接地。是否按规范做接地，既包括系统接地，也包括保护接地。对于电气防火检测来说，检测的重点是保护接地，毕竟系统接地只有一点，而供配电系统中有大量的外露可导电部分需要保护接地，而这些区域往往更容易由非专业人员接触，危险性更大。按规范设置保护接地主要包括以下内容。

a. 电气设备的外露可导电部分的保护接地，对于TN-S系统，即与保护地线（PE）相连，对于TN-C系统，则和保护中性线（PEN）相连，对于TT系统和IT系统，其外露可导电部分则应该直接接地。

b. 低压电缆和架空线路在引入建筑处，对于TN-S或TN-C-S系统，保护导体（PE）或保护接地中性导体（PEN）应做重复接地。

② 接地电阻是否满足要求。仅仅做了接地是远远不够的，如果接地电阻不满足要求，保护接地是不能发挥其作用的。从前面的分析可以看出，接地电阻过大，会导致接触电压增大，同时又限制了短路电流导致保护无法动作，危险性仍然很大。因此必须测试接地电阻是否满足规范要求，不同场所的接地电阻，规范的要求不尽相同，必须区别对待，以防做出错误判断。

③ 接地装置、保护接地的防护能力是否满足要求。接地装置的防护能力包括两个方面，一是接地装置各个组成部分应有足够的截面，能够保证接地故障电流和正常泄漏电流安全通过；二是接地装置的材质和规格在其所处的环境内应具备相当的抗机械损伤、腐蚀和其他有害影响的能力。

保护地线（PE）保护中性线（PEN）的防护能力主要是指截面应当满足机械强度和热稳定校验的要求。保证足够的机械强度主要是为了防止地线（PE）、中性线（PEN）意外折断。满足热稳定的要求是为了保证在发生接地故障时，能够安全通过故障电流。

④ 接地的接线是否正确。对接地的接线，有以下几个方面必须注意。

a. TT系统的中性线除了在变电所内的一点接地之外，不得在其他任何地方再接地。

b. TN-C-S系统的PEN线在低压电源进线处分开为PE线和中性线，此后中性线不得与

PE线连接或者接地。

c. PE线和PEN线严禁接入开关或熔断器。

d. PE线应与相线贴近敷设，不得采用一根远离相线的单独PE线串接多台电气设备。

10.3 温度的测量

对于电气防火检测来说，温度测量是非常重要的，相比于电气参数的测量，温度测量能够直接发现电气设备和电气线路的过热部位，是一种非常有效的检测方式。

10.3.1 温度测量的必要性和优点

众所周知，人体病变往往引起体温升高，因此医生总是通过测量患者体温并配合其他检验结果对人的疾病做出诊断。与此类似，电气设备，往往由于出现故障而导致设备运行的温度状态产生异常，因此，通过监测电气设备的这种状态变化，可以发现可能存在的安全隐患。

(1) 温度测量的必要性

电气设备的导流回路存在大量接头、触头和连接件，如果由于某种原因引起连接不良，根据第3章关于电接触发热的分析，则可能出现接触电阻增大，从而引起过热。

如果电气设备的绝缘部分出现性能劣化或者绝缘故障，根据第3章关于电解质损耗的分析，必然会引起绝缘介质损耗增加，在运行电压作用下也会导致发热增加。

对于具有磁回路的设备，由于磁回路饱和、漏磁或者铁芯片间绝缘局部短路，同样会引起发热异常。

总之，许多电气设备的故障往往都以设备相关部位的温度或热状态变化为征兆表现出来。

(2) 温度测量的优点

由于供配电系统的特殊性，使得采用红外测温技术进行温度测试成为必然的选择。与其他检测方法相比，红外测温方法具有以下优越性。

① 不接触、不停运、不取样、不解体。红外测温技术是一种遥感测试方法，在测试过程中，始终不需要与运行设备直接接触，既不需要像色谱分析那样进行取样，也不需要像电力设备预防性试验那样进行设备接替或者接触式测试。红外测温能够做到不停电、不改变系统的运行状态，从而可以获得设备在运行状态下的真实信息，而且可以保障测试安全。正因为红外测温具有上述“四不”特点，因此红外测温可以做到省时、省力，明显提高劳动效率。

② 采用被动式检测，简单方便。由于红外测温基于探测运行设备及相关部位自身发射红外辐射能量，因此不需要像超声波那样另备辅助信号源，也不需要像电气性能测试、色谱分析、油中水温测量那样的各类检测装置，具有手段单一、操作方便的特点。

③ 可实现大面积快速扫描成像，状态显示快捷、灵敏、形象、直观，监测效率高，劳动强度低。

红外测温能够以图像的形式，直观显示运行设备和线路的技术状态和过热部位，而且响应速度非常快，测试和监测效率均非常高。

④ 红外测温适用面广。色谱分析、泄漏电流、超声波测量等测试方法，均不可能适用于所有电气设备的过热故障监测，红外测温从原理上讲几乎适用于所有电气设备过热故障的监测和检测。

⑤ 易于进行计算机分析。随着计算机技术的发展，目前的红外仪器，尤其是红外热像设备均配备计算机图像分析系统和各种功能的处理软件，不仅可以监测和检测，而且可以结合正常参数的计算和分析处理，迅速给出定量结果。

10.3.2 电气设备的温度测量

对于电气防火检测来说，温度测量既包括电气线路，也包括供配电设备和用电设备及用电器具。

(1) 电气线路

统计数据表明，电气线路引发的电气火灾占总火灾的50%以上，因此针对电气线路的温度测量具有重要的实际意义。

① 关于线芯的长期允许温度　关于电气线路的电气防火检测，首先要明确一个相关的温度参数，即线芯的长期允许温度。线芯的长期允许温度是指能够实现电缆预期使用寿命的最高温度，它与绝缘耐热使用寿命40年相对应。超过该温度，则电缆无法实现预期的使用寿命，电缆的绝缘则会遭到一定程度的破坏。导体本身是铜或铝，可以在较高的温度下运行，线芯温度之所以较低，决定因素并不是导体本身，而是绝缘材料的耐热特性。绝缘材料特性不同，线芯长期允许温度不同，聚氯乙烯（PVC）电线、电缆，线芯长期允许温度70℃，交联聚乙烯（XPLE）绝缘电线、电缆，线芯长期允许温度90℃，橡皮绝缘电力电缆，线芯长期允许温度60℃。由于载流量是根据线芯长期允许温度，在考虑一定环境温度和散热情况下的条件下计算出来的，因此截面相同的电线电缆，绝缘材料不同，其载流量是有较大差别的。

② 电气线路温度检测的重点部位　对于电气线路来说，由于其在建筑物内纵横贯穿，延伸的距离非常长，而且电气线路除了个别部位之外，基本上为隐蔽敷设，给电线电缆的温度检测带来了很大的影响。因此，就目前的测试方式来说，电气线路温度检测的重点部位是电线、电缆裸露的部位以及电线、电缆与设备连接的端子处。

③ 电气线路温度检测结果的分析　对于电气线路温度检测结果的分析，不是简单地用测量到的结果与规定数值去比较，原因有两点，一是测试得到的温度与规定温度所指的目标不同，比如对于电线、电缆，规范规定的是线芯的温度，而线芯温度是无法直接测量的；二是如果仅仅是与规定值去比较的话，可能掩盖真实存在的问题，原因在于电气线路的温度受电流、环境温度等因素影响，必须结合当时的电流和环境温度去做综合分析。

对于电气线路，尤其是使用时间较长的线路来说，温度测量结果的分析必须要考虑实际可能流过的最大电流以及使用环境温度参数的变化，如果实际流过的最大电流和环境温度参数均高于当初的设计参数，则即使当时测试到的温度未超过规定值，也应该视为一个安全隐患。

④ 电线电缆温度检测的新技术　考虑电气施工完毕后，电气线路多数处于隐蔽状态，针对裸露部位的测量具有很大的局限性，通过光纤来探测电缆桥架或者电缆沟内的电缆表面温度的方式便应运而生。这种测温方式不仅可以报警，而且可以确定过热的具体部位，实现隐患定位。

(2) 供配电设备

供配电设备的温度测量是预防电气火灾的重要方式，实际中对于重要的供配电设备，比如变压器，则要实行各种温度的在线监测，一旦报警则会发出报警信号。

对于电气防火来说，需要进行温度测量的供配电设备的温度检测部位见表10-4。

关于各种重要高低压供配电设备，对于它们的运行状态检测和监测，方法和技术相对比较成熟，同时考虑到这些设备对供电可靠性和安全性的重要性，各方面投入的力度也比较大，而且供配电大多数情况下没有隐蔽安装的问题，能够直接观察，因此引发的电气火灾相对较少。

(3) 用电设备和器具

用电设备和器具指各种负荷，主要是固定式的用电负荷，比如电动机、照明器具、电热器具以及空调等，对于电气防火检测中用电器具的温度检测部位见表10-5。

表 10-4　供配电设备的温度检测部位

序　号	供配电设备名称	检 测 部 位
1	油浸变压器	顶部油温
		引线接头等电气连接点
		电缆及电缆端头
2	干式变压器	绕组
		引线接头等电气连接点
		电缆及电缆终端头
3	母线	母线触点及连接处
	高压断路器、熔断器	触头及导体连接端子
4	高压互感器	绕组及油顶温度
5	高压电容器	连接端子
6	稳压整流设备	线圈
		连接点及接线端子温度
7	低压配电设备	配电柜(盘、台、箱)内母线的连接点、分支节点、接线端子

表 10-5　电气防火检测中用电器具的温度检测部位

序号	供配电设备名称	检 测 部 位	序号	供配电设备名称	检 测 部 位
1	电动机	定、转子绕组	2	电热器具	电源线温升
					触点温升
		滑环	3	照明器具	镇流器外壳温度
		轴承			专用变压器的外壳温度
		触头和接线端子	4	空调	连接点

对于用电器具来说，除了电动机外，其他的用电器具，如果是在住宅使用，更多的是普通大众进行操作，往往因为缺乏专业知识和维护经验而导致使用不当，住宅中电气火灾的发生率相对较高与此有直接关系。因此对用电器具的电气防火检测，重点在住宅。

10.3.3　温度的计算

实际电气防火检测中获得的温度数值有必要进行进一步的计算，才能更准确地确定是否存在电气火灾隐患。

(1) 温升

温升即测量得到的温度与环境温度的差值，在温度未超过允许值的情况下，还应计算温升，看温升是否在允许范围内，之所以要看温升，原因在于大多数情况下，如果仅仅是环境温度不同，而其他影响温度的参数相同的话，电气线路的温升应该是基本相同的，相关设计手册中规定的电线电缆载流量，均注明了敷设方式、线芯的长期允许温度和参考环境温度。线芯长期允许温度和参考环境温度的差值即为电缆在此载流量下的温升，该温升即为判断的依据。

举例来说，某电缆的线芯长期允许温度为90℃，环境温度30℃时其载流量为72A，允许温升为60℃。如果实测的环境温度为20℃，线芯温度为85℃，虽然线芯温度未超过允许值，但温升值为65℃，大于60℃。结合导体发热的基本原理，显然，流过导体的电流超过了环境温度30℃时的允许载流量，对于这一结果要结合设计参数进行分析，设计中关于电气线路敷设处环境温度的考虑，除了埋地敷设、水下敷设和周围热源的敷设场所之外，一般以最热月的日最高温度平均值为参考。也就是说要保证环境温度最高的时候，线芯温度不超过允许值，确保电气线路运行安全。对于刚才的举例的检测结果，如果测试时的气温低于所参考的最热月日最高温度平均值，则有可能在环境温度变高的时候，线温度超过允许值。

通过上述分析可以看出，结合温升进行判断的话能够更准确地发现问题，避免仅通过温度判断而遗漏电气火灾隐患的现象。

（2）温度折算

温度折算是指根据电流较低时的线芯测试温度计算电流较高时的线芯温度，以此来判断负荷率较高时的线芯温度是否在允许值范围内。假设电线电缆的发热与裸导体的导体发热的基本原理相同，则根据导体的稳定发热温升公式(10-4)，有下面的公式。

假设环境温度不变均为θ_c，电流为I_1和I_2时的稳定温升公式如下：

$$\theta_1-\theta_c=\frac{I_1^2R}{K_{hc}F}$$

$$\theta_2-\theta_e=\frac{I_2^2R}{K_{hc}F}$$

式中　θ_1，θ_2——两种情况下的线芯温度，℃；

I_1，I_2——两种情况下的电流，A；

其他参数含义同式(10-4)。

二者相比，可得：

$$\frac{\theta_1-\theta_e}{\theta_2-\theta_e}=\frac{I_2^2}{I_2^2}$$

即

$$\theta_2=(\theta_1-\theta_e)\frac{I_2^2}{I_2^2}+\theta_e \tag{10-5}$$

根据式(10-5)，只要获得一定电流情况下的导体温度和环境温度，就可以计算出相同环境温度时更高电流下的导体温度。再考虑温升基本相同，则还可以计算出不同环境温度下的导体温度。

10.4　超声波探测

检测电气设备和线路中是否存在隐患，除了电气参数和温度之外，超声波也是一种有效的测试方式，与湿度不同之处在于，超声波探测的适用范围有限，仅仅适用于探测放电型的电气故障和安全隐患。

10.4.1　相关概念

通常人能听到的声音，其频率在20Hz～20kHz的范围内，频率超过20kHz的声音，称为超声波，人的听觉无法感知。

超声波在媒质中的反射、折射、衍射、散射等传播规律，与可听声波的规律并没有本质上的区别。但是超声波的波长很短，只有几厘米，甚至千分之几毫米。与可听声波比较，超声波具有自身的特性。

① 传播特性　超声波的波长很短，通常的障碍物的尺寸要比超声波的波长大好多倍，因此超声波的衍射本领很差，它在均匀介质中能够定向直线传播，超声波的波长越短，这一特性就越显著。

② 功率特性　当声音在空气中传播时，推动空气中的微粒往复振动而对微粒做功。声波功率就是表示声波做功快慢的物理量。在相同强度下，声波的频率越高，它所具有的功率就越大。由于超声波频率很高，所以超声波与一般声波相比，它的功率是非常大的。

总的来说，超声波具有下述特点。

a. 超声波可在气体、液体、固体、固熔体等介质中有效传播。

b. 超声波在传播时，方向性强，能量易于集中。

c. 超声波的传播距离远。

d. 超声波与传声媒质的相互作用不强，易于携带传声媒质状态的信息。

超声波的上述特点使得其在工程应用上拥有更多的便利性，被广泛应用于检验、测距、测速、清洗、焊接、碎石以及杀菌消毒等方面。

10.4.2　超声波探测

(1) 局部放电

当外力电压在电气设备中产生的场强，足以使绝缘材料部分区域发生放电，但在放电区域内未形成固定放电通道的这种放电现象，称为局部放电。

局部放电主要是指高压设备，绝缘材料发生局部放电会影响绝缘寿命。每次放电，高能量电子或加速电子的冲击，特别是长期局部放电作用都会引起多种形式的物理效应和化学反应，如带电质点撞击气泡外壁时，就可能打断绝缘材料的化学键而发生裂解，破坏绝缘材料的分子结构，造成绝缘材料劣化，加速绝缘材料损坏。

电气设备因绝缘故障而出现局部放电时，会产生电脉冲、气体生成物、超声波、电磁辐射、光、局部过热及能量损耗等现象。在局部放电发生时，放电区域内分子间会剧烈撞击，同时介质由于放电发热而体积瞬间发生改变，这些因素都会在宏观上产生脉冲压力波，超声波就是其中频率大于 20kHz 的声波分量。此时，局部放电源可看做点脉冲声源，声波以球面波的形式向四周传播，遵循机械波的传播规律，在不同介质中传播速度不同，且介质交界处会产生反射和折射现象。正是因为局部放电具有这样的特点，才可以运用超声波进行探测。

局部放电时的过热和能量损耗可以用温度实现检测，但是对于细微的放电，过热和能量损耗不明显，超声波则相对要容易探测。超声波检测受电气干扰小，可实现远距离无线测量，相对于传统的电脉冲等检测方法，有明显的优点，尤其是在大容量电容器的局部放电检测方面，其灵敏度甚至高于电脉冲法。

电气设备的局部放电对电气设备本身和电网都会产生不同程度的影响，严重的甚至导致设备报废和电网崩溃，因此对电气设备进行早期局部放电检测，准确地掌握设备的健康状况，及时消除设备存在的缺陷，把设备的故障消灭在萌芽状态，对保证设备本身和电网的安全起着至关重要的作用。

电气设备局部放电检测的方法很多，诸如脉冲电流法、DGA 法、超声波法、RIV 法、光测法、射频检测法和化学方法等。各种检测方法各有所长，但相比较而言超声波检测方法简便易用，非常适合日常设备检查及适时掌握电气设备的运行状况。

(2) 电火花和电弧

电火花是一种自激放电，其特点是火花放电的两个电极间在放电前具有较高的电压，当两电极接近时，其间介质被击穿后，随即发生火花放电。伴随击穿过程，两电极间的电阻急剧变小，两电极之间的电压也随之急剧变低。电弧也是一种气体放电过程，释放的能量更大，持续的时间也更长。

显然，电火花和电弧均属于局部放电，因此可以用超声波探测。无论是电力线路上大的火花或电弧，还是即使靠近也无法听见的小火花放电，通过超声波检测仪都可以检测到很小的放电声。

10.5 电弧探测

电弧是引起电气火灾的重要因素，除了用超声波进行探测之外，还必须采用更为科学的检测方法进行预防，毕竟超声波探测不是一种全天候的监测。

10.5.1 电弧的分类

线路上的电弧可分为两种，一种是正常的操作弧，也称“好弧”，另一种是故障电弧，也称“坏弧”。“好弧”是指电机旋转产生的弧，如电钻、吸尘器等，另外当人们开关电器，插拔电器时产生的弧也属于“好弧”。“坏弧”是故障电弧，故障电弧的类型基本上可分为两类：A类和B类。

A类称为串型电弧，一般都是一种无意识的破坏，如图10-5所示。电弧可能会通过断掉的线之间的空隙产生，这会导致局部的热量增加。实际中，插座没有插紧，电线之间的虚接，或是由于电缆的过度弯曲或是剧烈过度的紧压而导致电缆电线成为不良导体都有可能产生电弧故障。

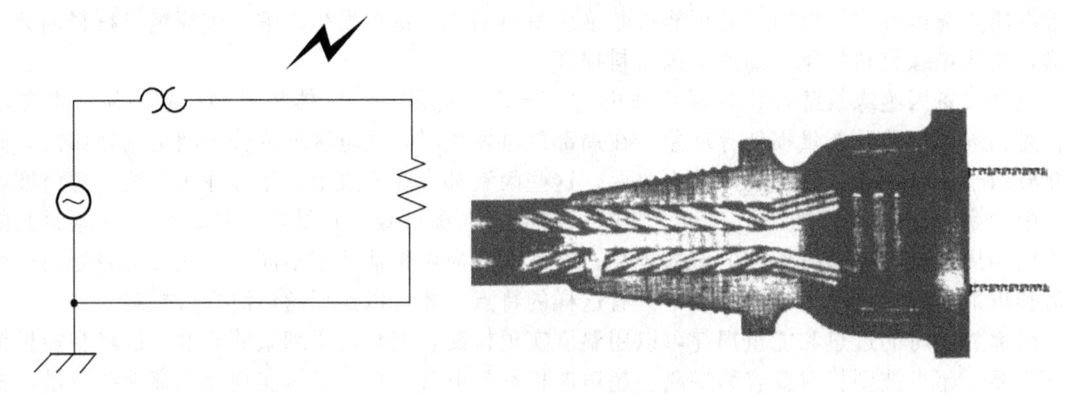

图10-5 A类坏弧示意图

B类称为并型电弧，并型电弧的发生是一种相反电极的导体之间的一种无意识的导通，如图10-6所示。并型电弧仅仅受到源头故障电流值和故障电抗值的影响。如果电弧故障属于低电抗，那么过流保护设备将动作断开电源。然而如果电弧故障属于高电抗，那么过流保护设备可能不会动作。这可能会引起电弧放电从而使驱动熔化的金属离子游离到附近的易燃物之上，由间歇的连接引起的短路就是一种并型电弧故障，它能产生很危险的电弧。电线与地面的电弧故障是另外一种并型电弧故障，它的发生是由于无接地线的导体与周围和大地相连接的金属护栏或是其他的金属结构体接触。

并型电弧故障产生分成3个阶段：泄漏、漏电痕迹、电弧。异常泄漏电流一般发生在每一个与电有关的配线系统中，这是由于电缆绝缘体的寄生电容和寄生电阻。泄漏电流的值在0.5mA以下被认为是安全的。如果配线能在较好的条件下得到维护，那么这个配线就能够很安全地使用几十年。然而，如果配线受到潮湿环境、传导的灰尘、盐类、日光、过多的热量，或是高电压闪电的影响，配线的绝缘体就会破裂从而传导更高的泄漏电流。当泄漏电流逐渐增强并且流过传导路径，而且未被发现，这时绝缘体的表面会被加热并被热解，这个过程被称为漏电痕迹。此时产生的炭会产生更多的热，从而产生更多的炭。虽然这个过程可能会持续几个

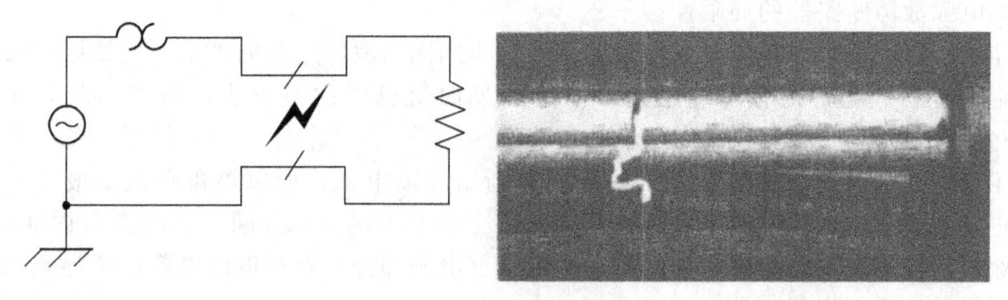

图 10-6　B类坏弧示意图

星期、几个月或是更长的时间并且没有事故发生，但是最后会有持续不断的电弧产生。

并型电弧故障一般情况下要比串型电弧故障危害大，因为并型电弧故障产生的能量要比串型电弧故障大。

此外，在很多情况下，故障可能是间断的，因此产生的过电流不能够持续足够的时间使过电流断路器跳闸。

10.5.2　电弧故障断路器

针对线路中可能出现的坏弧，同时防范电弧可能引起的电气火灾，一种新型的断路器——电弧故障断路器（Arc Fault Clrcuit Interrupter，简称 AFCI）便产生了。传统的断路器只对过流、短路和漏电起保护作用，电弧故障断路器则是在传统的断路器的基础上添加了新的功能——可侦测故障电弧并及时断电。

电弧故障断路器在美国和加拿大已经比较普及了，为了有效减少电气火灾，美国 CPSC（Consumer Product Safety Commisslon，美国消费品安全委员会）要求在新建建筑和老建筑的卧室安装这种 AFCI 断路器和 AFCI 墙壁插座，所有的空调要安装 AFCI 插座。统计数据显示，电弧故障断路器对防范电气火灾起到了很有效的作用。

（1）电弧故障断路器的探测原理

电弧故障断路器最早被用在航空领域，以避免航空器由于故障电弧发生火灾，它的基本原理是使用 MCU（微控制单元）对负载电流的半周期轨迹进行采样，再对采样的数据进行分析比对，如果符合电弧电流的特性，就认定为是一个故障电弧。

很多负载的正常电流波形与故障电弧的电流波形非常接近，所以要识别故障电弧就必须能够区别二者的电流波形，只有这样才能做到准确判断故障电弧。

要想实现可靠准确的故障电弧判断，电弧故障断路器的软件算法必须具备以下几项基本功能。

① 准确的电弧检测　AFCI 必须能够根据对负载电流 A/D 采样，在短时间内检测出电弧的产生，这种检测包括对负载运转所产生的正常电弧检测以及负载在非正常状态所产生的电弧检测。

② 快速的电弧特性分析　AFCI 在检测到电弧产生后，根据当时电压和电流的关系，运用高效而准确的算法，判断出负载的类型，从而得出电弧的产生属于正常或异常的判断，进一步判断是否需要切断电源。

③ 丰富的负载电弧特征曲线储备　AFCI 应包括尽可能多的负载电弧特征，这需要大量的实验基础，对绝大多数负载的电弧特征进行分析，并将其存储在 MCU 中。此外，还可以采用自学习的方式，可以在运行状态下根据被监测回路产生的电弧进行电弧曲线的实时更新。

AFCI 的最大优点是实时监测被保护回路可能出现的电弧，同时可以及时地切断电源。

（2）电弧故障断路器的局限性

① 探测时间过长　AFCI要求在侦测到8个半周期的故障电弧时断电，但如果电弧的电流很大并附近有易燃物，则有可能不到8个半周期时就已经引发火灾，所以AFCI并不能够100％防止故障电弧引发的火灾。

② 误报　由于AFCI要在很短的时间内判断出故障电弧，所以难免存在误报。美国的一些用户也发现了AFCI的误动作，例如美国的某个停车库的AFCI断路器时常有误动的现象，后经专业机构检查发现是车库电动门的马达内部（电刷部分）有过度的电弧产生导致AFCI误动作，更换马达后即恢复正常。

③ 被保护回路的负载类型单一　AFCI保护回路的负载类型太多的话则会增加电弧判断的难度，同时导致无法准确地判断，这是AFCI的一个局限性，也是为什么AFCI更多安装在配电回路最末端的原因。

（3）电弧故障断路器的分类

① 支路AFCI　这类产品大多安装在配电箱内，用来防范在支路或配电线路上发生电弧故障，支路AFCI管理集中，且便于扩展其他功能，如图10-7所示。

图10-7　支路型AFCI示意图

图10-8　墙插座式AFCI产品

② 组合AFCI产品　一整套支路AFCI产品和墙插座式AFCI产品就构成了组合AFCI产品，可以对过流、短路、漏电和电弧全保护。

③ 墙插座式AFCI产品　这类产品被设计在插座上，如图10-8所示。

④ 绳索类AFCI产品（Cord AFCI）　此类产品被连接到插座容器内，或者直接连接电器设备，相对简单，一般只对故障电弧保护，用来保护特定负载（如空调器），如图10-9所示。

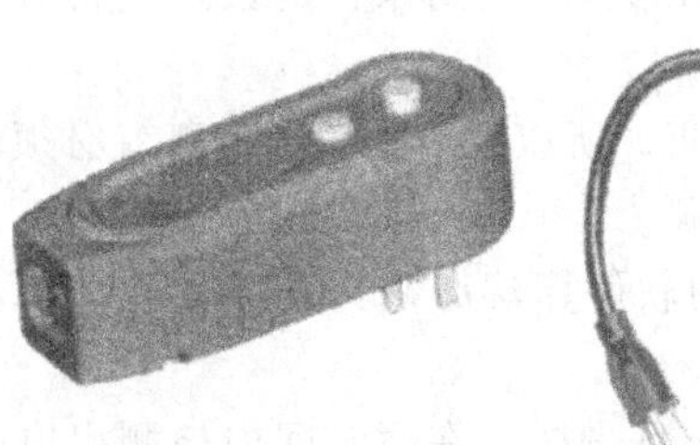

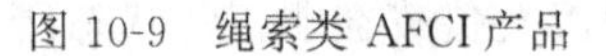

图10-9　绳索类AFCI产品

⑤ 便携AFCI产品　一种插入式AFCI产品，如插线板，用来保护连接到扩展线路上的设备以及供电线路。

10.6　剩余电流动作断路器的检测

10.6.1　剩余电流动作断路器的局限性

低压配电系统中，正确使用剩余电流动作断路器（RCD）能够有效防止直接或间接电击事故，预防接地故障和电弧故障引起的电气火灾和设备损坏事故。剩余电流动作断路器本身的重要性已经无需多说，下面重点分析一下剩余电流动作断路器的局限性。

（1）防护接地故障的局限性

① 只能在被保护回路内（RCD下游）发生故障时起作用，不能防止从别处沿PE线或装置外导电部分传导来的故障电压引起的电击和漏电火灾隐患，如图10-10所示。

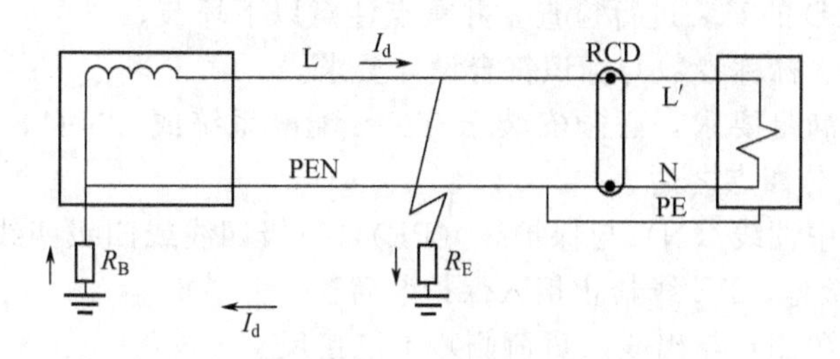

图10-10　沿TN系统电路传导的故障电压

图10-10中发生的相线接地故障，受接地电阻R_B和故障点接地电阻R_E限制，接地故障电流I_d不大，假设为20A，过电流保护无法启动切断电源。假设$R_B=4\Omega$，则R_B上的电压降，也即为PEN线以及与其连接的PE线、中性线上出现的持续故障电压$U_f=I_d \cdot R_B=20\times4=80V$，电气设备外壳因为PE线传导电位而带近80V的电压，人接触设备外壳则不可避免地将遭受电击。虽然设备上装有RCD，但却不能切断电源，因为此时回路上并未出现剩余电流。

② 发生在被保护回路相线与中性线之间的漏电故障，因为不产生剩余电流，剩余电流动作断路器无法启动。

（2）动作的局限性

RCD分为两类，电子式和电磁式。电磁式RCD依靠接地故障电流本身的能量使其动作，而电子式RCD则依靠所在回路处的故障残压提供能量使其动作，如果残压过低，则能量不足，RCD可能拒动。

如图10-11所示，在TN系统内发生相线碰设备外壳的接地故障，产生的故障电流为I_d，RCD处的故障残压为

$$U_{RCD}=I\ (Z_{L'}+Z_{PE})$$

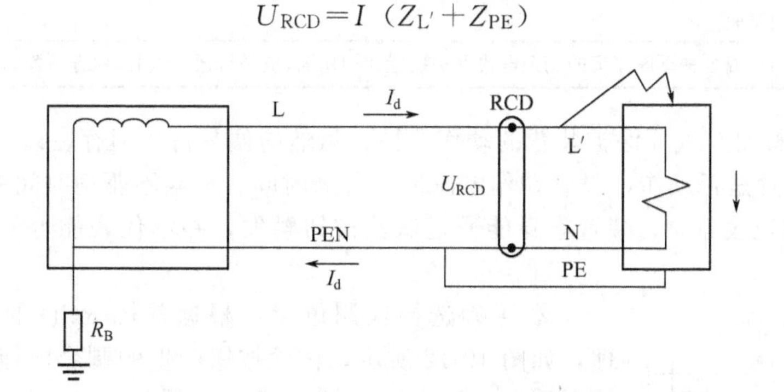

图10-11　TN系统内RCD处故障残压示意图

当RCD距离设备过近时，由于L′和PE线很短，因此U_{RCD}较小，当其小到一定值（低于RCD的工作电压）时，RCD将拒动。

10.6.2　剩余电流动作断路器的现场与日常检测

现场与日常检测的目的是发现施工过程中的安装错误、对关键指标和功能进行验证，及时

发现装置本身的故障隐患，从而采取整改、维修或更换措施，避免在运行过程中出现拒动作或误动作，并保证其基本性能满足配电系统设计与使用要求。具体检测通过“直观检查”和“仪器检测”完成。

(1) 直观检查

根据工程设计文件，并依照《剩余电流动作保护装置安装和运行》(GB 13955—2005) 提出的安装要求，对 RCD 的安装进行检查，并重点注意以下环节。

① 装置外观完好、标称参数与标识符合设计要求。

② 装置安装位置满足要求，必须安装于 TN-S 配电系统或 TN-C-S 配电系统中，中性线 (N) 与保护线 (PE) 分离点之后。

③ 必须严格区分中性线 (N) 与保护线 (PE)，三极四线或四级四线式 RCD 的 N 线应接入装置，且禁止重复接地，PE 线禁止接入保护装置。

④ 装置进线（电源侧）与出线（负荷侧）不能接反。

(2) 功能与性能检测

RCD 的大部分技术指标，只能在专业实验室中得到，无法在工程现场或安装运行状态下获得。但表征其是否能正常工作的“动作特性”及其变化，必须在现场予以验证，而且需要定期检测。

① 试验按钮定性检测　所谓“定性检测”，是通过装置自身提供的试验按钮，验证保护动作的有无，而不提供任何量化数据。《剩余电流动作保护装置安装和运行》(GB 13955—2005) 对使用试验按钮 RCD 的相关规定见表 10-6。

表 10-6　GB 13955—2005 对使用 RCD 试验按钮的相关规定

条款号	具 体 规 定
6.3.6	剩余电流保护装置投入运行前，应操作试验按钮，检验剩余电流保护装置的工作特性，确认能正常动作后，才允许投入正常运行
6.3.7	剩余电流保护装置安装后的检验项目：用试验按钮 3 次，应正确动作
7.2	剩余电流保护装置投入运行后，必须定期操作试验按钮，检查其动作特性是否正常。雷击活动期和用电高峰期应增加试验次数
7.3	用于手持式电动工具和移动式电气设备和不连续使用的剩余电流保护装置，应在每次使用前进行试验
7.6	因各种原因停运的剩余电流保护装置在使用前，应进行通电试验，检查装置的动作情况是否正常

使用“试验按钮”验证保护装置的动作特性，虽然简便易行，但存在以下局限性。

a. 仅验证装置是否动作，没有动作电流值、分断时间、极限不驱动时间的量化数据。

b. 当线路出现故障时，装置本身能通过试验按钮触发，并不代表能可靠保护下游电路和人员安全。

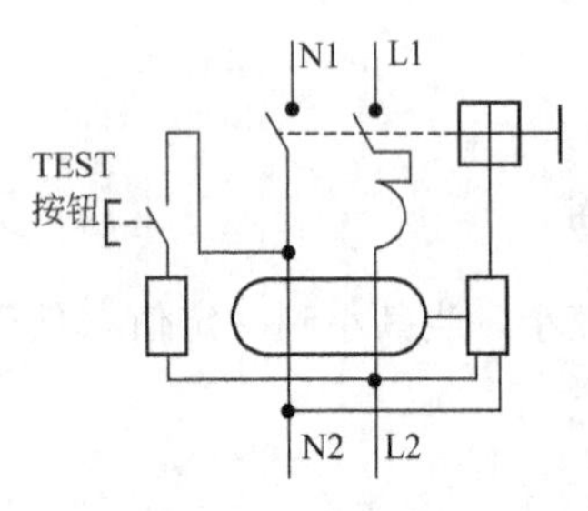

图 10-12　RCD 的试验按钮工作原理

② 正确选择检测位置　根据常规 RCD 的试验按钮工作原理，如图 10-12 所示，试验按钮产生的剩余电流是在相线穿出互感器端 (L2) 与中性线穿入互感器端 (N1) 之间连接电阻产生的，与其下游被保护线路的状态比如 PE 线连通性是否完好无关。

因此，《低压电气设施　第 6 部分：检验》(IEC 60364-6—2006) 规定，在 RCD 下游线路应检测保护装置的有效性，并以保护导体连通性证明 RCD 对测试点之后线路的保护功能。

如果保护装置下游线路的 PE 线开路或呈高阻状态，意味着

TN-S 系统将因故障变为 TT 系统，如图 10-13 所示，发生漏电时 RCD 能否动作，取决于接地电阻 R_E 与 R_B，R_E 过大时，绝缘故障将导致电器金属外壳带电，但 RCD 并不保护。当人体接触故障电器金属外壳时，故障电流通过人体分流（旁路）接地，RCD 虽能感知剩余电流断电，但人体将有电击感觉。

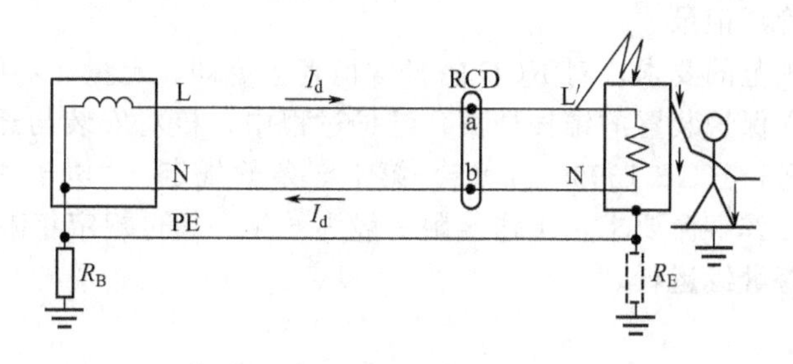

图 10-13　PE 线故障时的线路状态

这说明，仅凭集成在 RCD 上的试验按钮进行检测是不够的，它只能作为基本的辅助手段。

③ 工程现场定量检测　由于“试验按钮”测试的局限性，为实现对 RCD 可靠、全面地检测，必须使用适当仪表，并在线路中的正确位置（通常是线路末端）进行检测。不仅要定量测试 RCD 的重要参数，还应包括被保护线路的连通性。

a. 确定线路连通性合格的限值　由图 10-13 可知，线路出现漏电故障时，RCD 能否动作与故障回路电阻 R_E（主要是接地电阻）有关。考虑 50V 安全接触电压，《剩余电流动作保护装置安装和运行》(GB 13955—2005) 第 6.2.3 条规定：当电气设备装有高灵敏度剩余电流保护装置时，电气设备独立接地装置的接地电阻应满足式(10-6)：

$$R_E I_{\Delta n} \leqslant 50V \tag{10-6}$$

式中　R_E——故障回路电阻，Ω；

$I_{\Delta n}$——RCD 额定剩余动作电流，A。

如果回路电阻 R_E 满足上述要求，则既能对电击危险提供基本保护（直接接触），又能防范长期持续接地故障电流产生的火灾危险。若 RCD 剩余动作电流为 30mA，计算可得 R_E 不应大于 1.67kΩ。

工程现场或使用状态下的 L-PE 回路电阻 R_E'，可方便地利用如图 10-14 所示原理，进行实地测试。此阻抗值当然是越小越好。

b. 定量测试动作特性　《剩余电流动作保护装置安装和运行》(GB 13955—2005) 第 7.4 条规定，在工程现场必须验证的动作特性是：动作电流值、分断时间、极限不驱动时间（仅对延时型 RCD 有效）。《剩余电流动作保护电器的一般要求》(GB/Z 6829—2008) 对上述指标限值做出了具体规定。

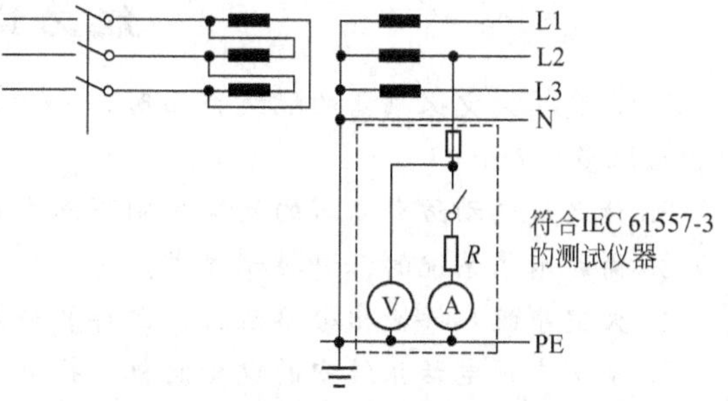

图 10-14　实测 L-PE 回路阻抗的原理

图 10-14 中所注“符合 IEC 61557”的专用仪表，除回路阻抗测试外，同时具有 RCD 主要特性现场检验功能。只需将仪表接入 RCD 所保护的下游线路或电源插座，就能通过仪表自动模拟接地故障，准确获得相关指标与参数。

c. 对定量测试的合理简化　RCD 在额定动作电流（$I_{\Delta n}$）下是否可靠动作（切断电源或报警），是 RCD 工程检测最重要、最基本的要求。$I_{\Delta n}$ 条件下能触发动作，大于 $I_{\Delta n}$ 必然也能触发，只是动作时间更短；如果只用大于$I_{\Delta n}$的电流值测试，并不能保证$I_{\Delta n}$条件下也能可靠触发。因此，为提高现场测试工作效率，尤其对于日常巡检，建议用$I_{\Delta n}$进行测试，从而简化操作。

特性检测应由专业人员进行，严禁利用相线对地直接短路或利用动物作为试验物的方法。

（3）建立运行和管理记录

根据相关标准与规范的要求，对RCD的日常检查应定期、定量、不间断地进行。自RCD被安装开始，就要建立保护装置的维护档案，维护过程中，核对安装与运行时间。《剩余电流动作保护装置安装和运行》(GB 13955—2005）第7.5条款规定：“电子式剩余电流保护装置，根据电子元器件有效工作寿命要求，工作年限一般为6年。超过规定年限应进行全面检测，根据检测结果，决定可否继续运行。”

（4）误动作分析

日常使用过程中，如果检测证明RCD装置本身没有质量问题，同时线路没有变动，却频繁出现保护装置误动作或误报警，可考虑线路中是否存在以下因素。

① 谐波造成误动作　被RCD保护的线路中，尤其相线与大地间存在分布电容，如果电网中的谐波含量过多时，通过线路分布，电容泄漏的高次谐波电流就会增加，超过RCD额定动作电流（$I_{\Delta n}$）时，装置即被误触发。

监测线路中谐波含量，并与RCD误动作时刻进行比对，如果存在关联，则可确认故障原因。由于谐波本身即为电气火灾隐患，同时考虑到人身安全，不宜随意增加RCD额定动作电流（$I_{\Delta n}$）值来防止误动作，而应采取主动谐波抑制措施，消除故障隐患。

② 冲击电流造成误动作　受雷电等瞬时高压高频信号影响，线路中漏电流可能出现瞬时变化，导致小动作电流、无延时特性的保护装置误动作。

利用电压监测器，监测装有RCD线路中的异常电压波动，并与RCD误动作时刻进行比对，如果存在关联，则可确认故障原因。使用浪涌抑制器等装置消除线路中的瞬时过压，可避免发生此类误动作。

③ 电磁兼容性　RCD内部含有电磁和电子器件，即使其产品本身符合相关电磁兼容要求，当外部环境的电磁干扰很强时，仍然可能被干扰导致误动作。

在电磁环境恶劣的使用条件下，应采取必要的屏蔽和接地措施，改善RCD使用环境，提高电磁兼容性。

能力训练题

1. 在选择火灾探测器的配线截面时，一般应以什么条件为主要依据？其允许导线最小截面积应取多少？
2. 什么是电动防火卷帘的两次控制下落方式？
3. 简述水幕系统的三种控制方式。
4. 火灾事故广播输出分路应按什么样的楼层顺序播放疏散指令？
5. 消防专用电话系统中的电话总机选择有什么要求？
6. 电梯事故运行操作盘的内容包括哪些？

11 检测仪器的配置和选用

运行电气火灾预防性检测，检测仪器的配置和选用是一个十分重要的问题。因为只有采用先进的检测技术手段才能根据电气火灾隐患所表现出来的基本技术特性进行精确的定量分析，从而判断是否存在火灾隐患及其严重程度。

仪器选择必须与电气防火安全检测的目的、内容相辅相成，能满足检测要求即可，选择的原则如下。

① 考虑要到现场检测的特点，宜选定便携式检测仪器。

② 考虑检测内容的特点，选用简易与技术含量高的精密仪器配合使用。

③ 顺利开展检测工作的可能性。

④ 仪器的先进性、检测结果的可靠性、实用性、方便性、性价比。

检测仪器的配置见表 11-1。

表 11-1 检测仪器的配置

序号	仪器名称	规格型号	配备数量	产品提供单位(参考)
1	红外热像仪	SAT-GD2001G(广州飒特)或 DL-500E(杭州大立)或 HY-2001G(武汉)或 THV570(瑞典)	一台	1. 北京曙天星河科技开发有限公司 2. 北京新宇胜利仪器有限责任公司 3. 北京东方集成机电装备有限公司 4. 浙江大立机电技术开发公司 5. 武汉市高德电气有限公司 6. 瑞典 AGEMA 公司 7. 美国 WAHL 仪器有限公司 8. 美国 Raytek 公司 9. 北京飒特检测技术有限责任公司 10. 北京德隆博宇科贸有限公司 11. 其他
2	红外热电视	SAT-GD2000(广州飒特)或 HY-2000(武汉)	一台	
3	红外点温仪	ST80(美国)	2 台	
4	真有效值钳形电流表	F318 或 F30/32/36 系列(美国)	2 台	
5	超声波探测器	UP2000 或 PU7000(美国)	1 台	
6	钳形漏电电流测试仪	2431 或 2432 或 2433(日本)	1 台	
7	单钳式接地电阻回路测试仪	CA6412(法国)	1 台	
8	便携式可燃气体探测仪	PGM-37(美国)或 SP112(中国)	1 台	
9	谐波分析仪	LM2060(瑞典)或 FLUKE39/41B(美国)	1 台	
10	普通钳形电流表		按需配备	
11	摄像机		1 台	
12	数码照相机		1 台	
13	计算机		按需配备	
14	彩色喷墨打印机		按需配备	
15	漏电开关检测器		按需配备	

注：以上为一个监测队配备使用，当为两个检测队时数量加倍，但是 5、7、8、9、13、14、15 项可以公用。

11.1 检测仪器配置的技术依据

11.1.1 电气火灾隐患的基本特性

在消防工程检测当中主要检测对象是10kV以下的变配电设备、低压配电线路和一般用电设备等基本部分。

电气火灾隐患具有以下基本特性。

① 由于通电导体及其连接部分的电流热效应产生的温度特性，从中可以发现正常温度和异常高温的分布状态。

② 当低压配电系统中相对相、相对中性线和相对地发生短路时，带电导体通过空气放电而产生火花和电弧，伴随着超声波产生向外传播的超声波特性。

③ 低压配电系统中的线路和设备都应当在规定的额定电压、额定电流、泄漏电流、绝缘电阻和接地电阻等电气特性参数条件下运行。

因此，可以从上述检测对象的发热温度特性、火花和电弧放电的超声波热性以及电气特性中，把所表现出来的电气火灾隐患或者电气火灾的危险性检测出来。这样，就必须有效地进行温度测量、超声波探测以及各种电气测量。

对于温度测量可以采用先进的红外测温技术。它可以在不停电、非接触的条件进行检测，不会影响受检单位生产、经营、工作和学习的正常运行。

对于火花和电弧放电时产生的超声波特性，可以采用超声波探测技术，其与红外探测技术具有同样的特点。

对于工作电压、工作电流、非正弦谐波电流、泄漏电流、绝缘电阻和接地电阻等电气特性参数，应采用各种先进的电气测量技术来进行测量，其中关于非正弦谐波电流应进行真有效值测量。

11.1.2 现场检测的流动性特点

根据现场检测具有流动性的特点，在保证各种检测仪器技术特性和参数满足电气火灾预防性能检测需要的条件下，在选用检测仪器时应考虑具有携带方便、易于检测人员掌握和操作简单的特点。

因此，进行电气火灾预防性检测，需要先进的红外测温技术、超声波探测技术和电气测量技术等多种现代科技手段的综合运用才能很好地进行。

11.2 检测仪器误差和精确度

测试：需通过仪表在被测系统中外加电压或电流信号，之后获得相应的数据结果。电气工程中的测试参量有绝缘电阻、接地电阻、导体阻抗以及电压降等。

测量：无需外加信号，仪表直接从电气系统中获得数据。电气工程中的测量参量有供电电压、负载电流、频率、谐波含量以及温度等。

很多仪表，比如万用表、电阻仪，既有测试功能也有测量功能。一般将获取电气参量数据的过程，统称为检测。

11.2.1 相关概念

(1) 量程、分辨力与分辨率

① 量程　量程是指仪表满刻度或最大显示数值。电工检测仪表一般都设置多个量程，以适应不同检测的需要。某些数字式仪表具有自动改变量程的功能，可自动识别被测信号大小，自动选择最适合的量程显示数据，简化了手动调整环节，也避免了选错量程而造成仪表损坏。

② 分辨力　给定量程下，仪表辨别最小两个相邻被测值的能力，代表仪表对微弱信号的反应能力。

模拟指针仪表的分辨力为表盘最小分度（刻度）的一半（可通过放大镜、读数望远镜等提高分辨力）；数显仪表的分辨力为末位数字最小数码。分辨力又称灵敏阈值或灵敏限值。

需要指出的是，分辨力和准确度是两个不同的概念。前者表征仪表的“灵敏性”，即对微小量的识别能力；后者反映测量的“准确性”，即测量结果与真值的一致程度。二者无必然联系，因此不能混为一谈，更不得将分辨力认为是类似于准确度的一项指标。实际上，分辨力仅与仪表显示位数有关，而准确度取决于 A/D 转换器等的总误差。分辨力是“虚”指标（与测量误差无关）、准确度才是“实”指标。

③ 分辨率　又称相对分辨力，仪表分辨力与对应量程的比值。

(2) 基本精度

基本精度——在额定条件下，被测参量的真实值（约定真值）和测量值之差与仪表量程的比值，用百分数表示，可用式(11-1) 进行描述。一般又称为基本误差、基础精度、测量精度、准确度。

$$a\%=\frac{\Delta X_{\mathrm{m}}}{X_{\mathrm{m}}}\times 100\% \tag{11-1}$$

式中　$a\%$——基本精度；

ΔX_{m}——最大绝对误差；

X_{m}——仪表满量程。

仪表的基本精度通常使用“精度等级”表示，即最大相对百分误差去掉正负号和百分号。电工仪表的精度规定为 7 级，即：0.1、0.2、0.5、1.0、1.5、2.5、5.0，数字越小，仪表精度越高。

实际对仪表的精度分级是向上取整的，例如：最大误差 0.6%的仪表，属于 1.0 级精度。

(3) 数显仪表读数的不确定度

与使用模拟指针仪表不同，数字显示的仪表能明确显示具体检测数值，不需要在读数最后附加“估计值”，但由于仪表受本身内部 A/D 转换及浮点运算的原因，在显示最后一位数据时，存在误差或数字跳变，即数字仪表读数的“不确定度”，它表明仪表读数最后一位上可能存在的最大误差。

考虑数字仪表的不确定度后，数字仪表的最大绝对误差可用下式表示：

$$\Delta X_{\mathrm{m}}=\pm(a\%X+b\%X_{\mathrm{m}}) \tag{11-2}$$

$$\Delta X_{\mathrm{m}}=\pm(a\%X+n) \tag{11-3}$$

式中　ΔX_{m}——最大绝对误差；

$a\%$——基本精度；

X——读数值（即显示值）；

X_{m}——仪表满量程值；

$b\%$——数字化处理所带来的误差。

若把式(11-3) 中“n”个字的误差折合成满量程的百分数，就变成了式(11-2)，两式是完全等价的。

因此在标注数字仪表的精度时，除“基本精度”外，还要增加“不确定度”，例如：

$\pm(1.0\% X_m + 2)$。

（4）数显仪表的数位精度

数位精度指数字仪表最大量程显示数，又称显示精度、显示位数，在某种程度上，它可以代表数字仪表的准确度。

一般数字仪表的首位（最高位）只显示到“1”、“2”、“3”等，而不显示到“9”，为体现最高位的差异，不宜简单地将首位笼统地称为“半位”，如：“三位半”、“四位半”等，而应按分数读法说明。例如：最大量程 1 9 9 9 的仪表，应称为“三又二分之一位”；最大量程 3999 的仪表，应称为“三又四分之三位”。

11.2.2 有效值和真有效值

（1）有效值

众所周知，交变信号是时间的函数，它的大小是随时间的大小而变化的，变化过程中出现的最大瞬间值叫做交流信号的最大值。那么平时所说的 220V 电压和 5A 电流是什么意思呢？为什么又是一个确定的大小呢？通常所说的这个确定的值 5A 或者 220V，其实就是有效值，它是用交流电在一个周期内所做的功与直流电等效这一观点定义的。对于大小随时间变化的交变电流，其电流热效应用式(11-4) 表示：

$$Q = \int_0^t i^2(t) R \mathrm{d}t \tag{11-4}$$

如果这个交变电流在一个周期内的发热与直流电流 I 在相同时间内的发热相同，即满足式(11-5)：

$$Q = \int_0^t i^2(t) R \mathrm{d}t = I^2 R t \tag{11-5}$$

那么就用这个直流电流 I 表示交流电流的大小，也就是有效值。通常所说的交流信号的大小都是指有效值。

这个定义是从理论的角度考虑的，理论上它适合于任何波形的交变信号，但对于测试仪器来说，测试所得的值是不是定义中所指的有效值，则取决于仪器的测试方法。

（2）真有效值

对于一般的测试仪表来说，测量得到的是平均值，而并非有效值，有效值是根据正弦波形的波形因数计算出来的。如果波形不是理想的正弦波形，则根据正弦波形的波形因素计算出来的所谓有效值并非真正的有效值，二者在数值上存在一定的差异，为了克服此类仪表的这个缺陷，出现了“真有效值”的概念。真有效值，英文缩写为 TRMS（true root mean square）。真有效值仪表能够准确测量任何波形的有效值，不会出现平均值仪表无法准确测量失真正弦波和非正弦波的情形，测量到的是真正的有效值。

对于电气防火检测来说，随着配电线路谐波电流的含量越来越高，波形的畸变程度也越高，正弦波失真程度随之增大，如果不用真有效值电流表测量，而是用普通的平均值电流表进行测量，不仅无法获得准确的电流值，还很可能导致错误的判断结果，从而导致漏掉可能存在的电气火灾隐患。

11.2.3 仪表的测量环境与安全耐压等级

电测仪表的电压输入接口一般标记如图 11-1 所示的字样，代表本仪表适用的测量环境和安全耐压等级。

瞬态过电压（冲击脉冲）的能量与电气位置有关，根据使用地点和检测对象，仪表的测量

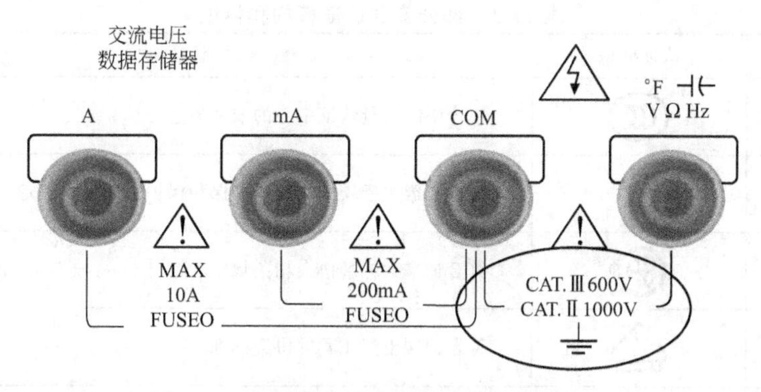

图 11-1　电测仪表的电压输入接口一般标记

环境如图 11-2 所示，共分 4 类。

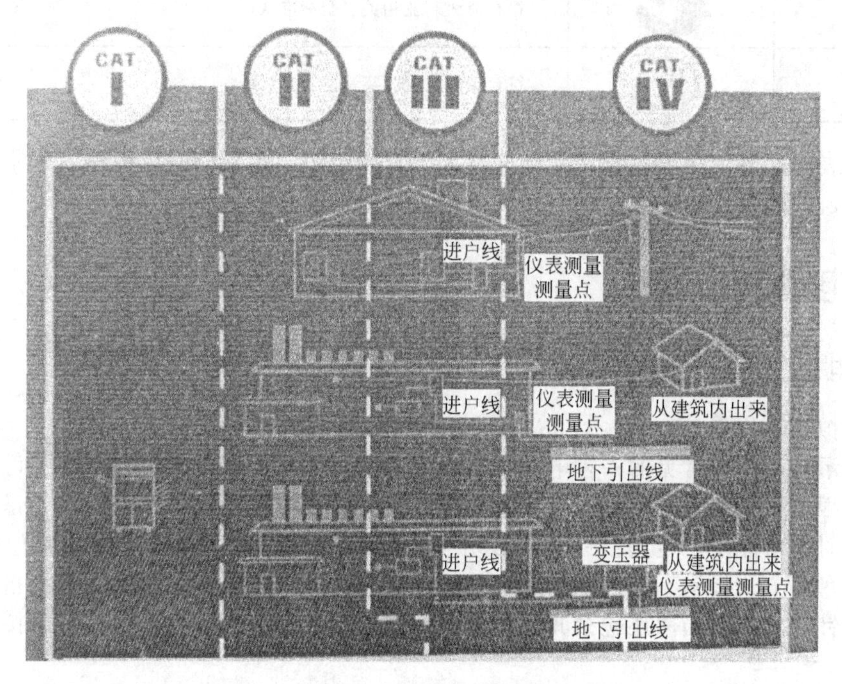

图 11-2　电测仪表的测量环境类别划分

每个环境类别又规定了相应的安全耐压等级，即能进行测量的最大连续工作电压，见表 11-2。

表 11-2　测量环境类别与安全耐压等级

环境类别	CATⅠ		CATⅡ		CATⅢ		CATⅣ
耐受对地电压有效值/V	600	1000	600	1000	600	1000	600
耐受瞬间过电压峰值/V	2500	4000	4000	6000	6000	8000	8000
典型检测对象	电子仪器设备		室内单相插座连接的负载		室内配电系统及负载		室外低压供电系统或设备

电测仪表安全等级由独立于制造商和用户的第三方安全认证机构测试。只有满足相关安全标准后，安全认证机构才允许制造商在其产品上使用该认证机构的标志，见表 11-3。

表 11-3　部分安全认证机构和标识

认证名称	认证标识	认证机构
CCC		符合中国质量认证中心的安全规定
CE		符合欧盟关于安全、健康、环保和保护消费者的规定
CSA		符合加拿大标准协会相关规定
DVE		符合德国电气工程师协会标准
TUV		符合德国 TUV 集团产品安全及管理体系认证
C-Tick		符合澳大利亚相关安全标准认证
UL		符合美国保险商实验室安全认证

选用仪表时，可关注上述标识并考虑仪表本身的耐压等级，同时应选择不低于此等级的测试线和探头，才能保证使用者不遭电击和避免仪表损坏。

11.3　电测量仪器

11.3.1　电工仪表的分类

（1）模拟指示仪表

模拟指示仪表是最常见的一种电工仪表。它的特点是把被测电磁量转换成为可动部分的角位移。然后根据可动部分的指针在标尺上的位置直接读出被测量的数值，所以它是一种直读式仪表。有的时候可能不一定用指针（包括光指针），例如用液晶显示条，或用其他微小步进方式如数字转盘等方式指示。但工程上用得最多的还是指针式，所以通常讲的模拟指示仪表主要是指这种指针式仪表，当然还包括其他模拟指示方式的仪表。模拟指示仪表可以按不同方法进行分类。

① 按被测对象分类，可分为交直流电压表、电流表、功率表等。

② 按工作原理分类，可分为磁电式、电磁式、电动式、感应式、静电式等。

③ 按外壳防护性能分类，可分为普通、防尘、防溅、防水、水密、气密、隔爆等。

④ 按读数装置的结构方式分类，可分为指针式、光指示式、振簧式、数字转盘式（电能表）等。

⑤ 按使用方式分类，可分为固定安装式、便携式。

⑥ 按准确度等级分类，可分为 0.1、0.2、0.5、1.0、1.5、2.5、5.0 七个级别。

模拟指示仪表是电工仪表中生产批量最大的一种产品，其结构已经相当完善，所以近年来产品形式没有重大突破，仍停留在 20 世纪 60 年代的水平上。部分产品开始应用电子技术，例如采用电子器件组成变换器，配合磁电式仪表实现交流功率、频率、相位的测量。这种变换式仪表，不论什么型号，都用统一表芯，大大简化了仪表的配套生产工艺，达到了降低成本、方便维修的目的。近年来发展起来的电子静止式电能表，简化了电能表的生产工艺，使它的可靠性提高，成本降低。

（2）数字仪表

数字仪表也是一种直读式仪表，它的特点是把被测量转换为数字量，然后以数字方式直接显示出被测量的数值。由于这种仪表采用数字技术，因此很容易与微处理器配合，在测量中实现自动选择量程、自动贮存测量结果、自动进行数据处理及自动补偿等多种功能。数字仪表在测量速度和精度方面都超过模拟指示仪表，但它缺少模拟指示仪表的直观特点。近年来出现了数字与指针相结合的指示方式，这种仪表既能模拟指示，同时也可以数字显示，可以说是模拟数字两用型。

（3）比较仪器

比较仪器用于比较法测量，它有直流和交流两大类，包括各类交直流电桥、交直流补偿式的测量仪表，以及直流电流比较仪等。比较法测量的准确度比较高，所以比较仪器可用于对电磁量进行精密测量的场合。

比较仪器的结构一般包括以下几个不分，即比较仪器本体（如电桥、电位差计）、检流设备、度量器等。

11.3.2 电工仪表的组成和基本原理

（1）模拟指示仪表的组成和基本原理

模拟指示仪表有时简称为指示仪表。电磁测量用的模拟指示仪表结构框图如图 11-3 所示，可以看出模拟指示仪表可划分为测量线路和测量机构两大部分。

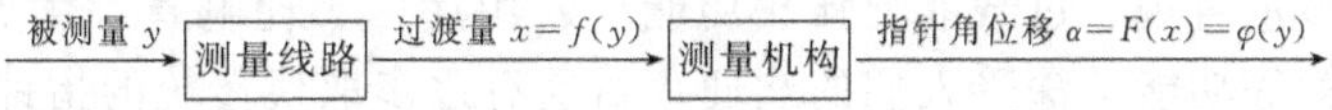

被测量 y → 测量线路 → 过渡量 $x=f(y)$ → 测量机构 → 指针角位移 $\alpha=F(x)=\varphi(y)$

图 11-3 电磁测量模拟指示仪表结构框图

测量线路的任务是把被测量 y 转换为可被测量机构接收的过渡量 x。测量机构的任务则是把过渡量 x 再转换为指针角位移 α。不论是测量线路中的 y 和 x，还是测量机构中的 x 和 α，都要求它们之间保持一定的函数关系，这样才能够从角位移 α 读出被测量 y。至于选用何种电磁量作为过渡量，则要看用什么类型的仪表，例如使用电磁式仪表，要用电流作为过渡量，而使用静电式仪表，则要用电荷量作为过渡量。因此要根据测量机构和测量对象的不同，选用适当的测量线路，使之能在测量对象作用下，产生适合测量机构的过渡量。当然如果测量对象能够直接作用于测量机构，也可以不用测量线路，例如磁电式仪表测量直流电流，如果量程相当，就不必用测量线路。

测量机构是模拟指示仪表的核心，任何情况都不能省略，没有测量机构就不能构成模拟指示仪表。

（2）数字仪表的组成和基本原理

电磁测量用的数字仪表的典型结构如图 11-4 所示，它包括测量线路、模数转换（A/D 转换）和数字显示器几个部分。

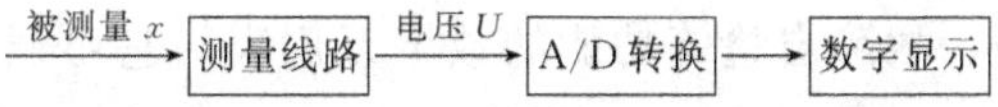

被测量 x → 测量线路 → 电压 U → A/D 转换 → 数字显示

图 11-4 数字仪表典型结构

测量线路的任务是将被测模拟量转换为便于进行模数转换的另一种模拟量（即中间量），由于现在使用的 A/D 转换器只能将直流电压转换为相应数字量，所以现在的测量线路实际上都把被测模拟量转换为直流电压。

在指示仪表中转换出来的中间量 y 只要能与被测量 x 保持一定的函数关系，即 $y=F(x)$

即可。如果 $y=F(x)$ 不是线性函数，可以通过非线性的标识刻度来解决。而数字仪表因为没有任意刻度的标尺，因此要求转换后的中间量必须与被测量保持线性，即 A/D 转换器的任务是把模拟量转换为数字量。所谓模拟量是指一种连续的量，其数值连续可变，且随时间连续变化。大部分物理量都属于模拟量。数字量则不是连续量，只能逐个单位地增加或减少，而且在时间上也不连续，例如开关通断、脉冲个数等。现在的 A/D 转换通常是把连续变化的直流电压转换为若干由高、低电平脉冲组成的二进制数码。

如果被测量本身已经是数字量，例如频率本身就是数字量，无需再经过模数转换这个环节。

数字显示器是把转换后的数字量显示出来。显示器可以是数码管、指示灯或其他显示器件。

11.3.3 数字电压表及数字万用表

数字电压表简称 DVM（digital volt-meter），它是采用数字化测量技术设计的电压仪表。数字电压表是数字化仪表的基础与核心，已被广泛应用于电子和电工测量、工业自动化、自动测试系统等领域。由于数字电压测量是其他电磁测量的基础，因此，数字电压表更多的时候都是以数字万用表的形式出现，集多个电磁量的测量于一身，而不是仅仅具有测量电压的功能。

数字万用表 DMM（digital multi-meter）是数字技术发展的产物，它采用大规模集成电路 LSI（large-scale integration）和数字显示（digital display）技术，具有结构轻巧、测量精度高、输入阻抗高、显示直观、过载能力强、功能全、用途广、耗电省等优点及自动量程转换、极性判断、信息传输等功能，深受人们的欢迎，目前有逐步取代传统的指针式万用表的趋势。

常用的数字万用表可以测量直流电压（DC）、交流电压（AC）、直流电流（DCA）、交流电流（ACA）、电阻（R）、电容（C）、频率（f）、温度（T）等。

(1) 数字万用表的分类

数字万用表的种类繁多，分类方法也有多种，比如根据其使用领域的不同，可分为计量用实验室高精度数字万用表、便携式数字万用表、嵌入式数字万用表等。通常按其测量准确度的高低，以产品档次分类。

① 普及型数字万用表　这类万用表结构、功能较为简单，一般只有五个基本测量功能：DCV、ACV、DCI、ACI 及电阻测量。

② 多功能型数字万用表　多功能型数字万用表较普及型主要是增加了一些实用功能，如电容容量、高电压、大电流的测量等，有些还有语音功能。

③ 高精度、多功能型数字万用表　除常用测量电流、电压、电阻、三极管放大系数等功能外，还可测量温度、频率、电平、电导及高电阻（可达 10000MΩ）等，有些还有示波器功能、读数保持功能。

④ 高精度、智能化数字万用表　计算机技术的渗透、新型集成电路的采用及新的测量原理的出现，导致了各种新型数字万用表的问世。高精度、智能化数字万用表是指内部带微处理器（CPU），具有数据处理、故障自检等功能的数字万用表。它可通过标准接口与计算机、打印机连接。

⑤ 专用数字仪表　专用数字仪表指专用于测量某一物理量的数字仪表，如：数字电容表、电压表、电流表、电感表、电阻表等。

⑥ 数字/模拟双显示数字万用表　这种仪表设计上采用数字量和模拟量同时显示，可以观察处于变化中的量值参数，从而弥补数字仪表检测此类参数时出现的不断跳字的缺陷，兼有模拟仪表与数字仪表之优点。

手持式万用表是电气防火检测中最常用的仪表，一般采用探头直接接入方式获得数据。选择万用表时，除考虑交/直流电压、电流、导体电阻等的量程、精度等基本功能满足工程检测要求外，还应根据实际需要考虑附加功能，如电容、频率、信号占空比、捕获信号峰值、记录信号最大/最小值、存储检测数据能力等，以及是否要求具有与计算机连接的通信接口，以便能将检测数据传送至配套分析软件，进行分析与统计。

(2) 数字万用表的基本构成及特点

① 数字万用表的基本构成　数字电压表是数字万用表的基础和核心，数字电压表的基础则是直流数字电压表，它由阻容滤波器、前置放大器、模数转换器 A/D、发光二极管显示器 LED 或液晶显示器 LCD (light crystal display) 及保护电路等组成。

在直流数字电压表的基础上再增加交流/直流转换器 (AC/DC)、电流/电压转换器 (I/V) 和电阻/电压转换器 (R/V)，就构成了数字万用表的基本部分。由于具体结构的不同，功能的强弱不同，每种仪表还因为各自复杂程度的不同而包含特殊的附加电路。

② 数字万用表的特点　同指针式万用表相比，数字万用表有其明显的特点。

a. 显示清晰直观。

b. 准确度高。

c. 分辨率高。

d. 测量范围宽。

e. 测量速率快。

f. 输入阻抗高。

g. 集成度高、功耗低。

h. 抗干扰能力强。

(3) 数字万用表的量程转换

数字万用表有三种量程转换方式：手动转换量程 (manual range)、自动转换量程 (auto range)、自动/手动转换量程 (auto/manual range)。

手动转换量程式数字万用表内部电路结构较为简单，价格也相对低，但操作比较烦琐，而且量程选择不合适时易使仪表过载。

自动转换量程式数字万用表能使操作步骤简化，并可以有效地避免过载现象。其不足之处是测量过程较长，即使被测电量很小，每次测量也要先从最高量程开始，然后逐渐降低量程，直到合适为止。

自动/手动转换量程式数字万用表兼有二者的特点，使用更灵活。

其实，上述性能参数不仅是数字万用表的性能指标，可以说是数字仪表所共有的参数。

(4) 数字万用表的正确使用

① 正确使用挡位

a. 数字万用表相邻挡位之间距离很小，容易造成跳挡或拨错挡位，因此拨动量程开关时要慢，用力不能过猛，并确定真正到位。

b. 严禁在测量的同时拨动量程开关，特别是在高电压、大电流的情况下，以防产生电弧烧坏量程开关。

c. 尽管数字万用表有比较完善的各种保护功能，使用中仍应避免误操作，如用电阻挡测量 220V 交流电压等。

d. 测量电阻时，万用表由内部电池供电，如果带电测量则相当于接入一个额外的电源，可能损坏表头。

e. 测量结束后应及时关断电源，将量程开关置于交流电压最大挡位或空挡上。

② 估计被测量的大小　测量之前应先估计一下被测量的大小范围，尽可能选用接近满度的量程。这样可提高测量精度。如测 100Ω 电阻，宜用 200Ω 挡而不宜用 2kΩ 或更高挡。如果预先不能估计被测量值的大小，可从最高量程开始测，逐渐减小到恰当的量程。

③ 显示数值稳定后再读数　数字万用表在刚测量时，显示屏上的数值会有跳数现象（类似指针式表针的摆动）。

应待显示数值稳定后才能读数。另外，被测元器件引脚由于氧化等原因造成被测件和表笔之间接触不良，显示屏也会长时间跳数，无法正确测量数值，增加测量误差。这时应先清洁元器件引脚后再进行测量。

④ 测量精密电阻　测量 10Ω 以下精密电阻时，先将两个表笔短接，测出表笔测试线电阻（如 0.20Ω），然后再用测量结果减去这一数值才可以得到精密电阻的阻值。

⑤ 及时更换电池　出现电池电压过低警告指示时，应及时更换电池，以免影响测量准确度。

⑥ 保持清洁干燥　仪表应经常保持清洁干燥，避免接触腐蚀性物质和受到猛烈撞击。

（5）万用表附件

① 测试线与探头　为使万用表能灵活适应不同检测环境，解放操作人员的双手，并提高操作安全性，除使用标准测试探头外，还可选用不同形式的探头附件，如图 11-5 所示。但应注意，测试线及探头的使用环境类别和绝缘等级不应低于仪表本身的规定。

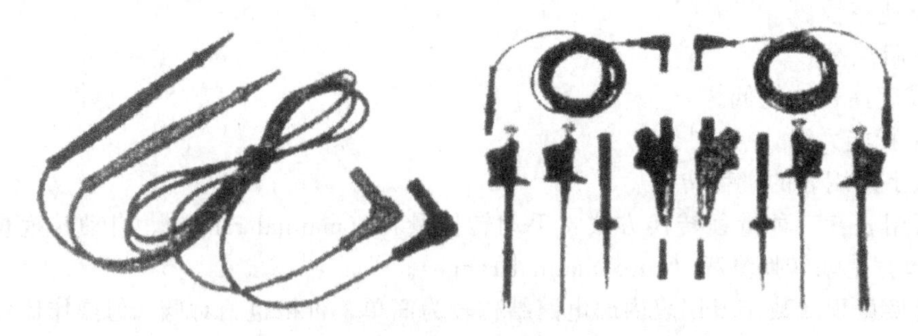

图 11-5　万用表标准测试探头与扩展附件

② 测温附件　带有测温功能的万用表，外接热电偶型温度传感器后可显示温度数据。即使没有温度显示的普通万用表，也可根据温度传感器的输出电压，换算为温度。

出于安全考虑，必须注意：此类热电偶为直接接触测温方式，只能用于测量便于接近的绝缘材料温度，而不能直接接触带有危险电压的裸导体。必要时应选择非接触式测温仪表，如：红外测温仪或热成像仪。

③ 扩展电流量程　万用表具有测量电流的功能，但必须将仪表串联入电路中，而且电流量程有限。为实现感应式测量大电流，可使用钳形电流适配器，如图 11-6 所示，将万用表电流量程扩展至 10^2～10^3 A 量级，在某种程度上实现钳形电流表功能。使用图 11-6 所示适配器的万用表用 K 型温度传感器。

（6）万用表检测的局限性

万用表属于基础电测仪表，能满足配电系统的大多数常规检查，在特殊应用场合有以下局限性。

① 万用表检测项目一般属于稳态、缓变指标，不满足暂态和瞬态变化量检测或在线长期检测要求。

② 大多数指标是直接接入或接触方式检测，当受环境条件限制时无法进行检测。

③ 不能测试带电导体的回路电阻。

图 11-6 万用表用钳形电流适配器

④ 仪表能提供的测试电压低，不能测试接地电阻和绝缘电阻。

⑤ 自身电流量程有限，对于特殊需要，还应选用专用仪表。

11.3.4 数字式钳形电流表

当前，在低压配电系统中非线性负载的比重有明显的增加。例如，各种带镇流器的照明装置、计算机、彩电、空调、开关电源以及可控硅调光等都是非线性负载。

正弦电压在线性负载上产生正弦电流，但是当正弦电压加在非线性负载时将会产生非正弦电流。

通过傅里叶级数分析得知：它包括一系列不同幅度不同频率的正弦电流。其中包括恒定分量、基波分量和高次谐波分量。有时将非正弦电流称为含高次谐波的电流。

对正弦电流（或电压）有效值的测量，一直是采用正弦电流（或电压）的平均值响应式仪表进行测量。例如，磁电式仪表、全波整流式仪表和普通钳形电流表。在仪表的表盘上或液晶显示器上直接表示其有效值。

但是这种正弦电流（或电压）平均值响应仪表却不能测量非正弦电流（或电压）。若用此类仪表进行测量，必然会产生很大的误差。

对于非正弦电流（或电压）的测量，一般是采用非正弦电流（或电压）平方的平均值响应式仪表进行测量。例如，电磁式仪表、电动式仪表以及真有效值钳形电流表。在仪表的表盘上或液晶显示器上直接表示其有效值。当然它也可以测量正弦电流（或电压）的有效值。

（1）钳形电流表的结构及原理

钳形电流表简称钳表，因其外形和功能而得名。仪表钳头部分实际是铁芯（磁路）可开合的电流互感器，利用电磁感应原理，将被测导线中电流形成的磁场信号，经感应线圈（仅对交变磁通量有效）或霍尔元件（对交变及恒定磁通量均有效），转变为电压信号，经处理后显示电流值。钳表一般用于较大电流（$10\sim10^3$A）的测量，也可通过测试线与探头完成常规万用表的检测功能。

采用相同原理设计的钳形功率计，也是工程中常用仪表。通过钳形互感器测量线路电流的同时，通过测试线测量线路电压，经数据处理，仪表直接显示负载功率。

（2）便于使用的特殊设计

为满足配电工程现场的实际情况和特殊要求，生产厂商为方便用户日常测量操作，会考虑在其具体产品上采用一些特殊设计。这些特殊设计可作为选用此类仪表时，除量程、精度等基本要求之外的参考因素。

① 开口型钳表　在相对狭小空间内测量电流，钳头开合操作有可能受到限制，甚至被测导体周围空间无法容纳仪表钳头。这种情况下，开口型钳表（如图 11-7 所示）也许能解决问题。

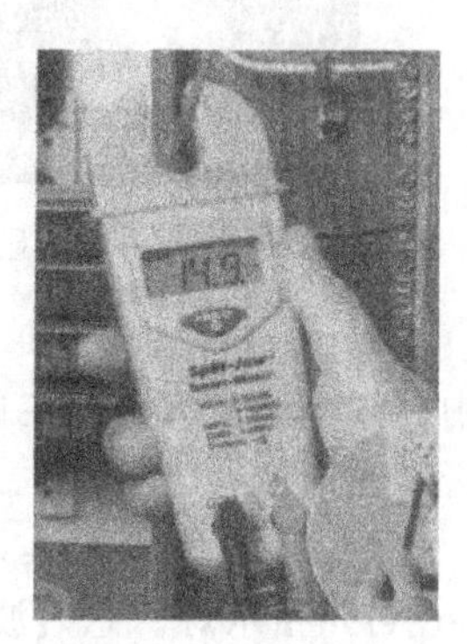

图 11-7 开口型钳表

开口型钳表互感器铁芯被设计为留有固定的空气间隙，此间隙即被测导体的出入口。处理数据时，仪表将钳头空气间隙部分磁通量以固定值予以补偿，并显示实际被测电流值。

② 钳头形状　因量程和应用环境不同，钳形表互感器部分的大小、形状多种多样，如图11-8所示。但从钳套导线过程的实际操作考虑，可分为“平顺钳头”[如图11-8(a)所示]以及“辅助选线钳头”[如图11-8(b)所示]两大类。虽然互感器形状并不影响其电气功能和测量精度，但在实际操作过程中，带“辅助选线”功能的仪表，更便于在密集布线的场合挑选、钳套导体，如图11-8(c)所示。

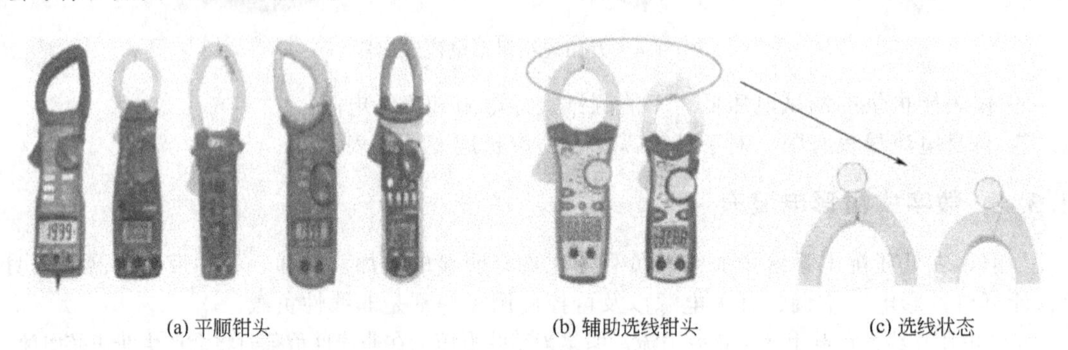

(a) 平顺钳头　(b) 辅助选线钳头　(c) 选线状态

图 11-8　钳形表的互感器形状（口）

③ 双显示器　与采用测试线和探头进行测量的万用表不同，钳形电流表的结构决定了如果被测导体位置过高、过低或空间狭小，测量电流时，仪表屏幕可能不在操作人员视野之内。

利用仪表提供的“数据保持（HOLD)”按钮，可将测量读数暂时保持在屏幕上，脱离被测导体后再读数。但是“数据保持”无法解决上述不便读数情况下又希望实时观察电流变化的问题。此时就凸显了带有双显示器仪表的优势，如图11-9所示，无论仪表处于何种位置，操作者都能观察到至少一个显示器的读数。

图 11-9　双显示器的读数

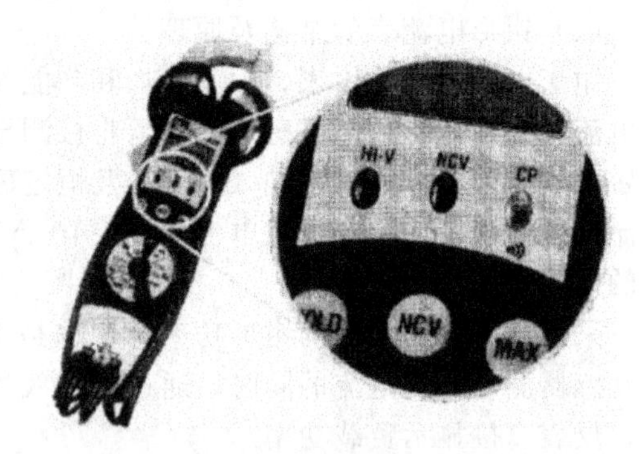

图 11-10　钳表

④ 谐波定性指示　三相四线系统中，通过普通钳形表，能在一定程度上发现谐波引起的中性线电流偏大。但在单相系统或三相三线系统中，仅凭测量电流有效值，无法确定线路中是否存在谐波。

图11-10所示钳表，在测量电流有效值时，增加了鉴别谐波有无的功能——CP（clean power）指示灯。总谐波畸变率（THD）小于5%时，CP灯亮；谐波超标，CP灯灭。虽然仅是定性测量和指示，但对于仅关心谐波是否超标，而不关心具体数值，或没有更多专业知识的

用户来说，此类仪表无疑提供了一种低成本、简单、快速、明确的检测方法和手段。

（3）主要技术性能和参数

① 直流电流：量程及精确度。

② 直流电压：量程及精确度。

③ 正弦交流电流：量程及精确度。

④ 正弦交流电压：量程及精确度。

⑤ 非正弦交流电流：量程及精确度。

⑥ 非正弦交流电压：量程及精确度。

（4）钳形电流表的正确使用

① 量程选择　从大量程选起，根据显示值选择合适的量程，有利于提高测量精度。

② 测量较小电流　使用最小量程测量，读数仍然不明显时，可将被测导线在钳头上绕几匝，达到增加磁通量的目的，以穿过钳口中央的匝数为准，则测量值=指示值/匝数。

③ 被测导线置于钳口中央　测量时，尤其使用“开口钳表”时，应使被测导线处在钳口的中央，有利于减小误差。

④ 保证钳口结合紧密　测量前，应检查钳口的开合情况，要求钳口可动部分开合自如，两边钳口结合面接触紧密。如钳口上有油污和杂物，应用溶剂洗净；如有锈斑，应轻轻擦去。测量时务必使钳口接合紧密，以减少漏磁通，提高测量精确度。

⑤ 符合钳形电流表的额定电压　被测线路的电压要低于钳形电流表的额定电压。

⑥ 测量非安全电压线路　测量非安全电压线路的电流时，要戴绝缘手套，穿绝缘鞋，站在绝缘垫上。

⑦ 量程开关置于最高挡位　钳形电流表不用时，应将量程选择旋钮旋至最高量程挡，以免下次使用时，不慎损坏仪表。

（5）钳形电流表的测量局限性

钳形表在解决大电流测量问题的同时，兼顾了普通万用表功能，但仍未改变万用表其他局限性。常规钳表在电流测量方面，仍然主要针对稳态、缓变电流。某些钳表虽具有测量浪涌电流这样的暂态和瞬态电流功能，但不具备分析电流谐波的能力。此外，测量原理决定了常规钳表的测量精度较低。

11.3.5　电压降测试仪表

电压降检测的相关理论在本书前面章节已经做了详细介绍，本章主要分析与仪器本身相关的问题。

（1）电压降测试仪解决的关键问题

对于电压降检测，问题的关键不在电流和电压的测量，而在如何解决在被测线路中增加和减少负载。

以标准民用交流电源插座线路为例，插座额定参数是250V/10A，应使用2500V·A的负载进行测试。但线路工程和日常巡检过程中，使用真实负载没有可操作性。即使条件允许，由于不能预知被测线路的带载能力，贸然接入大功率负载，不但有可能会引起过载保护，甚至有可能损坏线路。

唯一可行的办法是在尽可能短的时间内完成测试，即仅在交流电一个完整周期（20ms）内，完成增加负载、减少负载和测量，而不对被测线路和线路上的其他电器产生不利影响。

（2）电压降测试仪表的功能

除测试电压降外，此类仪表将标准或规范规定的火灾预防性检测项目和常规指标集成在一起，因此严格地讲，此类仪表应被称为“线路安全检测仪”。电压降测试仪表的典型功能见表11-4。

表 11-4　电压降测试仪表的典型功能

仪表功能	相关标准号及条款号	合格条件或限制	备　注
插座接线	GB 50303—2002 第 22.1.2 条	TN-S 系统插座 左 N、右 L、中间 PE	强制执行条款
电压有效值	GB/T 12325—2008 第 4.3 条	220V(+7%～10%)	稳态数据
频率	GB/T 15945—2008 第 3.1 条	(50±0.2)Hz	
电压降	IEC 60364-5-52—2009 第 525 条	≤4%	反映连接质量和带载能力
线路阻抗	JGJ 16—2008 第 7.4.2 条	允许使用最小导线截面积为 1.5mm²	将实测值与计算值进行比较
	GB 50096—2011 第 6.5.2 条	要求交流供电使用截面积为 2.5mm²	
测试 RCD	GB 50303—2002 第 6.1.9 条第 2 款	30mA 的 RCD 动作时间≤0.1s	在被 RCD 保护的下游线路测试
	GB/Z 6829—2008 第 5.4.12.1 条	动作时间≤0.3s	

表 11-4 中所涉及的（包括“线路阻抗”在内）所有测试项目，都是在线路带电或正常工作状态下获得的，除 RCD 测试会使线路断电（这正是测试的目的和希望得到的结果），其他测试不会对线路或负载造成不利影响，适合施工与日常巡检使用。仪表自身供电直接来自被测线路，不需电池或辅助电源供电。

受制造成本制约，此类仪表在谐波测量方面，仍然基于定性估算（波形因数），对于暂态或瞬态电压事件，也没有捕获及记录功能。

11.3.6　电压监测仪

低压配电系统的电压暂态事件是随机发生的，只有采用在线监测的方式，才能捕捉并记录电压事件的发生时刻、大小、持续时间。对监测仪记录下的数据进行统计分析，并与事故或故障建立对应关系，从而协助发现隐患，及早采取防范措施。

（1）基本功能

电压监测仪表是专为普通配电工程和日常巡检而设计的电压监测仪，体积小巧，既可用于配电入口的电压监测，更便于接入众多分支线路、设备终端等不同监测点，能实现无人值守、连续监测、现场查阅、快速判断的功能。

仪表通过标准电源插头接入被测线路后，就进入监测状态，同时内部电池转为后备模式，不再消耗能量。查阅检测记录时，无需连接计算机或使用特殊软件，用户可直接通过按键进入屏幕的事件类型菜单（SAG：暂降；SWL：暂升；IMP：脉冲；THD：谐波），获得包括电压总谐波畸变率（THD%）在内的电压事件发生时间、大小和持续时间信息。

（2）在电气防火方面的典型应用

对电气火灾危险性较高的电压波动敏感设备及供电线路进行电压监测，并进行趋势统计，可掌握每天、每周，直至月、季、年的供电异常变化情况，采取预防措施，从而降低火灾风险。

① 监测过压敏感设备　IEC 60364-7-715《建筑物的电气设施 特殊设施或场所的要求 超低压照明设施》第 715.422.07.2 条指出：为预防火灾，应持续监测灯具的供电需求。

② 监测欠压敏感设备　带有电动机的电气设备，如风机、空调（压缩机）、冰箱（压缩机）等，欠压运行发热量将增加，低电压下还将导致无法启动，直至电机烧毁和发生短路。监

测并统计此类设备的供电欠压情况，能及时发现隐患。

③ 监测谐波敏感设备　利用电压监测仪的谐波监测功能，可重点监测易受谐波影响的变压器、电感器或电容器所在线路，避免异常发热或元件过早失效造成事故。同时可以协助确认RCD误动作是否因谐波造成剩余电流超标。

（3）局限性

满足电力和工业大用户的全功能在线式电压监测设备，虽然功能强大，提供数据全面、详细，但成本较高，不适合分支线路及设备终端的监测。

在线式和手持式仪表，只起监测或报警作用，需要具有一定专业知识的技术人员统计和分析数据，做出预防性决策。严重电压事件发生时，可能瞬间造成线路或设备故障，监测记录属于“事后辅助分析”手段，无法像测试电压降那样，明确预知隐患。

11.3.7　绝缘电阻测试仪

在外施电压的作用下，使导线中的电流在绝缘材料的包覆下定向流入负载，同时在外施电压的作用下，使电流流入电气设备的绝缘导线进行各种形式的电能转换。例如电动机、照明装置和电热器等。因此，在低压配电系统中，几乎所有导体都必须经绝缘材料将其与其他一切导体进行电气隔离。

低压配电系统中的导线和电气设备的绝缘材料，由于以下原因将会受到破坏。

① 绝缘材料承受的高电压超过最大允许值。

② 绝缘材料长期受温度、湿度、粉尘和污水的影响，形成的老化现象。

③ 受潮、受腐蚀和受意外机械损伤。

通常绝缘材料的绝缘性能采用绝缘电阻、耐压水平、漏电电流和介质损耗角的正切四种电气参数来表示和衡量。

因此，电气设备的绝缘性能是否良好，关系到设备能否正常运行，也关系到操作人员的人身安全。为了防止绝缘材料因发热、受潮、污染、老化等原因造成绝缘被破坏，也为了检查经过修复后的设备绝缘是否符合规定要求，检查测量设备的绝缘电阻是十分必要的。测量绝缘电阻不能用万用表的兆欧挡，原因在于万用表测量电阻所用的电源电压比较低，在低电压下呈现的绝缘电阻不能反映在高电压作用下的绝缘电阻的真正数值，因此绝缘电阻要用能够产生高电压的兆欧表进行测量。

绝缘电阻测试仪也称兆欧表，专门用于检测电气设备或供电线路的绝缘电阻。以前的绝缘电阻测试仪均带有一个手摇式发电机，因此又称摇表。

（1）绝缘电阻测试仪组成

绝缘电阻测试仪主要由三部分组成：直流高压发生器、测量回路以及数值显示部分。

① 直流高压发生器　测量绝缘电阻必须在测量端施加高压，此高压值在绝缘电阻表国标中规定为50V、100V、250V、500V、1000V、2500V以及5000V。

直流高压的产生一般有三种方法。第一种为手摇发电机式。第二种是通过市电变压器升压、整流得到直流高压，一般市电式兆欧表采用此方法。第三种是利用晶体管振荡式或专用脉宽调制电路来产生直流高压，一般电池式和市电式的绝缘电阻表采用此方法。

② 测量回路和显示部分　一般绝缘电阻测试仪的测量回路和显示部分是合二为一的，由一个流比计表头来完成。这个表头中有两个夹角为60°（左右）的线圈，其中一个线圈并在电压两端，另一线圈串在测量回路中，如图11-11所示。表头指针的偏转角度决定于两个线圈中的电流比，不同的偏转角度代表不同的阻值，测量阻值越小，串在测量回路中的线圈电流就越大，那么指针偏转的角度越大。另一个方法是用线性电流表做测量和显示。前面用到的流比计

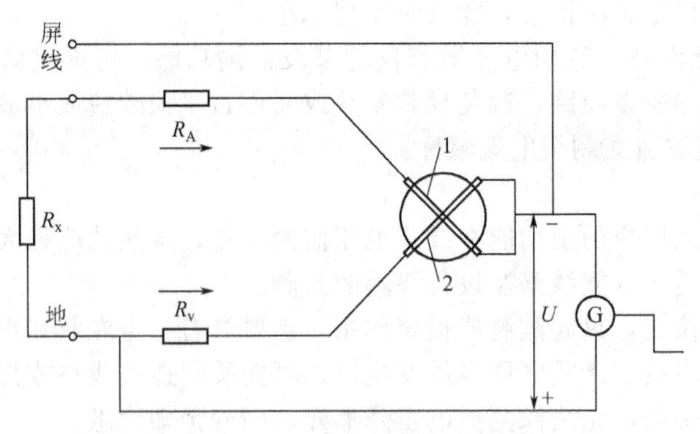

图 11-11 绝缘电阻测试仪电路

表头中由于线圈中的磁场是非均匀的，当指针在无穷大处，电流线圈正好在磁通密度最强的地方，所以尽管被测电阻很大，流过电流线圈电流却很小，此时线圈的偏转角度会较大。当被测电阻较小或为 0 时，流过电流线圈的电流较大，线圈已偏转到磁通密度较小的地方，由此引起的偏转角度也不会很大。这样就达到了非线性的矫正。一般兆欧表表头的阻值显示需要跨几个数量级。但用线性电流表表头直接串入测量回路中就不行了，在高阻值时的刻度全部挤在一起，无法分辨，为了达到非线性矫正就必须在测量回路中加入非线性元件，从而达到在小电阻值时产生分流的目的。在高电阻时不产生分流，从而使阻值显示达到几个数量级。随着电子技术及计算机技术的发展，数显表逐步取代指针式仪表。

（2）绝缘电阻测试仪的使用

① 绝缘电阻测试仪的选用　绝缘电阻测试仪的额定电压必须与被测电气设备或线路的工作电压相对应。对于额定电压在 500V 以下的电气设备，应选用电压等级为 500V 或 1000V 的兆欧表；额定电压 500V 以上的电气设备，应选用 1000～2500V 的兆欧表，具体见表 11-5。

表 11-5　绝缘电阻测试仪的选用

被测对象	被测设备额定电压/V	兆欧表额定电压/V
线圈绝缘电阻	500 以下	500
	500 以上	1000
电力变压器线圈绝缘电阻、电机线圈绝缘电阻	500 以上	1000～2500
发电机线圈绝缘电阻	500 以下	1000
电气设备绝缘电阻	500 以下	500～1000
	500 以上	2500
瓷瓶		2500～5000

如果测量高压设备的绝缘电阻用 500V 以下的绝缘电阻测试仪，则测量结果不能正确反映在工作电压作用下的绝缘电阻，同样也不能用电压过高的绝缘电阻测试仪测量低压设备的绝缘电阻，以防测量时损坏绝缘。绝缘电阻测试仪的量程也要与被测绝缘电阻的范围相配合。

② 使用方法　绝缘电阻测试仪的接线柱共有三个：一个为“L”，即线端；一个为“E”，即地端；再一个为“G”，即屏蔽端（也叫保护环）。一般被测绝缘电阻都接在“L”、“E”端之间，但当被测绝缘体表面漏电严重时，必须将被测物的屏蔽环或不需测量的部分与“G”端相连接，如图 11-12 所示。这样漏电流就经由屏蔽端“G”直接流回发电机的负端形成回路，而不再流过数字兆欧表的测量机构（动圈），从根本上消除了表面漏电流的影响。特别应该注意的是测量电缆线芯和外表之间的绝缘电阻时，一定要接好屏蔽端钮“G”，因为当空气湿度

大或电缆绝缘表面不干净时，其表面的漏电流将很大，为防止被测物因漏电而对其内部绝缘测量造成影响，一般在电缆外表加一个金属屏蔽环，与数字兆欧表的“G”端相连。

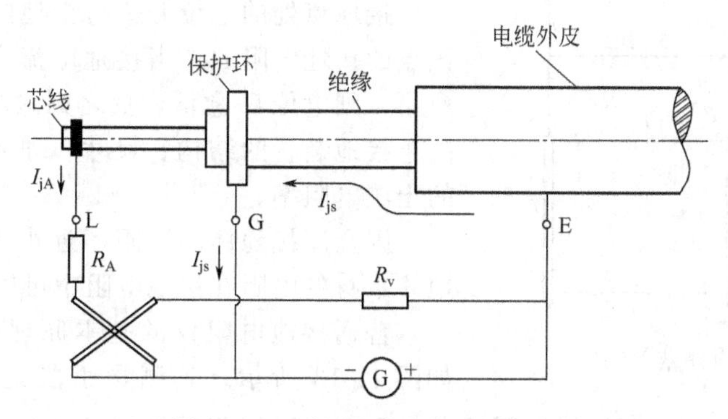

图 11-12　测量绝缘电阻的接线图

当用数字兆欧表测电器设备的绝缘电阻时，一定要注意“L”和“E”端不能接反，正确的接法是：“L”线端钮接被测设备导体，“E”地端钮接被测设备外壳，“G”屏蔽端钮接被测设备的绝缘部分。如果将“L”和“E”接反了，流过绝缘体内及表面的漏电流经外壳汇集到地，由地经“L-”流进测量线圈，使“G”失去屏蔽作用而给测量带来很大误差。另外，因为“E”端内部引线同外壳的绝缘程度比“L”端与外壳的绝缘程度要低，当数字兆欧表放在地上使用时，采用正确接线方式时，“E”端对仪表外壳和外壳对地的绝缘电阻，相当于短路，不会造成误差，而当“L”与“E”接反时，“E”对地的绝缘电阻同被测绝缘电阻并联，而使测量结果偏小，给测量带来较大误差。

（3）注意事项

① 测量前必须将被测设备电源切断，并对地短路放电，决不允许设备带电进行测量，以保证人身和设备的安全。

② 对可能感应出高压电的设备，必须消除这种可能性，才能进行测量。

③ 被测物表面要清洁，减少接触电阻，确保测量结果的正确性。

④ 测量前要检查数字兆欧表是否处于正常工作状态，主要检查其“0”和“∞”两点。即摇动手柄，使电机达到额定转速，数字兆欧表在短路时应指在“0”位置，开路时应指在“∞”位置。

⑤ 兆欧表使用时应放在平稳、牢固的地方，且远离大的外电流导体和外磁场。

⑥ 绝缘电阻测试仪在潮湿和强电磁场环境中测量会造成较大误差。

11.3.8　接地电阻测试仪

电气设备运行时，为防止设备绝缘由于某种原因发生击穿或漏电使其外壳带电，危及人身安全，一般要求将设备外壳接地。另外，为了防止大气雷电袭击，在高大建筑物或高压输电线上都装有避雷装置，而避雷针或避雷线也要可靠接地。接地的目的是为了安全，如果接地电阻不符合要求，既不能保证安全，又会造成安全错觉。为此要求装好接地线之后，必须测量接地电阻。测量接地电阻是安全用电的一项重要措施。

（1）普通接地电阻仪的测试原理

接地电阻是指电流经过接地体进入大地并向周围扩散时所遇到的电阻。大地具有一定的电阻率，电流流过时，大地各处具有不同的电位。电流经接地体注入大地后，它以电流场的形式向四处扩散，离接地点越远，半球形的散流面积越大，地中的电流密度就愈小，因此可认为在

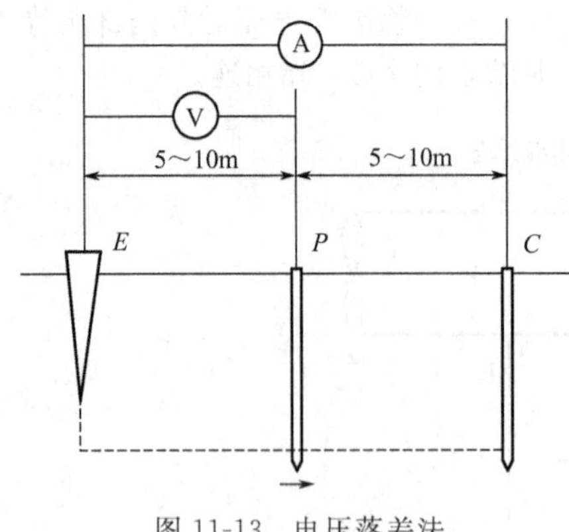

图 11-13　电压落差法

较远处（15～20m 以外），单位扩散距离的电阻及地中电流密度已接近零，该处电位已为零电位。

接地点处的电位 U_M 与接地电流 I 的比值定义为该点的接地电阻 R，当接地电流为定值时，接地电阻愈小，则电位 U 愈低，反之则愈高。接地电阻主要取决于接地装置的结构、尺寸、埋入地下的深度及当地的土壤电阻率。

因金属接地体的电阻率远小于土壤电阻率，故接地体本身的电阻在接地电阻中可以忽略不计。

普通接地电阻仪的基本原理是采用电压落差法，如图 11-13 所示。其测量手段是在被测地线接地桩（暂称为 E）一侧地上打入两根辅助测试桩，要求这两根测试桩位于被测地桩的同一侧，三者基本在一条直线上，距被测地桩较近的一根辅助测试桩称为 P，距被测地桩较远的一根辅助测试桩称为 C。测试时，在被测地桩 E 和较远的辅助测试桩 C 之间"灌入"电流，此时在被测地桩 E 和辅助地桩 P 之间可获得电压，仪表通过测量该电流和电压值，即可计算出被测接地桩的地阻。

（2）钳形接地电阻仪的测试原理

以往多是使用普通接地电阻仪（接地摇表）来测量接地电阻，由于需要从接地网向外引较长的测量线和两根辅助地桩相连，工作量大，而且往往受到地形和环境的限制，辅助地桩的位置无法达到要求，因而很难得到正确的测量结果。

钳形接地电阻表是一种新型的测量工具，由振荡电源、电流检测、数字显示以及铁芯可张开的电流互感器组成。它方便、快捷，外形酷似钳形电流表，测试时不需辅助测试桩，只需往被测地线上一夹，几秒钟即可获得测量结果，极大地方便了地阻测量工作。钳形接地电阻还有一个很大的优点是可以对运行中设备的接地电阻进行在线测量，而不需切断设备电源或断开地线。

钳形接地电阻测试仪可以测量任何有回路系统的接地电阻，即多重接地的系统，而不能测量单独接地而没有其他接地相连接的接地线（如避雷针等）。

在多重接地系统中，接地电阻为 R_x，其他接地点的接地电阻为 R_1，R_2，R_3，$\cdots R_n$，如图 11-14 所示。R_1，R_2，$R_3\cdots R_n$ 并联视作一个合成电阻 R_s，等效电路如图 11-15 所示。测试时，通过钳口向电路施加电压，即在接地回路中产生电流，此电流流经接地电阻 R_x，通过另一个钳口获得此电流大小后，即可通过欧姆定律计算电阻 R 的大小。此时，由于相对于 R_x 来说，R_s 非常小，因此可认为测得的电阻 R 就是 R_x。

测量时，先将被测接地线与接地网连接，然后将仪表钳口（铁芯）张开，使接地线穿过钳口。当钳口闭合时，表内振荡器开始工作，电流经过一次绕组，并通过电流互感器的铁芯，感应到接地线所形成的回路中，使之产生电流，电流的大小与接地电阻成反比。

当然，接地网本身的电阻应足够小，或者接地网的电阻为已知，可在测量中扣除，不然影响测量结果的准确性。

（3）性能参数

① 电阻量程：0.1～200Ω，分辨率 0.1～1Ω，自动切换挡位。

② 电流量程：1mA～30A 真有效值，分辨率 1mA～0.01A，自动切换挡位。

部分钳式接地电阻测试仪的特性参数详见表 11-6。

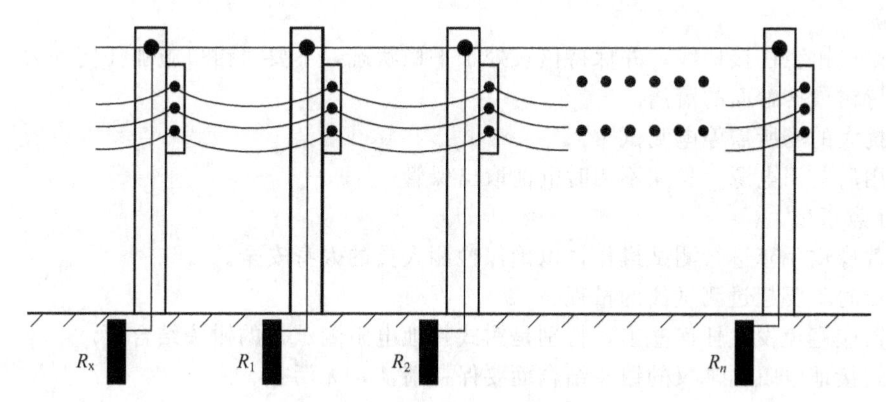

图 11-14　多重接地系统示意图

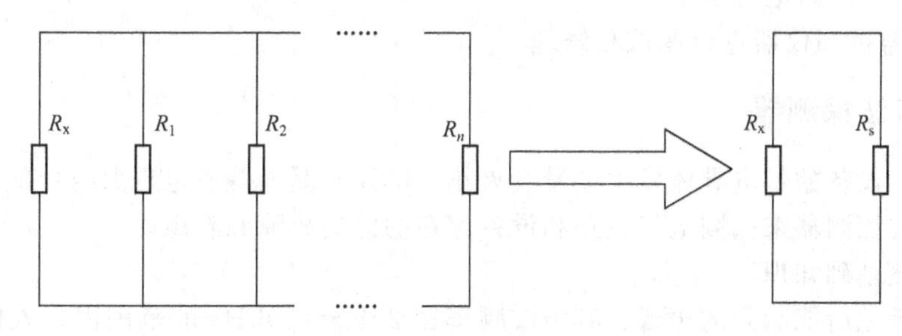

图 11-15　等效电路图

表 11-6　部分钳式接地电阻测试仪的特性参数

项目	量程	分辨率	精确度
电阻测量/Ω	1.0～50	0.1	±(1.5%+0.1)
	50～100	0.5	±(2.0%+0.5)
	100～200	1.0	±(3.0%±1)
电流真有效值测量	1～300mA	1 mA	±(2.5%+2mA)
	0.3～3mA	0.001A	±(2.5%+2mA)
	3～30mA	0.01A	±(2.5%+20mA)

(4) 普通接地电阻测试仪的使用

① 辅助接地桩 P 及 C 打入地下。

② 检查电池电压以及测试线的连接。

③ 测量接地电压。

④ 测量接地电阻。

⑤ 接线时确保连接线各自分开、完全接触。

⑥ 使用后关闭电源，长期不用时电池取出保管。

(5) 钳形接地电阻测试仪的使用

钳形接地电阻仪的工作原理决定了此类仪表只能测试闭合回路电阻，不能测试单独接地导体的接地电阻。

钳形接地电阻测试仪的使用应遵循以下步骤。

① 钳口闭合且不套接任何导体的情况下开机，完成仪表自检。

② 自检显示正常后方可进行接地电阻的测试，如果条件许可，可用仪表配带的校准测试

环进行校验。

③ 用钳口钳绕住接地线，并保持仪表处于平稳状态，不要对钳口施加任何外力。

④ 保持钳口接触面的清洁。

⑤ 干扰大的场所需停电测试。

⑥ 使用后关闭电源，长期不用时电池取出保管。

(6) 注意事项

① 应戴橡皮手套进行测试操作，以确保检测人员的人身安全。

② 测量时不要超过测量仪的量程。

③ 仪器应避免发生任何撞击，特别是钳式接地电阻测试仪的钳头结合面。

④ 钳式接地电阻测试仪的钳头结合面要保持清洁，无污损。

⑤ 避免过于接近磁性物，体测量完毕后，应立即关机，以延长电池的使用寿命。若长时间不使用仪器时，应将电池取出。

⑥ 不得随意拆卸仪器进行调试和修理。

11.3.9 超声波探测器

电气线路和设备的带电导体发生电晕、火花、电弧及漏电等放电现象时伴随有超声波，因此可以用超声波探测器来探测电气线路和设备存在的此类故障和隐患。

(1) 超声波基础知识

通常人们听觉所能听到的声音，其声波频率在 20Hz～20kHz 的范围内。人们听觉的声波频率平均极限值为 16.5kHz。

超过声波频率 20kHz 以上的波段，称为超声波。由于超声波频率较高，因此是人们听觉所听不到的。在相同的距离条件下，超声波传播所需的能量要比声波传播所需的能量大得多。

一般情况下超声波探测器所采用的超声波传播技术无论是发射还是接收，超声波都是通过空气作为介质来进行传播的。

(2) 超声波探测的基本原理

超声波探测的基本原理是使用高灵敏度的窄带超声波换能器，采用超外差接收机的工作原理，将超声波高频信号变换到音频段，经过一定的信号处理，通过音频放大将信号显示或播放出来。超声波探测器的基本结构和工作原理如图 11-16 所示，主要包括接收天线、超声波传感器、电子电路和指针式仪表及耳机。

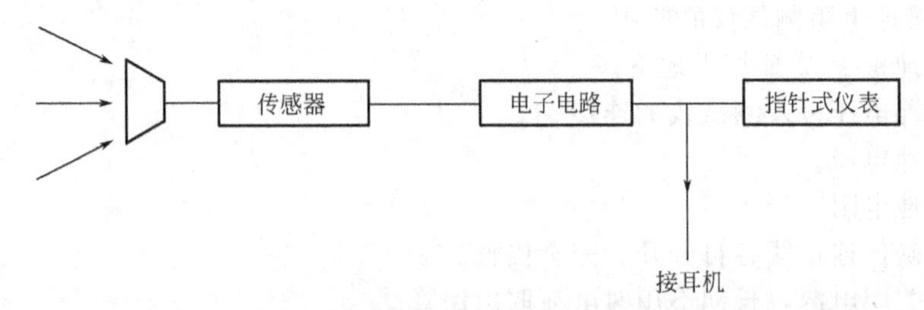

图 11-16 超声波探测器基本结构和工作原理

超声波远距离接收天线，可接收远距离超声波，近距离的超声波则不必使用接收天线。

超声波传感器是超声波探测器的关键部件，它是利用压电晶体的正压电效应制成的。当超声波加到振动膜上时，振动膜将随之振动，此种振动相当于压电晶体收到了变化的压力，因此产生随压力的大小而变化的电信号，电信号的大小与施加在压电晶体上的压力强度成正比。也就是说电信号的大小与超声波能量的大小成正比。使用者可以通过指针式仪表看到超声波能量的大小，也可以通过耳机听到超声波能量的大小。

（3）超声波探测器的使用

① 使用范围　虽然理论上超声波检测可用于低、中、高电压系统，但大部分的应用往往是在中和高电压系统。主要应用范围包括：绝缘子、电缆、开关、母线、接触器和接线箱。在变电站中可测试的部件包括绝缘子、变压器及绝缘套等。

超声波检测既适合于户内设备，也适合于户外变电站，尤其适合封闭的开关设备，特别是在封闭开关设备中识别跟踪问题，其跟踪的频率大大超过了红外线检测设备识别各种严重故障的频率。对于封闭的开关设备，建议采用这两种测试方法进行评估。

超声波检测电弧和电晕的方法类似于泄漏检测的程序，区别在于听到的不是冲击信号声，而是裂纹或嗡嗡声。

② 超声波探测的优点

a. 不与高压设备相接触。

b. 能够实现在线监测，不用停电。

c. 在安全距离的范围可以准确定位。

d. 带有信号收集器时检测距离可达30m以上。

③ 超声波探测的局限性

a. 定位容易受到周围墙体反射的影响。

b. 超声波以空气作为传输介质，空气的温度和相对湿度会影响其探测灵敏度。当温度为21℃、相对湿度为38%时，超声波的衰减最为严重，探测范围也最小。

c. 定性检测，无标准刻度。

11.3.10　谐波检测仪

低压配电系统中的谐波属于电能质量评估指标，除使用常规仪表定性探测或简单监测外，如果需要定量获知谐波含量与具体成分数据，需采用符合工程现场要求的电能质量分析仪表，并启动相应谐波测量功能进行检测。结合电气火灾防控特点，选用谐波监测仪表（或带有谐波测量功能的电能质量分析仪表）时需考虑以下问题。

（1）工程现场仪表的分类与功能

除实验室使用的谐波检测仪表以外，工程现场仪表可分为：在线式、便携式和手持式3种。

与电压检测设备类似，在线式电能质量分析仪（带谐波测量功能），采用机柜式安装，适于电力或大型工业部门长期监测和记录供电系统的谐波数据使用。

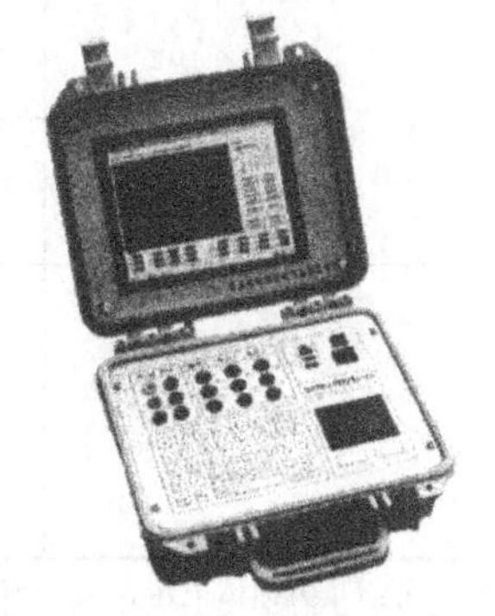

图11-17　便携式电能质量分析设备

便携式电能质量分析设备如图11-17所示，体积与重量满足移动测量要求，可由专业人员携带到测量现场，并可半永久地接入被测供电系统或设备记录数据。

从现场环境与应用特点考虑，手持式电能质量分析仪（如图11-18所示）最适合电气防火检测工作中谐波检测要求。

与在线式和便携式设备类似，手持式谐波测量仪表同样支持现场记录和显示数据，必要时可将保存的数据上传至计算机进行自动分析和统计，生成详细、直观的图表或报表。

（2）仪表精度要求

《电磁兼容性（EMC）测试和测量技术 电能质量测量方法》(IEC 61000-4-30—2008）根据

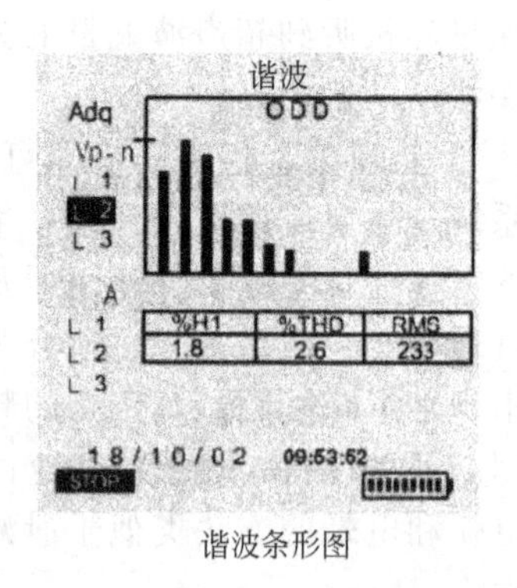

谐波条形图

图 11-18　手持式电能（谐波）质量分析仪与谐波测试结果（谐波）分析设备

电能质量测量仪表的用途，将其精度分为 A 级（advanced）、S 级（surveys）和 B 级（basic）3 种。

① A 级——采用“10 周期谐波子组”方法，实现包括间谐波在内的无间隙谐波测量，用于必须精确测量的场合，例如：高、中压输配电环节电能质量的合同执行、认证电能质量是否符合标准要求、解决技术纠纷或争议等。

② S 级——与 A 级仪表采用技术相同，但数据处理要求较低，允许存在谐波测量间隙，用于中、高压输配电环节电能质量的统计与调查。

③ B 级——满足定量测量谐波基本精度要求，用于低压配电系统电能质量的调查、线路与设备的故障检修等。因性价比高、适应性强，是使用最为广泛的谐波测量仪表。

国家标准《电能质量 公用电网谐波》(GB/T 14549—2008) 规定的谐波检测仪表的允许误差见表 11-7。

表 11-7　国家标准规定的谐波检测仪表的允许误差

等级	被测量	条件	允许误差
A	电压	$U_h \geqslant 1\% U_N$	$5\% U_h$
		$U_h < 1\% U_N$	$0.05\% U_N$
	电流	$I_h \geqslant 3\% I_N$	$5\% I_h$
		$I_h < 3\% I_N$	$0.15\% I_N$
B	电压	$U_h \geqslant 3\% U_N$	$5\% U_h$
		$U_h < 3\% U_N$	$0.15\% U_N$
	电流	$I_h \geqslant 10\% I_N$	$5\% I_h$
		$I_h < 10\% I_N$	$0.50\% I_N$

注：U_N为标称电压，U_h为谐波电压，I_N为额定电流，I_h为谐波电流。

（3）量程与应用范围

① 电压量程　电能（谐波）分析仪表的电压测试线与探头的耐压等级是 CAT 1000V，可直接接入低压配电系统测量电压，并能满足有效值不超过 50V 的特低电压（ELV）系统的测量要求。

如果接入被测系统提供的电压互感器输出信号，则电压量程可扩展至中压或高压配电系统。

② 电流量程　电能（谐波）分析仪表的电流量程由其选用的电流互感器确定，电流等级从 1A 级到 10^4 A 级。

通过适当量程的电流适配器，接入被测系统提供的电流互感器输出信号后，电流量程可扩展至与被测系统相同。

（4）电流谐波测量

为满足三相四线制低压配电系统的测量要求，电能（谐波）分析仪会同时提供3个电压测量通道和3个电流测量通道，某些仪表还同时提供第4个电流通道，可同时测量相线和中性线电流。当不要求同时测量所有导体电流时，可只使用1只电流适配器逐条线路测量，测量操作与使用钳形电流表相同。

为保证测量精度和线性度，应根据负载电流等级，选择钳形适配器量程，一般以被测电流超过适配器量程的10%为宜。

① 单相系统　正常情况下，单相系统的相线电流与中性线电流相等，测量时可任选1根导体套接，即可在仪表上观察电流波形图、读出电流有效值、电流总谐波畸变率及各次谐波电流含量。

② 三相系统　测量三相四线制系统时，既可同时测量也可分别测量每相电流指标。应重点考察3倍次谐波含量，及在中性线的叠加情况，评估在三相不平衡情况下，中性线载流量及安全性。

③ 监测并联谐振（电流谐振）　如果配电系统中使用了功率因数补偿电容器，应分别测量主回路和电容器支路电流，防止因电流谐振造成过流和介质损耗升高。

④ 谐波漏电流　条件允许时，可用电流适配器将RCD输出端的相线与中性线一起套接，理论上可得到含有谐波成分的剩余电流有效值。通过对谐波成分的分析，可了解线路中谐波经分布电容的泄漏情况。

⑤ 寻找谐波源　非线性负载主要向电网注入谐波电流而非谐波电压。因此分别在各分支回路中测量电流谐波，必要时关闭可疑负载，观察此负载所在支路谐波电流的变化，即能准确地确定谐波源。

⑥ 评估数据　现场测量所得数据应与国家标准《电能质量 公用电网谐波》GB/T 14549—2008中规定的谐波限值进行比对，以决定采取相应整改或治理措施。

（5）电压谐波的测量

与测量电流谐波类似，仪表本身支持同时测量三相系统电压指标，也可分别测量或采集各相电压数据，通过测量电压谐波，可以实现下面的功能。

① 监测串联谐振（电压谐振）　在使用补偿电容器的系统中，为防止电压谐振造成的过压危险，应重点测量和分析电容器端电压及谐波成分。

② 界定谐波责任　如果空载时测得的系统电压总谐波畸变率超过5%，则说明系统受到外来污染，而非系统内部负载产生。如不采取相应治理措施，将增加线路及负载的火灾危险性。

（6）其他电能参数

电能分析仪除能提供谐波数据外，如果同时接入电压与电流信号，还能实时得到电压/电流有效值、有功/无功功率、有功/无功耗电量、功率因数等数据。因此使用电能分析仪，可全面把握配电系统的总体情况，以及某特定电气设备的工作情况。

与常规电测仪表相比，专业谐波测量仪表操作相对复杂，并要求使用者具有较多背景知识，以便对获得的数据进行深入分析。

谐波测量属于被动测量，空载时只能得到电压指标，电流谐波受负载影响很大，需长时间监测才能统计出系统中产生谐波的原因和变化趋势。

一般与热成像仪或红外测温仪表配合使用，便于确认谐波对线路或设备的热效应以及火灾危险性，检测成本较高。

11.4 温度测量仪器

温度测量仪器按测温方式可分为接触式和非接触式两大类。通常来说接触式测温仪器比较简单、可靠，测量精度较高；但因测温元件与被测介质需要进行充分的热交换，需要一定的时间才能达到热平衡，所以存在测温的延迟现象，同时受耐高温材料的限制，不能应用于很高的温度测量。非接触式仪表测温是通过热辐射原理来测量温度的，测温元件不需与被测介质接触，测温范围广，不受测温上限的限制，也不会破坏被测物体的温度场，反应速度一般也比较快；但受到物体的发射率、测量距离、烟尘和水汽等外界因素的影响，其测量误差较大。

前面已经讲过，对于电气防火检测来说，最合适的测试方式是红外辐射测温。因此本节只对非接触表面温度测量的原理和相关仪器进行详细的介绍，首先简单介绍一下红外辐射及相关定律。

11.4.1 红外辐射及相关定律

众所周知，所谓红外辐射（或称红外线，简称红外），就是电磁波中比微波波长还短、比可见光的红光波长还长的电磁波。因此，它也具有电磁波的共同特征：都以横波的形式在空间传播，并且在真空中都有相同的传播速度，其速度为：

$$c=\lambda\nu\approx10^{8}\,\mathrm{m/s} \tag{11-6}$$

式中 λ——波长，m；

ν——频率，Hz。

通常把波长在 0.75～3.0μm 之间的电磁波称为近红外，3.0～6.0μm、6.0～15.0μm、15.0～1000μm 的电磁波分别称为中红外、远红外和极远红外。

尽管物体发射红外辐射的物理机制不止一种，但是，自然界中普遍存在的红外辐射源是物体的自然热辐射。

(1) 黑体的红外辐射定律

所谓黑体，简单讲就是在任何情况下对一切波长入射辐射吸收率都等于 1 的物体。显然，自然界中实际存在的任何物体对不同波长的入射辐射都有一定的反射（辐射率不等于 1），所以，黑体只是人们抽象出来的一种理想化的物体模型。尽管如此，黑体辐射的基本规律却是红外科学领域中许多理论研究和技术应用的基础，它揭示黑体发射的红外热辐射随温度及波长变化的定量关系。

① 辐射的光谱分布规律——普朗克辐射定律　黑体辐射的普朗克辐射定律给出了黑体在温度 T（K）时的辐射光谱分布特征，如图 11-19 所示，图中虚线表示辐射功率最大值。

从图 11-19 中可以看出，黑体辐射具有以下特征。

a. 在任何温度下，黑体的光谱辐射度都随波长连续变化，每条曲线只有一个极大值。

b. 随着温度的升高，与光谱辐射度极大值对应的波长减小，这表明随这个温度的升高黑体辐射中的短波长辐射所占比例增加。

c. 随着温度升高，黑体辐射曲线全面提高，即在任意指定波长处，与较高温度相对应的光谱辐射度也较大，反之亦然。

② 辐射光谱的移动规律——维恩位移定律　维恩位移定律表明黑体辐射光谱分布的峰值波长与其热力学温度 T 成反比。

③ 辐射功率随温度的变化规律——斯特藩-玻尔兹曼定律　斯特藩-玻尔兹曼定律表明凡是温度高于热力学零度（−273.16℃）的物体，都会自发地向外发射红外热辐射。

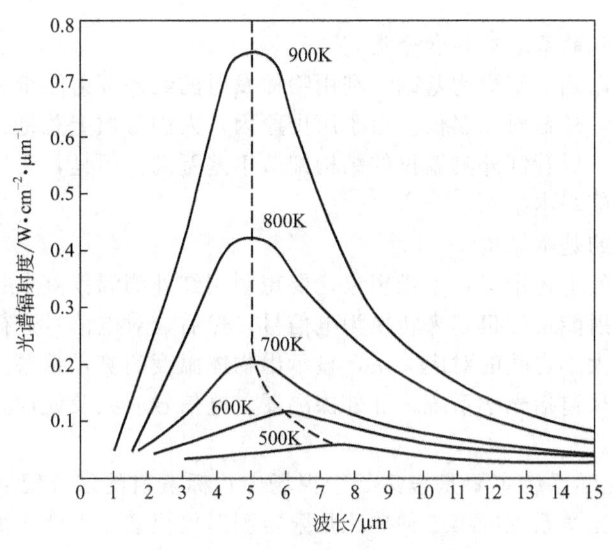

图 11-19 不同温度下的黑体光谱辐射度

④ 辐射的空间分布规律——朗伯余弦定律　朗伯余弦定律表明黑体或漫辐射体在辐射表面法线方向的辐射最强，因此，实际进行红外检测时应尽可能选择在被测表面法线方向进行。

(2) 辐射规律对红外检测仪器选择的要求

上述辐射定律不仅指出了被测物体的红外辐射与其表面温度的关系和正确选择检测方向的原则，而且还为红外检测仪器工作波长范围的选择（仪器选型）提出了原则性的要求。

① 接收辐射信号最大原则　任何红外检测，总是希望红外仪器接收的被测目标红外辐射信号越大越好。为此，除根据朗伯余弦定律选择最佳的检测方向外，还要根据目标辐射的光谱分布选择红外仪器的响应波长范围。

普朗克辐射定律表明，在任何温度下，黑体辐射光谱的波长范围理论上可以从 0～∞，但是根据维恩位移定律可以获得辐射最强的波长。由于任何红外检测仪器的响应波长既不是单一波长，也不是从 0～∞的整个波长范围的辐射，而是粗略分为两大类：3.0～5.0μm 和 8.0～14.0μm 因此，当检测对象以高温目标为主时，目标在短波长范围的辐射所占总辐射比例较大，应选择 3.0～5.0μm 的红外仪器；而当检测对象以接近环境温度的低温目标为主时，应选择 8.0～14.0μm 的红外仪器为宜。尽管高温目标用 8.0～14.0μm 的红外仪器，低温目标用 3.0～5.0μm 的红外仪器也能进行检测，但因仪器接收的信号在目标总辐射中所占比例较小，势必造成较大的测量误差。

② 辐射对比度最大原则　当用成像式（如红外热像仪）红外仪器检测表面温度与背景温度很接近的目标，分辨目标与背景十分困难。只要选择合适的红外测量仪器的波长响应范围，仍可使目标与背景之间的辐射对比度尽可能地高，从而提高故障的检错率。

11.4.2 红外辐射测温仪

红外辐射测温仪简称红外测温仪，是一种非成像式的红外温度检测和诊断仪器。点型红外测温仪只能测量被测目标表面上某一点周围确定面积的平均温度，俗称红外点温仪，是目前广泛应用的一种测温仪器。在不要求精确测量被测目标表面二维温度分布的情况下，与其他红外测量仪器相比，具有结构简单、价格便宜、使用方便的优点，其缺点是检测效率低，容易出现较大测量误差。

11.4.2.1 红外测温仪的基本结构和分类

广义来说，凡是以辐射定律为基础，利用物体发射的红外辐射能量为信息载体测量物体温度的仪表，均可称为红外辐射测温仪。由于历史原因，人们习惯上总是只把非成像式的辐射测温仪称为红外测温仪。尽管红外测温仪的结构细节千差万别，但是，要使它们完成基本的测温功能，都必须有共同的基本结构。

（1）红外测温仪的基本结构

根据红外测温仪的上述定义，不难想象，要想利用红外测温仪测量物体的温度，首先必须把物体发射的红外辐射能量搜集起来转换为电信号。然后，对电信号进行放大、处理，并利用物体温度与辐射功率大小之间的对应关系，显示出物体温度的测量结果。因此，任何红外测温仪的基本结构，都必须包括光学系统、红外探测器、电信号放大及处理系统、结果显示系统等几个主要的功能部分。

① 光学系统　光学系统主要是搜集处于视场内目标发射的红外辐射，并把它聚焦在红外探测器的光敏面上。光学系统的第二种功能是限定测温仪视场，以免非被测目标的辐射入射到探测器上。光学系统的第三种功能，即限定接收目标辐射的光谱范围。根据工作方式不同，光学系统分为调焦式和非调焦式（固定焦点式），一般使用非调焦式光学系统。

② 红外探测器　红外探测器是该仪器的核心部分，它是将接收的红外辐射能量转换成可以测量的电信号。红外探测器种类很多，根据探测器对红外辐射响应方式的不同，分为热探测器和光子探测器，热探测器又分室温探测器和低温探测器。主要的室温探测器有以下四种：热释电探测器、热敏电阻红外探测器、热电偶和热电堆红外探测器以及气体探测器，光子探测器分为光电导探测器、光生伏特探测器及光电倍增管。

③ 电信号处理系统　不同种类、测温范围和测量精度的红外测温仪，使用的探测器和设计原理各有不同，因此，它们的处理方式也不相同。一般而论，测温仪信号处理系统必须完成如下功能。

a. 放大探测器输出的微弱电信号。

b. 抑制非目标辐射的干扰噪声和系统噪声。

c. 线性化输出处理。

d. 目标表面发射率修正。

e. 环境温度补偿。

f. 供计算机处理的模拟信号、A/D转换和D/A转换。

g. 向温度显示系统提供输出信号和配套装置要求。

有的红外测温仪功能较少，因此信号处理系统比较简单，有的测温仪功能较多，信号处理系统也相对复杂。

④ 显示系统　红外测温仪显示系统的功能在于显示目标温度的测量结果。早期多用普通表头显示，目前几乎都是发光二极管、数码管或液晶等数字显示。

⑤ 温度补偿装置　当周围环境温度比目标温度高，且目标物体的发射率低于1.0时，利用环境温度补偿功能来补偿周围环境反射到目标物体的能量。

⑥ 存储器　该仪器的存储器能存储一定数量的各种温度数据，并且可以随时调用。

（2）不同类型红外测温仪的性能与特点

按测温仪的不同设计原理和所能测量的不同目标温度，可把红外测温仪分为全辐射测温仪、亮度测温仪和比色测温仪三大类。

① 全辐射测温仪　理论上讲，这类测温仪能够接收目标发出的波长 λ 为 $0\sim\infty$ 范围内的全

部辐射能量，并用黑体确定出目标的温度。但是，实际使用的全辐射测温仪也需要使用光学系统，因此探测器不可能接收全部波长的辐射。事实上，对于一定的测温范围而言，只要选用的测温仪工作波段包含了全部辐射能量的96%，其测温误差只有1%，并且，根据辐射能量随波长分布的变化，即使只减少4%的辐射能量，也可以大大压缩工作波段，从而简化测温仪的结构。因此，实际的全辐射测温仪的灵敏度较低，用这种测温仪测量得到的目标辐射温度与其真实温度之间有一定的偏差。

② 亮度测温仪　亮度测温仪是通过测量目标在某一波段的辐射亮度来获得目标温度的测温仪，测出的是目标的亮度温度。这种测温仪通常使用限定入射辐射波长的滤光片来选择接收特定波长范围内的目标辐射。为了在测量较低温度时能够获得足够的辐射能量，往往选择较宽的辐射波段。亮度测温仪的特点是结构简单、使用方便、灵敏度高，而且能够抑制干扰，因此在高温和低温范围内都具有较好的效果。

③ 比色测温仪　比色测温仪是利用两组（或多组）带宽很窄的不同单色滤光片，搜集两个（或多个）相近波段内的辐射能量，转换成电信号在电路上进行比较，并由此比值确定目标温度。严格来讲，比色测温仪测出的色温是某一波长区域的色温。比色测温仪的灵敏度较高，测出的色温与目标真实温度之间的偏差较小，在中高温范围内使用效果较好，但是，比色测温仪的特点是结构复杂、价格昂贵，因此不宜在电气防火检测中使用。

上述三类测温仪的测温显示都是用黑体辐射进行标定的。由于任何实际物体的辐射都不同于黑体辐射，它们之间的区别取决于物体的发射率。因此，严格来讲，上述三类测温仪测出的辐射温度、亮度温度和色温都不等于被测目标的实际温度。

此外，从不同的角度，又可以把红外测温仪分为不同类型。例如，按测温范围，可分为高温测温仪（测量900℃以上的温度）、中温测温仪（测量300～900℃之间的温度）和低温测温仪（测量300℃以下的温度）。

（3）红外测温仪的主要技术性能参数

应根据被测目标的工作状态和发热部分的温度特征来选择红外测温仪器，以满足现场测量温度的需要。现将主要技术性能和参数的具体含义简单介绍如下。

① 测温范围　测温范围是红外测温仪最重要的一个性能指标，是指该仪器测温的最低限值和最高限值之间的温度范围。不同的红外测温仪有不同的测温范围，所选仪器的温度范围应与具体测量的目标温度相匹配。

② 光谱响应或称工作波段　光谱响应是指对被测目标红外辐射波长的响应范围。一般情况在被测目标的热力学温度为300～500K时，光谱响应为8～14μm；而被测目标的热力学温度为500K时，光谱响应为3～5μm。

③ 温度分辨率　温度分辨率是指仪器所能显示的最小可分辨的温差值，有时也称为最小可分辨温差。

④ 响应时间　从仪器对准被测目标开始测温起到显示出稳定温度值为止所经历的时间，称为响应时间。响应时间表示红外测温仪对被测目标温度变化的反应速度，通常规定从仪器对准被测目标开始测温起到显示出稳定的温度值的95%时所经历的时间，它与红外探测器、信号放大处理电路及显示装置的时间常数有关。

⑤ 重复性　重复性是指对被测目标在恒温条件下进行多次重复的测温时，各次温度显示值可能出现的最大偏差值，通常以读数的百分数或绝对值表示。

⑥ 距离系数（光学分辨率）　被测目标与红外测温仪光学系统焦点处的距离，称为测距（D），而测距与被测目标尺寸（S）之比，称为距离系数，一般用$D:S$来表示。如果红外测温仪远离目标，而目标又小，应选择高分辨率的测温仪，即选择$D:S$比值较大的红外测试

仪器。

⑦ 焦点处目标尺寸　焦点处目标尺寸是指距红外测温仪光学系统焦点处目标的最小尺寸。对于单色测温仪，在进行测温时，如果目标实际尺寸小于焦点处目标尺寸，则被测目标的红外辐射像，将不足以完全覆盖该仪器的红外探测器，只能测到部分被测目标的红外辐射能，因此测量结果将出现误差。

图 11-20 为一个距离系数 10∶1 的红外辐射测温仪的测温光路图，从图中可以看出，测试距离最小处，测温仪的测试目标为最小，图中即为距目标 0mm 处，测试目标最小，直径 7mm，远于这个位置，红外辐射测温仪所能测试的目标尺寸将逐渐变大。

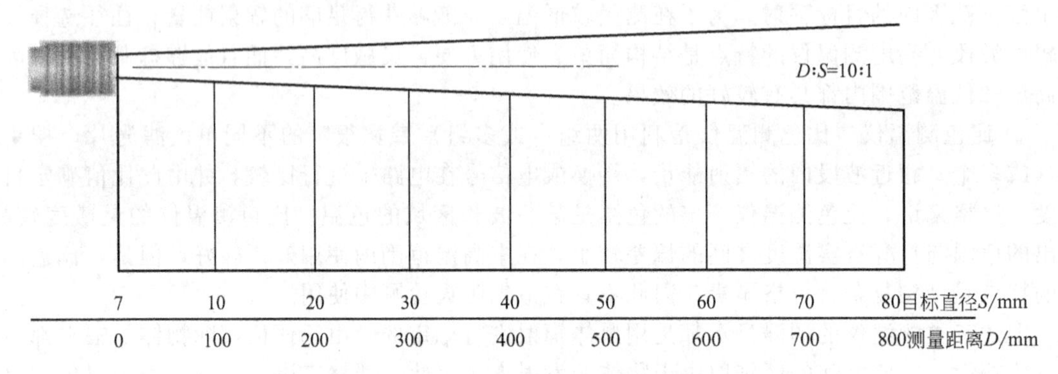

图 11-20　红外辐射测温仪的测温光路图（标准型）

图 11-21 为另外一个距离系数为 10∶1 的红外辐射测温仪（配带透镜）的测温光路图，从图中可以看出，在焦点处测温仪的测试目标为最小，图中即为距目标 10mm 处，近或者远于这个位置，红外辐射测温仪所能测试的目标尺寸都将变大。

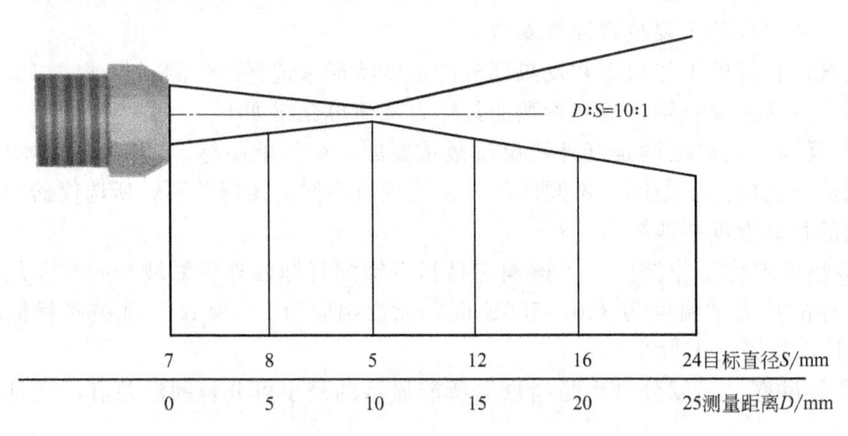

图 11-21　红外辐射测温仪的测温光路图（配带透镜）

例如，某红外辐射测温仪的距离系数为 50∶1，仪器侧面标有这样几组数字：42mm@1500mm；18mm@900mm；19mm@300mm。其含义就是测量直径 42mm 的目标，距离为 1500mm；测量直径 18mm 的目标，距离为 900mm；测量直径为 19mm 的目标，距离为 300mm。显然，该红外辐射测温仪能够测量的最小目标是 18mm，距离 900mm，光路图和图 11-20 所示的不一致。

⑧ 发射率　物体表面发射率是用来定量地描述物体发射红外辐射能力的参数，黑体的发射率等于 1，其他物体的发射率都小于 1。在红外测温仪的使用中都可以根据被测目标的材质、表面状况及温度进行选择，其可调范围为 0.1～1.0。

11.4.2.2 红外测温仪的正确使用和维护

(1) 红外测温仪的正确使用方法

① 发射率的选择　根据被测目标物体的情况，选择合适的发射率。物体的发射率与许多因素有关，首先取决于材料的性质，即不同的材料有不同的发射率，非金属材料发射率较大，而金属材料发射率较小。

其次是温度的影响，对同一材料的发射率而言，将随其表面温度的变化而变化。实验表明，大多数非金属材料的发射率随温度的升高而减小；而对大多数金属材料的发射率近似随温度的升高而成比例地增大，当温度达到稳定值后，发射系数维持不变。

对同一材料的物体来说，发射率还与其表面状况有关，例如物体表面的光洁度、氧化程度和覆盖层。

应该说明的是，有关红外辐射的文献资料提供的物体表面发射率都是统计平均值，可以作为对仪器设置和发射率选择时的参考，但是，一定要充分考虑上述诸多因素的影响。

如果需要比较精确地选用发射率值时，必须使用专用的仪器和方法对物体发射率进行校准。其中，有一种简单又实用的方法，就是在被测目标上如有可以接触的部分，使用面接触的温度计测定该被测目标的实际温度，以此温度为真实温度。再用红外测温仪对该被测目标进行测温，在此过程中不断调整发射率使达到上面已经测定的温度值，此时的发射率就是该被测目标的发射率。

② 距离系数选择　根据被测目标尺寸的大小，应合理选择红外测温仪的距离系数。对于固定焦距红外测温仪，在被测目标尺寸比较小或测距比较远的情况下，应选用距离系数比较大的红外测温仪；相反，在被测目标尺寸比较大或测距比较近的情况下，应选用距离系数比较小的红外测温仪。

③ 外界因素的影响　阳光的直射或折射、其他光源的散射等均会对温度的准确测量造成影响。在检测的视场内不应有其他高温热源等，否则，除被测目标的红外辐射能外还增加了附加的热辐射，会使得红外测温仪测得的被测目标的温度不真实。

④ 其他问题　使用红外测温仪测量被测目标的温度时，应尽量使激光光束与被测目标的表面垂直。

测量反光物体表面温度时，如铝和不锈钢，表面的反射会影响红外测温仪的读数。此时，可在金属表面放一胶条，温度平衡后，测量胶条区域温度。

为了保证准确测量，红外测温仪在新的使用环境中应放置一段时间，达到温度平衡后再测量。

易燃易爆场所应选择安全型红外测温仪。

(2) 红外测温仪的维护

现场使用的红外测温仪虽然采用各种防护措施来消除环境影响，但作为计量仪器和监控装置，还必须定期维护和校准，以保障性能的可靠性。为了避免仪器吸入的浮尘油污引起光学零件和接插件接触不良或接点间短路，应经常消除尘土，保持仪器干燥清洁。

11.4.2.3 红外测温仪使用应注意的主要问题

① 根据被测目标尺寸的大小，应合理选择红外测温仪的距离系数。

a. 在被测目标尺寸比较小或测距比较远的情况下，应选用距离系数比较大的红外测温仪；相反，如果被测目标尺寸比较大或测距比较近，应选用距离系数比较小的红外测温仪。

b. 但是对于同一台红外测温仪来说，距离系数是确定的，因此对于被测目标尺寸较大时，只能将测距拉长，远距离进行测温；相反，对于被测目标尺寸较小时，只能将测距拉近，近距离进行测温。

② 根据被测目标物体的情况，选择合适的发射率。任何物体的发射率都与许多因素有关，首先取决于材料的性质，即不同的材料有不同发射率，非金属材料发射率较大；而金属材料发射率较小。

对同一材料的发射率而言，发射率将随其表面温度的变化而变化。实验表明，绝大多数非金属材料的发射率随温度的升高而减小；而对绝大数金属材料的发射率近似随温度的升高而成比例地增大。当温度达到稳定值后，发射系数维持不变。

各种有关红外辐射的文献和资料提供的物体表面发射率都是统计平均值，可以作为对仪器设置和选用发射率值时的参考。但是，一定要充分考虑上述诸多因素影响的实际情况。

如果需要比较精确选用发射率值时，必须使用专用的仪器和方法对物体发射率进行校准。其中有一种简单又实用的方法，就是在被测目标上如果有可以接触的部分，使用面接触的温度计测定该被测目标的实际温度，以此温度为真实温度。再用红外测温仪对该被测目标进行测温，在此过程中不断调整发射率使达到已经测定的温度值，此时的发射率就是该被测目标的发射率。所以测试和使用时应注意以下问题。

a. 尽量避免外界因素的影响。例如阳光的直射或折射、其他光源的散射，在检测的视场内不应有其他高温热源等。否则，除被测目标的红外辐射能外还会增加附加的热辐射，因此，红外测温仪测定的温度是不真实的。

b. 使用红外测温仪对被测目标测温时，力求与其表面垂直，重复测量 2～3 次，各次测量方位应保持一致。

11.4.3 红外热像仪和红外热电视

通常，把利用光学精密机械的适当运动，完成对目标的二维扫描并摄取目标红外辐射而成像的装置称为光机扫描式红外成像系统。这种系统大体上可分为两大类，其中一类是用于军事目标成像的红外前视系统，要求目标成像清晰，不需要定量测量温度，因此强调高的取像速率和高的空间分辨率。另一类是在工业、医疗、交通和科研等民用领域内使用的红外热像仪，它在很多场合不仅要求对物体表面的热场分布进行清晰成像，而且还要给出温度分布的精确测量，相比之下，红外热像仪更强调温度测量的灵敏度。

11.4.3.1 红外热像仪的发展

1800 年，英国物理学家 F. W. 赫胥尔发现了红外线，从此开辟了人类应用红外技术的广阔道路。在第二次世界大战中，德国人用红外变像管作为光电转换器件，研制出了主动式夜视仪和红外通信设备，为红外技术的发展奠定了基础。

第二次世界大战后，首先由美国得克萨斯仪器公司经过近一年的探索，开发研制了第一代用于军事领域的红外成像装置，称之为红外巡视系统，它是利用光学机械系统对被测目标的红外辐射扫描。由光子探测器接收二维红外辐射迹象，经光电转换及一系列仪器处理，形成视频图像信号。这种系统是一种非实时的自动温度分布记录仪，随着 20 世纪 50 年代锑化铟和锗掺汞光子探测器的发展，才开始出现高速扫描及实时显示目标热图像的系统。

20 世纪 60 年代早期，瑞典 AGA 公司成功研制了第二代红外成像装置，它是在红外巡视系统的基础上增加了测温的功能，称之为红外热像仪。

开始由于保密的原因，红外热像仪在发达的国家中也仅限于军用，投入应用的热成像装置可在黑夜或浓厚云雾中探测对方的目标，探测伪装的目标和高速运动的目标。由于有国家经费的支持，投入的研制开发费用很大，仪器的成本也很高。以后考虑到在工业生产发展中的实用性，结合工业红外探测的特点，采取压缩仪器造价，降低了生产成本，并根据民用的要求，把通过减小扫描速度来提高图像分辨率等措施逐渐发展到民用领域。

20 世纪 60 年代中期，AGA 公司研制出第一套工业用的实时成像系统（THV），该系统由液氮制冷，由 110V 电源电压供电，重约 35kg，因此使用中便携性很差，经过对仪器的几代改进，1986 年研制的红外热像仪已无需液氮或高压气，而以热电方式制冷，可用电池供电。

1988 年推出的全功能热像仪，将温度的测量、修改、分析、图像采集、存储合于一体，质量小于 7kg，仪器的功能、精度和可靠性都得到了显著的提高。20 世纪 90 年代中期，美国 FSI 公司首先研制成功了由军用技术（FPA）转民用并商品化的新一代红外热像仪（CCD），它属于焦平面阵列式结构的一种成像装置，技术功能更加先进，现场测温时只需对准目标摄取图像，并将上述信息存储到机内的 PC 卡上，即完成全部操作，各种参数的设定可回到室内用软件进行修改和分析数据，最后直接得出检测报告，由于技术的改进和结构的改变，取代了复杂的机械扫描，仪器重量已小于 2kg，使用中如同手持摄像机一样，单手即可方便地操作。

如今，红外热成像系统已经在电力、消防、石化以及医疗等领域得到了广泛的应用。红外热像仪在世界经济的发展中正发挥着举足轻重的作用。

11.4.3.2 红外热像仪的工作原理、分类及主要性能参数

（1）红外热像仪的工作原理　红外热像仪的基本结构由摄像头、显示记录系统和外围辅助装置等组成，光机扫描热像仪的摄像头主要包括接收光学系统、光机扫描系统、红外探测器、前置放大器和视频信号预处理电路。

红外热像仪的工作过程是把被测目标表面温度分布借助红外辐射信号的形式，经接收光学系统和光机扫描系统成像在红外探测器上，再由探测器将其转换为视频电信号。这个微弱的视频电信号经前置放大器处理后，送至终端显示器，显示出被测物体表面温度分布的热图像。

热成像仪之所以能够显示出物体的热图像，关键在于首先要把物体按照一定规律进行分割，即把要观测的目标空间按水平和垂直两个方向分割成若干个小的空间单元，接收光学系统依次扫过各空间单元，并将各空间单元的信号再组合成整个目标空间的图像。在此过程中，探测器在任一瞬间实际上只接收某一个空间单元的辐射，光机扫描系统依次使接收光学系统对目标空间做二次扫描。于是，接收光学系统按时间先后依次接收二维空间中各空间单元信息，该信息经放大处理后变成一维时序，该信号再与同步结构送来的同步信号合成后送到显示器，显示出完整的被测目标热像图。

（2）红外热像仪的分类

① 光机扫描热像仪　光机扫描热像仪的工作原理如图 11-22 所示。

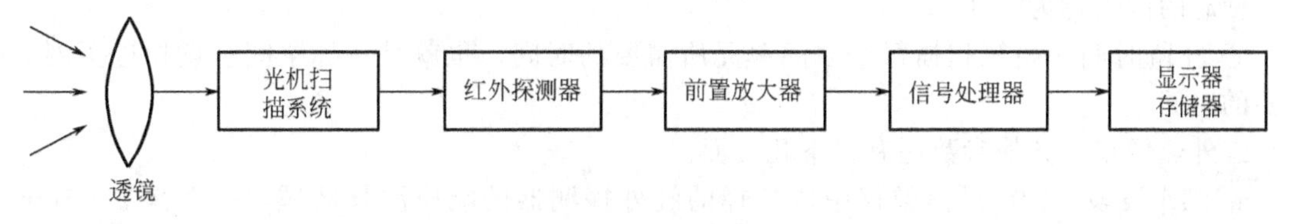

图 11-22　光机扫描热像仪工作原理

被测目标红外辐射形成的表面温度场被光学系统接收以后，再被光机扫描系统汇集滤波和聚焦，然后成像在红外探测器上。随后红外探测器将入射的红外辐射转换成电信号。

由于红外探测器输出的微弱电信号需要放大送至下一级，再经过信号处理器处理，转换视频信号。最后由终端显示器将被测目标的表面温度场的视频信号转换成热图像显示出来。

光机扫描红外热像仪，由于能够获得红外辐射的丰富信息，因此，其图像清晰度比较高。

② 焦平面热像仪　焦平面热像仪是一种非扫描式热像仪，其特点是去掉了复杂的光机扫描系统，以焦平面红外探测器代替了光机扫描系统的功能。被测目标的红外辐射形成的表面温

度场，经过简单的透镜，便可直接将其成像在红外探测的阵列平面上。

焦平面红外探测器是红外热像仪的核心部件，这里所指的焦平面，是指由数以万计的传感元件组成的阵列，并呈现二维平面形，本身具有电子自动扫描功能。

被测目标的红外辐射，只需经过简单的透镜，将入射的红外辐射成像在红外探测器的传感元件上，同时输出反映入射的红外辐射的电信号。

此外，还会遇到非制冷焦平面红外探测器，除上面所解释的焦平面红外探测器的含义之外，这里所指的“非制冷”，是指采用微辐射热量型的红外探测器。它与热敏电阻特性类似。通过入射的红外辐射，使其温度升高，从而导致电阻阻值随之升高或减小，阻值变化时便有电信号输出。

(3) 红外热像仪的主要性能参数

① 观察视场和瞬时视场　众所周知，热像仪总是对一定的空间范围进行观察，这个空间范围通常称为热像仪的观察视场，它取决于被观察目标空间的大小和热像仪光学系统的焦距。然而，一帧完整的观察视场并非一下子观察完，而是在一定的时间内由瞬时视场按特定的扫描方式扫描实现的。

② 视场角　它表示光学系统的视场角，指被测目标在热成像仪中成像的空间最大张度，用水平视场角和垂直视场角的乘积表示。

③ 空间分辨率　空间分辨率是指应用红外热像仪观测时，热像仪对目标空间形状的分辨能力，通常以 mrad（毫弧度）来表示。mrad 的值越小，表明其分辨率越高，弧度值乘以半径即为目标的直径，1.3mrad 的分辨率意味着可以在 100m 的距离上分辨出直径为 $1.3\times10^{-3}\times100m=0.13m=13cm$ 的物体。

④ 温度分辨率　只涉及热像仪本身的性能，与观测者的工作特性无关，是热像仪温度灵敏度的一个客观指标。

⑤ 最小可分辨温差　这是既反映热像仪温度灵敏度，又反映热像仪空间分辨率，同时还包括观察者眼睛工作特性的系统综合性能参数，用于综合评价热像仪的性能。

⑥ 最小可探测温差　用红外热像仪对目标进行观测，观测者刚好能分辨出目标时，目标与背景温度之差称为热像仪的最小可探测温差。最小可探测温差是描述点目标可探测性的性能指标，因此，在户外现场检测时，使用该指标评价红外热像仪的性能是非常合适的。

⑦ 帧时和帧速　红外热像仪从观察视场的左上角第一个点开始，扫完整个观察视场各点，并从右下角最后一个点回到起始第一个点所需的时间（即扫完一帧画面所需要的时间）称为帧时，帧时的倒数称为帧速。

⑧ 驻留时间　系统扫描每个空间单元所需要的时间，也就是目标空间一点扫过探测器所需要的时间。

红外热像仪的其他参数还有以下几方面。

a. 工作波段：指红外热像仪中所选择的红外探测器的响应波长区域，一般是 3～5μm 或 8～12μm。

b. 测温范围：指测定温度的最低限与最高限的温度值的范围。

c. 测温准确度：指红外热像仪测温的最大误差与仪器量程之比的百分数。

基于上述性能参数，选择红外热像仪时，首先应对温度分辨率、空间分辨率和时间分辨率做综合考虑。例如，当主要用来检测静止目标或温度随时间变化缓慢的目标时，可选择测量精度较高而扫描速度较低的热像仪；当主要用于检测与热像仪做相对运动的目标时，则应该侧重有较高帧速。其次，还要考虑测温范围、工作波长、测量精度等参数是否满足检测的要求。

11.4.3.3 红外热电视

(1) 红外热电视的基本结构和工作原理

红外热电视是红外技术与工业电视技术相结合的产物，因此，了解红外热电视的工作原理，可以首先从工业电视系统谈起。

众所周知，工业电视是用电的方法在特定范围内传递光图像的装置，它主要由摄像机、传输电缆、监视器和控制器等四个主要部分构成。其中摄像机的基本功能是将可见光图像变为电视信号，并通过电缆传输到监视器。作为工业电视接收机的监视器把电视信号重新转变为光图像显示在荧光屏上。可见，红外热电视实际上只是一部红外电视摄像机。下面以平移型红外热电视摄像机为例，简单说一下其工作原理。

平移型红外热电视摄像机的工作原理和结构如图 11-23 所示，来自目标的红外辐射经透镜成像在热释电摄像管靶面上，并在其表面出现与红外辐射能量分布成比例的电荷变化。这些电荷被热释电摄像管内的扫描电子束拾取，从而形成与目标红外辐射相应的电视信号电流。

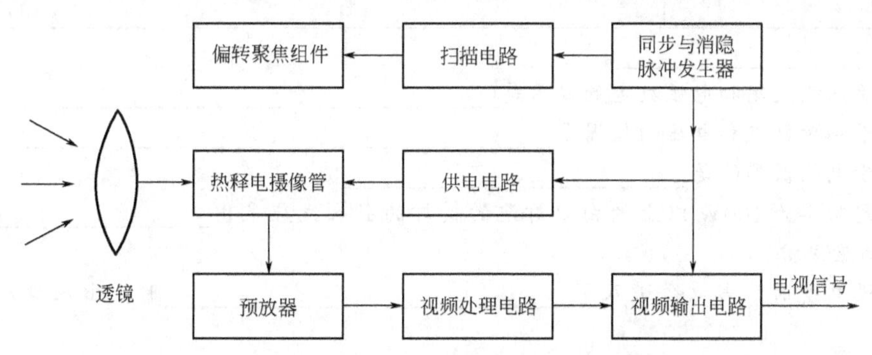

图 11-23 平移型红外热电视摄像机的工作原理和结构

(2) 红外热电视的特点

由于红外热电视采用电子束扫描，无高速运动的精密光机扫描装置，制造和维修相对较容易，适合批量生产，加上热释电摄像管可在室温下工作，不需制冷。所以，红外热电视不仅结构轻巧，使用方便，而且设备投资少，使用费用低。尽管某些性能指标还不能和红外热像仪媲美，但作为一种简易红外成像式检测仪器，在电气防火检测对温度分辨率即测温精度要求不太高的应用场合，红外热电视仍有较广泛的使用价值。

能力训练题

一、判断题

1. 为保障消防车取水和火场用水安全，在采暖地区的消防水池，应有防冻措施。(　　)

2. 湿式报警阀组主要是由报警器、总控制阀、测试阀、压力表、水力警铃等相关部件组成。(　　)

3. 在同一变电所内，当配电变压器为干式气体绝缘或非可燃性液体绝缘的变压器时，应采用无油断路器保护。(　　)

4. 民用建筑内的变电所，当采用充油式电容器时，应将其装设在耐火等级为一级的单独房间内。(　　)

5. 检测可燃油浸式变压器吸湿器应完好，吸附剂呈浅黑色为正常。(　　)

6. 电线电缆在桥梁、竖井、电缆沟、电缆隧道等成束敷设时，应采用阻燃电线电缆。(　　)

7. 电线在运行中，导线连接应牢固可靠，接触良好，接点、接线端子不应有打火放电

现象。(　　)

8. 库房内使用电烙铁、电熨斗等电热器具时，应当检查其合格证。(　　)

9. 单相两孔插座，面对插座的右孔或上孔与相线连接，左孔与中性线连接。(　　)

10. 在低压配电系统中，控制负载用断路器的额定电流和过电流的倍数时间，必须与负载的额定电流和瞬(延)时过电流的倍数时间相匹配。(　　)

二、填空题

1. 非临时用点，当使用移动式插座应符合下列规定：__________、__________、__________、__________、__________。

2. 漏电保护器的安装接线，应符合的规定是__________、__________、__________、__________。

3. 电器火灾预防性检测周期为 1 年的场所有__________、__________、__________，__________、__________、__________、__________、__________。

4. 属于探测火花和电弧放电的仪器是__________、__________。

5. 属于测量电流和电压的仪器是__________、__________。

6. 属于电热器具的是__________、__________。

7. 额定功率为 100W 以上的白炽灯泡的槽灯的引入线应采用__________等非燃烧材料做隔热保护。

8. 敷设电缆时，当电缆进入__________时，出入口应封闭，管口应密封。

9. 电力电缆不应和__________等敷设在同一管沟内。

12 建筑消防设施检测

建筑消防设施是现代建筑的重要组成部分，它是预防火灾、减少火灾危险的重要措施。因此，国家对消防设施的检测十分重视。在《中华人民共和国消防法》第十六条第三款中明文规定："对建筑消防设施每年至少进行一次全面检测，确保完好有效，检测记录应当完整准确，存档备查"。在第三十四条中明确指出："消防产品质量认证、消防设施检测、消防安全监测等消防技术服务机构和执业人员，应当依法获得相应的资质、资格；依照法律、行政法则、国家标准、行业标准和执业准则，接受委托，提供消防技术服务，并对服务质量负责。"

所以，一定要严格依照法律、行政法规、国家标准、行业标准和执业准则 进行消防设施的检测。

虽然我国建筑消防设施立法起步较晚，但发展很快，新技术、新工艺不断出现，所以消防规范若干年后，又有新的版本出现，执行时应以现行版本为准。

对检测设备的质量评定：消防设施检测的一般原则是现场抽样检查及功能测试按照先子项评定，后单项评定的程序进行。根据被检测项目在消防安全中的重要程度，将被检测项目分成A、B、C三类。

A类项（关键项）：直接关系到系统运行功能及可能对人身安全造成危害的项目。

B类项（主要项）：对系统的工程质量有重要影响，可能间接影响系统运行功能可靠性的项目。

C类项（一般项）：对系统工程质量有一般影响，而规范中又规定需要检测的项目。

子项评定：子项检测中，出现A类不合格项的，评定为不合格；有一处B类不合格项，再抽查的4处均合格的，评为合格，否则为不合格；有4处以上C类不合格项的，判定为不合格。

单项评定：所有子项评定合格，但其中B类不合格项不应大于4处，C类不合格项不大于8处，单项评定为合格，否则为不合格。

综合评定：消防验收资料审查为合格，所有单项均评定为合格，综合评定为合格，否则评定为不合格。

12.1 消防设备检测前的准备工作

建筑消防设备检测前必须做好如下的准备工作。

12.1.1 组织措施

① 成立项目部，按照专业化的要求，成立检测项目机构，确定检测项目负责人、技术负责人、安全防护员及各专业检测人员。

② 建立健全岗位责任制：明确每个人的职责范围与权力。

③ 做好后勤保障：对检测中所需的检测仪器、通信联络设备、照明设备等应按需要保证供应。

④ 做好外联工作：与受检单位做好协调工作，让受检单位积极配合。

12.1.2 安全措施

① 检测人员进入检测现场，必须遵守现场的各项安全规章制度。穿工作服，戴安全帽，佩戴胸卡。

② 登高作业必须由两人以上进行，一人操作，一人监护，并保持安全距离。

③ 供电系统检测时，严格执行一人操作，一人监护，并保持安全距离。

④ 对于靠近带电体检测作业时，应采取安全防护措施后，方可进行检测。

⑤ 对与消防设施检测无关的设备不动，对没有弄清技术性能的设备不动。

⑥ 检测人员到达现场后，首先确认受检设备的工作状态，被检测产品应处于正常状态，并应采取防止误动作，确认无误后方可开始检测工作。

⑦ 对每个设施单独做测试时，所有联动系统必须设置于手动状态，联动试验检测时必须做好联动设备启动不致影响办公、生产的防护措施。

⑧ 水灭火开式系统检测前，必须将试验信号阀关闭，并确认后方可开始检测工作。

⑨ 对于气体灭火系统检测时，做模拟喷射试验前，必须断开驱动回路电源。

⑩ 气体灭火系统采取各项防护措施时，安全员必须做好每一步详细记录，特别是接线端子的标识，临时拆除端子接线必须做好标记。

12.1.3 技术措施

① 资料审查。详细审查竣工图纸、设计变更单是否符合要求，审查消防工程施工安装企业资质证级别是否符合要求，查看隐蔽工程记录及中间试验记录，查看竣工图纸是否符合建筑消防工程审核意见书的要求，查看被检单位提供的该工程的自检报告及调试报告，看其内容是否全面，是否符合设计要求。

② 现场核对。了解被检测项目的工程概况，现场调查设备安装的位置及其数量，并把其数量按系统详细列表。

③ 确定抽检设备的数量及位置。建筑消防设施均属于质量检测范围，检测时要科学合理地进行抽检。

④ 制定各系统的检测程序。消防工程系统较多，虽然各个系统都有自己的特点，但检测时其作业程序一般可按下列步骤进行：资料审查，市场准入检查和产品一致性检查，设备外观检查，设备规格型号检查、设置位置与安装质量检查、联动功能检测试验。

⑤ 检测仪器及工具的配备。检测仪器应当符合规范规定的测量范围和精度要求，并在校准或计量有效期之内。辅助工具如对讲机、插孔电话、线坠等要一一备齐。

⑥ 检测方法的培训。为了确保检测效果，检测前一定要对检测人员进行专业培训，使其具备相应的能力，熟悉监督检查规定、产品标准和《消防产品现场检查判定规则》中的要求，能独立做出现场检查判定。检查时，检查人员不得少于两人。

⑦ 检测记录填写要求。检测人员对检查的所有项目（包括数量、设备的安装位置，仪表显示的数据，检测的结果）应当逐条记录，不合格情况的描述应清晰明了，语言简洁规范，数据准确，具有可追溯性。

⑧ 完成检测后将各消防设施恢复至正常警戒状态。

12.2 消防供配电设施的检测

消防供配电对于火灾预防、火灾扑救、人员疏散至关重要，它是建筑消防设施的重要组成部分。现代建筑，尤其是高层建筑、重要的公共建筑对消防供配电的要求越来越高。火灾的教训告诫人们，对消防供配电设施必须高度重视。

12.2.1 检测依据

①《高层民用建筑设计防火规范》(GB 50045—1995)(2005 年版)。

②《建筑设计防火规范》(GB 50016—2006)。

③《建筑电气工程施工质量验收规范》(GB 50303—2002)。

④《建设工程消防验收评定规则》(GA 836—2009)。

12.2.2 检测项目

① 供电等级（检测等级 A)。

② 消防电源单回路供电（检测等级 A)。

③ 线路敷设（检测等级 B)。

④ 应急照明和应急电源（检测等级 A)。

12.2.3 技术要求

(1) 供配电设备的主要技术要求

① 供电等级符合设计要求。一级负荷供电的建筑，应由两路电源供电，形成一主一备电源供电方式，两路电源指的是两个发电厂或两个电站互不关联的独立发电部门。二级负荷供电的建筑应由同一电网两回路供电，形成一主一备的电源供电方式，两回路是指电力系统中一个区域变电站的不同母线段上的 10kV 电源两个出线回路，或是同一开闭所不同母线段上的两个出线回路。

② 消防设备配电箱应有区别其他配电箱的明显标志并应有良好的接地，如配电柜上喷有消防泵启动柜、喷淋泵启动柜等。

③ 配电箱上的仪表、指示灯的显示应正常，开关及控制按钮应灵活可靠。

④ 消防设施最末级配电箱应设置自动切换装置：消防用电设备的两路电源或两回路供电线路应在最末一级配电箱处设置自动切换装置。

⑤ 线路敷设：供电暗敷设线路其保护层厚度不能小于 30mm；明敷时应在穿线金属管或金属槽上涂防火涂料。

⑥ 消防电源采用单独的供电回路。消防用电设备应采用单独的供电回路，当发生火灾时，生产、生活非消防用电应自动强行切断。消防电源应能保证消防设备用电，供电回路是指从变电所低压总配电室或分配电室至消防设备最末级配电箱，其配电设备应设有明显标志。其配电线路和控制回路不应跨越防火分区。

⑦ 消防应急照明和灯光疏散指示标志的备用电源的连续供电时间不应少于 30min。大型商业建筑要求不应小于 45min。

⑧ 应急照明的要求如下。

a. 当消防负荷为一级时，若采用交流电供电，宜由主电源和应急电源提供双电源，并以树干式或放射式供电，应按防火分区设置末端双电源自动切换应急照明配电箱。

当采用集中蓄电池或灯具内附电池组时，宜由双电源中的应急电源提供专用回路，采用树干式配电，并按防火分区设置应急照明配电箱。

b. 用电负荷为二级时，若采用集中蓄电池或灯具内附电池组时，可单回路树干式供电，并按防火分区设置应急照明配电箱。

c. 高层建筑楼梯间的应急照明，宜由应急电源提供专用回路。

d. 备用照明和疏散照明，不应由同一分支回路供电，严禁在应急照明电源输出回路中连接插座。

（2）供配电设施的检测方法

① 外观检查：查看配电柜的铭牌、规格、型号是否符合设计要求，外观是否完整无损，文字符号和标志是否清晰。

② 供电等级及设备电源的切换功能。核对配电箱控制方式及操作程序并进行实验，首先使配电箱控制方式处在自动控制位置，手动切换消防电源，若备用电源能自动投入，则为正常。然后再把控制方式调整到手动控制位置，再进行实验，先切断消防主电源，观察备用电源的投入情况，若备用消防电源能进行自投工作则为正常。

③ 末级配电箱功能实验。对末级配电箱主备电源进行手动切换、自动切换实验，试验1～3次，若切换成功为正常。

④ 查看配电线路的敷设

用钢卷尺查看暗敷线路保护层厚度是否小于30mm，小于30mm为不合格，明敷时，应在采用金属管或金属线槽上涂防火涂料。

⑤ 配电柜接地：检查配电柜有无保护接地，接地标识是否清晰。测量接地电阻，当接地电阻小于4Ω时为合格。

⑥ 消防电源采用单独回路供电：用人为的方式制造火灾报警，查看生产、生活等非消防电源是否能强行切断，消防电源能否保证继续向消防设备供电，可启动风机或水泵查看供电情况。

⑦ 应急照明、应急电源。对采用集中蓄电池或灯具内附电池组的应急照明，切断非消防电源，用照度计测量两个疏散照明灯之间地面中心的照度及工作状态持续时间。

对采用交流供电的应急电源，切断非消防电源，查看应急电源的投入情况及用照度计测量应急照明时工作面的最低照度。

12.2.4 自备发电机的检测

（1）主要技术要求

① 发电机铭牌、仪表、指示灯及开关按钮等应完好、显示正常。

② 一类高层建筑自备发电设备，应有自动启动装置，自动启动并达到额定转速发电的时间不应大于30s，其输出功率、电压频率、相应的显示均应正常。

③ 二类高层建筑自备发电设备，若采用自动启动有困难时可采用手动启动装置。

④ 储油箱内的油量应能满足3～8h的用油量，油位显示正常。

（2）发电机组的检测方法

① 外观检查：查看发电机铭牌、仪表、指示灯、开关按钮等是否完好、显示是否正常。

② 自控方式启动发电机并用秒表计时，30s后核对仪表的显示及数据，并观察机组的运行状况。试验时间不应超过10min。

③ 手动控制方式启动发电机，查看输出指标及信号。

④ 查看发电机房通信设施是否良好。

（3）检测设备

① 秒表。

② 绝缘手套。

③ 接地电阻测试仪。

④ 钢卷尺。

⑤ 照度计。

12.3 火灾自动报警系统的检测

在建筑物中设置火灾自动报警系统的根本目的是：早期发现和通报火灾，及时采取有效措施扑灭火灾，减少或避免火灾损失，保护人身和财产安全。火灾自动报警系统除某些特殊场所，如生产和贮存火药、炸药、弹药、火工品等场所外，其余场所基本上都能适用。火灾报警系统一般由触发器件（火灾探测器）、手动报警按钮、火灾报警控制器、火灾警报器及具有其他辅助功能的装置组成。

对火灾自动报警系统进行检测的主要依据如下。

①《建筑设计防火规范》(GB 50016—2006)。

②《高层民用建筑设计防火规范》(GB 50045—1995)(2005 版)。

③《火灾自动报警系统设计规范》(GB 50116—2008)。

④《火灾自动报警系统施工及验收规范》(GB 50166—2007)。

⑤《火灾报警控制器》(GB 4717—2005)。

⑥《消防联动控制系统》(GB 16806—2006)。

⑦《消防控制室通用技术要求》(GA 767—2008)。

⑧《智能建筑工程质量验收规范》(GB 50339—2003)。

⑨《建筑消防设施检测技术规程》(GA 503—2004)。

⑩《消防产品现场检查判定规则》(GA 588—2005)。

⑪《建设工程消防验收评定规则》(GA 836—2009)。

12.3.1 系统布线检测

12.3.1.1 检测项目及要求

① 管路材料（检验类别 B)。

② 管路连接加固措施（检验类别 C)。

③ 布线工艺（检验类别 A)。

④ 传输线路导线截面积（检验类别 B)。

⑤ 线路电压等级（检验类别 A)。

⑥ 绝缘电阻及接地电阻检测（检验类别 A)。

检测结果符合规范要求为合格，被检设备合格率 100%为合格。

12.3.1.2 技术要求

(1) 管路材料

① 火灾自动报警系统传输线路采用绝缘导线时，应采用金属管、经阻燃处理的硬质塑料管或封闭式线槽保护方式布线。

② 暗敷设在不燃烧体的结构层内的管路，保护层厚度不宜小于 30mm；当必须明敷时，应在金属管或金属线槽上采取防火保护措施。

(2) 管路连接与加固措施

① 管路入盒，盒外侧应套锁母，内侧应装护口。进入吊顶内敷设，盒的内、外侧均应套锁母，塑料管入盒应采取相应固定措施。

② 明敷设各类管路和线槽时，应采取单独的卡具吊装或支撑物固定，其吊杆直径不应小

于 6mm。

③ 敷设于多尘或潮湿场所的管口和管路连接处，均应做密封处理。

(3) 布线工艺

① 不同系统、不同电压等级、不同电流类别的线路、不应穿在同一根管内或线槽的同一槽孔内。

② 穿管的绝缘导线或电缆的总截面积不应超过管内截面积的 40%。

③ 导线接头应在接线盒内焊接或用端子连接。

④ 系统布线应采用铜芯绝缘导线或铜芯电缆。

(4) 传输线路导线截面积

① 管敷导线截面积不小于 $1.0mm^2$。

② 槽敷绝缘导线截面积不小于 $0.75mm^2$。

③ 多芯电缆截面积不小于 $0.5mm^2$，宜采用多芯线。

(5) 线路电压等级

线路额定工作电压不超过 50V 时，选用导线电压等级不应低于交流 250V；当额定工作电压超过 50V 时，导线的电压等级不应低于 500V。

(6) 绝缘电阻及接地电阻检测

① 系统每个回路对地绝缘电阻和导线间绝缘电阻应不小于 20MΩ。

② 工作接地电阻单独接地时，电阻值应小于 4Ω；联合接地时，接地电阻值应小于 1Ω。

12.3.1.3 检测方法

① 管路的材料、连接及加固措施采用目测法。

② 导线线径的检测：用外径千分尺测量。用外径千分尺测量单根导线直径 d(mm)，其截面积用下式计算：

$$S=n\pi d^2/4$$

式中 S——导线截面积，mm；

n——导线根数。

③ 绝缘电阻检测方法：断开探测器与控制的连线，使被测回路与控制器脱离，且在记不准设备的带电情况下测量其绝缘电阻；将探测器所有接点相互短接，在该短接处和穿线金属管(或接地线)间，用 500V 绝缘电阻表进行测量；测量开始时，手摇发电机，转速应慢一些，然后以额定转速 (120r/min) 转动。持续 60s 测量绝缘电阻，记录测量的绝缘电阻最小值。

④ 接地电阻检测方法：

a. 用千分尺检测接地干线，计算其截面积；

b. 检查施工测试记录；

c. 用接地电阻测量仪器实测接地电阻。

12.3.1.4 检测设备

① 钢卷尺。

② 0～25mm 千分尺。

③ 500V 兆欧表。

④ 接地电阻测试仪。

12.3.2 火灾探测器的检测

火灾探测器是组成各种火灾自动报警系统的重要组件，是消防报警系统的“感觉器官”。它的作用是监视环境中有没有火灾发生。一旦发生了火情，便将火灾的特征物理量如烟雾浓度、温度、气体和辐射光强等特征转换成电信号向火灾报警控制器发送报警。根据对可燃固体、可燃液体、可燃气体及电气火灾等的燃烧实验，目前研制出来的常用探测器，有感烟、感温、光电式、复合式及可燃气体等多种型号。

12.3.2.1 火灾探测器的检测项目及要求

① 各类火灾探测器的强制性产品认证证书和销售许可证书。

② 检查火灾探测器的外观质量和完好程度（检测类别 B）。

③ 检查火灾探测器的设置部位（检测类别 A）。

④ 检查探测器确认灯的功能是否符合设计要求（检测类别 B）。

⑤ 检查探测器的报警功能（检测类别 A）。

⑥ 检查手动火灾报警按钮设置和安装情况（检测类别 C）、报警功能（检测类别 A）。

检测结果符合规范要求为合格，被检设备合格率100%为合格。

12.3.2.2 点型火灾探测器的检测

（1）技术要求

① 产品证书　火灾探测器必须有经国家消防电子产品质量监督检验测试中心出具的检测合格的检验报告和强制性产品认证证书，以及在工程所在地区的销售许可证书。

② 安装质量要求

a. 外观质量：表面涂层无腐蚀剥落，无明显划痕，无机械损伤，文字符号和标志清晰。

b. 探测器的设置：探测区域内的每个房间至少应设置一只火灾探测器；探测器周围 0.5m 内，不应有遮挡物；探测器至墙壁、梁边的水平距离不应小于 0.5m；探测器至空调送风口边的水平距离不应小于 1.5m；探测器至多孔送风顶棚孔口的水平距离，不应小于 0.5m；在宽度小于 3m 的内走道顶棚上设置探测器时，宜居中布置。

c. 探测器安装　探测器间距：感温探测器的安装间距不超过 10m；感烟探测器的安装间距不应超过 15m，探测器距端墙的距离，不应大于探测器安装间距的一半。

d. 探测器的倾斜角　探测器宜水平安装，当必须倾斜安装时，倾斜角不应大于 45°。

e. 外接导线余量　探测器底座的连接导线、应留有不小于 150mm 的余量。

f. 感烟探测器、感温探测器的保护面积和保护半径　感烟探测器、感温探测器的保护面积和保护半径，应按表 12-1 且不应超过规范所规定的范围。

表 12-1　感烟探测器、感温探测器的保护面积和保护半径

火灾探测器的种类	地面面积 S /m^2	房间高度 H /m	一只探测器的保护面积 A 和保护半径 R					
			屋顶坡度 θ					
			$\theta\leqslant15°$		$15°<\theta\leqslant30°$		$\theta>30°$	
			A/m^2	R/m^2	A/m^2	R/m^2	A/m^2	R/m^2
感烟探测器	≤80	≤12	80	6.7	80	7.2	80	8.0
	＞80	6＜H≤12	80	6.7	100	8.0	120	9.9
		≤6	60	5.8	80	7.2	100	9.0
感温探测器	≤30	≤8	30	4.4	30	4.9	30	5.5
	＞30	≤8	20	3.6	30	4.9	40	6.3

③ 功能要求

a. 点型感烟火灾探测器：当被监测区域烟参数达到报警条件时，点型感烟探测器应输出火灾报警信号，红色报警确认灯应点亮，并保持至复位。

b. 点型感温火灾探测器：当被监视区温度参数达到报警条件时，点型感温火灾探测器应输出火灾报警信号，红色报警确认灯应点亮，并保持至复位。

（2）检测方法

① 外观质量：用目测法。

② 探测器的设置：用钢卷尺测量。

③ 探测器的安装间距：用钢卷尺测量。

④ 探测的倾斜角：用万能角度尺商量。

⑤ 外接导线余量：用钢卷尺测量。

⑥ 感烟探测器、感温探测器的保护面积和保护半径：用卷尺测量和计算法。

⑦ 功能检测方法如下。

a. 点型感烟火灾探测器功能检测方法　用便携式的加烟器向探测器施放烟气，查看探测器报警确认灯以及火灾报警控制器的火警信号显示。消除探测器内及周围烟雾，报警控制器手动复位，观察探测器报警确认灯在复位前后的变化情况。

b. 点型感温火灾探测器功能检测方法　用便携式火灾探测器中的热风机向点型感温火灾探测器的感温元件加热，观察火灾报警控制器的显示状态和点型感温火灾探测器的报警确认灯状态。移开热源，复位火灾报警控制器，观察点型感温火灾探测器的报警确认灯状态。

点型感温火灾探测器的动作温度一般在 54～78℃范围内，进行检测时，气流温度应大于 54℃。

（3）检测设备

① 钢卷尺。

② 万能角度尺。

③ 便携式火灾探测器。

④ 辅助工具：对讲机、线坠、支撑杆、施放烟气塑料管。

12.3.2.3　线型火灾探测器、可燃气体探测器、火焰探测器的检测

（1）技术要求

产品证书：符合出厂检验批准要求。

（2）安装要求

① 红外光束探测器：

a. 红外光束感烟探测器的光束轴线至顶棚的垂直距离宜为 0.3～1.0m，距地高度不宜超过 20m；

b. 相邻两组红外光束感烟探测器的水平距离不应大于 14m，探测器至侧墙水平距离不应大于 7m，且不应小于 0.5m，探测器的发射器和接收器之间的距离不宜超过 100mm；

c. 发射器和接收器之间的光路应无遮挡物或干扰源。

② 红外光束探测器：缆式线型感温火灾探测器在电缆桥架、变压器等设备上安装时，宜采用接触式布置；在各种皮带输送装置上敷设时，宜敷设在装置的过热点附近。

③ 敷设在顶棚下方的线型差温火灾探测器，至顶棚距离宜为 0.1m，相邻探测器之间水平距离不宜大于 5m；探测器至墙壁距离宜为 1～1.5m。

④ 可燃气体探测器的安装应符合下列要求。

a. 安装位置应根据探测气体密度确定。若其密度小于空气密度，探测器应位于可能出现泄漏点的上方或探测气体的最高可能聚集点上方；若其密度大于或等于空气密度，探测器应位于可能出现泄漏点的下方。

b. 在探测器周围应适当留出更换和标定的空间。

c. 在有防爆要求的场所，应按防爆要求施工。

d. 线型可燃气体探测器在安装时，应使发射器和接收器的窗口避免日光直射，且在发射器与接收器之间不应有遮挡物，两组探测器之间的距离不应大于 14m。

⑤ 通过管路采样的吸气式感烟火灾探测器的安装应符合下列要求。

a. 采样管应固定牢固。

b. 采样管（含支管）的长度和采样孔应符合产品说明书的要求。

c. 非高灵敏度的吸气式感烟火灾探测器不宜安装在天棚高度大于 16m 的场所。

d. 高灵敏吸气式感烟火灾探测器在设为高灵敏度时可安装在天棚高度大于 16m 的场所，并保证至少有 2 个采样孔低于 16m。

e. 安装在大空间时，每个采样孔的保护面积应符合点型感烟火灾探测器的保护面积要求。

⑥ 点型火焰探测器和图像型火灾探测器的安装应符合下列要求。

a. 安装位置应保证其视角覆盖探测区域。

b. 与保护目标之间不应有遮挡物。

c. 安装在室外时应有防尘、防雨措施。

⑦ 探测器的底座应安装牢固，与导线连接必须可靠压接或焊接。当采用焊接时，不应使用带腐蚀性的助焊剂。

⑧ 探测器底座的连接导线应留有不小于 150mm 的余量，且在其端部应有明显标志。

⑨ 探测器底座穿线孔宜封堵，安装完毕的探测器底座应采取保护措施。

⑩ 探测器报警确认灯应朝向便于人员观察的主要入口方向。

⑪ 报警功能：a. 当被监视区域发生火情，探测器到达其响应阈值时，探测器应输出火警信号；b. 探测器地址或编码应与火灾报警控制器的显示相一致；c. 同时启动探测器的报警确认灯；d. 当探测器连线短路或底座脱离时，应输出故障信号。

（3）检测方法

① 外观检查　用目测法。

② 安装要求　用 0～30m 钢卷尺测量及目测法。

③ 功能检测

a. 红外光束感烟火灾探测器检测：调整探测器的光路调节装置，使探测器处于正常监视状态；用减光率为 0.9dB 的减光片遮挡光路，探测器不应发出火灾报警信号；用产品生产企业设定减光率（1.0～10.0dB）的减光片遮挡光路，探测器应发出火灾报警信号；用减光率为 11.5dB 的减光片遮挡光路，探测器应发出故障信号或火灾报警信号。

b. 线型感温火灾探测器检测：在不可恢复的探测器上模拟火警和故障，探测器应能分别发出火灾报警和故障信号；可恢复的探测器可采用专用检测仪器或模拟火灾的办法使其发出火灾报警信号，并在终端盒上模拟故障，探测器应能分别发出火灾报警和故障信号。

c. 通过管路采样的吸气式火灾探测器检测：在采样管最末端（最不利处）采样孔加入试验烟，探测器或其控制装置应在 120s 内发出火灾报警信号；根据产品说明书，改变探测器的采样管路气流，使探测器处于故障状态，探测器或其控制装置应在 100s 内发出故障信号。

d. 点型火焰探测器和图像型火灾探测器检测：采用专用检测仪器模拟火灾的方法在探测器监视区域内最不利处检查探测器的报警功能，探测器应能正确响应。

12.3.3　手动火灾报警按钮的检测

（1）检测要求

手动报警按钮按实际安装数量抽检，在 100 只以下者，抽检 30 只；超过 100 只，每回路按实际数量 30%～50%抽检，涉及强制性条文的项目全部抽检。检测结果符合设计要求为合格，被抽检设备合格率 100%为合格。

(2) 检测项目

① 手动火灾报警按钮的强制性产品认证证书和销售许可证书。

② 手动火灾报警按钮外观质量（检测类别 C)。

③ 手动火灾报警按钮设置安装（检测类别 C)。

④ 手动火灾报警按钮报警功能（检测类别 A)。

(3) 技术要求

① 外观

a. 型号规格符合设计要求。

b. 组件应完整、有明显标志。

② 设置安装要求

a. 每一个防火区内至少应设一只手动火灾报警按钮，从一个防火分区内任何部位到最邻近的一个手动火灾报警按钮的步行距离不应大于 30m。

b. 手动火灾报警按钮应安装在明显和便于操作部位，安装在墙上时，其底边距地（楼）面高度宜为 1.3～1.5m。

c. 应安装牢固，不应倾斜。

d. 手动报警按钮的连接导线应留有不小于 150mm 的余量。

③ 功能要求

a. 启动按钮，按钮处应有可见光指标。

b. 操作按钮启动部位应输入火灾报警信号，火灾报警信号控制器应有显示信号，红色报警确认灯应点亮，直到启动部位复原，报警按钮方可恢复原状态。

(4) 检测方法

① 外观检查　用目测方法。

② 安装检测　用尺量、观察检查。

③ 功能检测

a. 对可恢复的手动火灾报警按钮，应发出火灾报警信号，红色报警确认灯应点亮，并保持至复位。火灾报警控制器应有状态显示。启动检查完毕，手动复位火灾报警按钮，观察手动火灾报警按钮的报警确认灯的状态。

b. 对不可恢复的手动火灾报警按钮应采用模动作的方法，使报警按钮发出火灾报警信号（当有备用启动零件时，可抽样进行动作试验)。报警按钮应发出火灾报警信号。

(5) 检测设备

① 钢卷尺。

② 手动火灾报警按钮启动器或开启钥匙。

12.3.4　火灾报警控制器检测

(1) 检测要求

火灾报警控制器检测应执行 GB 50116—2008 第 2、4 章，GB 50339—2003 第 7.2 节，以及 GA 588—2005、GA 503—2004 和 GB 4717—2005《火灾报警控制器》等的规定。

火灾报警控制器全部检测，检测结果符合设计要求为合格。

(2) 检测项目

① 火灾报警控制器的强制性产品认证证书和销售许可证书。

② 火灾报警控制器或集中报警控制器的安装质量（检测类别 B）。

③ 区域报警控制器、层显示器、复示屏的安装质量（检测类别 C）。

④ 火灾报警控制器柜内接线质量检查（检测类别 C）。

⑤ 火灾报警控制器基本功能检查（检测类别 A）。

⑥ 报警音响（检测类别 A）。

⑦ 报警控制器的电源（检测类别 A）。

⑧ 报警控制器的接地（检测类别 A）。

（3）技术要求

① 产品证书　火灾报警控制器必须有经国家消防电子产品质量监督检验中心出具的检验报告和强制性产品认证证书，以及在工程所在地区的销售许可证书。

② 火灾报警控制器或集中报警控制器的安装要求

a. 报警控制器安装应平稳、牢固、不得倾斜。

b. 报警控制器单列布置时，其正面操作距离不应小于 1.5m，双列布置时，不应小于 2m。

c. 报警控制器一侧靠墙安装，另一侧与墙距离不应小于 1m。

d. 需从后面面检修的报警控制器，其后面板与墙距离不应小于 1m。

e. 报警控制器底面宜高出安装地面 0.1～0.2m。

f. 壁挂式报警控制器的安装高度应便于人员观察及操作，其底边距地面高度宜为 1.3～1.5m。

③ 区域报警控制器、层显示器、复示屏的安装质量

a. 区域报警控制器、层显示器、复示屏的安装应牢固、平稳、不得倾斜。如安装在轻质墙上，应采取加固措施。

b. 区域报警控制器、层显示器、复示屏如安装在墙上，其底面距地面的高度宜为 1.3～1.5m。

c. 如安装在靠近门轴的侧面，与墙距离不应小于 0.5m。

d. 正面操作距离不应小于 1.2m。

e. 当用一台区域火灾报警控制器或多台报警控制器警戒多个楼层时，应在每个楼层的楼梯口或消防电梯前室等明显部位，设置识别着火楼层的灯光显示装置。

④ 火灾报警控制器柜内接线要求

a. 配线：配线清晰、整齐、美观，避免交叉，并应绑扎成束，固定牢靠。

b. 导线编号：电缆芯线和所配导线的端部，均应有标明编号的标识。标识应字迹清晰，不易褪色，并与图纸一致。

c. 接线端子的接线根数：端子板的每个接线端子，其接线不得超过两根。

d. 接线余量：电缆芯和导线应留有不小于 0.2m 的接线余量。

e. 防火封堵：导线引入线穿线后，应在进线管处进行防火封堵。

⑤ 火灾报警控制器基本功能

a. 报警功能：能直接或间接地接收来自火灾探测器及其他报警信号，并发出声、光报警信号。

b. 二次报警：控制器第一次报警时，可手动消除声报警信号，此时如再次有火灾报警信号时，应能重新启动。

c. 故障报警：当控制器与火灾报警控制器、控制器与传输火灾报警信号作用的部件发生故障时，应能在 100s 内发出与火灾报警信号有明显区别的声、光故障信号。

d. 自检功能：控制器应有本机自检功能。

e. 火灾优先功能：当火灾和故障同时发生时，火灾应优先发出声、光报警信号。

f. 记忆功能：具有显示或打印火灾报警时间的功能。计时误差不超过30s。

g. 消音、复位功能：控制器处于火灾报警状态时，可手动消除声报警信号，并能手动复位。

h. 电源转换功能：主电切断时，备电应自动投入运行。

i. 电源指示灯功能：主备电源自动转换时，主备电源指示灯功能应正常。

⑥ 报警音响的要求　在额定工作电压下，距离音响器件中心1m处，音响器件的声压级应在65～115dB。

⑦ 报警控制器的电源

a. 对供电电源的要求如下。

火灾自动报警系统应设有主电源和直流备用电源，火灾报警系统的主电源应采用消防专用电源，直流备用电源宜采用火灾报警控制器的专用蓄电池或集中设置的蓄电池。

报警控制器电源引入线，应直接与消防电源连接，严禁使用插头。

火灾自动报警系统主电源的保护开关不应采用漏电保护开关。

火灾自动报警系统中的监控计算机、消防通信设备等的电源，宜由UPS装置供电。

消防控制室应为双回路供电，应在其末端配电箱设置自动切换装置。

b. 备用电源容量。控制器用火灾报警控制器专用蓄电池备用电源供电，在正常监视状态下工作8h后，在一定数量回路处于报警状态下，保证控制器能正常工作30min。

c. 主、备用电源转换装置的要求如下。

当主电源断电后，能自动转换到备用电源；当主电源恢复时，能自动转换到主电源，备用电源自动切除，转换中应有工作状态指示。

主电源应有过流保护措施。

主、备电源的转换应不使火灾报警控制器发出火灾报警信号。

d. 备用电源自动充电：

主电源恢复后，备用电源自动切除，并自动浮充，充电达到额定值以后，自动断开，处于备用状态。

⑧ 报警控制器的接地

a. 控制器应有牢固的保护接地，接地线截面应符合设计要求，工作接地与保护接地应严格区分开。

b. 控制器的接地应有明显的接地标志。

(4) 检测方法

① 产品证书　审查资料。

② 控制器安装质量　采用目测及尺子测量法。

③ 控制器柜内接线质量　采用目测及尺子测量法。

④ 报警控制器基本功能的检测方法　报警控制器的基本功能可通过火灾探测器试验器检测。

a. 报警和记忆功能。用火灾探测器试验器使任一回路处于火灾报警状态，观察控制器声、光报警信号及记忆情况。

b. 二次报警。在控制器处于火灾报警状态时，先手动消防声报警信号，然后使另一回路处于火灾报警状态，观察控制器声、光报警情况。

c. 故障报警。使控制器任一回路、电源或内部线路先处于故障状态，观察控制器声、光报警信号情况及故障部位、故障类型指示情况。

d. 自检功能。操作控制器检查装置，观察控制器声、光报警情况。

e. 火灾优先功能。在控制器处于故障报警状态时，使任一回路处于火灾报警状态，观察控制器声、光报警情况。

f. 消音、复位功能。在控制器处于火灾报警状态时，手动消音、复位，观察控制器声、光报警及复位情况。

g. 电源转换及指示功能。先将主电源切断，备电自动投入，然后恢复主电源，备用电源自动切除。同时观察电源切换指示灯变化情况。

⑤ 报警音响检测　在距离音响器件中心 1m 处测量报警音响声压级。

⑥ 电源检测

a. 供电电源检测：手动切断末端配电箱主电源，观察备用电源投入情况，看是否为双回路供电，其他采用目测法。

b. 备用电源容量检测。将控制器主电源断开，使控制器在备用电源供电的条件下，处于正常监视状态 8h，然后按技术要求，用试验器使相应数量的探测回路处于报警状态，用钟表记录控制器正常工作时间，观察记录工作中出现的问题。当控制器正常工作 30min 时，切除声报警信号，然后使原处于监视状态的任何一回路探测处于火灾报警状态，观察记录控制器的声、光报警信号情况。

c. 主、备电源转换及指示功能检测。先将主电源切断，备用电源自动投入，然后恢复主电源，备用电源自动切断，观察电源切换时指示灯变化情况，并检查有无过压、欠压指示功能。

d. 备用电源自动充电检测。将主电断开，使控制器处于备电工作状态，监视 30min，记录此时备电电压值。然后恢复主电，10min 后，记录备电电压值，通过比较，确认备电是否具有自动充电功能。

（5）检测设备

① 火灾探测器试验器。

② 声级计。

③ 计时钟表。

④ 数字式万用表。

12.3.5　消防控制室的检测

消防控制室是安装现代化消防的各种建筑物的消防信息和设备控制中心，建筑物的消防指挥部，直接关系建筑物平时消防监控和火灾的消防指挥，对建筑物的消防安全具有重要意义。

（1）检测项目及要求

① 消防控制室的位置（检测类别 B）。

② 消防控制室内建筑结构耐火能力（检测类别 B）。

③ 消防控制室的供电（检测类别 A）。

④ 消防控制室的环境（检测类别 B）。

⑤ 消防控制室消防设备布置要求（检测类别 B）。

⑥ 消防监控主机的监控软件和管理软件的功能（检测类别 A）。

⑦ 消防控制系统及其他智能化系统的接口（检测类别 A）。

⑧ 消防控制系统的接地（检测类别 A）。

⑨ 消防控制室的应急照明（检测类别 B）。

检测结果符合设计要求为合格，被检项目合格率 100％时为合格。

（2）技术要求

① 消防控制室在建筑物内的位置要求

a. 消防控制室应设置在建筑物的首层，或地下一层，距通往室外出入口不应大于20m。

b. 应设在内部和外部的消防人员容易找到并可以接近的房间部位。并应设在交通方便和发生火灾时不易延燃的部位。

c. 不应将消防控制室设于厕所、锅炉房、浴室、汽车库、变压器室等的隔壁和上、下层相对应的房间。

d. 有条件时宜与防灾监控、广播、通信设施等用房相邻近。并适当考虑长期值班人员房间的朝向。

② 消防控制室的建筑结构耐火等级要求

a. 独立设置的消防控制室其耐火等级不应低于二级。

b. 附设式的消防控制室应采用耐火极限不低于2h的隔墙和1.5h的楼板与其他部位隔开；若附设于有爆炸危险的建筑物时，还应按有关安全规范中的要求设防。

c. 消防控制室的门应有一定的耐火能力，门应向疏散方向开启。

③ 消防控制室的供电要求

a. 消防控制室供电电源。应在最末一级配电箱处设置双电源自动切换位置。

b. 火灾自动报警系应设有直流备用电源。直流备用电源宜采用火灾报警控制器的专用蓄电池。火灾自动报警系统中的CRT显示器、消防通信设备等的电源，宜由UPS装置供电。

c. 消防用电设备应采用单独的供电回路，即不采用链式供电时，不得用漏电保护开关进行保护。

d. 消防联动控制装置的直流操作电源电压应采用24V。

e. 消防控制室应设事故照明，并应保持正常照明的照度，事故照明和门外的标志灯在停电事故时，连续工作时间不应少于30min。

f. 消防控制室应设专用接地端子排。

④ 消防控制室对环境技术要求

a. 为保证消防控制室内设备的安全运行，室内应有适宜的温湿度和清洁条件。

根据建筑物的设计标准，可对应采取独立的通风或空调系统。如果邻近系统混用，则消防控制室的送、回风管在其隔墙处应设防火阀。

b. 消防控制室内不应穿过与消防控制室无关的电气线路及其他管道，亦不可装设与其无关的其他设备。

c. 消防控制室周围不应布置电磁场干扰较强及其他影响消防控制设备工作的设备用房。

⑤ 消防控制室内的消防设备的布置要求

a. 设备面盘前的操作距离：单列布置时不应小于1.5m，双列布置时不应小于2.0m。

b. 在值班人员经常工作的一面，设备面盘至墙的距离小于3m。

c. 设备面盘后的维修距离不宜小于1m。

d. 设备面盘的排列长度大于4m时，控制盘两端应设不小于1m的通道。

e. 集中火灾报警控制器或火灾报警控制器安装在墙上时，其底边距地高度宜为1.3～1.5m，其靠近门轴的侧面距墙不应小于0.5m，下面距墙不应小于1.2m。消防控制室规模一般在10～60m^2。

⑥ 检查消防系统的监控软件和管理软件

a. 监控系统的软件功能应符合设计要求。

b. 监控系统的界面应为汉化图形显示界面及中文菜单。

⑦ 消防控制系统及与其他系统的接口

a. 语音接口应为四线 E/M 接口和三线环路接口。

b. 数据接口应为 RS-232/485 或 V5 数据接口。

⑧ 消防控制室的接地设施

a. 消防控制室的所有设备均应良好接地、接地线截面符合要求。

b. 采用联合接地时，接地电阻不应大于 1Ω。

⑨ 消防控制室的应急照明　消防控制室应设应急照明装置，其照度不低于 0.5 lx。

(3) 检测方法

① 现场查看消防控制室设置是否符合设计要求。

② 用温湿度计、照度计测量室内温度、湿度及照度。

③ 在最末一级配电箱处检查实验电源自动切换装置。

(4) 检测设备

① 钢卷尺。

② 温湿度计。

③ 照度计。

12.4 消防水系统的检测

水是一种既经济又有效的灭火剂，所以这种灭火剂（与水接触能引起燃烧爆炸物品除外）被广泛地采用。自动水灭火系统结构简单、造价低廉、使用维修方便、性能稳定、工作可靠，且系统易与其他辅助灭火设施配合工作，形成灭火救灾于一体的减灾灭火系统，再加上系统本身大量采用先进的微机控制技术，使灭火系统性能更加先进，控制可靠，功能齐全，使其成为建筑内尤其是高层民用建筑、公共建筑、普通工厂等最基本、最常用的消防设施。所以，确保水灭火系统设施的完好有效十分重要。

12.4.1 检测依据

①《建筑设计防火规范》(GB 50016—2006)。

②《高层民用建筑设计防火规范》(GB 50045—1995)(2005 版)。

③《建筑消防设施检测技术规程》(GA 503—2004)。

④《消防产品现场检查判定规则》(GA 588—2005)。

⑤《建设工程消防验收评定规则》(GA 836—2009)。

⑥《自动喷水灭火系统设计规范》(GB 50084—2001)(2005 版)。

⑦《自动喷水灭火系统施工及验收规范》(GB 50261—2005)。

12.4.2 检测项目及要求

12.4.2.1　检测项目

消防水系统检测项目见表 12-2。

12.4.2.2　检测要求

消防水系统检测应按照有关消防标准规范的规定。检测数量应符合下列要求。

① 消防给水系统和报警阀组应全部检测。

② 末端试水装置。按每分区安装数量的 20%～30%抽检，不足 10 个的按 10 个计。

③ 喷头。不足 100 个全部检测，多于 100 个按实际安装数量的 20%～25%抽检，但不应少于 10 个。

表 12-2 消防水系统检测项目

序号	项　目	检测内容	检测类别
1	消防供水	消防水池	A
		消防水箱	A
		增加泵及气压水罐	A
		消防水泵	A
		水泵接合器安装	B
2	室内消火栓系统	消火栓箱体	C
		室内消火栓	B
		消火栓给水系统综合性能	A
3	室外消火栓系统功能	出水压力、防冻措施	B
4	启泵按钮	触发按钮	A
		按钮确认灯和反馈信号	B
5	消防炮	入口控制阀	B
		回转与仰俯角度及定位机构	A
6	自动喷水灭火系统	湿式报警阀	A
		干式报警阀	A
		雨淋阀	A
		水流指示器	A
		末端试水装置	B
		管道安装	C
		喷头	A
		系统联动功能	A
7	水喷雾灭火系统	水雾喷阀的外观及安装质量	C
		雨淋阀的安装和功能	B
		过滤器的设置和功能	B
		管道安装质量	B
		消防用水量	A
8	水幕、雨淋系统功能		A

注：表中检测类别的划分是按其大多数检测项分类确定的；B类或C类检测内容的某些性能指标的检测项可分A类；而总体属于A类的检测内容，它们的有些检测项可能属B类或C类。

④ 系统联动测试。按报警阀安装数量的20%～30%检测，不足10个按10个计。

⑤ 室内消火栓。每个供水分区中少于10个的全部检测，多于10个的按20%抽验，但不应少于10个。

⑥ 室内消火栓手动报警按钮。每个供水分区中少于10个的全部检测，多于10个的按20%抽验，但不应少于10个。

⑦ 室外消火栓。每个供水分区中少于10个的全部检测，多于10个的按20%抽验，但不应少于10个。

⑧ 消火栓给水综合性能。按高、低区分别进行1～3次试验。

检测结果符合设计要求为合格，被检设备合格率100%为合格。

12.4.3 技术要求

12.4.3.1 消防供水

(1) 消防水池

① 消防水池的保护半径不应大于150.00m。

② 消防水池的有效容量，应符合消防技术规范规定的火灾延续时间，满足室内、室外消

防用水总量的要求。消防水池容量如超过 500m^3 时，应分设成两个独立使用的消防水池。

③ 消防水池应采取自动补水措施，并设置水位指示装置。补水时间不宜超过 48h，流速不宜大于 2.5m/s。

④ 供消防车取水的消防车水池应设取水口，其水深保证消防车的消防水泵吸水高度不超过 6.00m。取水口与被保护高层建筑外墙距离不宜小于 5m，并不宜大于 100m。

⑤ 合用水池应采取确保消防用水量不作他用的技术措施。

⑥ 应按设计要求安装溢流管、泄水管，并不得与生产或生活用水的排水系统直接连接。

⑦ 严寒和寒冷地区的消防水池应采取防冻保护措施。

(2) 消防水箱

① 一类公共建筑，不应小于 18m^3；二类公共建筑和一类居住建筑不应小于 12m^3；二类居住建筑不应小于 6m^3。

② 水箱间的主要通道宽度不应小于 1.0m，钢板水箱四周检查通道宽度不应小于 0.7m，水箱顶至建筑结构最低点的净距不小于 0.6m。

③ 水箱应安装水位指示装置。

④ 应有补水措施；出水管上应设止回阀，当发生火灾时由消防水泵供给的消防用水不应进入消防水箱。

⑤ 消防用水与其他水合用时，应有确保消防用水不作他用的技术措施。

⑥ 消防水箱出水管的管径：轻危险级、中危险级场所的系统不小于 80mm；严重危险级和仓库危险级不应小于 100mm；与管道的连接应在报警阀入口之前。

⑦ 应按设计要求安装进、出水管和溢流管、泄水管，溢流管、泄水管不得与排水系统直接连接。

(3) 增压泵及气压水罐

① 增压水泵的出水量，对消火栓给水系统不应大于 5L/s；对自动喷水灭火系统不应大于 1L/s。

② 气压水罐的工作压力应符合设计定值。

③ 气压水罐与其供水泵应配套，罐上应安装安全阀、压力表、泄水管，安装水位指示器。

④ 气压水装置的进出水管、充气管上应安装止回阀和控制阀门，充气管上还应安装安全阀和气压表。

⑤ 设有室内消火栓和自动喷水灭火系统时，气压给水装置的调节水量不宜小于 450L。

⑥ 气压给水装置应采用消防电源。

⑦ 设备周围净空间不应小于 0.7m，罐顶至建筑物结构最低点的距离不应小于 1.0m。

⑧ 气压水罐外观应无损，无锈蚀。

(4) 消防水泵

① 系统使用的水泵（包括备用泵、稳压泵）设备应完整、无损坏及腐蚀；规格、型号、性能指标应符合设计要求。

② 当水泵轴功率大于 17kW 时，安装时宜采取减振措施；若泵房单独设立，水泵能够正常运行且振动不影响环境时，可不采取减振措施。

③ 应与动力机械直接连接，并应保证在火警后 5min 内开始工作。

④ 备用电源及备用泵。应设置备用电源，当主电源断开时，备用电源应自动投入运行。在自动状态下，主备用电源切换后，消防泵应自动保持连续运行。

消防水泵系统应设消防备用泵，其工作能力不小于其中最大一台消防工作泵。并且主泵停止运行时，备用泵应能自动切换运行。

⑤ 消防泵手动按钮启动后，消防控制室应显示信号并启动消防泵。

⑥ 吸水方式及吸水管的要求如下。

a. 采用自灌式吸水，或采用其他迅速、可靠的充水设备。

b. 吸水阀离水池底的距离不应小于吸水管管径的2倍。

c. 一组消防水泵吸水管不应少于两根，当其中一根损坏或检修，另一根作为吸水管使用时，其管径应满足流量和水量需求。

d. 吸水管上必须装设控制阀门（过滤器、柔性连接管），吸水管水平段上不应有气囊；变径连接时，应采用偏心异径管件，且管顶平接。阀门必须有锁定装置。

⑦ 出水管。消防水泵房应设不少于两根的供水管与环状管网连接；出水管上应设实测和检查用的压力表（量程应为工作压力的2～2.5倍）和放水阀门。出水管应安装控制阀门及止回阀。

出水管应有水泵试验放水装置及系统安全阀，流量应符合规范要求。

⑧ 稳压泵应根据管网压力的变化自动启停。

（5）水泵接合器

① 水泵结合器设置条件。高层建筑消火栓给水系统和自动喷水灭火系统应设水泵接合器。设置有消防管网的住宅及超过五层的其他用建筑，其室内消防管网应设水泵接合器。对人防工程，消防用水量超过10L/s时，应设水泵接合器。

② 水泵结合器的数量。按消火栓系统及自动喷水灭火系统的消防用水量计算确定，每个水泵结合器的流量按10～15L/s计算，但不能少于2个。

③ 消防给水为竖向分区供水时，在消防车供水压力范围内的分区，应分别设置水泵结合器，并有分区标志。

④ 水泵接合器应设置在便于与消防车连接的地点，其周围15～40m内应设室外消火栓或消防水池。

⑤ 水泵接合器应设止回阀、安全阀、闸阀和泄水阀。

⑥ 地下式水泵接合器接口至地面的距离宜不大于0.4m，且不应小于井盖的半径。应采用铸有“消防水泵接合器”的井盖，并在附近设置标识其位置的固定标志。

⑦ 地上式水泵接合器距地面的距离宜为0.7m。

⑧ 墙壁式水泵接合器与门窗洞口的距离不宜小于2.0m，接口至地面的距离宜为0.7m。

12.4.3.2 室内消火栓系统

（1）消火栓箱体

消火栓箱体应有明显红色标志，结构牢固美观，且开启灵活，有防锈措施。箱门的开启角度不得小于175°。

（2）室内消火栓

① 室内消火栓组件应有检测合格证。组件应完整、材料应符合标准；接口及垫圈无缺陷、无生锈、无漏水；开关灵活。

② 栓口距箱底边宜为120～140mm；栓口距最近箱侧边不宜小于140mm；栓接口爪端面距箱内小于10mm；栓口距地面高度宜为1.1m，允许偏差10mm；栓口直径为50mm或65mm。

③ 消火栓应设在走道、楼梯附近等明显易于取用的地点，消火栓的间距应保证同层任何部位有两只消火栓的水枪充实水柱同时到达。高层建筑不应大于30m，其他单层建筑、裙房和多层建筑室内消火栓的间距不应超过50m。单层汽车库和地下车库的室内消火栓的间距不应大于30m。

④ 消火栓栓口出水方向向下或栓口与墙面成90°。

⑤ 消火栓的水带应采用胶衬水带，无腐烂和漏水现象。水带接口和消火栓接口与水枪接口相匹配。每个水带长度根据保护半径配置，应选用25m或20m，不应超过25m。

⑥ 消防水枪应齐全完好，接口垫圈完整；水枪接口与水带接口相匹配；水枪口径应符合规范要求。

⑦ 与小口径消防卷盘配套的输水软管、水枪和消火栓的规格型号应相匹配。消防卷盘的栓口直径宜为25mm，配备的胶带内径不小于19mm。喷嘴口径不小于6mm。卷盘位置应方便取用，并保证有一股或几股射流到达同层室内任何部位。

(3) 消火栓管网

① 室内消防给水的进水管。高层建筑不应少于两根，人防工程的进水管宜采用两根。当其中一根发生故障时，其余的进水管应仍能保证消防用水量和供水压力的要求。低层建筑每根竖管直径应按最不利点消火栓出水量计算。

② 室内消防给水管网应布置成环状，室内消防给水管道应用阀门分成若干个独立段，对低层建筑如某段损坏时，停止使用的消火栓一次不宜超过5个。高层主体建筑应保证检修管道时关闭的竖管不超过一根，当竖管超过三根时，可关闭两根。阀门应经常开启并应有明显的启闭标志。

③ 室内消火栓给水系统应与自动喷水灭火系统分开设置。有困难时，可合用消防泵，但在自动喷水灭火系统的报警阀前（沿水流方向）必须分开设置。

④ 防竖管的直径应按通过的流量计算确定，但不应小于100mm。

(4) 消火栓启泵按钮

① 要求临时高压给水系统的每个消火栓处应设置直接启动消防水泵的手动按钮，且安装应牢固，不得松动（不包括变频调速水泵和市政管网供水）。

② 手动按钮保护有保护手动按钮的措施，一般可放在消火栓箱内或带有玻璃的壁龛内，布线应有穿管保护。

③ 启动消火栓箱处手动按钮应有红色灯指示功能；控制室应收到反馈报警信号，并显示部位；消防水泵应启动。

(5) 消火栓给水系统综合性能测试

① 最不利点消火栓性能如下。

a. 高位消防水箱的设置高度应保证最不利点消火栓静水压力。当建筑高度不超过100m，高层建筑最不利消火栓静水压力不应低于0.07MPa；当建筑高度超过100m时，高层建筑最不利点消火栓静水压力应低于0.15MPa。当高位消防水箱不能满足上述静压要求时，应设增压设施。

b. 水枪流量应根据不同的充实水柱要求而确定。充实水柱为10～13m，每支水枪的流量为4.6～5.7L/s。

c. 消火栓的水枪充实水柱在建筑高度小于或等于24m时不得小于7m，在建筑高度不超过100m时不应小于10m，在建筑高度超过100m时不应小于13m。

② 在泵房、控制室等区域手动启、停消防水泵、应灵敏，且运行正常，显示正确。

③ 消防水泵实际工作电流不得高于额定值（铭牌上标称电流值）。

④ 室内消火栓消防用水量应满足相关技术规范要求。

⑤ 室内消火栓口的静水压力不应大于1.00MPa，当大于1.00MPa时应采取分区给水系统。

⑥ 消火栓栓口的出水压力大于0.50MPa时，消火栓应设减压装置。

⑦ 高层建筑屋顶应设一个带压力表的检查用屋顶消火栓，采暖地区应设在顶层出口处或水箱间内。

12.4.3.3 室外消火栓系统

① 室外消火栓外观及组件的涂覆盖层无锈蚀、脱落，放水阀、闷盖等组件应齐全。

② 室外消火栓给水管网应布置成环状，向环状管网的进水管应不少于两根，管道的压力不应低于0.10MPa，或水枪充实水柱长度不小于10m。

③ 室外地上式消火栓应有一个直径为150mm或100mm和两个直径为65mm的栓口。

④ 室外地下式消火栓应有明显固定标志。

⑤ 供消防车取水的室外地下式消火栓应设有100mm、65mm的栓口各一个。

⑥ 室外消火栓的间距不应超过120m。

⑦ 室外消火栓的保护半径不应超过120m；在市政消火栓保护半径150m以内，如消防用水量不超过15L/s时，可不设室外消火栓。

⑧ 室外消火栓距高层建筑外墙不宜小于5m，并不宜大于40m，距路边不宜大于2m，40m范围内的市政消火栓可计入室外消火栓的数量。

12.4.3.4 消防炮

① 室内消防炮的布置数量不应少于两门，并应能使两门水炮的水射流同时到达被保护区域的任一部位。

② 消防炮位处应设置消防泵按钮。

③ 消防水炮的仰俯角和水平回转角应满足使用要求。

④ 系统配电线路应采用经阻燃处理的电线、电缆。

⑤ 消防控制室内应能对消防泵组、消防炮等系统组件进行单机操作与联动操作或自动操作。

⑥ 水炮的设计流量按下式确定：

$$Q_S = q_{SO}\sqrt{\frac{p_e}{p_o}}$$

式中 Q_S——水炮的设计流量，L/s；

q_{SO}——水炮的额定流量，L/s；

p_e——水炮的设计工作压力，MPa；

p_o——水炮的额定工作压力，MPa。

室外配置的水炮其额定流量不宜小于30L/s。

室外配置的泡沫其额定流量不宜小于48L/s。

⑦ 水炮系统和泡沫系统从启动至炮口喷射水或泡沫的时间不应大于5min，干粉炮系统从启动至炮口喷射干粉的时间不应大于2min。

12.4.3.5 自动喷水灭火系统

（1）湿式报警阀

① 报警阀及其组件外观应完整无损，密封性好；铭牌、规格、型号应符合要求。

② 湿式报警阀的安装如下。

a. 应安装在明显且便于操作的地点，水流方向与所标相符。

b. 距地面高度宜为1.2m，两侧距墙不小于0.5m，下面距墙不应小于1.2m。

c. 安装报警阀处的地面应有相应的排水措施。

d. 水源控制阀、报警阀与配水干管的连接应与水流方向一致。

③ 在报警阀与压力开关之间安装延迟器，滤水器应安装在延迟器之前。

④ 在公共通道或值班室附近的外墙上应安装水力警铃，并安装检修、测试用阀门；在报警阀附近，与报警阀有连接的管道应采用镀锌钢管，管径为20mm，总长度不宜大于20m。

⑤ 供水总控制阀宜采用信号阀，或设置可靠的锁定措施；开、关应灵活可靠，开、关状态应有明确标志。

⑥ 压力开关应安装在延迟器与水力警铃之间，连接管应牢固可靠。

⑦ 采用闭式喷头的自动喷水灭火系统的每个报警阀，控制喷头数量不宜超过下列规定。

a. 湿式和预作用喷水灭火系统为800个，干式喷水灭火系统为500个。

b. 每个报警阀组供水的最高与最低位置喷头，其高程差不宜大于50m。

⑧ 安装延迟器的湿式报警阀组，系统放水后5～90s内水力警铃应开始连续报警。且启动压力不小于0.05MPa，距警铃3m远处报警铃声声强应大于70dB。

⑨ 延迟器应能自动排水，最大排水时间不应超过5min。

⑩ 报警阀组功能测试时压力开关应动作，控制器应显示，消防泵应启动。

(2) 干式报警阀

① 在报警阀内气室应注入高度为50～100mm清水，以保证密封。

② 安装调整好空压机等气源设备，管道中自动充有压缩气体；充气连接管应不小于15mm，应在干式阀充注水位以上部位接入系统。

③ 供气压力应按产品的技术要求来确定或按干式阀解扣开启的计算压力再加1.4×10^5Pa计算，开启压力应以系统供水的正常最高水压为依据。

④ 在空气压缩机与干式阀之间应安装排气阀，当系统气压超过所调最大值2.9×10^4Pa时，自动释放压力。

⑤ 干式阀及供水管道应具有防止冰冻及机械损伤措施，在系统的结冰区段上应安装低气压预报警装置。

⑥ 在下列部位应安装压力表：干式阀充水一侧和充气一侧；空气压缩机的气泵和储气罐上；排气阀和加速排气装置。

(3) 雨淋阀

① 雨淋阀安装时在雨淋阀水源一侧应安装压力表，其配套观测仪表和操作阀门，应便于观测和操作。

② 雨淋阀之后的管道若平时充气，参照干式阀安装有关要求执行。

③ 雨淋阀的开启无论是电动还是传导管启动或手动，其传导管网的安装均参照湿式系统。

④ 雨淋阀的手动开启装置宜设在安全位置且能保证火灾时安全开启，并便于操作。

⑤ 雨淋阀的自动控制方式，可采用电动、液（水）动或气动。当采用（水）动控制时，应确保闭式喷头与雨淋阀之间的高程差。

(4) 水流指示器

① 自动喷水灭火系统水流指示器的信号阀应安装在水流指示器前的管道上，与水流指示器间的距离不应小于300mm。水流指示器外观不得有碰伤、污损。

② 应安装在分区配水干管的水平管道上，动作方向和水流方向应一致，桨片、膜片应动作灵活。

③ 水流信号应转换为电信号，并送至控制中心报警控制器指示火灾区域。

④ 布线应有穿管保护。

(5) 末端试水装置

① 在每个报警阀组控制的最不利点喷头处均应设置末端试水装置，其他防火分区、楼层的最不利点喷头处，均应设直径为25mm的试水阀。对充气设备，末端应设排气阀。

② 末端试水装置由测试水阀、压力表以及试水接头组成。试水接头出水口的流量系数，应与同楼层或防火分区内的最小流量系数的喷头相同。

③ 末端试水装置的出水，应采取孔口出水的方式排入排水管道。

12.4.3.6 管道连接

系统管道的连接，应采用沟槽式连接件（卡箍）或丝扣、法兰连接。报警阀前采用内壁不防腐钢管时，可焊接连接。

① 材质。管道应采用镀锌钢管或镀锌无缝钢管，在报警阀以后的管路上不应有其他用水设施。

② 所有配水管或配水支管的直径不应小于 25mm。短立管及末端试水装置的连接管，其管径不应小于 25mm。

③ 连接方式。直径等于或大于 100mm 的管道，应分段采用法兰或沟槽式连接件（卡箍）连接。水平管道上法兰间的管道长度不宜大于 20m，立管上法兰间的距离不应跨越 3 个及以上楼层。净空高度大于 8m 的场所内的立管上应有法兰。

管道变径时，丝扣连接应采用异径管零件，避免采用补芯，如需补芯不得在弯头上使用。三通零件上只允许用一个，四通零件上不超过两个。螺纹连接的密封填料应均匀附在管道和螺纹部分，拧紧螺纹时，不得将密封的材料挤入管内，连接后应将外部清理干净。

④ 管道坡度。水平安装的管道宜有坡度，并应坡向泄水阀。充水管道的坡度不宜大于 2‰，准工作状态不充水管道的坡度不宜小于 4‰。

⑤ 管道过墙保护。管道穿墙、过楼板应加套管，管道焊缝不应置于套管内，穿墙套管长度不得小于墙厚。

⑥ 管道支架、吊架和防晃支架。在管径为 50mm 或 50mm 以上的喷水干管或喷水管上应至少设置一个防晃支架，管道过长或改变方向时必须增设防晃支架；相邻两喷头间的管段上至少应设一个吊架。吊架间距不宜大于 3.6m；支架、吊架与喷头间的距离不宜小于 300mm，与末端喷头之间距离不宜大于 750mm。当喷头间距小于 1.8m 时，可隔段设置。吊架、防晃支架宜直接固定于建筑物，安装位置应符合规范要求。

⑦ 配水支管、配水管控制的标准喷头数如下。

a. 水管两侧每根配水支管控制的标准喷头数：轻危险级、中危险级场所不应超过 8 只，同时在吊顶上下安装喷头的配水支管，上下侧均不应超过 8 只；严重危险级及仓库危险级场所均不应超过 6 只。

b. 轻危险级、中危险级场所中配水支管、配水管控制的标准喷头数，不应超过表 12-3 的规定。

表 12-3 轻危险级、中危险级场所中配水支管、配水管控制的标准喷头数

公称直径/mm	控制的标准喷头数/只	
	轻危险级	中危险级
25	1	1
32	3	3
40	5	4
50	10	8
65	18	12
80	48	32
100	—	64

⑧ 管道中心与梁、柱、楼板的最小距离应符合表 12-4 的规定。

表 12-4　管道中心与梁、柱、楼板的最小距离

公称直径/mm	25	32	40	50	70	80	100	125	150	200
最小距离/mm	40	40	50	60	70	80	100	125	150	200

⑨ 管道上的减压设施：

a. 管道的直径应经水力计算确定，配水管道的布置，应使配水管入口的压力均衡，轻危险级、中危险级场所中各配水管入口的压力不宜大于 0.4MPa；

b. 配水管道的工作压力不应大于 1.2MPa，并不应设置其他用水设施；

c. 减压阀应设在报警阀组入口前，入口前应设过滤器，当连接两个及以上报警阀组时，应设有减压阀，垂直安装的减压阀，水流方向宜向下。

⑩ 消防配水干管、配水管道应涂以消防红色或间距为 1m 的消防红色环记，以区别其他管道。

12.4.3.7　喷头

(1) 喷头外观

① 型号、规格应符合技术要求，各种标志（喷头合格证的商标、型号、公称动作温度及制造厂、生产年月）应齐全。

② 外观应无加工缺陷和机械损坏，喷头的螺纹密封面应完整、光滑，不得有伤痕、毛刺、缺陷、断丝等现象。

③ 喷头安装要整齐、牢固、美观，无污损现象。不得对喷头进行拆装、改动，并严禁给喷头附加任何装饰性涂层或悬挂物品。

(2) 喷头安装的最大间距

直立型、下垂喷头的布置，包括同一根配水支管上喷头间距及相邻配水支管的间距，应根据系统的喷水强度、喷头的流量和工作压力确定，并不应大于表 12-5 的规定，且不宜小于 2.4m。

表 12-5　喷头安装的最大间距

<table>
<tr><th colspan="2">火灾危险等级</th><th>喷水强度
$/L\cdot min^{-1}\cdot m^{-2}$</th><th>作用面积
$/m^2$</th><th>正方形布置的边长/m</th><th>矩形或平行四边形布置的长边边长/m</th><th>一只喷头的最大保护面积/m^2</th><th>喷头与端的最大距离/m</th></tr>
<tr><td colspan="2">轻危险级</td><td>4</td><td>160</td><td>4.4</td><td>4.5</td><td>20.0</td><td>2.2</td></tr>
<tr><td rowspan="2">中危险级</td><td>Ⅰ级</td><td>6</td><td>160</td><td>3.6</td><td>4.0</td><td>12.5</td><td>1.8</td></tr>
<tr><td>Ⅱ级</td><td>8</td><td>160</td><td>3.4</td><td>3.6</td><td>11.5</td><td>1.7</td></tr>
<tr><td rowspan="2">严重危险级</td><td>Ⅰ级</td><td>12</td><td>260</td><td rowspan="4">3.0</td><td rowspan="4">3.6</td><td rowspan="4">9.0</td><td rowspan="4">1.5</td></tr>
<tr><td>Ⅱ级</td><td>16</td><td>260</td></tr>
<tr><td colspan="2">仓库危险Ⅰ级</td><td>12</td><td>260</td></tr>
<tr><td colspan="2">仓库危险Ⅱ级</td><td>16</td><td>300</td></tr>
<tr><td colspan="2">仓库危险级Ⅲ级</td><td>20</td><td>260</td><td>3.0</td><td>3.6</td><td>9.0</td><td>1.5</td></tr>
</table>

注：1. 喷头工作压力一般应为 0.10MPa，系统最不利点处喷头的工作压力，不应低于 0.05 MPa。

2. 仅在走道设置单排喷头的闭式系统，其喷头间距应按走道地面不留漏、空白点确定。

3. 货架内喷头的间距不应小于 2m，且不应大于 3m。

(3) 喷头溅水盘顶板的距离

① 除吊顶型喷头及吊顶下安装的喷头外，直立型、下垂型标准喷头，其溅水盘与顶板的距离，不应小于75mm，且不应大于150mm。

② 装设通透性吊顶的场所，喷头应布置在顶板下。装设网格、栅板类通透性吊顶的场所，系统的喷水应按表12-6的规定取值。

(4) 喷头与障碍物距离

① 直立型、下垂型喷头与梁、通风管道的距离宜符合表12-6的规定。

表12-6 喷头与梁、通风管道的水平距离

喷头与梁或通风管道的底面的最大垂直距离 b/m		喷头与梁、通风管道的水平距离 a/m
标准喷头	其他喷头	
0	0	$a<0.3$
0.06	0.04	$0.3\leqslant a<0.6$
0.14	0.14	$0.6\leqslant a<0.9$
0.24	0.25	$0.9\leqslant a<1.2$
0.35	0.38	$1.2\leqslant a<1.5$
0.45	0.55	$1.5\leqslant a<1.8$
>0.45	>0.55	$a=1.8$

② 直立型、下垂型标准喷头的溅水盘以下0.45m，其他直立型、下垂型喷头的溅水盘以下0.9m范围内，如有屋架等间断障碍物或管道时，喷头与邻近障碍物的最小水平距离应符合表12-7的规定。

表12-7 喷头与邻近障碍物的最小水平距离

障碍物	c、e或$d\leqslant0.2$	c、e或$d>0.2$
最小水平距离 a/m	$3c$或3(c与e取最大值)或$3d$	0.6

注：c—障碍物高；e—障碍物宽；d—管道直径。

③ 当梁、通风管道、排管、桥架等障碍物的宽度大于1.2m时，其下方应增设喷头（下喷）。直立型、下垂型喷头与靠墙障碍物的距离，应符合下列规定。

a. 障碍物横截面边长小于750mm时，喷头与障碍物的距离，应按下式计算：

$$a\geqslant(e-200)+b$$

式中 a——喷头与障碍物的水平距离，mm；

e——障碍物横截面的边长（$e<750$），mm；

b——喷头溅水盘与障碍物底面的垂直距离，mm；

b. 横截面边长等于或大于750mm时，应在靠墙障碍物下增设喷头。

(5) 自动喷水灭火系统场所喷头的设置

当局部场所设置自动喷水灭火系统时，与相邻不设自动喷水灭火系统场所连通的走道或连通开口的外侧，应设喷头。

(6) 边墙型喷头的设置

① 边墙型标准喷头的最大保护跨度与间距，应符合表12-8的规定。

② 边墙型扩展覆盖喷头的最大保护跨度、配水支管上的喷头间距、喷头与两侧端墙的距离，应按喷头工作压力下能够喷湿对面墙和邻近端墙、距溅水盘1.2m高度以下的墙面确定，且保护面积内的喷水强度应符合规定。

表 12-8　边墙型标准喷头的最大保护跨度与间距

设置场所火灾危险等级	轻危险级	中危险级Ⅰ级
配水支管上喷头的最大间距	3.6	3.0
单排喷头的最大保护跨度	3.6	3.0
两排相对喷头的最大保护跨度	7.2	6.0

注：1. 两排相对喷头应交错布置。

2. 室内跨度大于两排相对喷头的最大保护跨度时，应设在两排相对喷头中间。

③ 直立式边墙型喷头，其溅水盘与顶板的距离不应小于 100mm，且不宜大于 150mm，与背墙距离不应小于 50mm，并不应大于 100mm。水平式边墙型喷头溅水盘与顶板的距离不应小于 150mm，且不应大于 300mm。

④ 边墙型喷头的两侧 1m 及正前方 2m 范围内，顶板或吊顶下不应有阻挡喷水的障碍物。

（7）斜面上喷头的设置

① 顶板或吊顶为斜面时，喷头应垂直于斜面，并应按斜面距离确定喷头间距。尖屋顶的屋脊处应设一排喷头。

② 喷头溅水盘至屋脊的垂直距离，屋顶坡度大于 1/3 时，不应大于 0.8m；屋顶坡度小于 1/3 时，不应大于 0.6m。

（8）仓库喷头设置

① 仓库的喷头设置不应低于表 12-9 的规定。

表 12-9　仓库喷头设置规格

火灾危险等级	最大净空高度/m	货品最大堆积高度/m	喷水强度/[L/(min·m^2)]	作用面积/m^2	喷头工作压力/MPa
仓库危险级Ⅰ级	9.0	4.5	12	200	0.10
仓库危险级Ⅱ级			16	300	
仓库危险级Ⅲ级	6.5	3.5	20	260	

注：系统最不利点处喷头的工作压力，不应低于 0.05 MPa。

② 仓库采用快速响应早期抑制喷头的系统设计基本参数不应低于表 12-10 的规定。

表 12-10　快速响应早期抑制喷头的系统设计基本参数

火灾危险等级	最大净空高度/m	货品最大堆积高度/m	配水支管上喷头或配水的间距/m	作用面积内开放喷头数/只	喷头工作压力/MPa
仓库危险级Ⅰ级	9.0	7.5	3.7	12	0.34
仓库危险级Ⅱ级(非发泡类)	9.0	7.5	3.3	12	0.34
仓库危险级Ⅰ级、Ⅱ级(非发泡类)	12.0	10.5	3.0	12	0.50
仓库危险级Ⅲ级	9.0	7.5	3.0	12	0.50

注：表中的数据仅适用于 $K=200$ 的快速响应早期抑制喷头。

③ 货架储物仓库的最大净空高度或货品最大堆积高度超过表 12-10 的规定时，应设货架内喷头。应在自地面起每 4m 高度处布置一层喷头，并应按表 12-10 确定喷水强度和开放 4 只喷头确定用水量。货架内喷头宜与顶板下喷头交错布置，其溅水盘与上方层板的距离，不应小于 75mm，且不应大于 150mm。与其下方货品顶面的垂直距离不应小于 150mm。

④ 货架内喷头上方的货架层板，应为封闭层板。货架内喷头上方如有孔洞、缝隙，应在

喷头的上方设置集热挡水板。集热挡水板应为正方形、圆形金属板，其平面面积不宜小于 $0.12m^2$，周围弯边的下沿，宜与喷头的溅水盘平齐。

（9）系统联动功能

① 出水口的水色透明度与入口处一致，并无杂质。

② 测试关闭，压力表读数应等于或大于 0.05MPa。

③ 阀打开，压力表读数应等于或大于 0.05MPa。

④ 水流指示器动作后应准确输出报警电信号。

⑤ 水力警铃应准确发出报警信号。

⑥ 压力开关接通，消防控制室显示报警信号并启动消防泵。

⑦ 末端试水流量不应小于 56L/min。

12.4.3.8　水喷雾灭火系统

（1）水雾喷头

① 安装应牢固，且无污损。

② 喷头位置应使水雾直接射向燃烧物质或需冷却的表面。

③ 喷头与保护对象之间的距离，不得大于水雾喷头的有效射程。

④ 当用于灭火时，喷头工作压力不应小于 0.35MPa；当用于防护冷却时，喷头工作压力不应小于 0.20MPa。

⑤ 水雾喷头数量应符合设计规范要求。

（2）雨淋阀

① 雨淋阀应安装在环境温度不低于 4℃，并有排水设施的室内。安装位置靠近保护对象，并安装在便于操作的地点。

② 雨淋阀前后压力表指示应正常。

③ 雨淋阀可接收电信号电动开启雨淋阀，或接收传动管信号液动或气动开启雨淋阀。并应能显示雨淋阀的启闭状态。且应设有手动应急操作阀。

④ 雨淋阀应能驱动水力警铃，并报警。

（3）过滤器

① 雨淋阀前的管道应设置过滤器。当水雾喷头无滤网时，雨淋阀后的管道应设过滤器。

② 过滤器应采用耐腐蚀金属材料，滤网的孔径应为 4.0～4.7 目/平方厘米。

（4）管道

① 水喷雾系统的管道应采用内外镀锌，且宜采用丝扣连接。

② 雨淋阀的管道上不应设置其他用水设施。

③ 应设排水阀、排污器。

④ 应涂以消防红色或间距为 1m 的消防红色环记，以区别其他管道。

⑤ 消防用水量应符合设计规范的规定。

12.4.3.9　水幕、雨淋系统

① 湿式系统、干式系统的喷头动作后，应由压力开关直接联锁自动启动供水泵。预作用系统、雨淋系统及自动控制的水幕系统，应在火灾自动报警系统报警后，立即自动向配水管道供水。

② 预作用系统、雨淋系统和自动控制的水幕系统，应同时具备下列三种启动供水泵和开启雨淋阀的控制方式：自动控制，消防控制室（盘）手动遥控，水泵房现场应急操作。

③ 雨淋阀和自动控制方式，可采用电动、液（水）动或气动。当雨淋阀采用充液（水）传动管自动控制时，闭式喷头与雨淋阀之间的高程差，应根据雨淋阀的性能确定。

12.4.4 检测方法

（1）消防供水

① 水池

a. 用线坠、卷尺测量计算其有效容器是否符合设计要求。

b. 查看水位及消防用水不被他用的措施。

c. 查看补水设施，寒冷地区查看防冻设施。

② 消防水箱

a. 用线坠、卷尺测量计算其有效容器是否符合设计要求。

b. 查看水位及消防用水不被他用的措施。

c. 启动水泵，查看消防泵的扬水是否进入消防水箱。

d. 查看通道设置。

e. 寒冷地区查看防冻措施。

③ 增压泵及气压水罐

a. 查看进出阀门的开启程度。

b. 核对启动与停泵压力，查看运行情况。

c. 查看泵的动力是否采用消防电源。

④ 消防泵

a. 查看水泵和阀门标志、阀门的锁定装置。

b. 查看吸水管及出水管的数量、与消防环状管网连接方式。

c. 查看吸水管吸水方式及吸水管上异径连接方式。

d. 查看动力电源是否符合要求。

e. 在泵房控制柜处启动水泵，查看运行情况及主泵和备用泵的转换及运行情况。

f. 在消防控制室启动水泵，查看运行及反馈情况。

g. 人为制造火警信号，查看水泵启动时间。

h. 用消火栓启泵按钮启动水泵，查看消防泵的启动运转情况。

i. 查看出水管上有无水泵试验装置及系统安全阀的安装。

⑤ 水泵结合器

a. 查看标示牌、止回阀是否标志所属系统和区域。

b. 转动手轮查看控制阀及泄水阀，阀门应启闭灵活，止回阀应严密关闭。

c. 核对水泵结合器的数量和供水能力，用消防车等加压设施供水时，查看系统压力变化。

d. 寒冷地区查看防冻措施。

（2）室内消火栓系统

① 查看标志、箱体、组件及箱门。

② 查看栓口位置、栓口距地面高度。

③ 查看消火栓的间距。

④ 查看消火栓给水的进水管的根数及是否布置成环状网。

⑤ 检查阀门的布置是否符合检修要求。

⑥ 选择最不利处消火栓、屋顶消火栓，开启消火栓，测量栓口静水压力。

⑦ 连接水带、水枪，触发启泵按钮，查看消防泵启动和显示信号，测量栓口静水压力。

⑧ 按设计出水量开启消火栓，测量最不利处与最有利处消火栓出水压力。

⑨ 系统恢复正常状态。

(3) 室外消火栓

① 查看消火栓的设置位置。

② 查看消火栓的管网及测试管网压力。

③ 查看消火栓外观。

④ 出口处安装压力表，打开阀门，查看出水压力。

⑤ 寒冷地区查看防冻措施。

(4) 启泵按钮

① 查看外观和配件。

② 触发按钮后，查看消防泵启动情况，查看按钮确认灯和反馈信号显示情况。

③ 按钮手动复位，观察确认灯复位情况。

(5) 消防炮

① 查看外观、型号，查看入口控制阀。

② 人为操作消防炮，查看回转与仰俯角度及定位机构。

③ 触发启泵按钮，查看消防泵启动和信号显示，记录入炮口压力表数值。

④ 人为制造火源，检查消防炮自动或远程控制功能及消防炮的回转、仰俯与定位控制。

(6) 自动喷水灭火系统

① 湿式报警阀　湿式报警阀组功能的检测：打开报警阀试水阀门放水，查看延迟器是否出水，将延迟器充满水后由排水口排出，用秒表记录排水时间；观察控制盘压力开关动作显示与否、消防泵是否启动；关闭报警阀试水阀门，观察水力警铃是否停止报警、压力开关是否停止动作、延迟器是否停止出水、报警阀上下压力表是否正常，并用声级计检查水力警铃的报警。

② 干湿报警阀

a. 查看外观、标志牌、压力表。

b. 查看控制阀，查看锁具或信号阀及其反馈信号。

c. 打开试验阀，查看压力开关、水力警铃动作情况及反馈信号。

d. 缓慢开启试验阀小流量排气，空气压缩机启动后关闭试验阀，查看空气压缩机运行情况，核对启停压力。

e. 恢复正常状态。

③ 雨淋阀　分别用手动、自动和应急操作三种方式对雨淋阀组进行操作，检查雨淋阀的开启是否正常，水力警铃是否报警，以及雨淋阀的前后压力表指示是否正常。

④ 水流指示器

a. 查看标志及信号阀。

b. 开启末端试水装置，查看消防控制设备报警信号；关闭末端试水装置，查看复位信号。

⑤ 末端试水装置检测　将末端测试装置连接到管路系统远端或最不利点处，打开系统的末端泄水阀，使水流进入测试管路，在 0～1.0MPa 压力表上观察压力值，然后打开通径 25mm 快开测试阀，再观察压力表的压力值，同时水流指示器、水力警铃应报警，压力开关动作并启动喷淋泵。并用精度 1.5 级流量计计量末端试水流量。

⑥ 管道安装　查看报警阀以后的管道上是否设有其他用水设施，并检查管材使用记录；查看配水支管的喷头布置数量是否符合规范要求；用卡尺测量喷水管直径是否等于或大于 25mm；用卡尺和钢卷尺测量管道中心与建筑结构的距离是否符合规范要求；用水平仪测管路坡度是否符合规范要求。

⑦ 喷头　查看喷头的型号规格是否符合技术要求；检查每只喷头的保护面积、喷头间距，

以及喷头与建筑结构间的间距是否符合规范要求。

⑧ 系统联动功能检测　将末端测试装置连接到管路系统远端或最不利处，打开系统的末端泄水阀，使水流进入测试管路，在0～1.0MPa压力表上观察压力值，然后打开通径25mm快开测试阀，再观察压力表的压力值，这时水流指示器、水力警铃应报警，压力开关动作并启动喷淋泵。用精度1.5级流量计计量末端试水流量。在距水力警铃3m远处用声级计测量水力警铃的声强值，看是否低于70dB，用秒表测量开启末端试水装置至消防水泵投入运行的时间是否超过5min，查看水流指示器、压力开关和消防水泵动作情况及反馈信号，测试后使系统恢复正常。

12.4.5　检测设备

① 压力表。

② 钳形电流表。

③ 1.5级流量计。

④ 通径25mm快开测试阀。

⑤ 声级计。

⑥ 秒表。

⑦ 消火栓检测仪。

12.5　泡沫灭火系统的检测

泡沫灭火剂按发泡倍数分类，可分为低倍数泡沫、中倍数泡沫和高倍数泡沫三类。

低倍数泡沫是指发泡沫混合液吸入空气后，体积膨胀小于20倍的泡沫。中倍数泡沫是指发泡倍数为21～200的泡沫；高倍数泡沫是指发泡倍数为201～1000的泡沫。

泡沫灭火系统可用于扑救易燃、可燃液体的火灾或大面积的流淌火灾。

12.5.1　检测依据

①《建设工程消防验收评定规则》(GA 836—2009)。

②《建筑消防设施检测技术规程》(GA 503—2004)。

③《消防产品现场检查判定规则》(GA 588—2005)。

④《泡沫灭火系统施工及验收规范》(GB 50281—2006)。

12.5.2　检测项目及要求

(1) 检测项目

检测项目及检测类别见表12-11。

(2) 检测要求

① 泵站、消防泵、冷却泵、泡沫液储罐、比例混合器应全部检测。

② 泡沫发生器按20%～30%抽检。

③ 泡沫消火栓、泡沫喷嘴（头）(如与自动喷水灭火系统共用时，可按自动喷水灭火系统要求进行)。10个以内全检，多于10个按20%～30%检测，且不少于10个。

④ 管网。按系统中的管网类型，每种检测1～3组。

⑤ 联动试验。进行1～3次检验。

⑥ 检测结果符合设计要求为合格，被检设备合格率100%为合格。

表 12-11　泡沫灭火系统检测项目及检测类别

序号	项　目	检测内容	检测类别
1	产品证书		A
2	消防泵或固定式消防泵组、水池	安装质量、水池尺寸 水源及进水管网 泵组的启停时间	B B B
3	泡沫储液罐、比例混合器	安装质量 压力	B A
4	泡沫发生器	泡沫发生器的安装质量 压力 喷水试验	B A A
5	管网	管网的位置、坡向、坡度、连接方式和安装质量	B
6	泡沫喷头	安装质量	B
7	泡沫消火栓	消火栓的安装质量 压力 喷水试验	B A A
8	喷泡试验和系统联动试验		A

12.5.3　技术要求

(1) 产品证书

泡沫灭火系统的设备必须有经国家消防电子产品质量监督检验中心出具的有效期内的检验报告和强制性产品认证证书。

(2) 消防泵或固定式消防泵组、水池

① 消防泵或固定式消防泵组的安装，水池的尺寸应符合设计要求。

② 水源及进水管网应符合下列要求。

a. 应有水位指示标志。

b. 进水管道径及管网压力符合设计要求。

c. 水池或水罐的容量及补水设施符合设计要求。

(3) 泡沫液储罐

① 罐体或铭牌、标志牌上应清晰注明泡沫灭火剂的型号、配比浓度、泡沫灭火剂的有效日期和储量。

② 储罐的配件应齐全完好，液位计、呼吸阀、安全阀及压力表状态应正常。

③ 泡沫液储罐的安装位置、高度应符合设计要求，当无设计规定时，泡沫液储罐周围应留有满足检修需要的通道，其宽度不宜小于0.7m，且操作面处不宜小于1.5m；当泡沫液储罐上的控制阀距地面高度大于1.8m时，应在操作面处设置操作平台或操作凳。

④ 储罐的安全阀出口不应朝向操作面。

⑤ 储罐应根据环境条件采取防晒、防冻和防腐措施，其支架应与基础牢固固定。

(4) 泡沫比例混合器

① 应符合设计选型，液流标注方向应与液流方向一致。

② 阀门启闭应灵活，压力表应正常。

③ 比例混合器与管道连接处的安装应严密。

④ 平衡式与管线式比例混合器的安装应符合设计要求。

（5）泡沫发生器

① 泡沫发生器的安装质量应符合设计要求。

② 吸气孔发泡网及暴露的泡沫喷射口，不得有杂物进入或堵塞；泡沫出口附近不得有阻挡泡沫喷射及泡沫流淌的障碍物。距高倍数泡沫发生器的进气端小于或等于 0.3m 处不应有遮挡物；距其发泡网前小于或等于 1.0m 处，不应有影响泡沫喷放的障碍物。

（6）管网

① 管网的位置、坡向、坡度、连接方式和安装质量应符合设计要求。当出现 U 形管时应有放空措施。

② 管道支、吊架，管墩的位置、间距及牢固程度应符合设计要求。

③ 管道穿防火堤、楼板、墙等的套管尺寸和填充材料等处理应符合设计要求。

④ 管道和设备的防腐涂料种类、颜色、涂层质量及防腐层的厚度应符合设计要求。

⑤ 埋地管道应做好防腐，当采用焊接时，焊缝部位应在试压合格后，进行防腐处理。

（7）泡沫喷头

① 泡沫喷头的规格、型号应符合设计要求，吸气孔、发泡网不应堵塞。

② 泡沫喷头的安装应牢固、规整。

③ 顶部安装的泡沫喷头应安装在被保护物的上部，其坐标的允许偏差应符合规范要求。

④ 侧向安装的泡沫喷头应安装在被保护物的侧面并应对准被保护物体，其距离允许偏差为 20mm。

⑤ 地下安装的泡沫喷头应安装在被保护物的下方，并应在地面以下：在未喷射泡沫时，其顶部应低于地面 10～15mm。

（8）泡沫消防栓

① 泡沫消防栓的规格、型号、数量、位置、安装方式、间距应符合设计要求。

② 地上式泡沫消火栓应安装在消火栓井内泡沫混合液管道上，其顶部与井盖底面的距离不得大于 0.4mm，且不小于井盖半径，并应有永久性明显标志。

③ 室内泡沫消火栓的栓口方向宜向下或与设置泡沫消火栓的墙面成 90°，栓口离地面或操作基面的高度宜为 1.1m，允许偏差为±20mm，坐标的允许偏差为 20mm。

④ 最不利点的消火栓进行喷水试验时，其压力应符合低、中倍数泡沫枪进口压力的要求。

⑤ 系统联动试验的要求如下。

a. 工作与备用消防泵或固定式消防泵组在设计负荷下连续运转不应小于 30min。

b. 低、中倍数泡沫灭火系统应选择最不利点的防护区进行喷泡试验，喷射泡沫灭火时间不宜小于 1min。泡沫混合液的混合比和发泡倍数应符合设计要求。

c. 高倍数泡沫灭火系统应任选一防护区进行喷泡试验，喷射泡沫时间不宜小于 30s。泡沫最小供给速率应符合设计要求。

d. 选择最不利点防护区的最不利点任意四个相邻喷头进行泡沫喷头喷水试验时，四个相邻喷头进口压力的平均值不应小于设计值。

12.5.4 检测方法

① 消防泵或固定式消防泵组的检测方法与消防水系统消防泵的检测方法相同。

② 用流量计、压力表检测泡沫比例混合器。

③ 选择最不利点的防护区或储罐进行喷水试验，用压力表检测泡沫发生器的出口压力，

用秒表测量水到达最远的防护区或储罐的时间。

④ 选择最不利点的防护区的最不利点四个喷头，用压力表检测喷头喷水试验时进口压力的平均值。

⑤ 高倍数泡沫发生器应进行喷水试验，用压力表检测其进口压力的平均值。

⑥ 泡沫灭火系统喷泡试验：用流量计检测泡沫混合液的混合比；泡沫混合液的发泡倍数按有关规范的方法进行测量；用秒表测量喷射泡沫的时间和泡沫混合液或泡沫到达最不利点防护区或储罐的时间。

⑦ 用火灾探测器试验器进行系统联动检查。

⑧ 进行主电源与备用电源切换试验 1～3 次。

泡沫灭火系统工程质量检查合格后，应用清水冲洗后放空，将系统恢复到正常状态。

12.5.5 检测记录

检查结果填写在检测记录表。

12.5.6 检测设备

检测设备包括火灾探测器试验器、压力表、流量计和秒表。

12.6 气体灭火系统的检测

以气体作为灭火介质的灭火系统称为气体灭火系统。

气体灭火系统是传统的四大固定式灭火系统（水、气体、泡沫、干粉）之一。

按其对防护对象的保护方式可分为全淹没系统和局部应用系统两种形式。按其装配方式又可分为管网灭火系统和无管网灭火系统；在管网灭火系统中又可分为组合分配灭火系统和单元独立式灭火系统。

目前常用的气体灭火种类有：七氟丙烷（FM200）、混合气体 IG541、高压二氧化碳、低压二氧化碳、三氟甲烷 HFC-23、气溶胶（K 型、S 型、其他型）等。

12.6.1 检测依据

①《气体灭火系统设计规范》(GB 50370—2005)。

②《气体灭火系统施工及验收规范》(GB 50263—2007)。

③《二氧化碳灭火系统设计规范》(GB 50193—1993)(2010 年版)。

④《火灾自动报警系统设计规范》(GB 50116—2008)。

⑤《火灾自动报警系统施工及验收规范》(GB 50166—2007)。

⑥《工业金属管道工程施工规范》(GB 50235—2010)。

12.6.2 检测项目及要求

(1) 检测项目

气体灭火系统的检测项目见表 12-12。

(2) 要求

气体灭火系统的模拟启动试验：防护区总数 10 个以下，全部检测；大于 10 个的按 10%进行模拟喷气试验，但不应少于 10 个。检测结果符合设计要求为合格，被检设备合格率 100%为合格。

表 12-12 气体灭火系统的检测项目

单项名称	检测项目	内容和方法	重要程度
1	防护区	查看保护对象设置位置、划分、用途、环境温度、通风及可燃物种类	B
		估算防护区几何尺寸、开口面积	B
		查看防护区围护结构耐压、耐火极限和门窗自行关闭情况	C
		查看疏散通道、标记和应急照明	C
		查看出入口处声光警报装置设置和安全标志	C
		查看排气或泄压装置设置	C
		查看专用呼吸器具	C
2	储存装置间	查看设置位置	B
		查看通道、应急照明设置	B
		查看其他安全措施	C
3	灭火剂储存装置	查验合格证明文件	B
		查看储存容器数量、型号、规格、位置、固定方式、标志	C
		查验灭火剂充装量、压力、备用量	C
4	气体灭火控制器	查看控制器的功能	A
		查看控制器的主、备电源	B
		查看自动、手动转换功能	B
5	管网	查看管道及附件材质、布置规格、型号和连接方式	B
		查看管道的支架、吊架设置	C
		其他防护措施	C
6	喷嘴	查验合格证明文件	B
		查看规格、型号和安装位置、方向	B
		核对设置数量	C
7	系统功能	测试主、备电源切换	B
		信息传送、相关设备的联动与控制	B
		模拟自动启动系统	A

12.6.3 技术要求

(1) 产品证书

必须有经国家消防产品质量监督检验中心出具的检验报告和强制性产品认证证书。

(2) 防护区

① 防护区划分。防护区宜以单个封闭空间划分；同一区间的吊顶层和地板下需同时保护时，可合为一个防护区。当采用管网灭火系统时，一个防护区的面积不宜大于 800m^2，且容积不宜大于 3600m^3；当采用预制灭火系统时，一个防护区的面积不宜大于 500m^2，且容积不宜大于 1600m^3。

② 防护区结构的耐压及耐火极限。防护区围护结构及门窗的耐火极限均不宜低于 0.5h；吊顶的耐火极限不宜低于 0.25h。防护区围护结构承受内压的允许压强，不宜低于 1200Pa。

③ 泄压口。防护区的泄压口宜设在外墙上，应位于防护区净高的的 2/3 以上，泄压口的面积应符合要求。

④ 防护区的门应向疏散方向开启并能自动关闭，疏散出口的门在任何情况下均应能从防

护区打开。

⑤ 防护区应有足够宽的疏散通道出口，保护人员应在30s内撤出防护区。当人员不能在30s内撤出时，防护区七氟丙烷灭火设计浓度不应大于9%。

⑥ 防护区内的疏散通道及出口，应设应急照明与疏散指示标志。防护区内应设火灾声报警器，必要时可增设闪光报警器。防护区的入口处应设火灾声、光报警器和灭火剂喷放指示灯，防护区采用相应的气体灭火系统的永久性标志牌。灭火剂喷放指示灯信号，应保持到防护区通风换气后，以手动方式解除。

⑦ 灭火后的防护区应通风换气，地下防护区和无窗或设固定扇的地上防护区，应设置机械排风装置，排风口宜设在防护区的下部并应直通室外。通信机房、电子计算机机房等场所的通风换气次数应不小于每小时5次。且下部应直通室外。

⑧ 防护区内宜配置空气或氧气呼吸器。

(3) 储存装置间

① 贮存容器的设置应符合下列规定。

a. 应设置在防护区外专用的贮存容器间内（预制灭火装置除外）；贮存容器间的耐火等级不应低于二级，贮存容器间的楼面承载能力应能满足贮存容器和其他设备的贮存要求。

b. 同一集流管上的贮存容器，其规格、尺寸、灭火剂充装量、充装压力均应相同。

c. 贮存容器上应设耐久的固定标牌，标明贮存容器的编号、容积、灭火剂名称等。

d. 贮存容器的布置应便于再充装和装卸，操作空间净宽度不宜小于1.2m。

e. 备用量的贮存容器与主用量的贮存容器应连接在同一集流管上，并应能切换使用。

f. 在容器阀和集流管之间的管道上应设置单向阀。单向阀与容器阀、单向阀与集流管之间应采用软管连接，贮存容器和集流管应采用支架固定。

② 储瓶间的门应向外开启，储瓶间内应设应急照明；储瓶间应有良好的通风条件，地下储瓶间应设机械排风装置，排风口应设在下部，可通过排风管排出室外。

(4) 瓶组储罐

① 组件应固定牢固，手动操作装置的铅封应完好，压力表的显示应正常。

② 应注明灭火剂名称，储瓶应有编号，驱动装置和选择阀应有区分标志牌子，选择阀手动开启状态。

③ 储瓶的称重装置应正常，并应有原始重量标记。

④ 二氧化碳储瓶及储罐，应在灭火剂的损失量达到90%设定值时发出报警信号。

⑤ 低压二氧化碳储罐的制冷装置应正常运行，控制的温度和压力应符合设定值。

(5) 气体灭火控制器

① 控制器的火灾报警功能、故障报警功能、自检功能、显示与计时功能等应符合GB 4717—2005《火灾报警控制器》第4.2.1.2～4.2.1.6条的相关要求。

② 主电源断电时应自动转换至备用电源供电，主电源恢复后应自动转换为主电源供电，并应分别显示主、备电源的状态。

③ 自动、手动转换功能应正常，无论装置处于自动或手动状态，手动操作启动均应有效。

④ 装置所处状态应有明显的标志或灯光显示，反馈信号显示应正常。

(6) 管网

① 输送启动气体的管道，宜采用铜管；输送灭火剂的管道应采用无缝钢管。

② 管道连接的要求如下。

a. 管道分支应使用四通管件。

b. 管道可采用螺纹连接、沟槽（卡箍）连接，法兰连接或焊接。公称直径等于或小于

80mm 的管道，宜采用螺纹连接；公称直径大于 80mm 的管道，宜采用沟槽（卡箍）或法兰连接。安装后的螺纹应有 2～3 条外露螺纹；对被焊接损坏的防腐层应进行两次防腐处理。

③ 泄压装置：管网中阀门之间的封闭管段应设置泄压装置，其泄压动作压力取工作压力的（115±5）%。

④ 压力信号器、流量信号器：在通向防护区或保护对象的灭火系统主管道上，应设置压力信号器或流量信号器。

⑤ 管道固定的要求如下。

a. 管道穿过墙壁、楼板处应安装套管。

b. 管道应安装支、吊架，管道支、吊架的最大间距应符合表 12-13 的规定。

表 12-13　管道支、吊架的最大间距

DN/mm	15	20	25	32	40	50	65	80	100	150
最大间距/m	1.5	1.8	2.1	2.4	2.7	3.0	3.4	3.7	4.3	5.2

c. 管道末端应采用防晃支架固定，支架末端喷嘴间的距离不应大于 500mm。

d. 公称直径大于或等于 50mm 的主干管道，垂直方向和水平方向至少应各安装一个防晃支架，当穿过建筑物楼层时，每层应设一个防晃支架。当水平管道改变方向时，应增设防晃支架。

⑥ 灭火剂输送管道的外表面宜涂红色油漆。

（7）喷嘴

① 喷嘴的型号、规格应有永久性标示。

② 喷头应有防止灰尘或杂物堵塞的防护装置，防护装置在灭火剂喷放时应能被自动吹掉或打开。

③ 喷头的单孔直径不得小于 6mm。

④ 喷头的布置应满足喷放后气体灭火剂在防护区内均匀分布的要求。当保护对象为可燃液体时，喷头射流方向不应朝向液体表面。

⑤ 喷头的保护高度和保护半径：喷头最大保护高度不宜大于 6.5m；最小保护高度不应小于 0.3m；当喷头安装高度小于 1.5m 时，保护半径不宜大于 4.5m；当喷头安装高度不小于 1.5m 时，保护半径不应大于 7.5m。

⑥ 喷头宜贴近防护区顶面安装，距顶面的最大距离不宜大于 0.5m。

⑦ 安装在吊顶下的不带装饰罩的喷嘴，其连接管管端螺纹不应露出吊顶；安装在吊顶下的带装饰罩的喷嘴，其装饰罩应紧贴吊顶。

（8）系统功能

① 防护区内和入口处的声光报警装置、入口处的安全标志、紧急启停按钮应正常。

② 管网灭火系统应设自动控制、手动控制和机械应急操作三种启动方式。预制灭火系统应设自动控制和手动控制两种启动方式。

③ 采用自动控制启动方式时，根据人员安全撤离防护区的需要，应有不大于 30s 的可控延迟喷射；对于平时无人工作的防护区，可设置为无延迟的喷射。

④ 灭火设计浓度或实际使用浓度大于无毒性反应浓度（NOAEL 浓度）的防护区和采用热气溶胶预制灭火系统的防护区，应设手动与自动控制的转换装置。当人员进入防护区时，应能将灭火系统转换为手动控制方式；当人员离开时，应能恢复为自动控制方式。防护区内外应设手动、自动控制状态的显示装置。

⑤ 自动控制装置应在接到两个独立的火灾信号后才能启动。手动控制装置和手动与自动

转换装置应设在防护区疏散出口的门外便于操作的地方，安装高度为中心点距地面 1.5m。机械应急操作装置应设在储瓶间内或防护区疏散出口门外便于操作的地方。

⑥ 气体灭火系统的操作与控制，应包括对开口封闭装置、通风机械和防火阀等设备的联动操作与控制。

⑦ 设有消防控制室的场所，各防护区灭火控制系统的有关信息，应传送给消防控制室。

⑧ 气体灭火系统的电源，应符合现行国家有关消防技术标准的规定，采用气动动力源时，应保证系统操作和控制需要的压力和气量。

⑨ 组合分配系统启动时，选择阀应在容器阀开启前或同时打开。

12.6.4 检测方法

（1）防护区

① 用卷尺测量并计算检查防护区的面积及容积，检查其是否符合设计要求。

② 检查泄压口及其距地面的高度是否在 2/3 的净高处。

③ 检查呼吸器及疏散指示标志、事故照明等设备的安装及性能是否符合设计要求。

（2）储存装置间

① 用数字温、湿度表检查室内的温、湿度。

② 用钢卷尺测量贮存容器的安装位置是否符合设计要求；晃动瓶架，观察是否牢固；进行联动喷射试验时观察是否产生振动。

③ 用照度计测量储瓶间照度和瓶头阀处照度。

④ 现场查看贮存容器的永久性标志与记录及贮存容器的编号、容积、灭火剂名称等。

（3）瓶组与储罐

① 查看外观、铅封、压力表和标志牌及称重装置。

② 操作选择阀的手动装置，打开后再复位。

③ 对二氧化碳灭火系统，按灭火剂储瓶内二氧化碳的设计储存量，设定允许的最大损失量。采用拉力计向储瓶施加与最大允许损失量相等的向上拉力，查看检漏能否发出报警信号。

④ 对低压二氧化碳储罐，查看制冷装置及温度计。

（4）气体灭火控制器

① 对面板上所有的指示灯、显示器和音响器件进行功能自检。

② 将控制方式设定在手动，然后转换为自动，分别查看控制器的显示。

③ 切断主电源，查看备用直流电源的自动投入和主、备电源的状态显示情况。

④ 在备用直流电源供电状态下，模拟下列故障并查看控制器的显示。

a. 火灾探测器断路。

b. 启动钢瓶的启动信号线断路。

c. 选择阀后主管道上压力信号器的接线短路。

⑤ 故障报警期间，采用发烟装置或温度不低于 54℃ 的热源，先后向同一回路中两个探测器充入烟气或加热，查看火灾报警控制器的显示和记录，用万用表测量联动输出信号。

⑥ 断路状态下，查看继电器输出触点，并用万用表测量触点“C”与“NC”间、“C”与“NO”间的电压。

⑦ 全部复位，恢复到正常警戒状态。

（5）管网

① 用卡尺测量管道的直径，检查管道的连接方式是否符合技术要求。

② 用水平仪测量管道的坡度，并观察坡向是否符合设计要求。

③ 目测及用钢卷尺测量套管高出墙面和楼板的高度。

④ 用钢卷尺测量喷嘴距支架的距离。

⑤ 用钢卷尺测量管道支、吊架的间距，看是否符合规范要求。

⑥ 检查灭火剂输送管路的外表是否涂有红色消防标志。

(6) 喷嘴

① 现场查看喷嘴的规格、型号是否符合设计要求。

② 用游标卡尺测量喷口或喷孔的尺寸是否达到设计要求。

③ 用卷尺测量两相邻喷嘴的间距，测量喷嘴与墙面的距离以及与顶面的间距是否满足技术要求。

(7) 系统功能

① 查看防护区内的声光报警装置，查看入口处的安全标志、声光报警装置以及紧急启、停按钮。

② 系统设定在自动控制状态，拆开该防护区启动钢瓶的启动信号线并与万用表连接，将万用表调节至直流电压挡后，触发该防护区的紧急启动按钮并用秒表开始计时，测量延时启动时间，查看防护区内声光报警装置、通风设施以及入口处声光报警装置等的动作情况，查看气体灭火控制器与消防控制室显示的反馈信号。完成试验后将系统恢复至警戒状态。

③ 先后触发防护区内两个火灾控制器，查看气体灭火控制器的显示。在延时启动时间内，触发紧急停止按钮，达到延时启动时间后查看万用表的显示及相关联动设备。完成试验后将系统恢复至警戒状态。

④ 选择一个防护区进行喷气试验。

一般采用自动控制模拟方法进行喷气试验。模拟喷气试验可采用压缩空气或氮气进行，模拟气体储存容器与被试验的防护区储存容器的结构、型号、规格应相同，连接与控制方式应一致，充装的气体压力和灭火剂充装压力应相等。试验容器的数量不应小于储存容器数的20%，且不得少于1个。

a. 试验时，应采取可靠的安全措施，确保人员安全和避免误喷射。

b. 应对每个防护区进行模拟喷气试验和备用灭火剂储存容器切换操作试验。

c. 模拟喷气试验宜采用自动控制。

d. 模拟试验应达到：试验气体能喷入被防护区内，且应能从被防护区的每个喷嘴喷出；有关控制阀门工作正常；有关声、光报警信号准确；储瓶间内的设备和对应被试防护区输送管道无明显晃动和机械性损坏。

e. 进行备用灭火剂储存容器切换操作试验时，可采用手动操作，并应按本试验方法准备一个模拟气体储存容器进行试验，试验结果应符合 d. 的要求。

12.6.5 检测设备

检测设备包括：数字温、湿度表，照度计，卡尺，水平仪，钢卷尺，万用表，火灾控制器试验器，秒表，压缩空气瓶组，检测被保护对象周围空气流动速度的风速仪和对储存装置进行检漏的称重设备。

12.7 防烟排烟系统的检测

建筑物中的防烟与排烟系统是灭火的配套措施。它可将火灾现场的烟和热及时排出，减弱火势的蔓延，以利人员的安全疏散。

12.7.1 检测依据

①《建筑设计防火规范》(GB 50016—2006)。

②《高层民用建筑设计防火规范》(GB 50045—1995)(2005 版)。

③《人民防空工程设计防火规范》(GB 50098—2009)。

④《火灾自动报警系统设计规范》(GB 50116—2008)。

⑤《通风与空调工程施工质量验收规范》(GB 50243—2002)。

⑥《建筑消防设施检测技术规程》(GA 503—2004)。

12.7.2 检测项目及要求

① 防烟排烟系统的设备检测项目见表 12-14。

表 12-14 防烟排烟系统设备检测项目

序号	项目	检测项目	检测类别
1	自然排烟	设置位置	B
		开启方式和开窗面积	B
2	机械加压送风系统	控制柜与风机	A
		加压送风口布置、结构形式及功能	B
		送风管道、机械加压风机的安装质量	B
		加压送风的风速	A
		防烟系统的正压值	A
		风道防烟阀的设置、动作灵活性、气密性	A
		系统功能	A
3	机械排烟系统	控制柜与风机	A
		排烟管道安装、排烟口位置及形式	B
		机械排烟风机的安装质量	B
		排烟风机的风速	A
		排烟防火阀的设置、动作灵活性、气密性	A
		系统功能	A

② 要求：自然排烟窗口全部检查。

a. 机械防烟设备：机械加压风机、启动柜应全部检查；在每个送风回路中风口在 10 个以内全部检测，多于 10 个按实际安装数量的 30％～50％抽检，但不应少于 10 个。

b. 机械排烟设备：机械排烟风机应全部检查；在每个排烟回路中，风口在 10 个以内全部检测，多于 10 个按实际安装数量的 30％～50％抽检，但不应少于 10 个。

c. 检测结果符合设计要求为合格，被检设备合格率 100％为合格。

12.7.3 技术要求

(1) 自然排烟

① 自然排烟口的设置　自然排烟的窗口宜设置在房间的外墙上方或屋顶上，并应有方便开启的装置，自然排烟口距该防烟分区最远的水平距离不应超过 30m。

② 自然排烟口的净面积

a. 防烟楼梯间前室、消防电梯间前室不应小于 2.0m^2；合用前室不应小于 3.0m^2。

b. 靠外墙的防烟楼梯间每 5 层内可开启排烟窗的总面积不应小于 2.0m^2。

c. 中庭、剧场舞台不应小于该中庭、剧场舞台楼地面面积的 5%。

d. 其他场所宜取该场所建筑面积的 2%～5%。

（2）机械加压送风设备

① 控制柜。控制柜应有系统名称和编号的标志；仪表、指示灯显示应正常，开关及控制按钮应灵活可靠；应有手动、自动切换装置。

② 风机。应注明系统名称和编号标志；传动皮带的防护罩、新风入口的防护网应完好；风机启动运转平稳，叶轮旋转方向正确，无异常振动与声响；应有主、备电源且切换正常。

③ 送风阀应安装牢固，开启与复位操作应灵活可靠，关闭时应严密，反馈信号应正确。

④ 风道防烟阀的设置、安装和气密性应符合要求。

⑤ 加压送风口布置。应设在靠近地面的墙面上，其结构形式及功能应符合设计要求。

⑥ 系统功能如下。

a. 应能自动和手动启动相应区域的送风阀、送风机，并向火灾报警控制器反馈信号。

b. 送风口的风速不宜大于 7m/s。

c. 防烟楼梯间的余压值应为 40～50Pa，前室、合用前室的余压值应为 25～30Pa。

（3）机械排烟设备

① 控制柜。控制柜应有系统名称和编号的标志；仪表、指示灯显示应正常，开关及控制按钮应灵活可靠；应有手动、自动切换装置。

② 风机。排烟风机的型号、耐温等技术指标应符合设计要求；安装符合规范；启动运转平稳，叶轮旋转方向正确，无异常振动与声响；应有主、备电源且切换正常。

③ 排烟阀、排烟防火阀、电动排烟窗应安装牢固；开启与复位操作应灵活可靠，关闭时应严密，反馈信号应正确。

④ 排烟布置、结构形式及功能应符合设计要求。排烟口应设在顶棚或靠近顶棚的墙面上，且与附近安全出口沿走道方向相邻边缘之间的最小水平距离，不应小于 1.5m；设在顶棚上的排烟口，距可燃构件或可燃物的距离，不应小于 1m；排烟口距防烟分区最远点的水平距离不应超过 30m。当任一排烟口或排烟阀开启时，排烟风机能自动启动，排烟口的风速不大于 10m/s。

⑤ 排烟防火阀的设置、安装和气密性应符合设计要求。防火阀应设在排烟支口、排烟风机的入口处以及排烟管道穿过防火墙处；防火阀平时应处于开启状态，手动、电动时动作应正常，并向消防中心发出阀门关闭信号；排烟风机入口处防火阀关闭时，联动使排风机停止运转；手动能复位。

⑥ 排烟管道。管道必须采用不燃材料制作，吊顶内的排烟管道，应采用不燃材料制作隔热层并与可燃物保持不小于 150mm 的距离。

12.7.4 检测方法

（1）自然排烟

用尺子测量自然排烟口的净面积及自然排烟口距最远点的水平距离。

（2）机械加压送风系统

① 控制柜　查看标志、仪表、指示灯、开关和控制按钮；用按钮启动每台风机，查看仪表及指示灯显示。

② 风机　查看外观和标志牌；控制室远程手动启、停风机，查看运行及信号反馈情况。

③ 送风阀　查看外观，手动、电动开启，手动复位，查看动作和信号反馈情况。

④ 系统功能

a. 在自动控制方式下，分别触发两个相关的火灾探测器，查看相应送风阀、送风机动作和信号反馈情况。

b. 用热电式风速仪（或翼轮式风速计、转杯式风速计）检测加压送风的风速，在测量时应量保护仪表本身的有效位置。

c. 采用微压计，在保护区城的顶层、中间层及最下层，测量防烟楼梯间、前室、合用前室的余压。

d. 检测完毕后全部复位，恢复到正常警戒状态。

(3) 机械排烟系统

① 控制柜　查看标志、仪表、指示灯、开关和控制按钮；用按钮启停每台风机，查看仪表及指示灯显示。

② 风机　查看外观和标志牌；控制室远程手动启、停风机，查看运行及信号反馈情况。

③ 排烟阀、排烟防火阀、电动排烟阀　查看外观；手动、电动开启，手动复位，查看动作及信号反馈情况。

④ 排烟管道　查看排烟管道隔热层的材料检验报告；测量排烟管道与可燃物的距离。

⑤ 系统功能

a. 自动控制方式下，分别触发两个相关的火灾探测器，查看相应排烟阀、排烟风机、送风机的动作和信号反馈情况。查看通风与排烟合用系统，同时查看风机运行状态的转换情况。

b. 采用风速仪，按下列方法测量排烟风口的风速。

最小截面风口（风口面积小于 $0.3m^2$），可采用 5 个测点，如图 12-1 所示。

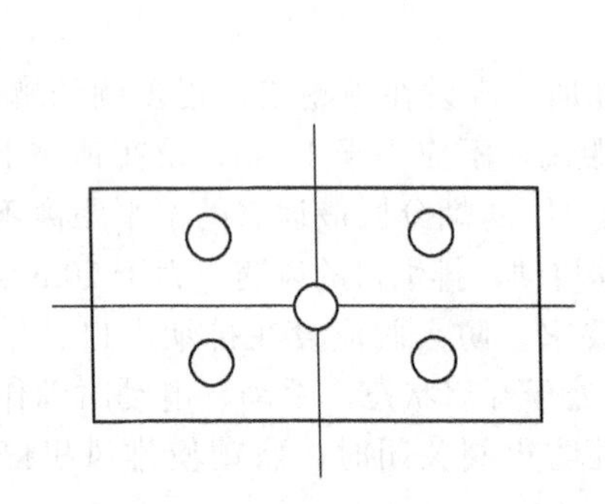

图 12-1　最小截面风口测点布置图

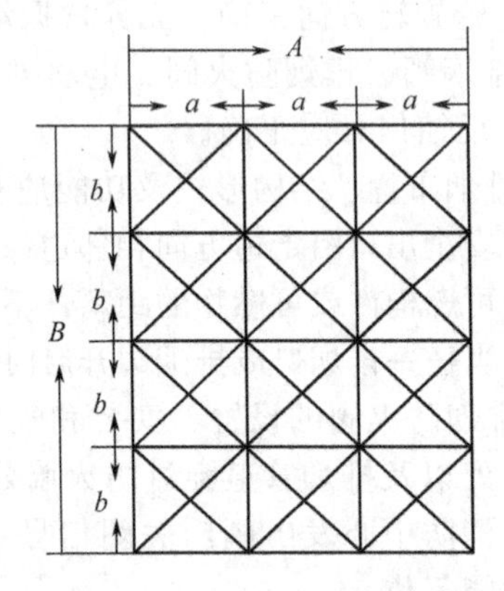

图 12-2　矩形风口测点布置

当风口面积大于 $0.3m^2$ 时，对于矩形风口，如图 12-2 所示，按风口断面的大小划分成若干个面积相等的矩形，测点布置在每个小矩形的中心，小矩形每边的长度为 200mm 左右；对于条形风口，如图 12-3 所示，在高度方向上，至少安排两个测点，沿其长度方向上，可取 4～6 个测点；对于圆形风口，如图 12-4 所示，并至少取 5 个测点，测点间距≤200mm。若风口气流偏斜时，可临时安装一截长度为 0.5～1m、断面尺寸与风口相同的短管进行测定。

c. 按下列公式计算排烟风口的平均风速：

$$V_p=(V_1+V_2+V_3+\cdots+V_n)/n$$

式中　V_p——风口平均风速，m/s；

V_1，V_2，V_3，…，V_n——各测点风速，m/s；

n——测点总数。

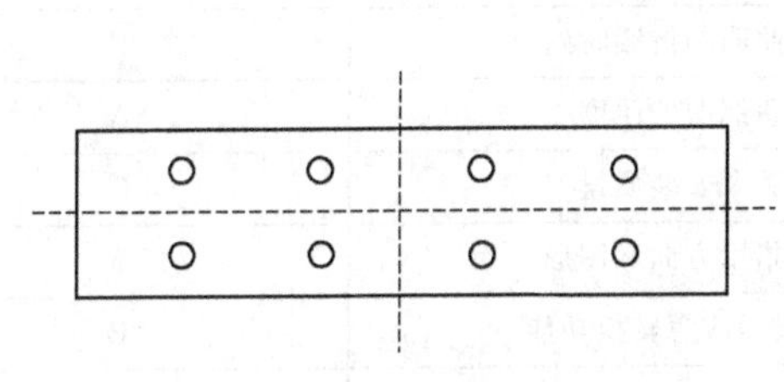

图 12-3　条形风口测点布置

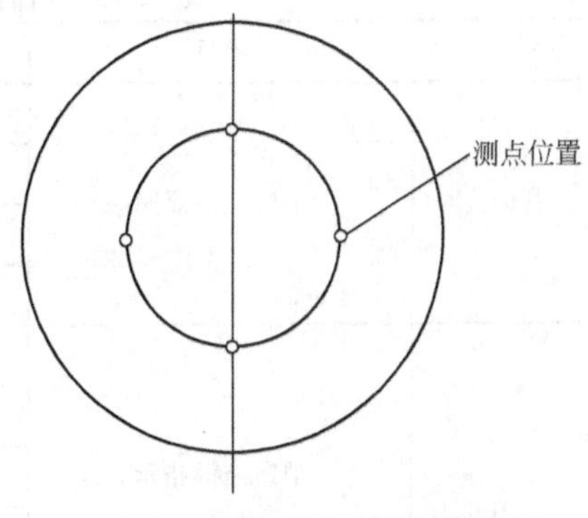

图 12-4　圆形风口测点布置

d. 按下列公式计算排烟量：

$$L=3600V_p\times F(\mathrm{m^3/h})$$

式中　L——排烟量，m^3/h；

V_p——排烟口平均风速，m/s；

F——排烟口的有效面积，m^2。

e. 分别触发两个相关的火灾探测器或触发手动报警按钮，查看相应区域电动排烟窗动作情况及反馈信号。

⑥ 全部复位，恢复到正常警戒状态。

12.7.5　检测设备

检测设备有：火灾探测器试验器、钢尺、风速仪、微压计、塞尺。

12.8　消防应急照明和消防疏散指示检测

火灾时为了防止触电和通过电气设备，线路扩大火势都应及时切断起火部位及其所在防火分区的电源。如无事故照明和疏散指示，人们在惊慌之中势必混乱，加上烟气作用，更易引起不必要的伤亡。为了使火灾时能使人们顺利地进行安全疏散，设置符合规定的应急照明和疏散指示标志是十分必要的。

12.8.1　检测依据

①《建筑设计防火规范》(GB 50016—2006)。

②《高层民用建筑设计防火规范》(GB 50045—1995)(2005 版)。

③《消防应急照明和疏散指示系统》(GB 17945—2010)。

④《建筑消防设施检测技术规程》(GA 503—2004)。

⑤《建设工程消防验收评定规则》(GA 836—2009)。

⑥《消防安全标志》(GB 13495—92)。

12.8.2　检测项目及要求

① 消防应急照明、疏散指示设备检测项目见表 12-15。

② 要求：火灾应急照明和疏散指示灯，按实际安装数量的 30%～50%抽检。检查结果符合设计要求时为合格，被检设备合格率 100%为合格。

表 12-15　消防应急照明、疏散指示设备检测项目

序号	项目	检测项目	检测类别
1	消防应急照明	外观及安装质量	C
		应急转换功能	A
		应急照明的持续时间	B
		应急照明的照度	A
2	消防疏散指示	外观及安装质量	C
		疏散指示方向和图形	A
		疏散指示应急转换功能	B
		疏散指示灯照度	A
		应急工作状态的持续时间	A

12.8.3　技术要求

(1) 应急照明灯

① 外观及安装质量　外壳、灯罩应选用非燃材料制造。安装应牢固、无遮挡，状态指示灯应正常。

② 应急转换功能　正常交流电源供电切断后，应顺利转入应急工作状态，转换时间不应大于 5s。连续转换照明状态 10 次均应正常。

③ 应急工作时间及充、放电功能　超过 100m 的高层建筑应急工作时间应不小于 30min，其他建筑应不小于 20min。灯具电池放电终止电压应不低于额定电压的 85%，并应有过充电、过放电保护。

④ 应急照明灯照度

a. 高层、多层建筑的疏散用应急照明其地面最低照度不应低于 0.5 lx。

b. 地下建筑、人防工程的疏散用应急照明其最低照度值不应低于 5 lx。

c. 人员密集场所内的地面最低水平照度不应低于 1.0 lx。

d. 楼梯间内的地面最低水平照度不应低于 5.0 lx。

e. 消防控制室、消防水泵房、自备发电机房、配电室、防烟与排烟机房以及发生火灾时仍需正常工作的其他房间的应急照明，仍应保证正常照明的照度。

(2) 疏散指示标志

① 安装应牢固，不应有明显松动，无遮挡，疏散方向的指示应正确清晰。

② 疏散指示方向和图形应正确指示疏散口；奔跑方向与箭头指示方向应一致；图形、文字与尺寸应规范。

(3) 疏散指示应急转换功能

① 正常交流电源供电切断后，应顺利转入应急工作状态，转换时间不应大于 5s。

② 连接转换照明状态 10 次均应正常。

③ 疏散指示照度。灯前 1m 通道中心点上照度不应小于 0.5 lx。

④ 切断正常供电电源后，超过 100m 的高层建筑应急工作状态的持续时间应不小于 30min，其他建筑应不小于 20min。

12.8.4　检测方法

① 查看外观。

② 切断正常供电电源，用秒表测量应急工作状态的持续时间。

12.9 应急广播系统和消防专用电话系统检测

当火情发生时，为了迅速确认或通报火情，及时对火灾采取扑救措施，有效地组织和指挥楼内人员安全迅速地疏散，需设置应急广播系统和消防专用电话系统。

12.9.1 检测依据

①《建筑设计防火规范》(GB 50016—2006)。
②《高层民用建筑设计防火规范》(GB 50045—1995)(2005 版)。
③《建筑消防设施检测技术规程》(GA 503—2004)。
④《建设工程消防验收评定规则》(GA 836—2009)。
⑤《火灾自动报警系统设计规范》(GB 50116—2008)。

12.9.2 检测项目及要求

① 检测项目见表 12-16。

表 12-16 应急广播系统和消防专用电话系统检测项目

序号	项目	检 测 项 目	检测类别
1	应急广播系统	扩音机	A
		扬声器的设置及其功率	B
		监听功能	C
		强切功能	A
		选层广播功能	A
		系统功能	A
2	消防专用电话系统	查看设置位置	C
		核对同区域数量	C
		测试通话功能	B
		查看外线电话	

② 要求：火灾应急广播设备按实际安装数量的 20%进行抽检，扩音机全部检测；消防电话全部检测，电话插孔按 20%的比例进行抽检，检查结果符合设计要求为合格，被检设备合格率 100%为合格。

12.9.3 技术要求

(1) 应急广播系统

① 扩音机

a. 仪表、指示灯显示正常，开关和控制按钮动作灵活。

b. 监听功能正常。

c. 广播音响系统扩音机应设火灾事故广播备用扩音机，备用机可手动或自动投入，其容量不应小于火灾事故广播扬声器容量最大的三层中扬声器容量总和的 1.5 倍。

② 扬声器

a. 外观完好，音质清晰。

b. 在走道和大厅等公共场所应设置扬声器。

c. 每个扬声器的额定功率不应小于 3W，其数量应能保证从一个分区内的任何部位到最近一个扬声器的距离不大于 25m，走道内最后一个扬声器至走道端的距离不应大于 12.5m。

d. 在环境噪声大于 60dB 场所设置的扬声器，在其播放范围内最远点的播放声压级应高于背景噪声 15dB。

e. 客房设置专用扬声器时，其功率不宜小于 1.0W。

③ 配线

a. 应按疏散楼层或报警区域划分的分路配线。

b. 当任一分路有故障时，不应影响其他分路的正常广播。

c. 火灾事故广播线路不应和其他线路（包括火警信号、联动控制等线路）同管或同线槽槽孔敷设。

（2）消防专用电话

① 消防专用电话分机应以直通方式呼叫。

② 消防控制室应能接收插孔电话的呼叫。

③ 消防控制室、消防值班室、企业消防站等处应设外线电话。

④ 通话音质应清晰。

⑤ 消防专用通信应为独立的通信系统，不得与其他系统合用。

12.9.4 检测方法

（1）应急广播系统

① 扩音机

a. 查看仪表、指示灯、开关和控制按钮。

b. 用话筒播音，检查播音效果。

c. 对扩音机和备用扩音机进行全负荷试验，检查应急广播的语音是否清晰。

② 扬声器

a. 检查应急广播的设置，用 50m 卷尺测量在楼层内任何部位距最近扬声器的步行距离。

b. 用声级计测量并记录单个扬声器的功率。

③ 配线

a. 使任一扬声器断路，查看其他扬声器的工作状态。

b. 检查配线是否与其他线路同管或同线槽槽孔敷设。

④ 系统功能

a. 在消防控制室用话筒对所选区域播音，检查音响效果。

b. 自动控制方式下，分别触发两个相关的火灾探测器或触发手动报警按钮后，对启动火灾应急广播的区域，检查音响效果。

c. 公共广播扩音机处于关闭和播放状态下，自动和手动强制切换火灾应急广播。

d. 用声级计测试启动火灾应急广播前的环境噪声，当大于 60dB 时，重复测量启动火灾应急广播后扬声器播音范围内最远点的声压级，并与环境噪声对比。

e. 对扩音机和备用扩音机进行全负荷试验，查看应急广播的语言是否清晰。

（2）消防专用电话

① 用消防专用电话通话，检查通话效果。

② 用插孔电话呼叫消防控制室，检查通话效果。

③ 查看消防控制室、消防值班室、企业消防站等处的外线电话。并模拟报警电话进行1～3 次通话试验。

12.9.5 检测设备

检测设备：0～50m 卷尺、声级计、插孔电话、话筒、加烟试验器及加温试验器。

12.10 防火分隔设施和消防电梯的检测

防火门、窗是建筑物防火分隔的措施之一，通常用在防火墙上、楼梯出入口或管井开口部位，它对防止烟、火的扩散和蔓延，减少火灾损失起着重要作用。

防火卷帘也是防火分隔的措施之一。建筑物内的敞开电梯厅以及一些公共建筑面积过大，超过了防火分区规定的最大允许面积时，常常因设置防火墙或防火门进行分隔有困难，而采用防火卷帘进行分隔。此种卷帘平时收拢，发生火灾时卷帘降下，将火势控制在较小的范围之内。

消防电梯主要应用于高层建筑中。发生火灾时，工作电梯会因断电停止使用，消防电梯则成为此时垂直疏散的主要设施。为救援人流与疏散人流的垂直上下提供方便。

12.10.1 检测依据

①《建筑设计防火规范》(GB 50016—2006)。

②《高层民用建筑设计防火规范》(GB 50045—1995)(2005 版)。

③《建筑消防设施检测技术规程》(GA 503—2004)。

④《建设工程消防验收评定规则》(GA 836—2009)。

⑤《防火门》(GB 12955—2008)。

12.10.2 检测项目及要求

① 防火门、防火卷帘、消防电梯的检测项目见表 12-17。

表 12-17 防火门、防火卷帘、消防电梯的检测项目

序号	项目	检 测 项 目	检测类别
1	防火门	外观及安装质量	B
		手动、电动和自动控制功能	A
		联动功能	A
2	防火卷帘	外观及安装质量	A
		卷帘门的密封性	A
		防火卷帘的启、闭平均速度	A
		手动、远程手动、自动控制和机械操作功能	A
		联动功能和信号反馈	A
3	消防电梯	迫降首层功能	A
		厢内专用对讲电话	B
		首层到顶层的运行时间	A
		联动功能	A

② 要求：防火门不足 10 樘的应全部检测，多于 10 樘的按 30%～50%抽检，且不应少于

10 樘。钢质防火卷帘不足 10 樘的应全部检测，多于 10 樘的按 30%～50%抽检。消防电梯全部检测。检测结果符合设计要求为合格，被检设备合格率 100%为合格。

12.10.3 技术要求

(1) 防火门

① 组件应齐全完好，应启闭灵活、关闭严密。

② 防火门应能自动闭合，双扇防火门应按顺序关闭；关闭后应能从内、外两侧人为开启。

③ 常闭防火门开启后应能自动闭合。

④ 电动常开防火门，应在火灾报警后自动关闭反馈信号。

⑤ 设置在疏散通道上并设有出入口控制系统的防火门，应能自动和手动解除出入口控制系统。

(2) 防火卷帘

① 组件应齐全完好，紧固件应无松动现象。

② 现场手动、远程手动、自动控制和机械操作应正常，关闭时应严密。

③ 运行时应平稳顺畅、无卡涩现象。

④ 安装在疏散通道上的防火卷帘，应在一个相关探测器报警后降至距地面 1.8m 处停止；另一个相关探测器报警后，卷帘应继续下降至地面，并向火灾报警控制器反馈信号。

⑤ 仅用于防火分隔的防火卷帘，火灾报警后，应直接下降至地面，并应向火灾报警控制器反馈信号。

(3) 消防电梯

① 首层的消防电梯迫降按钮，应用透明罩保护，当触发按钮时，能控制消防电梯下降至首层，此时其他楼层按钮不能呼叫控制消防电梯，只能在轿厢内控制。

② 轿厢内的专用对讲电话应正常。

③ 从首层至顶层的运行时间不应超过 60s。

④ 联动控制的消防电梯，应由消防控制设备手动和自动控制电梯回落首层，并接收反馈信号。

⑤ 消防电梯间门口宜设挡水设施。消防电梯的井底宜设排水设施，排水井容量不应小于 $2m^3$；排水泵的排水量不应小于 10L/s。

12.10.4 检测方法

(1) 防火门

① 查看外观、关闭效果及双扇门的关闭顺序。

② 关闭后，分别从内外两侧开启。

③ 开启常闭防火门，查看关闭效果。

④ 分别触发两个相关的火灾探测器，查看相应区城电动常开防火门的关闭效果及反馈信号。

⑤ 疏散通道上设有出入口控制系统的防火门，自动或远程手动输出控制信号，查看出入口控制系统的解除情况及反馈信号。

⑥ 全部复位，恢复正常状态。

(2) 防火卷帘

① 查看外观。

② 按下列方式操作，查看卷帘运行情况及反馈信号后复位。

a. 机械操作卷帘升降。

b. 触发手动控制按钮。

c. 消防控制室手动输出遥控信号。

d. 分别触发两个相关的火灾探测器。

③ 恢复至正常状态。

(3) 消防电梯

① 触发首层的迫降按钮，查看消防电梯运行情况。

② 在轿厢内用专用对讲电话通话，并控制轿厢的升降。

③ 用秒表测量自首层升至顶层的运行时间。

④ 具有联动功能的消防电梯，分别触发两个相关的火灾探测器，查看电梯的动作情况和反馈信号。

⑤ 触发消防控制设备远程控制按钮，重复试验。

⑥ 查看消防电梯排水设施功能。

⑦ 恢复正常状态。

12.10.5 检测设备

检测设备：秒表、专用对讲电话、火灾探测试验器、钢卷尺。

能力训练题

一、填空

1. 建筑构件耐火极限的概念表明了：建筑构件的耐火极限是指一段时间；这段时间要________确定；试验按照时间-温度标准曲线进行；试验进行到——程度即表明建筑构件已达到耐火极限。

2. 当高层建筑与裙房之间设有防火墙等防火分隔设施时，其裙房的防火分区允许最大建筑面积不应大于________，当设有自动喷水灭火系统时，防火分区最大建筑面积可以增加一倍。

3. GB 14102—2005《防火卷帘》中将普通钢质防火卷帘分为F1、F2两极；其中F2级的耐火时间为________。

4. 800kV·A及以上的可燃油浸式变压器应安装在独立的变压器室内，变压器室的耐火等级应为________。

5. 终端配变电所当设在地下层时，其室内地面抬高不小于__________mm。

6. 干式变压器室、无油高压配电室、低压配电室的门，应为不低于________防火门。

7. 变压器低压侧负荷不平衡度应不大于________。

8. 在TN、TT系统中，当选用Y-Yno结线组别的三相变压器时，由单相不平衡负荷引起的中性线电流不得超过低压绕组额定电流的________，且其中一相的电流在满载时不得超过额定电流。

9. 交流高压电器触头为裸铜时，其在空气中最高允许温度为________℃。

10. 住宅、托儿所等儿童活动场所使用非安全型插座时，其安装高度不应小于__________m。

11. 嵌入顶棚内的灯具，灯头引线应采用柔性金属管保护，其长度不宜超过________m。

12. 空调器不应安装在可燃结构上，其设备与周围可燃物的距离不应小于__________m。

13. 电视台演播厅高度在__________m及其以下时，宜采用轨道式布灯，反之采用固定式布灯。

14. 室外消火栓主要是供消防车使用的，所以消防车保护半径也是室外消火栓的保护半径，即为__________m。

15. 消防水箱通常应储存10min的消防用水量。当室内消防用水量不大于25L/s，经计算水箱消防储水量大于__________m^3时，仍可采用__________m^3。

16. 低压配电与控制电器的外部接线，同一端子上导线连接不应多于________根。

17. 霓虹灯专用变压器外壳温度，当环境温度为40℃时，其最高允许温升为__________℃。

18. 灭火试验和实践证明，直径100mm的管道一般只能供一辆消防车抽水灭火，因此，环状管网的直径最小不应小于________mm。

19. 为了方便扑救火灾，距消防水泵接合器__________m内应设有室外消火栓或水池。

20. 插座的保护接地线应选用与相线截面、绝缘等级相同的铜芯导线，但不应少于__________mm^2。

二、简答题

1. 干式变压器的外观检测应符合哪些要求？

2. 采用红外测温法测量电气线路和设备的温度应做哪些准备？

3. 低压成套配电柜组合电器和开关箱应做哪些方面的检查？

4. 检测储存可燃物品仓库电气安全时，应执行哪些规定？

附录　检测仪器作业指导

附录一　WTS-3.5Z 感温探测器试验装置

（1）用途

该装置为火灾自动报警系统检测辅助装置，主要用于火灾自动报警系统调试、验收和维护检查。为试验时感温探测器所处环境产生热气流，模拟火灾条件下温度变化，使探测器受热升温，对感温（定温、差定温）探测器进行火灾报警响应试验。

（2）操作方法

① 打开检测箱，取出感温探测试验装置，先对加热笔充足丁烷气体。将丁烷气瓶对准加热笔下端气门，紧压自动充气 5s，再把加热笔插入检测杆顶端，旋紧抱紧套，完成对接。

② 向上推动加热笔点火开关，调整调节环，使火焰适中。

③ 逐步拉出检测杆以达到为探测器加温的适当位置。

④ 将加热装置对准感温探测器，大约 20s 左右探测器灯由闪烁变为常亮时停止加热。用对讲机询问守候在主机旁的工作人员，看是否有报警声音，显示的报警地址编号是否与图纸编号一致。

⑤ 填写探测器检测记录表，见附表一。

⑥ 检测数量按总探测数量的 10%抽验。

⑦ 检验完毕，关闭试验装置开关，检查火焰熄灭并冷却后方能放回检测箱。

（3）注意事项

① 不要将加热笔置于阳光下直晒或温度高于 50℃的地方。

② 不得在有爆炸危险场所使用本装置。

③ 使用加热笔时不应将开关调节环开至最大，此时加热套内温度将超过 200℃，将损坏感温探测器，影响本装置寿命。

④ 加热笔点燃后局部温度较高，应注意防止烫伤。使用完毕后将开关推下，使其处于关闭位置，待其冷却后再放入箱内。

⑤ 在感温探测器检测试验时，应将感烟探测器试验装置发烟器从检测杆上卸下，以免损坏检测杆连接螺纹。

附录二　YTS-3.7 感烟探测器试验装置

（1）用途

该装置为火灾自动报警系统辅助装置，用于感烟探测器的火灾报警响应试验，在试验时模拟感烟探测器动作与报警条件，即对感烟探测器所处环境产生烟雾。

（2）操作方法

① 打开检测箱，取出发烟器，拧开下端电池筒盖，装入四节 2 号电池，旋紧电池筒盖后，按动风机开关，此时显示灯亮，检查风机工作正常。

② 拧开发烟器上端接头，将发烟香棒装入夹香柱上，拧紧夹香螺钉，点燃发烟香棒，然

后装入发烟器中。

③ 取出检测杆，将发烟罩连接于检测杆上端，旋紧锁母。发烟器与检测杆下端连接，旋紧锁母。

④ 按下风机开关，视发烟量大小旋转调风板，调节进风量，待稳定后即可开始检测。

⑤ 根据探测器高度，拉动检测杆，将发烟装置置于探测器适当位置加烟。

⑥ 为探测器加烟时，要让顶端的矩形缺口对准探测器的进烟不锈钢网，同时按动发烟器上一个红按钮，让风机转动，为探测器送烟。

⑦ 加烟几秒后，探测器的指示灯亮，表示探测器已报警。此时用对讲机询问在主机旁的工作人员是否报警。

⑧ 对照图纸，报出图纸编号，询问报警编号是否对应，填写检验记录表，见附表一。

⑨ 检测完毕，取出发烟香棒并熄灭后，方能放回探测箱中。

（3）注意事项

① 整套装置平时应妥善保管，勿使受潮、受高温，避免机械碰撞、划伤表面及污染等。

② 发烟棒应保管好，切勿受潮。

③ 应及时清理发烟装置发烟室内灰烬。

④ 使用一段时间后应清洗一次烟垢，清洗后应做一次使用试验，使之随时处于备用状态。

附录三　ZSMS-1 水喷淋系统试水检测装置

（1）用途

该装置可用于模拟一支喷头开放，进行灭火功能试验，根据我国现行国家规范要求，进行模拟灭火功能试验应检测如下项目。

① 报警阀动作报警时间，距水力警铃 3m 远处的声强。

② 水流指示器动作报警时间，消防控制中心应有信号显示。

③ 压力开关动作，信号阀开启，空气压缩机或排气阀启动，消防控制中心有信号显示。

④ 消防水泵完成启动的时间。

⑤ 加速排气装置投入运行。

⑥ 其他消防联动控制系统投入运行。

⑦ 区域报警器、集中报警控制盘有信号显示。

⑧ 高位水箱供水的最不利点喷头的工作压力。

⑨ 喷淋消防泵供水时的最不利点喷头的工作压力。

⑩ 水流指示器压力开关的复位。

（2）操作方法

① 从检测箱中取出水喷淋试水检测装置。

② 在水喷淋管道末端最不利点试验阀试水口处，连接水喷淋试验装置，连接口应紧密。

③ 打开末端试验阀门，记下管道静压力。

④ 将该装置的末端螺母取下，模拟喷头灭火进行以下检测，并做好记录表，见附表二。

a. 喷头（试验装置）工作压力。

b. 警阀动作报警时间，距水力警铃 3m 远处的声强。

c. 水流指示器动作报警时间，消防控制中心应有信号显示。

d. 压力开关动作，信号阀开启，空气压缩机或排气阀启动，消防控制中心有信号显示。

e. 消防水泵完成启动时间，加速排气装置投入运行。

f. 其他消防联动控制设备投入运行。

g. 区域报警器、集中报警控制器运行情况。

（3）注意事项

① 整套装置平时应注意切勿受到机械损伤，特别是外露螺纹及压力表等。

② 压力表应定期检测。

③ 试验时测试装置排出的水应接入水池或容器中。

附录四 SSZ-1 消火栓系统试水检测装置

（1）用途

SSZ-1 消火栓系统试水检测装置是用于检测室内消火栓的静水压力、出水压力，并校核水枪充实水柱的专用装置。

① 测量消火栓栓口的静水压力和出水压力。现行国家规范中室内消火栓栓口的静水压力不应大于 0.8MPa；消火栓栓口的出水压力不应大于 0.5MPa。此外，在《高层民用建筑设计防火规范》GB 50045—1995（2005 版）中还对高层建筑最不利点消火栓的静水压做了如下规定：

建筑高度不超过 100m 时，高层建筑最不利点消火栓静压不应低于 0.007MPa，建筑高度超过 100m 时，高层最不利点消火栓静水压力不应低于 0.15MPa。

② 校核水枪充实水柱。对于建筑物内的消火栓水枪的充实水柱，一般不应小于 7m，但甲、乙类厂房，超过六层的民用建筑、超过四层的厂房及库房内充实水柱不应小于 10m；高层工业建筑、高架库房内，水枪充实水柱不应小于 13m。对于高层民用建筑，建筑高度不超过 100m 的高层建筑，消防水枪的充实水柱不应小于 10m，建筑高层超过 100m 的高层建筑，充实水柱不应小于 13m。

（2）操作方法

① 消火栓栓口静水压的测量　将 SSZ-1 试水检测装置连接到消火栓栓口，安装好压力表，并调整压力表检测位置使之竖直向上，在 SSZ-1 试水装置出口处装上端盖，缓慢打开消火栓阀门，压力表显示的值为消火栓栓口的静水压（MPa）。测量完成后，关闭消火栓阀门，旋松压力表，使 SSZ-1 试水检测装置内的水压泄掉再取下端盖。

② 消火栓口出水压力的测量　将水带连接到消火栓栓口以及 SSZ-1 试水检测装置的进口，打开消火栓阀门放水，此时不应压折水带，压力表显示的水压即为消火栓栓口的出水压力。通过 SSZ-1 试水检测装置校核该水枪的充实水柱，可以采取以下连接方式：消火栓栓口→水带→SSZ-1 试水检测装置。

③ 填写记录表，见附表三。

（3）注意事项

① 测量时，特别是在测量栓口静压时，开启阀门应缓慢，避免压力冲击造成检测装置损坏。

② 静压测量完成后，拆下端盖，缓慢旋下端盖泄压。

③ 测量出口压力和充实水柱时，应注意水带不应有弯折。

④ SSZ-1 消火栓试水检测装置使用后，应将水擦净。

附录五 TES-1330 数字式照度计

（1）用途

该仪器系通用仪表，在建筑消防检测中，用于测量采取应急照明措施的场所照度。疏散逃生主要通道的照度不应低于0.5 lx；作为消防控制室的一般按控制室距地面0.8m平面处任一点照度值不应低于75 lx，总控制室的照度值不应低于150 lx；消防水泵房和风机房距应急照明光源最远点地面位置的照度值不应低于20 lx，测点不应小于2个；配电室和自备发电机房，测点照度值不应低于30 lx，测点位置的选定与消防水泵房相同。

（2）操作方法

① 打开电源，将选择挡置于200 lx。

② 打开光检测器头盖，将光检测器放在欲测光源的水平位置，读取照度计LCD之测量值。

③ 读取的测量值，如左侧最高位为“1”显示，即表示过载现象，应立刻选择较高挡位测量。

④ 读值锁定：按压HOLD开关一下，LCD显示“H”符号，即表示锁定读值，再按压一下，消除锁定功能。

⑤ 填写记录表，见附表四。

（3）注意事项

① 勿在高温、高湿场所下测量。

② 使用时，光检测器需保持干净。

附录六　AVW-01数字风速计

（1）用途

该仪表系通用仪表，在建筑消防防排烟系统检测时，用来测量送风口和排烟口及风道内风速。该仪表灵敏准确。符合人体功能，使用方便简单，使用分离式风扇，可边测边读取数据。防烟排烟系统中的送风、排烟口，其风量按以下方法确定。

① 烟口、送风口的形状一般为矩形。先将送风口或排烟口的断面划分为若干等面积的小矩形，矩形每边长度为200mm左右。

② 用风速计测量每个小矩形中心的风速。风口的平均风速 V_p 为各测点风速的平均值：

$$V_p=(V_1+V_2+\cdots+V_n)/n$$

式中　V_p——平均风速，m/s；

V_n——测点风速，m/s；

n——测点数。

③ 送风口或排烟口风量的计算。平均风速确定后，可按下式计算送风口、排烟口处的风量 L：

$$L=V_p \cdot F \ (m^3/s)$$

式中　F——送风口、排烟口面积，m^2；

L——风量，m^3/s。

④ 经测量计算后所得出的送风口风速不宜大于7m/s，排烟口风速不宜大于10m/s。

（2）操作方法

① 打开电源开关，由单位键选择风速单位（m/s）。

② 手持风扇或固定于脚架上，或手持让风由风扇上箭头指示方向吹过。

③ 等待约4s，以获得较稳定正确的读值，按下读值锁定按键，则测量读值会被保持在LCD上。

④ 填写记录表，见附表五。

（3）注意事项

① 测量时，应在风速稳定后再进行测量。

② 风扇与风的方向的夹角尽量保持在20°内。

附录七　P1000-ⅢB数字微压计

（1）用途

DP1000-ⅢB数字微压计是用于测量高层建筑内机械加压送风部位的余压值的一种理想仪器，在《高层民用建筑设计防火规范》GB50045—1995（2005版）中规定了机械加压送风的余压值应符合下列要求。

① 防烟楼梯间为40Pa。

② 前室、合用前室、消防电梯前室、封闭避难层（间）为30Pa。

使用DP1000-ⅢB数字微压计可以对上述部位的机械加压送风余压值予以测量并判定是否达到了规范的要求。

（2）操作方法

① 接通电源，预热15min。

② 按压调零按键，使显示屏示零（传感器两端导压）。

③ 用胶管连接正、负压接嘴，将正压接嘴用胶管置于机械加压送风部位，负压接嘴胶管置于常压部位。

④ 观察微压计LCD显示值，稳定后记录测量结果。

⑤ 填写记录表，见附表六。

（3）注意事项

不要过载，环境温度需稳定，远离振动源及强电磁场，开机后如出现显示数字不稳定乱跳则需换新电池，注意避免胶管被挤压而影响气压传至微压计。

附录八　工程MS8200数字万用表

（1）用途

该仪表是一种用于测量电器设备的电路、电压、电流、电阻的通用仪表。

（2）操作方法

① 取出万用表，插入检测笔。

② 测量电压、电流、电阻时，旋动调挡旋钮，确认所需测量挡位无误后，方可测量。严禁被测设备带电测量电阻，以防烧毁万用表。

③ 电容测量及二、三极管的极性、管脚判定，在消防检测中暂无此项作业，故作业指导书不再叙述。

④ 填写记录表，见附表七。

（3）注意事项

① 不要接到高于DC1000V或有效值AC700V以上的电压上。

② 切勿误接量程以免内部电路受损。

③ 仪表后盖未完全盖好切勿使用。

④ 更换电池及更换保险必须在拔去表笔及关断电源后进行。

⑤ 存放仪表应避免高温高湿环境，长期不用，取出电池。

附录九　HS5633A 数字声级计

（1）用途

该仪器系通用仪表，由液晶数字显示器直接测量结果。在建筑消防检测中，主要用于测量水力警铃、电警铃、蜂鸣器等报警器件的声响效果。

水力警铃在距其 3m 远处的声强不低于 70dB；消防广播在其播放范围内最远点的声压级应高于背景噪声 15dB；防火卷帘的启闭噪声不得大于 70dB。

（2）操作方法

① 使用前的准备　检查仪器使用电池，应安装正确，电池完好。

② 声级测量

a. 打开声级计电源开关，3s 后进入到测量状态，这时为测量 A 计权瞬时声级 L_A，量程为低量程（此为开机时的状态），消防检测选择此模式。

b. 量程选择。开机时声级计为低量程，声级前为 L，当声级大于 90dB 时，应改变量程，按下“RANGE”按钮，则进入高量程，声级前为 H，如在高量程状态，当声级小于 60dB 时，应改变量程，按下“RANGE”按钮，则进入低量程。

c. 最大声级测量。按下“HOLD”按钮，显示器上出现“HOLD”（这时不改变频率计权状态），仪器处于最大保持测量状态，当有超过显示声级的声音时，显示数值升高，否则则保持当前最大声级，当再一次按此键时“HOLD”消失，退出此状态，回到测量瞬时值状态。

d. 填写记录表，见附表八。

（3）注意事项

① 除特殊场合外，测量声级时一般传感器应离开墙壁、地板等反射面一定距离，操作者远离传感器。

② 背景噪声较大时会产生测量误差，如果被测噪声出现前后差值在 10dB 以上，则可忽略噪声的影响。其差值在 10dB 以内时，如背景噪声无变化，则可进行修正。

③ 当测量遇上强风时，会使测量产生误差，应避免强风。

附录十　VC60 数字兆欧表

（1）用途

一般用于绝缘电阻的测量，消防报警系统每个回路对地绝缘电阻和导线间的电阻应≥20MΩ，可使用该仪表进行检测。

断开探测器与控制器的连接点，使受试回路与控制器断开，将所连接的探测器所有接点互相短接（避免损坏探测器），在该短接处和接地线间，用数字兆欧表测量绝缘电阻，测量时电阻的最小值为所测对地绝缘电阻值，将探测器短接点和接点分开，每个回路依次测量，测量时最小绝缘值为线间电阻值也叫线间绝缘值。

（2）操作方法

① 按压下电源开关 POWER 置于开位置，根据测量需要选择测试电压挡。

② 将被测对象的电极接入本仪表相应插孔，测试电缆时，插孔 G 保护接地。

③ 按下 PUSH 测试开关，测试即进行，当显示值稳定后，即可读取数值，读值完毕后松开 PUSH 开关。

④ 填写记录表，见附表九。

(3) 注意事项

① 测量电压选择键不按下时，输出电压插孔上将可能输出高压。

② 测试时应首先检查测试电压选择及液晶显示屏上测试电压的提示与所需的电压是否一致。

③ 被测对象应完全脱离电网供电，电容器则完全放电，以保障操作安全。

④ 测量时不允许手持测试端，以保证读取数准确及人身安全。

⑤ 进行测试时，如果显示读数不稳，这是环境干扰或绝缘材料不稳定造成的，此时可将“G”端接到被测对象屏蔽端，使读数稳定。

附录十一　JDW-5 多功能工程坡度检测仪

(1) 用途

该检测仪属于通用型仪表，用于测量消防工程中管道的坡度。

① 对于水系统管道坡度不大于 5‰。

② 对于气体管坡度按工艺管道要求。

③ 对于低倍泡沫固定灭火系统，防火堤内泡沫混合液管道应有 3‰坡度坡向防火堤。防火堤泡沫混合液管道应有 2‰坡度坡向放空阀。

(2) 操作方法

① 将坡度仪置于被检测管道上表面。

② 调整调节钮时水平泡处于中间位置。

③ 坡度表指针所指坡度即为实测坡度值。

④ 填写记录表，见附表十。

(3) 注意事项

① 被测量对象表面不可有影响测量精度的尘土和杂物。

② 不可将测量方向颠倒，可调基点应朝下坡。

附录十二　PZ-B300 垂直度测定仪

(1) 用途

该仪器属通用型仪器，用于消防工程中需测垂直度场所。

① 防火卷帘门垂直度每米不得大于 5mm。

② 防火卷帘门两导轨中心线平面度不得大于 10mm。

(2) 操作方法

① 在 JXJ-12 检测箱中取出垂直测定器。

② 测竖立管道垂直度时，将测定仪有磁力一面紧贴管道，管道外径离铅锤线距离为 60mm，下端铅垂线离管子大于或小于 60mm 均为不垂直。

③ 落地控制柜、壁挂式控制柜安装的垂直度测量。同上述方法一样。控制柜外壳均为铁皮，用垂直测定仪上有磁力一面紧贴控制柜，拉出铅锤线，以铅锤拉直线和控制箱表面 60mm 距离是否一致来判定垂直度。

④ 填写记录表，见附表十一。

附录十三　TES-1360 温湿度计

（1）用途

该仪器用于测量实验室的温度和湿度。

（2）操作方法

① 将后电池盖打开，装上一枚 9V 电池。

② 将 POWER 开关推至“ON”位置。

③ 温度测量：将 FVNCT 开关推至℃挡，LCD 上显示的温度即所处环境的温度。

④ 湿度测量：将 FVNCT 开关推至%RH 挡，LCD 上出现%RH 和数字，即所处环境的湿度。将 HOLD 开关推至“ON”位置，即湿度所采数据。

⑤ 填写记录表，见附表十二。

附录十四　4102A /4105A 接地电阻测试仪

（1）用途

本仪器是用来测定变配电设备、屋内配线、电器控制等设备的接地阻抗测试仪器。此外，还有测量接地电压用的交流电压挡可使用。

（2）操作方法

① 测试线的连接。参照说明书图示，将辅助接地桩 P 及 C 以直线相距被测接地物间隔 5～10m 处打入地下，连接绿色线至仪器端子 E，黄色导线至端子 P 及红色导线至端子 C。

② 接地电压的测量。先将量程选择开关换至接地电压（EARTH VOLTAGE）挡。此时，显示屏若显示一电压值表示系统中有接地电压存在，请确认此电压值必须在 10V 以下，如果此电压值在 10V 以上，则接地电阻的测量值可能会产生误差，此时先将被测接地体的设备断电，使接地电压下降后再进行测量。

③ 接地电阻测量。首先从 2000Ω 挡开始，按下“测定”（PRESS TES）键，LED 将会点亮表示在测试中。若显示值过小，再依 200Ω、20Ω 挡的顺序切换。此时的显示值即为被测接地电阻值。

注意：如果显示“…”则表示辅助接地桩 C 的辅助接地阻抗太大。此时请检查各接线是否松开，或在辅助接地桩周围增加土地湿度来减小接地阻抗。

④ 填写记录表，见附表十三。

（3）注意事项

① 测试前请先确认量程选择开关已设定在适当的挡位。

② 确认测试导线的连接插头已紧密地插入端子内。

③ 主机于潮湿状态下，请勿做接线操作。

④ 在各挡位中，请勿加载超于该量程额定值的电量。

⑤ 请勿在线接于被测物上时切换量程选择开关。

⑥ 测试端子间请勿加载超过 200A 的交流或直流电压。

⑦ 请勿在易燃场所测试，火花可能引起爆炸。

⑧ 本测试器在使用中，出现仪器破损或测试线发生龟裂而造成金属外露等异常情况时停止使用。

⑨ 更换电池时，请务必确定测试导线已从测试端子拆除。

⑩ 主机于潮湿状态下请勿更换电池。

⑪ 使用过后请务必将量程选择开关切到OFF位置。

⑫ 请勿于高温潮湿、有结露可能的场所及日光直射下长时间放置。

⑬ 本测试器请勿存放于超过60℃的场所。

⑭ 长时间不使用时，请将电池取出保管。

⑮ 主机潮湿时，请先干燥后保管。

附录十五　SJ 9-2Ⅱ电子秒表

(1) 用途

该仪器是一种用于计时的常用仪表。

(2) 操作方法

① 正视秒表正面上端从左至右有3个可按按钮。

② 计时时，按动右边按钮，秒表即开始计时，当需要停止时，再次按下右边按钮1次即停止计时，当需要累加计时时，再次按下右键，可以做到累加计时。

③ 按动左键，秒表清零。

④ 秒表可显示时、分、秒、毫秒。

⑤ 填写记录表，见附表十四。

附录十六　游标卡尺

(1) 用途

用于测量电线、电缆线径。

(2) 操作方法

① 去掉被测电线的绝缘外皮，露出金属部分，选择线径无挤压变形部分进行测量。

② 右手持游标卡尺，左手持去皮线置于卡尺卡口中，右手拇指推动卡口合拢到碰到线径为止，注意不要将被测线挤压变形。

③ 读数：LCD上所显示的数值即为所测线径。

④ 填写记录表，见附表十五。

附录十七　卷尺

(1) 用途

用于检测设备的安装尺寸。

(2) 操作方法

操作方法省略。

填写记录表，见附表十六。

附录十八　HCC-18涂层测厚仪

(1) 用途

该仪器是一种用电池供电的便携式测量仪器。在建筑消防检测中，主要用于电镀层、油漆层、搪瓷层、塑料层、铝瓦、铜瓦、巴氏合金瓦、磷化层、纸张等厚度测量。

本仪器采用磁阻法测量技术，当测量探头与覆盖层接触时，探头与磁性基本构成一个闭合磁回路，由于非磁性覆盖层存在，使磁回路磁阻增加。磁阻大小正比于覆盖层厚度，通过磁阻大小测量即可得到覆盖层厚度值，直接从仪器表头上读出。

（2）操作方法

① 打开电源开关，电源指示灯亮。

② 取一块未涂或去除涂层的且表面平整光滑的被测部件作为基块。在探头与基块之间垫入 20μm 的标准试片，调整调零旋钮，使表头指针指在 20μm 值。

③ 在探头与基块之间垫入 200μm 厚标准试块，施加一定压力，调整满度旋钮，使表头表针指向满度值。

④ 反复进行②、③项调整，直至指示正确，完成校准，然后进行实际测量。

⑤ 测量时将探头紧贴于被测物，待表头指针稳定后，读取测定值并做好记录。

⑥ 填写记录表，见附表十七。

（3）注意事项

① 为了减少测量体材质对测量精度的影响，建议采用不带涂层的测量体或测量体材质相同的试块作为校准用基准块。

② 仪器使用完毕后，关闭电源，并在测量探头及基准块上涂少许油脂以防锈蚀。

③ 电池不宜长久放在电池盒内，以免电池漏液，腐蚀电池盒。

④ 严禁敲击或碰撞探头，以免影响探头性能。

⑤ 仪器应防止剧烈振动、撞击。使用后应擦净仪器表面油污，放入仪器存放箱内，妥善保存。

附　表

附表一　探测器检测记录表

编号：

检测仪器名称、型号、编号					状态			
被检测设备型号					时间			
检测员					记录人			
抽检数量			合格数量			不合格数量		
探测器编号	楼层编号	报警功能	探测器编号	楼层编号	报警编号	手报编号	楼层编号	报警功能

附表二　水喷淋系统末端试水装置检测记录表

编号：

<table>
<tr><td colspan="2">检测仪器名称、
型号、编号、精度</td><td colspan="4">水喷淋系统试水检测装置
ZSMZ-1　01　2.5级</td><td>状态</td><td></td></tr>
<tr><td>温　度</td><td colspan="4"></td><td colspan="2">湿　度</td><td></td></tr>
<tr><td>检测员</td><td></td><td>记录人</td><td colspan="2"></td><td></td><td>日　期</td><td></td></tr>
<tr><td colspan="2" rowspan="2">检测项目</td><td rowspan="2">标准值</td><td rowspan="2">单位</td><td colspan="3">检测数据</td><td rowspan="2">算术平均值</td></tr>
<tr><td>1</td><td>2</td><td>3</td></tr>
<tr><td colspan="2"></td><td></td><td></td><td></td><td></td><td></td><td></td></tr>
</table>

附表三　消火栓系统检测记录表

编号：

检测仪器名称、型号、编号、精度	消火栓系统试水装置　SSZ-1　02　2.5级			状态			
温　度			湿　度				
检测员		记录人		日　期			
检测项目	标准值	单位	检测数据			算术平均值	
			1	2	3		
1. 消火栓静水压		MPa					
2. 消火栓口出水压		MPa					
3. 充实水柱 压力、流量、充实水柱关系： 充实水柱(m)　7　10　13 流量(L/s)　3.8　4.6　5.4 压力(MPa)　0.09　0.135　0.186		m					

附表四　应急照明、疏散通道照度检测记录表

编号：

检测仪器名称、型号、编号、精度		数字式照度计　TES-1330　03　±3%				状态	
温　度				湿　度			
检测员		记录人			日　期		
检测项目	标准值	单位	检测数据			算术平均值	
			1	2	3		
1. 疏散逃生通道照度	≥0.5	lx					
2. 控制室离地 0.8m 照度	≥7.5	lx					
3. 泵房、风机房应急照明最远点地面照度	≥20	lx					
4. 配电室、自备发电机房	≥30	lx					

附表五　风量、风速检测记录表

编号：

<table>
<tr><td>检测仪器名称、型号、编号、精度</td><td colspan="4">数字风速计　AVW-01　04　±3%</td><td>状态</td><td colspan="2"></td></tr>
<tr><td>温　度</td><td colspan="4"></td><td>湿　度</td><td colspan="2"></td></tr>
<tr><td>检测员</td><td></td><td colspan="2">记录人</td><td colspan="2"></td><td>日　期</td><td></td></tr>
<tr><td rowspan="2">检测项目</td><td rowspan="2">标准值</td><td rowspan="2">单位</td><td colspan="3">检测数据</td><td colspan="2" rowspan="2">算术平均值</td></tr>
<tr><td>1</td><td>2</td><td>3</td></tr>
<tr><td></td><td></td><td></td><td></td><td></td><td></td><td colspan="2"></td></tr>
</table>

附表六 正压送风检测记录表

编号：

检测仪器名称、型号、编号、精度		数字微压计 P1000-ⅢB 05 1.03 级			状态		
温 度			湿 度				
检测员		记录人			日 期		
检测项目	标准值	单位	检测数据			算术平均值	
			1	2	3		
1. 防烟楼梯间	≥40	Pa					
2. 消防电梯前室	≥30	Pa					
3. 封闭避难层	≥30	Pa					

附表七　数字万用表测试记录表

编号：

<table>
<tr><td colspan="2">检测仪器名称、型号、编号、精度</td><td colspan="4">数字万用表　MS8200　06　±1%～±5%</td><td>状态</td><td></td></tr>
<tr><td>温　度</td><td colspan="3"></td><td colspan="2">湿　度</td><td colspan="2"></td></tr>
<tr><td>检测员</td><td></td><td colspan="2">记录人</td><td colspan="2"></td><td>日　期</td><td></td></tr>
<tr><td rowspan="2" colspan="2">检测项目</td><td rowspan="2">标准值</td><td rowspan="2">单位</td><td colspan="3">检测数据</td><td rowspan="2">算术平均值</td></tr>
<tr><td>1</td><td>2</td><td>3</td></tr>
<tr><td colspan="2"></td><td></td><td></td><td></td><td></td><td></td><td></td></tr>
</table>

附表八　报警声压检测记录表

编号：

检测仪器名称、型号、编号、精度	数字声级计 HS5633A　07　(0.05～0.08)dB				状态	
温　度				湿　度		
检测员		记录人			日　期	
检测项目	标准值	单位	检测数据			算术平均值
			1	2	3	
1. 水力警铃(水压0.04MPa)距其3m远声强	≥70	dB				
2. 环境噪声声压	≥60dB，消防广播声强应高于环境噪声15dB	dB				
3. 防火卷帘启闭噪声	<70	dB				
4. 消防报警声压级		dB				

附表九　绝缘电阻检测记录表

编号：

检测仪器名称、型号、编号、精度		数字兆欧表　VC60　08　±4%			状态	
温　度			湿　度			
检测员		记录人			日　期	

检测项目	标准值	单位	检测数据			算术平均值
			1	2	3	
1. 总线对地绝缘 总线线间绝缘	≥20 ≥20	MΩ MΩ				
2. 广播线对地绝缘 广播线线间绝缘	≥20 ≥20	MΩ MΩ				
3. 应急灯疏散指示线对地绝缘 应急灯疏散指示线线间绝缘	≥20 ≥20	MΩ MΩ				

附表十　管道坡度检测记录表

编号：

检测仪器名称、型号、编号、精度	多功能工程坡度检测仪　JDW-5　09　1‰	状态			
温　度		湿　度			
检测员		记录人		日　期	

检测项目	标准值	单位	检测数据			算术平均值
			1	2	3	
1. 水系统管道坡度	<5	‰				
2. 气体管道坡度		‰				
3. 防火堤内泡沫管道	≤3	‰				
4. 防火堤内泡沫混合液管道坡度	≤2	‰				

附表十一　垂直度检测记录表

编号：

检测仪器名称、型号、编号、精度	垂直度测定仪　PZ-B300　10				状态	
温　度				湿　度		
检测员		记录人			日　期	
检测项目	标准值	单位	检测数据			算术平均值
			1	2	3	

附表十二　环境温湿度检测记录表

编号：

<table>
<tr><td colspan="2">检测仪器名称、型号、编号、精度</td><td colspan="4">温湿度计　TES-1360　11　温度：±0.8℃
湿度：(±3%～±5%)RH</td><td>状态</td><td></td></tr>
<tr><td>温　度</td><td colspan="3"></td><td colspan="2">湿　度</td><td colspan="2"></td></tr>
<tr><td>检测员</td><td></td><td>记录人</td><td colspan="3"></td><td>日　期</td><td></td></tr>
<tr><td rowspan="2" colspan="2">检测项目</td><td rowspan="2">标准值</td><td rowspan="2">单位</td><td colspan="3">检测数据</td><td rowspan="2">算术平均值</td></tr>
<tr><td>1</td><td>2</td><td>3</td></tr>
<tr><td colspan="2"></td><td></td><td></td><td></td><td></td><td></td><td></td></tr>
</table>

附表十三　接地电阻检测记录表

编号：

检测仪器名称、型号、编号、精度	接地电阻测试仪 4102A/4105A－13　±2%rdg　±0.1Ω				状态	
温　度			湿　度			
检测员		记录人			日　期	

检测项目	标准值	单位	检测数据			算术平均值
			1	2	3	
接地极	共用 1 独立≤4	Ω Ω				

附表十四　设备启动、延时检测记录表

编号：

<table>
<tr><td colspan="2">检测仪器名称、型号、编号、精度</td><td colspan="4">电子秒表　ST9-2Ⅱ　12　±5s/d</td><td>状态</td><td></td></tr>
<tr><td>温　度</td><td colspan="4"></td><td>湿　度</td><td colspan="2"></td></tr>
<tr><td>检测员</td><td></td><td colspan="2">记录人</td><td colspan="2"></td><td>日　期</td><td></td></tr>
<tr><td colspan="2" rowspan="2">检测项目</td><td rowspan="2">标准值</td><td rowspan="2">单位</td><td colspan="3">检测数据</td><td rowspan="2">算术平均值</td></tr>
<tr><td>1</td><td>2</td><td>3</td></tr>
<tr><td colspan="2"></td><td></td><td></td><td></td><td></td><td></td><td></td></tr>
</table>

附表十五　数显游标卡尺测量记录表

编号：

<table>
<tr><td colspan="2">检测仪器名称、型号、编号、精度</td><td colspan="3">数显游标卡尺　电子数显 0～150　14
示值误差：－0.02　刀口内置爪
偏差：＋0.030mm</td><td>状态</td><td></td></tr>
<tr><td>温　度</td><td colspan="3"></td><td>湿　度</td><td colspan="2"></td></tr>
<tr><td>检测员</td><td></td><td>记录人</td><td colspan="2"></td><td>日　期</td><td></td></tr>
<tr><td rowspan="2">检测项目</td><td rowspan="2">标准值</td><td rowspan="2">单位</td><td colspan="3">检测数据</td><td rowspan="2">算术平均值</td></tr>
<tr><td>1</td><td>2</td><td>3</td></tr>
<tr><td></td><td></td><td></td><td></td><td></td><td></td><td></td></tr>
</table>

附表十六　钢卷尺测量记录表

编号：

检测仪器名称、型号、编号、精度	钢卷尺　GW-7H66X　15　1级					状态	
温　度				湿　度			
检测员		记录人			日　期		
检测项目	标准值	单位	检测数据			算术平均值	
			1	2	3		

附表十七　涂层厚度检测记录表

编号：

<table>
<tr><td colspan="3">检测仪器名称、型号、编号、精度</td><td colspan="4">涂层测厚仪　HCC-18　16
示值误差：−16μm　示值变动性：1%</td><td>状态</td><td></td></tr>
<tr><td>温　度</td><td colspan="4"></td><td>湿　度</td><td colspan="3"></td></tr>
<tr><td>检测员</td><td></td><td colspan="2">记录人</td><td colspan="2"></td><td>日　期</td><td colspan="2"></td></tr>
<tr><td colspan="2" rowspan="2">检测项目</td><td rowspan="2">标准值</td><td rowspan="2">单位</td><td colspan="3">检测数据</td><td colspan="2" rowspan="2">算术平均值</td></tr>
<tr><td>1</td><td>2</td><td>3</td></tr>
<tr><td colspan="2"></td><td></td><td></td><td></td><td></td><td></td><td colspan="2"></td></tr>
</table>

参 考 文 献

[1] 杨在塘．电气防火工程．北京：中国建筑工业出版社，1997.

[2] 刘鸿国．电气火灾预防检测技术．北京：中国电力出版社，2006.

[3] 罗晓梅．消防电气技术．北京：中国电力出版社，2008.

[4] 郭树林．火灾报警、灭火系统设计与审核细节100. 北京：化学工业出版社，2009.

[5] 郭树林．高层民用建筑防火设计与审核细节100. 北京：化学工业出版社，2009.

[6] 郭树林．建筑内部装修防火设计与审核细节100. 北京：化学工业出版社，2009.

[7] 郭树林．建筑防火设计与审核细节100. 北京：化学工业出版社，2009.

[8] 陈立周．电气测量．北京：机械工业出版社，2005.

[9] 时守仁．电业火灾与防火防爆．北京：中国电力出版社，2000.

[10] 章熙民．传热学．北京：中国建筑工业出版社，2005.

[11] 朱德恒．电绝缘诊断技术．北京：中国电力出版社，1999.

[12] 任利民．电工手册：北京：中国建筑工业出版社，2002.

[13] 陈南．电气防火安全技术．呼和浩特：内蒙古人民出版社，1998.

[14] GB 50150—2006.

[15] GB 50194—2002.

[16] GB 50045—2005.

[17] GB 50016—2010.

[18] GB 50222—1995.

[19] CECS 154—2003.

[20] DB 11/065—2010.

[21] GB 50303—2002.

[22] GB 50052—2009.

[23] GB 50053—94.

[24] GB 50054—2011.

[25] GB 50055—2011.

[26] GB 50217—2007.

[27] JGJ/T 16—2008.

[28] GB 50168—2006.

[29] GB 50171—92.

[30] GB 50194—2002.

[31] GB 50254—1996.

[32] DL/T 572—2010.

[33] GB 1094. 11—2007.

[34] SD 292—88.

[35] GBJ 303—88.

[36] GB 763—90.

[37] GB 1497—85.

[38] GB 2313—93.

[39] GB 7000. 1—2007.